普通高等教育电子信息类课改系列教材

模拟电子技术

（第二版）

韩党群　赵东波　刘勃妮　编著

西安电子科技大学出版社

内 容 简 介

本书主要介绍半导体及其模拟器件的应用电路、相关知识和分析理论。本书共分10章，内容包括二极管、三极管及其放大电路、场效应管及其放大电路、放大器的频率响应、集成运算放大器、反馈、运算放大器应用、功率放大电路、信号的产生与变换电路及直流稳压电源等。每章含本章相关电路的Multisim仿真内容，全书配套了PPT、习题答案及仿真案例的电子资源，供读者扫码观看，以方便学习和应用。

本书可作为普通高等院校电子信息类专业模拟电子技术课程的教材，亦可作为各类电子竞赛的培训用书及相关专业工程技术人员的参考资料。

图书在版编目(CIP)数据

模拟电子技术/韩党群，赵东波，刘勃妮编著. —2版. —西安：西安电子科技大学出版社，2021.12(2022.11重印)
ISBN 978-7-5606-6318-0

Ⅰ. ①模… Ⅱ. ①韩… ②赵… ③刘… Ⅲ. ①模拟电路—电子技术
Ⅳ. ①TN710.4

中国版本图书馆CIP数据核字(2021)第234938号

策　　划　毛红兵
责任编辑　宁晓蓉
出版发行　西安电子科技大学出版社(西安市太白南路2号)
电　　话　(029)88202421　88201467　　邮　　编　710071
网　　址　www.xduph.com　　电子邮箱　xdupfxb001@163.com
经　　销　新华书店
印刷单位　陕西天意印务有限责任公司
版　　次　2021年12月第2版　2022年11月第2次印刷
开　　本　787毫米×1092毫米　1/16　印张21
字　　数　491千字
印　　数　2001～4000册
定　　价　52.00元
ISBN 978-7-5606-6318-0/TN
XDUP 6620002-2

前　　言

本书第一版自 2017 年出版以来，在多所高校的电子信息、通信工程、自动化、电气工程及其自动化、测控技术与仪器等专业的“模拟电子技术”课程教学中被选用，其内容设计、结构安排及便于组织和开展教学的适应性等通过了教学实践的检验，得到了广大师生的认可。其特点主要体现在以下几个方面：

1. 从教学内容上看，本书较系统全面地介绍了模拟电子技术相关的半导体器件、模拟电路分析与设计方法及应用，重点突出了集成电路及其应用部分的内容，很好地契合了普通高等学校应用型人才的培养要求。

2. 从结构上看，本书遵从认知的一般规律，由浅及深，由表及里，一步一步介绍模拟电子技术的基本知识和理论。从 PN 结、二极管、三极管到场效应管，从二极管、三极管的应用分析到场效应管的分析，从分立器件到集成器件，从基本开环放大器到反馈放大器，等等。这样的结构安排也符合模拟电子技术历史发展的规律，便于学习。

3. 从风格上看，本书语言规范平实，表达准确，知识讲解层次清晰，插图及公式规范、美观，便于阅读。

4. 借助计算机软件实现电子系统的分析、设计已经是时代的潮流，为促进“模拟电子技术”课程基本知识的学习，本书以 Multisim 软件为基础，每章设置一小节内容介绍相关的电路仿真，这既是学习的手段，也是为了达成一个目的：促进学生掌握借助计算机仿真的方法实现电子系统的设计。

经过这几年的使用，我们认真听取了广大师生的反馈意见，对第一版中存在的不足和瑕疵进行了仔细的修改，在基本保持本书原貌的基础上重点做了配套资源的建设工作。首先，为全书配套了完整的 PPT 课件；其次，为每章课后的习题配置了详细的参考答案(课件和习题参考答案均可通过扫码方式观看)；最后，为每章的仿真内容配套了仿真工程案例(西安电子科技大学出版社网站提供了部分仿真案例的仿真文件，供读者下载使用)。做这些工作的目的都是为了便于开展教学，促进学生自主学习。

衷心感谢使用本书的所有读者朋友们！是你们的宝贵支持促使我们将这本书不断完善。由于作者水平有限，希望继续得到大家一如既往的支持，对于书中的不足或错误不吝赐教，以便我们进一步改进。

编者

2021 年 8 月

第一版前言

模拟电子技术是电类各专业普遍开设的一门专业基础课程，具有应用面宽、涉及专业广泛、学习人数多等特点。针对该课程的教材已经出版了很多，根据本人多年从事本课程教学的实践经验来看，要选择一本适合的教材并不容易。本人及参编人员根据多年的教学实践，在充分借鉴其他教材优点的基础之上编写了本部教材。

本教材主要针对普通本科院校"模拟电子技术"课程教学，在内容安排上理顺知识点之间的关系，注重知识点前后的连贯性，方便教学组织；在内容的深度及广度上力求重点突出、有取有舍、跟随时代的步伐，突出新技术，侧重应用；在知识点的讲解及叙述方面力争做到条理清楚、表达准确、语言活泼、插图绘制规范、图文并茂。

电子技术的应用与发展是当今这个时代的典型特征，以电子技术为基础发展起来的计算机技术、通信及网络技术使我们的生活发生了翻天覆地的变化，电子技术的基本方法和理论是这一切的基础。目前，常常听到这样的论调："模拟电子技术已经过时了，现在是数字的时代，是计算机时代！"诚然，目前是数字电子技术、计算机技术应用和发展的伟大时代，但是，没有任何一个数字系统或计算机系统不是依托模拟电子技术建立起来的，数字集成电路、计算机集成电路及其系统莫不如此。基于这样的认识，模拟电子技术的理论与方法并没有过时。

分立半导体器件及其应用电路的分析理论是模拟电子技术的重要基础内容，本教材对这部分内容进行了系统明了的介绍，体现其重要的基础地位。虽然目前模拟电子技术应用的重点已经发生转移，但是，分立器件及其基本电路的分析理论的基础地位仍不可动摇。电子技术的新发展带来许多改变，如今人们越来越多地使用集成电路来代替分立器件，大家更多地会应用运算放大器来处理信号，搭建放大器、滤波器等电路，那么我们应该顺应这种发展潮流，应用这些新技术解决现实应用中的问题。因此，在本教材中重点突出了反馈理论及集成电路应用方面的内容，促进对这些内容的学习和掌握。

电子技术是伴随着电子设计自动化技术的发展而发展的，没有目前各种电子设计自动化工具的广泛应用，很难想象我们今天的电子系统开发会是什么模样！本教材针对该课程的学习采用了 Multisim 软件对相关的电路进行仿真，通过仿真增进对所学知识理论的理解与认识。其实，仿真不仅是一种学习手段，更重要的，这也是一种设计开发方法，具备相关的 EDA 技术已经是目前该领域内从业人员的基本要求。

本教材共分 10 章，每章后配备了问答题、填空题及解答题等多种形式的习题，通过这些习题可以巩固基本概念，加深基本理论的理解与应用；书末附录给出了相关的器件资料，方便学习使用。限于技术原因，每章末尾仿真电路图中元器件的电路标识与国标不一致，请读者注意。

本书第 8 章由刘勃妮编写，第 9 章和第 10 章由赵东波编写，其余章节及全书统稿由韩党群完成。由于作者水平有限，书中难免存在这样那样的问题，恳请各位读者朋友不吝赐教！

编者

2017 年 10 月

目录 Contents

第1章　二极管

半导体材料的发现和使用是现代电子技术的基础。本章初步认识半导体材料及其性质，进而学习半导体材料构成的PN结的结构、特性及二极管的分类与应用。

1.1　半导体材料

半导体材料

自然界的物质种类繁多，形态各异，特性差别巨大，这才造就了这个神奇多彩的世界。在电学领域人们非常关注各种物质的导电性，按照导电性的不同可以把物质划分为导体、绝缘体和半导体。大部分金属物质如金、银、铜、铁等具有良好的导电性能，称为导体，导体的电阻率通常小于 10^{-6} Ω·m；橡胶、塑料、玻璃等物质导电性能极差，几乎不导电，称为绝缘体，绝缘体的电阻率大于 10^{8} Ω·m。导电性能介乎导体与绝缘体之间的物质如硅、锗、硒等称为**半导体**，其电阻率在 10^{-6}～10^{8} Ω·m之间。半导体材料对于电子技术的发展起着决定性的作用，现代电子技术以及以此为基础发展起来的计算机技术、通信技术、信息处理技术等都是建立在半导体材料的应用基础之上的。

在长期研究和应用半导体材料的过程中，人们发现半导体材料具有许多独特的特性，主要体现在其热敏特性、光敏特性及掺杂特性上。所谓**热敏特性**是指半导体材料在不同的温度条件下其导电性能不同，比如热敏电阻就是利用半导体材料对温度变化的热敏特性制成的。所谓**光敏特性**是指半导体材料在受到不同波长、不同强度的光照射的情况下体现出的导电性能的变化，如光敏电阻、光敏二极管及光电池等都是利用半导体器件的光敏特性工作的。所谓**掺杂特性**是指在半导体材料中掺入适量的杂质元素可以改变半导体材料的导电性能的特性，二极管、三极管及场效应等大量的半导体器件都是利用半导体材料的掺杂特性进行工作的。

1.1.1　本征半导体

纯净且不含杂质的半导体材料称为**本征半导体**。这一类的物质从原子微观结构上看其典型特征为通常具有4个价电子，位于元素周期表的第IV主族，如硅和锗等。硅原子的外围电子数为14，其对应的原子结构示意图如图1-1所示。

硅原子聚合在一起形成硅的晶体，其结构如图1-2所示。在晶体中每个硅原子与相邻的4个硅原子之间通过共用最外层的价电子形成稳定的共价键结构，这样每个硅原子通过与相邻原子之间共用价电子形成8个最外层电子的稳定结构。

本征半导体中的共价键结构并非牢不可破，受外界热能、光能的激发这些共价键可能断裂，即某些共价键中的电子受到激发挣脱共价键的束缚成为自由电子，同时在自由电子逃脱的位置留下一个“空位”，把这个空位称为**空穴**。每有一个共价键断裂，就对应形成一

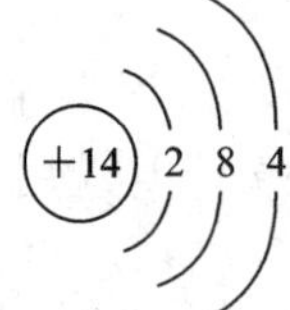

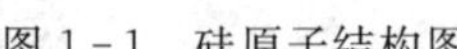

图 1-1 硅原子结构图

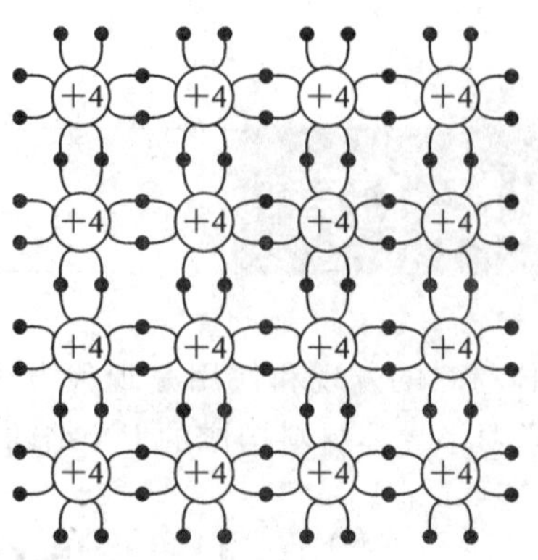

图 1-2 硅的晶体结构

个自由电子和一个空穴，因此受外界能量激发而产生的自由电子和空穴总是成对出现的，称为**电子–空穴对**。自由电子和空穴是半导体材料导电的载体，称为**载流子**。电子带负电，自由电子在本征半导体内部可以自由移动形成导电电流，称为**电子电流**；空穴带正电，空穴也可以导电，形成的导电电流称为**空穴电流**。空穴导电的原理可以这样理解：某个空穴临近的共价键断裂形成的自由电子被该空穴俘获，形成新的共价键，该空穴与自由电子复合消失，但是在新断裂的共价键的位置上又出现了一个新的空穴，可以把这个新出现的空穴看作是原来的空穴移动到了此处，空穴不断地被复合、移动、再复合、再移动就形成了空穴电流。

温度的变化对本征半导体中自由电子和空穴的浓度有较大的影响。以硅晶体为例，在－273℃(即热力学温度 0 K)时本征半导体的共价键的价电子得不到足够的激发能量，保持稳定，此时的半导体内部没有可自由移动的载流子，不能导电，相当于绝缘体。随着温度的上升，半导体材料的导电能力增强，当温度达到室温 25℃时，硅晶体中自由电子的浓度达到 $1.45\times10^{10}/cm^3$。图 1-3 所示为载流子形成过程示意图，图中不受共价键束缚的黑点表示自由电子，自由电子挣脱后的位置上形成空穴，用空心小圆圈表示。温度越高，本征半导体受热激发产生的载流子浓度越高，导电能力越强。虽然温度升高可以激发出大量的载流子，但是受热激发而断裂的共价键占整个共价键的比例微乎其微，因此本征半导体即使受热激发产生了大量的载流子，其导电能力仍与金属导体的导电性能相差甚远。

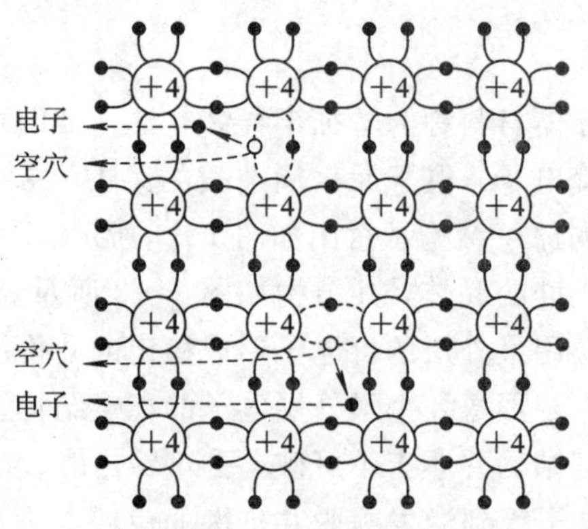

图 1-3 载流子的形成

1.1.2 杂质半导体

本征半导体在半导体元器件的生产过程中主要充当基础材料来使用，通常在本征半导体中掺入微量的“杂质”元素构成**杂质半导体**。根据掺杂元素的不同，杂质半导体又可以分为P型半导体和N型半导体。

1. P型半导体

在本征半导体中掺入微量的+3价元素，如硼、铟等，即可构成**P型半导体**，图1-4所示为在硅材料中掺入硼元素形成的P型杂质半导体材料的晶体结构。掺入的+3价硼原子在与硅原子形成共价键结构时，由于硼原子最外层只有3个价电子，因此每个硼原子只能与3个相邻的硅原子结合形成共价键结构，由于缺一个价电子不能与第4个相邻的硅原子形成共价键，这样就在该硼原子外部形成了一个空位，如果这个硼原子周围的硅晶体的共价键受激发断裂形成的自由电子被硼原子俘获，填补到该空位上就可以在硼原子外部形成4个完整的共价键结构了，此时的硼原子变成了一个不可移动的带负电的离子，而失去电子的位置上形成了一个带正电的空穴，此时整个半导体对外仍呈现电中性。掺杂的浓度越高，杂质半导体材料中的空穴的浓度就越高。在P型半导体中由于掺杂提供了大量的空穴，因此空穴的浓度远高于因共价键激发断裂而产生的自由电子的浓度，因此把空穴称为**多数载流子**，简称**多子**，而自由电子的浓度仅与激发产生的自由电子的浓度有关，并且数量极少，称为**少数载流子**，简称**少子**。由于掺入的杂质元素可以接收自由电子形成共价键结构，因此把掺入的杂质元素称为**受主元素**。

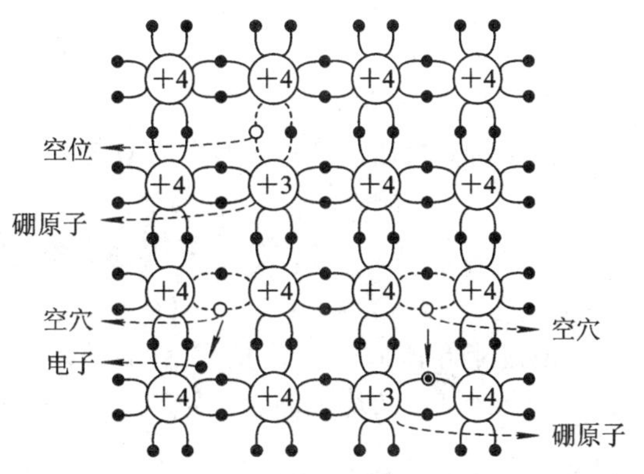

图1-4 P型半导体

2. N型半导体

在本征半导体中掺入少量的+5价元素，如磷、砷等，即可构成**N型半导体**。图1-5所示为在硅材料中掺入少量磷元素形成的N型杂质半导体的晶体结构。掺入的+5价磷原子在与硅原子形成共价键结构时，由于磷原子最外层价电子数为5个，每个磷原子与周围的4个硅原子形成共价键后多出一个电子，该电子由于不受共价键的束缚成为自由电子，失掉一个电子的磷原子成为带正电的离子，但是整个杂质半导体对外显示电中性。掺杂浓度越高，提供的自由电子的浓度就越高，N型半导体材料的导电性就越好。每个杂质原子提供一个自由电子，称为**施主元素**。

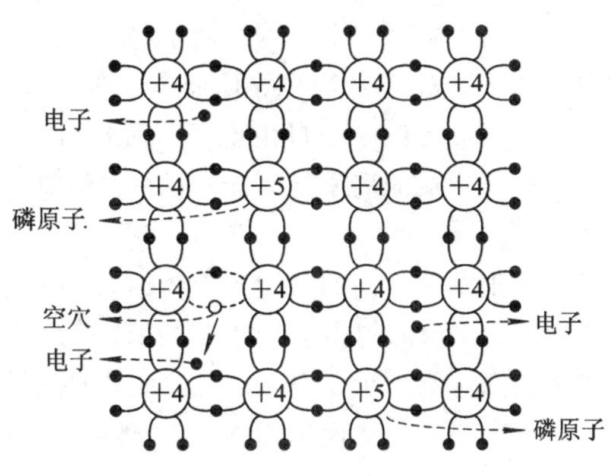

图1-5 N型半导体

在N型半导体中除了杂质提供的大量的自由电子外，杂质半导体本身也会由于激发而产生少量的电子-空穴对，因此自由电子的浓度远高于空穴的浓度，称为多子，而空穴称为少子。

1.1.3 化合物半导体

由单一的硅、锗等第IV主族元素构成的本征半导体也称为**元素半导体**，由几种元素化合而成的半导体材料称为**化合物半导体**，如砷化镓(GaAs)、氮化镓(GaN)、碳化硅(SiC)及锑化铟(InSb)等。化合物半导体材料由于在某些方面的突出特性而使其得到广泛的应用。化合物半导体材料也可以通过掺杂得到对应的杂质半导体。

随着微电子技术的发展，砷化镓材料已是化合物半导体材料中应用最为广泛、相关技术最为成熟的材料。采用砷化镓材料制作的超高速集成电路和微波、毫米波单片集成电路是雷达电子对抗、高速计算机及卫星通信设备提高速度的关键电路，亦广泛用于蜂窝电话、数字个人通信、光纤通信以及航天系统等领域。采用砷化镓材料可制作半导体发光器件，如发光二极管(LED)和固体半导体激光器(LD)，尤其是以砷化镓材料制作的各种发光二极管，具有耗电量小、寿命长、发热量少、反应速度快、体积小等许多优点，是当今半导体照明工程中不可或缺的一大材料分支，其相关产品已在室内及户外显示、LCD背光源、全彩显示屏、交通信号灯、汽车灯具等领域得到了广泛应用。

1.2 PN结及其特性

PN结及其特性

通过半导体加工工艺把P型半导体与N型半导体紧密地结合在一起，在两种材料的接触面之间就形成了PN结。

1.2.1 PN结的结构

P型半导体掺入的杂质元素提供导电空穴，空穴带正电，每个带正电的空穴与提供该空穴的杂质离子一起对外显示电中性，如果杂质原子俘获了外来电子，复合掉了本身的空穴，则成为带负电的离子，则必然在其他位置由于失去电子而形成新的空穴，带负电的杂质离子与对应的空穴整体上对外仍然显示电中性。这里为研究问题简单起见，我们认为P型半导体材料中每个杂质原子提供了一个带正电的空穴，而自身成为带负电的离子。对于N型半导体而言，掺入的杂质提供导电的自由电子，电子带负电，每个杂质原子可以提供一个自由电子，而自身由于失去一个电子而带正电，成为带正电荷的离子。掺杂形成的离子是不能移动的，但是它可以参与导电，真正起导电作用的是空穴和自由电子。

当把两种不同的杂质半导体结合在一起时，在两种材料的接触面会出现什么现象呢？P型半导体内部的多子为空穴，浓度远远高于少子电子的浓度；N型半导体的多子为电子，其浓度远远高于少子空穴的浓度。当两种半导体材料结合在一起时，在接触面两侧，P型半导体中空穴的浓度远远高于N型半导体中空穴的浓度，而N型半导体中电子的浓度又远远高于P型半导体中电子的浓度。由于接触面两侧彼此的多子的浓度存在很大的差异，因此浓度高的一侧的多子会向浓度低的一侧移动，使接触面两侧的多子的浓度趋于平衡，

把这种由于浓度差引起的载流子的移动称为**扩散运动**。图1-6所示为PN结形成开始阶段多子扩散示意图。由于扩散运动的存在，N型半导体一侧的多子电子扩散到P型半导体一侧，并与P型区的多子大量复合，P型区的空穴被复合以后只留下带负电的杂质离子；同理，P型区的空穴扩散到N型区并与N型区的电子大量复合，N型区的电子被复合掉后只留下带正电的杂质离子，把接触面两侧多子被复合后剩余的带电离子层称为**耗尽层**。由于杂质离子带电，将在接触面的两侧由带电离子形成一个区域电场，称为**内电场**，内电场的方向由N型区指向P型区。内电场的形成对多子的扩散具有阻碍作用。随着扩散的持续，两侧带电离子层越来越宽，内电场变得越来越强，电场对多子的扩散的阻碍作用越来越强，多子的扩散变得越来越困难，越来越弱。图1-7所示为PN结的结构示意图。

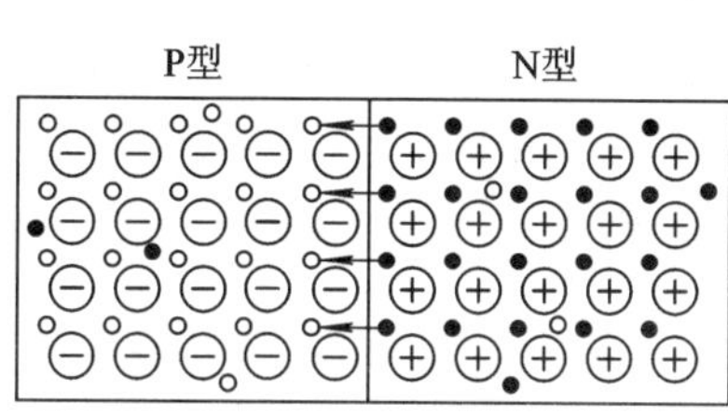

图1-6　扩散运动

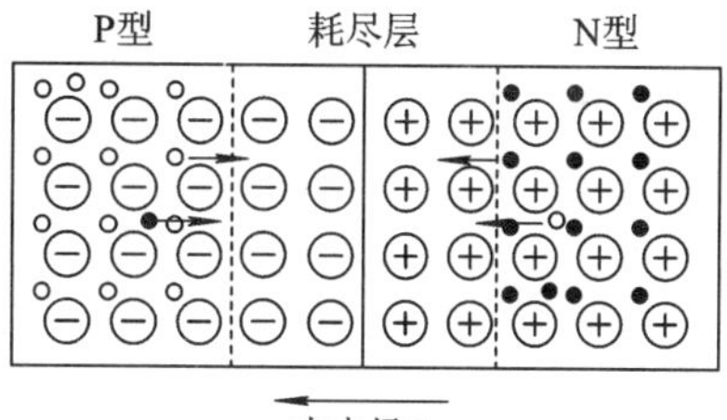

图1-7　PN结结构示意图

其实，P型区和N型区都存在一定量的少子，少子的数量虽然少，但是双方的少子可以彼此移动到对方参与导电，把少子的这种移动称为**漂移运动**。在P型区和N型区接触之初，两边的多子浓度差大，多子扩散运动强烈，少子的漂移运动很弱，但是随着扩散的持续，内电场出现并不断加强，内电场对于P型区的少子电子及N型区的少子空穴穿越接触面有加速作用，因此，随着内电场的增强，扩散运动变得越来越弱，漂移运动却变得越来越强，最终扩散运动和漂移运动达到平衡，耗尽层不再加宽，内电场也稳定下来，把此时存在于P型半导体材料和N型半导体材料接触面之间的这样一种结构就称为**PN结**。它是接触面两侧多子的扩散运动与少子的漂移运动达到动态平衡的结果。PN结的发现和应用对电子技术的发展起到了巨大的、基础的作用，如果没有PN结，很难想象现在的科技发展会是一番什么样的状况！

1.2.2　PN结的导电性能

给PN结的两侧施加不同电压，研究PN结在不同电压条件下的导电性能，并定义流过PN结的电流与PN结两侧所加电压的关系为PN结的伏安特性。根据所加电压方向的不同，PN结的伏安特性又分正向伏安特性和反向伏安特性。

1. 正向伏安特性

给PN结外加直流电压，P型区接电源的正极，N型区接电源的负极，此时称**PN结加正向电压**或**PN结正偏**，如图1-8所示。这里取流入P型区的电流I的方向为电流的参考正方向，规定PN结上电压U的参考方向为P型区为正，N型区为负。由于外加电源的接入，P型区注入了大量的正电荷，N型区注入了大量的电子，并且由于外加直流电压U_E的存在，在PN结的耗尽层的两侧建立起一个外加的电场E_1，该电场与PN结的内电场E方向相反，因此内电场E必然受到外加电场E_1的削弱，E的削弱则有利于PN结两侧多子的扩散，因此扩散运动加强，耗尽层被压缩变窄。当外加直流电压幅值足够高时，两侧的多子的扩散运动足够强，耗尽层被压缩到完全消失，PN 结呈现导通的状态。

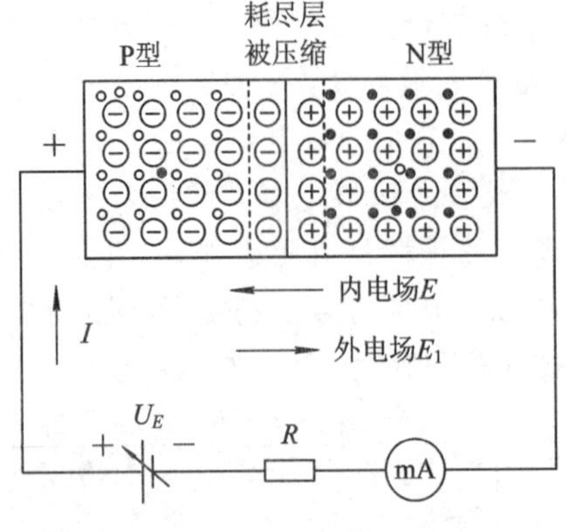

图 1-8　PN 结正偏

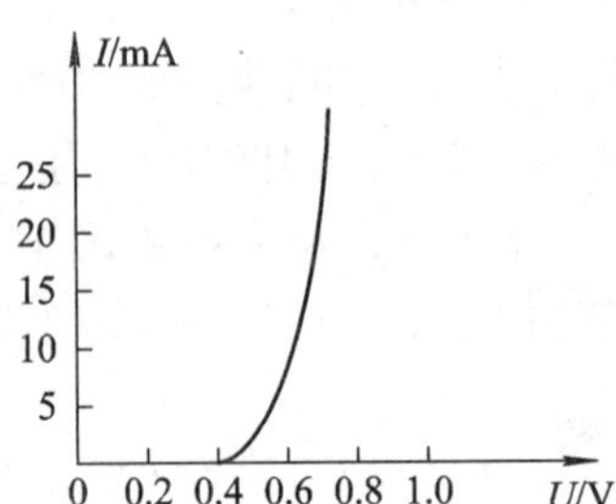

图 1-9　PN 结正向伏安特性

图 1-9 为硅材料 PN 结加正偏电压时的伏安特性示意图，从图可以看出，当外加电压幅值比较低时，PN 结的导通电流几乎为零(其实此时的电流是有的，只是电流非常微弱，忽略掉了)，但是随着外加电压的增加，PN 结的导通电流开始出现，并且，在此之后随着外加直流电压的增大电流急剧上升。把 PN 结电流近似为零的区域称为**死区**。PN 结的正偏导通电流随外加正偏电压的变化现象与 PN 结内部微观结构在正偏电压作用下的变化是一致的。当正偏电压幅值较小时，PN 结的耗尽层只是被压缩变薄，PN 结两侧多子的扩散仍然受到内电场的阻碍，电流很小；当外加正偏电压增加到一定幅值，耗尽层几乎被压缩消失，此时扩散电流出现并上升，之后随着外电压的增大而增大；当正偏电压足够强，内部的耗尽层及内电场完全被瓦解，此时 PN 结两侧完全导通，外电压的增加全部转化为回路电流的增加，电流上升显著。在图 1-8 所示的测试电路情况下，如果在 PN 结导通后显著地调高外加电压 U_E 的幅值，PN 结两端的电压 U 并不会显著上升，而是近似为一个常数，对于硅材料 PN 结，该电压约为 0.6～0.7 V，此时，电源电压主要消耗在回路串联电阻 R 上。如果没有串联电阻 R，给 PN 结直接施加较高的电压，PN 结将产生很大的电流，长时间工作必然造成 PN 结的损坏。

2. 反向伏安特性

和正偏电压的方向相反，P 型区接直流电源的负极，N 型区接直流电源正极，称 **PN 结外加反向电压**或 **PN 结反偏**。图 1-10 所示为 PN 结反偏伏安特性测试电路。在此，仍规定流入 PN 结 P 型区的电流方向为电流的正方向，PN 结上电压的参考方向仍取 P 型区为正，N 型区为负。可以看出，此时外加直流电压在 PN 结两侧产生一个外电场 E_1，该外电场的方向与 PN 结本身内电场 E 的方向一致，因此相当于内电场 E 增强，耗尽层变宽，多子的扩散运动被进一步抑制。由于 PN 结两侧等效的电场增强，有利于 PN 结两侧少子的漂移运动，因此反偏状态下的 PN 结会有从 N 型区到 P 型区的漂移电流，但是由

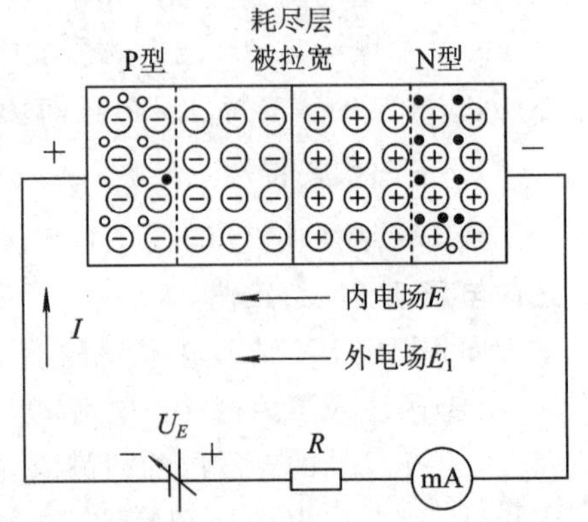

图 1-10　PN 结反偏

于少子的数量仅与温度引起的本征激发相关，不会因为反偏电压的变化而显著变化，因此在PN结没有发生反向击穿之前，该反向漂移电流很小，并基本保持恒定，对于硅PN结通常只有微安级的电流。由于PN结非击穿情况下反向电流很小，通常在工程实际中可以忽略，这样就可以认为PN结反偏时的电流为零，或PN结反偏截止。

外加反偏电压越高，PN结两侧等效的电场越强，当电子穿过该电场时获得的加速度越大，动能越大。由于PN结的厚度很薄，外加反偏电压持续增大能够形成极强的PN结电场，电子通过该电场获得足够高的速度和动能后撞击耗尽层中的共价键可能使其断裂，从而产生较多的载流子，进而被撞断产生的电子继续在电场的作用下加速去撞击更多的共价键使其断裂，产生越来越多的载流子，从而形成很强的反向导通电流，这种现象称为**雪崩击穿**。发生雪崩击穿后流过PN结的电流会很大，如果该电流持续的时间较长，将产生很高的热量，可能使PN结永久损坏。当PN结加反偏电压时，还会发生一种击穿现象，称作**齐纳击穿**。齐纳击穿的过程为：由于外加反偏电压增加，形成很强的PN结电场，当该电场强度达到一定程度时，它能够直接破坏耗尽层(空间电荷区)中的共价键，使其断裂，从而产生大量的载流子形成击穿电流。齐纳击穿通常发生在高掺杂的PN结中，在高掺杂的PN结中，耗尽层中带电离子的密度更高，相同反偏电压情况下，耗尽层更窄，形成的电场更强，更有利于齐纳击穿的发生。发生齐纳击穿后PN结上的电压基本保持恒定，利用这一原理可以制作稳压二极管。图1-11所示为PN结的反向伏安特性示意图。

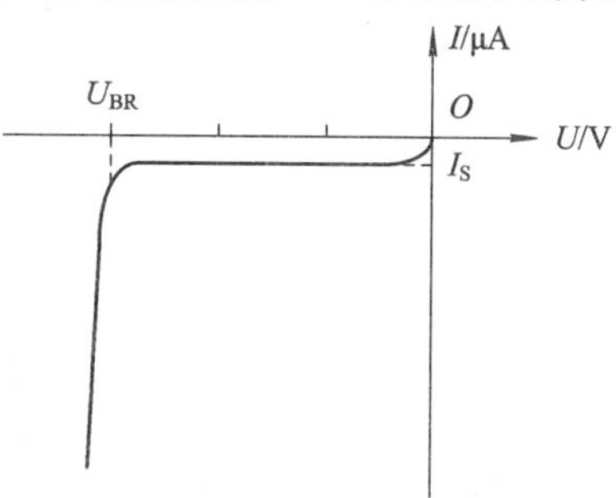

图1-11 PN结反向伏安特性

如图1-11所示，由于实际的电流方向与电流的参考方向相反，PN结所承受的电压也与电压的参考方向相反，因此PN结的反向伏安特性位于第三象限。从图1-11可以看出，加在PN结的反向电压幅值从零开始增加时，流过PN结的电流幅值增加，但是很快趋于稳定；随后，反偏电压增加，流过PN结的反向电流基本保持稳定，把这个电流称为**PN结的反向饱和电流**，用I_S表示。当反偏电压达到足够大时，PN结击穿，并形成很强的导通电流，击穿后PN结所承受的反偏电压U_{BR}基本保持稳定。

1.2.3 PN结的电容效应

PN结具有一定的电容效应，该电容效应通过**扩散电容效应**和**势垒电容效应**体现出来。当PN结正向偏置时，在PN结接触面的两侧会体现出扩散电容效应，用C_D表示该扩散电容。当PN结正偏导通时，P型区的空穴扩散到N型区，使得N型区的空穴浓度大幅提高，同样，N型区的电子也扩散到P型区，使得P型区的电子浓度大幅提高，此时就相当于在PN结的N型区存储了一定量的正电荷，P型区存储了一定量的负电荷，从而产生扩散电容效应。扩散电容效应的大小与PN结的正偏电压的高低及导通的程度相关，正偏电压越高，导通程度越强，扩散电流越大，扩散电容效应愈强。

当PN结反偏时，在PN结接触面两侧会体现出一定的势垒电容效应，用C_T来表示势垒电容。在PN结接触面两侧存在耗尽层，耗尽层P型区一侧带负电，N型区一侧带正电，就相当于一个电容，当PN结反偏时，耗尽层会变宽，等效地相当于电容两极板的荷电量增加，势垒电容效应增强。

1.3 二极管

1.3.1 二极管的结构、符号及分类

二极管的结构简单，在一个PN结的两侧分别引出电极，并把该PN结封装起来，引出电极引线就构成了一个二极管。图1-12所示为二极管的结构示意图。从P型材料一侧引出的电极称为二极管的阳极A，从N型材料引出的电极称为二极管的阴极K。二极管可以用符号来表示，普通二极管的电路符号如图1-13所示。二极管符号中三角形箭头方向表示二极管正偏导通时电流的方向。

图1-12 二极管结构　　图1-13 二极管符号

二极管的种类繁多。按照制造二极管PN结的材料来分，可以分为锗二极管、硅二极管、砷化镓二极管等；按照制造二极管采用的工艺来分又可以划分为点接触型、面接触型和平面型几种。图1-14所示为不同工艺类型二极管的内部结构示意图。

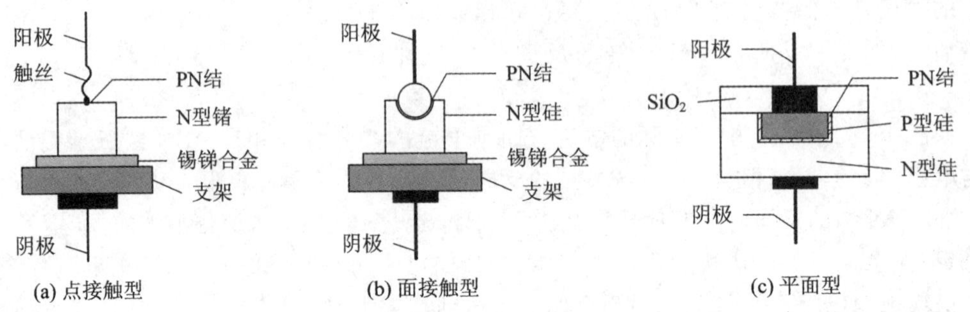

图1-14 不同工艺类型二极管结构

点接触型二极管的结构如图1-14(a)所示，其制造过程为：让一根很细的金属触丝与一块N型半导体材料相接触，并在金属触丝上施加一个幅值很大的瞬态电流，使得触丝烧结在N型材料的表面，在金属丝与N型材料烧结点的接触面上将会形成面积很小的PN结。由于点接触型PN结面积小，二极管的结电容效应小，高频响应性能好，因此这种类型的二极管被广泛应用于检波、混频等场合；这种二极管的不足在于PN结的面积小，能够流过的电流较小，能够承受的最大反向电压较低。

面接触型二极管的结构如图1-14(b)所示，它是用合金法将一合金小球高温熔化在N型材料上形成PN结的。由于合金小球与N型材料接触面大，形成的PN结面积较大，因而可以允许较大电流通过，也能承受较高的反向电压及较高的工作温度，但由于结电容较大，因此不能用于高频，主要用于低频、大电流的电路中。例如在中、大功率的整流电路中，广泛将面接触型二极管作为整流二极管使用。

平面型二极管的结构如图1-14(c)所示，平面型二极管的制造工艺与点接触型、面接

触型二极管有较大的区别，这种制造工艺实际上是一种适合进行集成制造的生产工艺。该工艺过程为：先在 N 型硅片(通常称为衬底)上生成一层二氧化硅(SiO_2)绝缘层，再用光刻技术在需要制作 PN 结的地方开一窗口，去掉该窗口处的二氧化硅绝缘层，然后在窗口处进行高浓度硼扩散，在 N 型材料上形成一块 P 型区，这样在 P 型区与 N 型区之间便形成了 PN 结，最后在 PN 结的两侧引出电极，就可以完成二极管的制造了。平面型二极管的主要优点是：PN 结位于二氧化硅绝缘层的下面，不易受污染，因而性能稳定；其次，由于采用光刻技术，可以在一块硅片上一次制造数千只二极管，管子参数一致性较好；最后，通过光刻及扩散工艺可以控制所生成的 PN 结的面积大小，从而生产出不同参数的二极管，满足不同场合的需求。

1.3.2　二极管的伏安特性

二极管的伏安特性就是 PN 结的伏安特性，在前面已经介绍了 PN 结的正向伏安特性和反向伏安特性，这里规定二极管所加电压的参考正方向为正偏电压方向，规定流过二极管电流的参考正方向为正偏电流方向，用 u_D 表示二极管两端的电压，用 i_D 表示流过二极管的电流，并且把二极管的正向伏安特性与反向伏安特性画在同一个坐标系中，这样就可以得到一张完整的二极管伏安特性图了。不同半导体材料制成的二极管的伏安特性不同。图 1－15 所示为二极管的伏安特性示意图，图中曲线①为硅二极管的伏安特性，曲线②为锗二极管的伏安特性。由于二极管的正向伏安特性与反向伏安特性有较大的差异，很难采用同一坐标刻度把正、反特性表示在一个坐标系中，因此，这里表示正向伏安特性与反向伏安特性的坐标刻度及单位不同。从图 1－15 可以看出，锗管正偏时电压幅值达到 0.2 V 左右就开始导通，而硅管达到 0.5 V 左右才开始导通，正偏导通后锗管的管压降约为 0.2 V 到 0.3 V，而硅管的管压降约为 0.6 V 到 0.7 V。对比锗管和硅管的反偏特性可以发现，锗管的反向饱和电流通常比硅管大，这是由于在相同温度条件下锗管受热激发产生的少数载流子比较多。

温度对二极管的伏安特性有较大的影响。图 1－16 所示为硅二极管在两种不同温度情况下对应的伏安特性，其中曲线①对应的温度为 t_1，曲线②对应的温度为 t_2，并且 $t_1<t_2$。通过对比可以看出：当二极管正偏时，温度升高，二极管的死区电压减小，管压降相同时，温度越高产生的正偏导通电流越大；当二极管反偏时，温度越高反向饱和电流越大，反向击穿电压幅值越高。

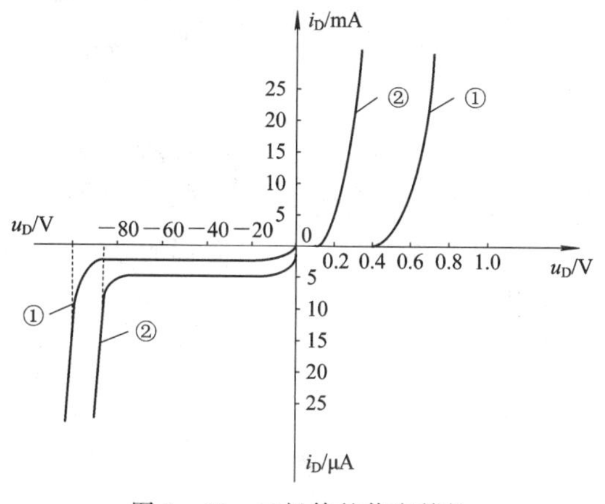

图 1－15　二极管的伏安特性

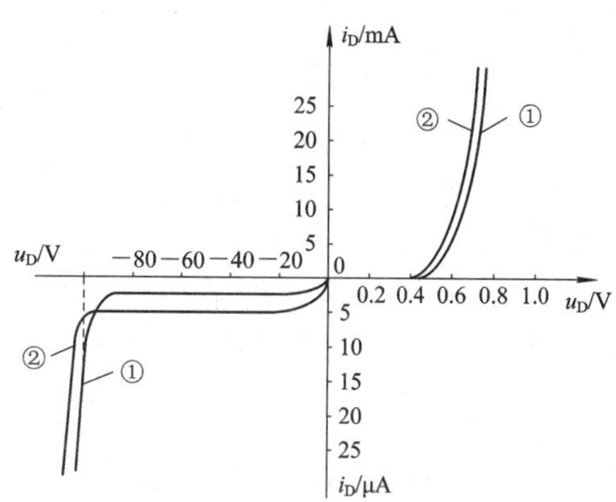

图 1－16　温度对伏安特性的影响

进一步的研究还发现，二极管的电流与其管压降存在定量的函数关系，该关系表达式为

$$i_D = I_S\left(e^{\frac{u_D}{u_T}} - 1\right)$$

式中 I_S 为二极管的反向饱和漏电流，u_T 为温度电压当量，且 $u_T = kT/q$，即其值与二极管PN结的绝对温度 T 和波尔兹曼常数 k 成正比，与电子电量 q 成反比。在室温，即 $T=300$ K时，$u_T \approx 26$ mV。当二极管正偏导通时，$u_D \gg u_T$，$i_D = I_S\left(e^{\frac{u_D}{u_T}} - 1\right) \approx I_S \cdot e^{\frac{u_D}{u_T}}$，该式表明二极管正偏导通后 i_D 与 u_D 之间近似呈指数规律变化；当 $u_D = 0$ V时，$i_D = 0$；当二极管反偏时，由于 $-u_D \gg u_T$，$e^{\frac{u_D}{u_T}} \ll 1$，$i_D \approx -I_S$。

1.3.3 二极管的参数

二极管的参数是定量描述二极管性能的质量指标，是正确使用和合理选择器件的重要依据，只有正确理解这些参数的意义，才能合理、正确地使用二极管。二极管的参数很多，这里简要介绍几个最常用的主要参数。

1. 最大正向平均电流 I_F

最大正向平均电流指的是二极管长期工作时所允许通过的最大正向平均电流，也称为最大整流电流。它是由PN结的面积和外部散热条件决定的。实际使用时，流过二极管的平均电流不应超过此值，并要满足所规定的散热条件，否则将导致温度过高，性能变坏，甚至会烧毁二极管。

2. 反向击穿电压 U_{BR}

反向击穿电压指的是二极管能够承受的最大反向电压。该参数为二极管的极限参数，当二极管所承受的反偏电压超过此参数时，二极管极易击穿损坏。为了确保二极管使用安全并留出一定的安全裕量，二极管使用时所允许施加的最高反偏电压一般应该不超过反向击穿电压的一半。

3. 反向饱和漏电流 I_S

该参数是在常温条件下，给二极管施加一定的非击穿反偏电压测量得到的反向漏电流，此值越小，二极管反偏截止性能越好。该参数对温度很敏感，温度升高反向饱和漏电流会增加。

4. 最高工作频率 f_M

给二极管两端施加交流信号，二极管交替承受正偏与反偏电压，于是二极管交替导通截止，但是当不断提高交流信号的频率时，即使二极管承受瞬时的反偏电压，二极管也不会截止，此时二极管失去单向导电能力。产生这一现象的原因是由于二极管的电容效应。二极管的最高工作频率 f_M 指保持二极管的单向导电性不被破坏的情况下，能够给二极管施加的交流信号的最高频率。

5. 直流电阻 R_D

二极管的直流电阻 R_D 是指二极管所承受的电压 u_D 与流过二极管的电流 i_D 的比值，即 $R_D = u_D / i_D$。如图1-17所示，二极管的工作点为 A 点，此时二极管的管压降为 u_{DA}，电流为

i_{DA}，此时二极管的直流电阻为 $R_D = u_{DA}/i_{DA}$。该直流电阻就是原点与 A 点连线斜率的倒数，那么易知二极管的直流电阻并不是一个常数，它是随着二极管的工作点改变而变化的。

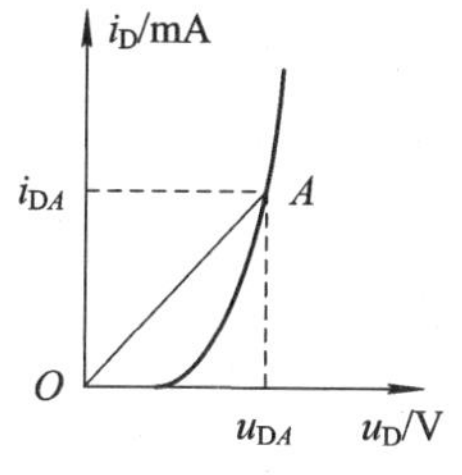

图 1-17　直流电阻

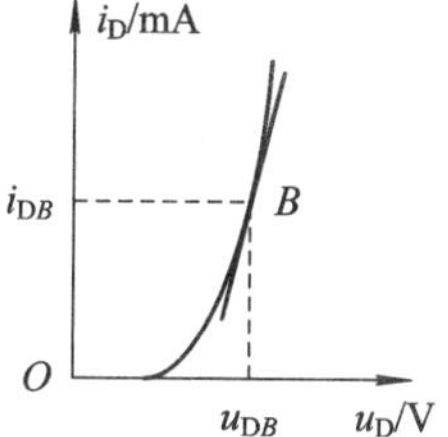

图 1-18　交流电阻

6. 交流电阻 r_d

二极管的交流电阻 r_d 是用来衡量二极管在一定直流偏置状态下，施加交流小信号时，二极管对交流小信号体现出的电阻特性，它的值为二极管伏安特性上直流工作点处对应的曲线的切线的斜率的倒数，即 $r_d = du_D/di_D$。当二极管工作点不同时，对应的交流电阻不同。图 1-18 所示为二极管交流电阻示意图，B 点的交流电阻为 B 点切线的斜率的倒数。

1.4　二极管的应用

二极管的应用

二极管的应用非常广泛，可以用于**整流**、**检波**以及**限幅**等，这些应用多是依据二极管的单向导电性原理工作的。

二极管具有单向导电性，即二极管正偏导通反偏截止。实际的二极管正偏导通必须使正偏电压大于正偏导通的死区电压，由于该值并不大，因此在工程估算中可以忽略二极管的死区电压，这样只要二极管的正偏电压大于零，就认为二极管正偏导通，并且导通后二极管的管压降也认为是零；实际二极管反偏截止并不是完全截止，二极管在反偏状态下会有很小的反向饱和电流，但是该电流通常相对于电路的工作电流微乎其微，因此近似认为二极管在反偏状态下完全截止，导通电流为零，并且认为二极管不会发生反向击穿，这样实际上是对二极管的模型进行了简化，进行了理想化处理，把这样的二极管称为**理想二极管**。在下面关于二极管的应用分析中，为简化起见把二极管当理想二极管处理。

1.4.1　限幅

限幅电路的主要作用是防止输入信号幅度超过后续处理电路输入信号幅度的最大值从而可能对后续处理电路造成的损害。限幅电路又可以分为**上限幅电路**、**下限幅电路**及**双向限幅电路**等。

1. 上限幅电路

图 1-19 所示为上限幅电路。二极管 V_D 与一参考电源相串联并接在信号传输通道上，在图 1-19(a)中参考电源 U_{R1} 为正，在图 1-19(b)中参考电源 U_{R2} 为负。假如给图示电路的输入端施加正弦信号 u_i，图 1-19 所示上限幅电路输出信号的波形如图 1-20 所示。从图可以看出，上限幅电路把输入信号中幅值大于参考电源电压的波形削平了，即无论输入信号幅值多高，输出信号最大值被限制在参考电压幅值上。

对于图 1－19(a)所示的电路，输入信号 u_i 只要大于 U_{R1}，二极管 V_D 就导通，此时 u_o 输出的信号就是参考电压 U_{R1}；而当输入信号 u_i 小于参考电压信号 U_{R1} 时，二极管 V_D 反偏截止，二极管 V_D 与参考电源 U_{R1} 的串联支路相当于不存在，输出信号 u_o 完全跟随输入信号 u_i 变化而变化，输出波形如图 1－20(a)所示。对于图 1－19(b)所示的电路，只是参考电压 U_{R2} 为一负值，其工作原理其实与图 1－19(a)一致，其输出波形如图 1－20(b)所示。

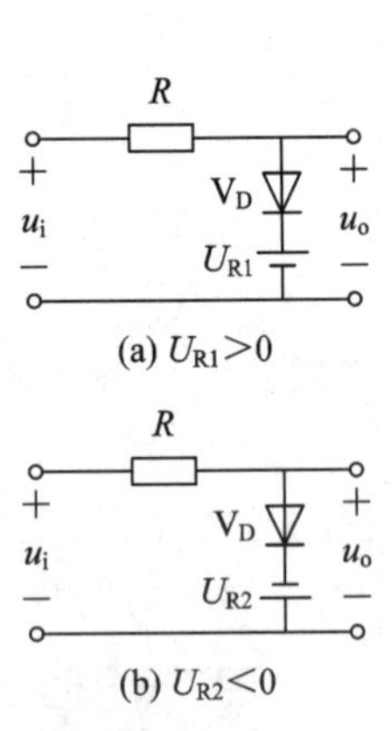

图 1－19　上限幅电路

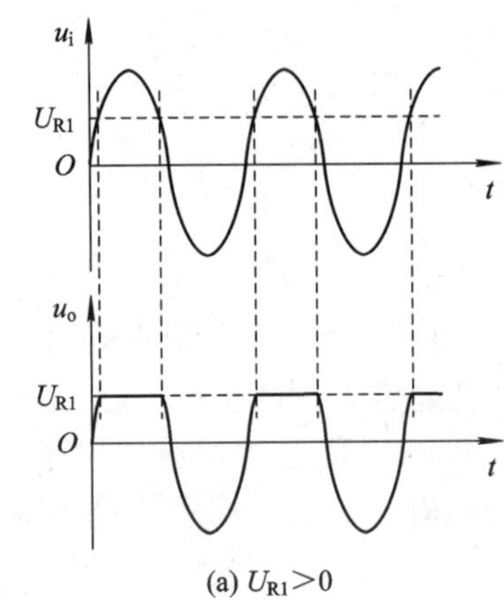

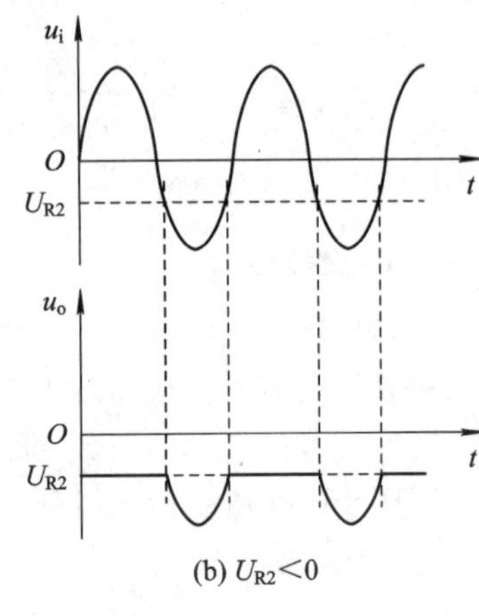

图 1－20　上限幅波形

2. 下限幅电路

图 1－21 所示为下限幅电路。与上限幅电路进行对照可以发现，二极管在电路中的连接方向与上限幅电路正好相反，下限幅电路把输入信号中幅值低于参考电源电压的信号部分削掉了。在图 1－21(a)中，参考电压 U_{R1} 为正，当输入信号 u_i 幅值小于参考电压 U_{R1} 时，二极管 V_D 正偏导通，输出信号 u_o 等于参考电压 U_{R1}；当输入信号 u_i 的幅值大于参考电压 U_{R1} 时，二极管 V_D 截止，输出信号 u_o 跟随输入信号 u_i 的变化而变化，图 1－22(a)为图 1－21(a)的信号波形。在图 1－21(b)中除了参考电压 U_{R2} 为负值以外，其工作原理与图 1－21(a)相同，其对应的信号波形如图 1－22(b)所示。

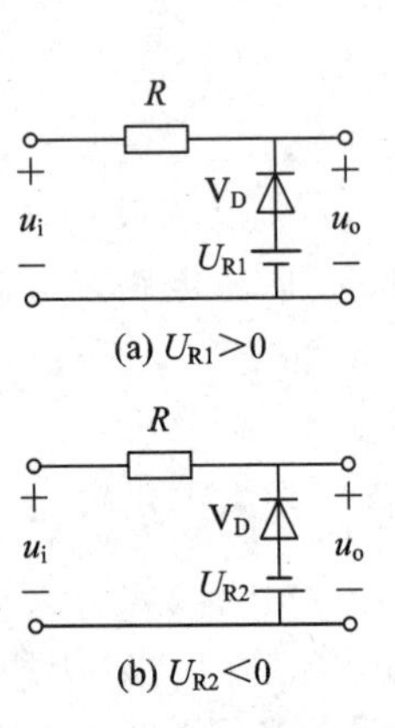

图 1－21　下限幅电路

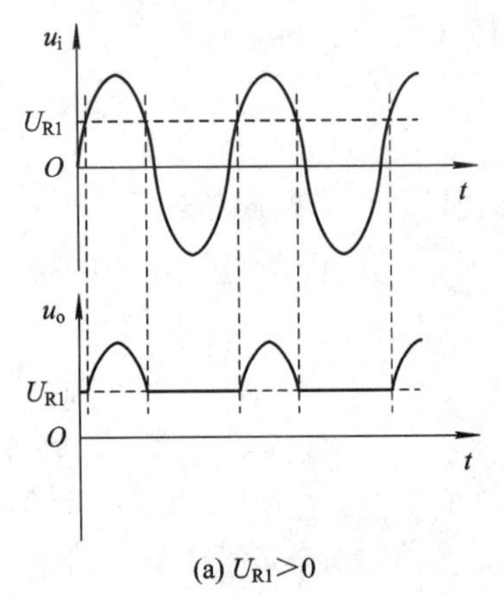

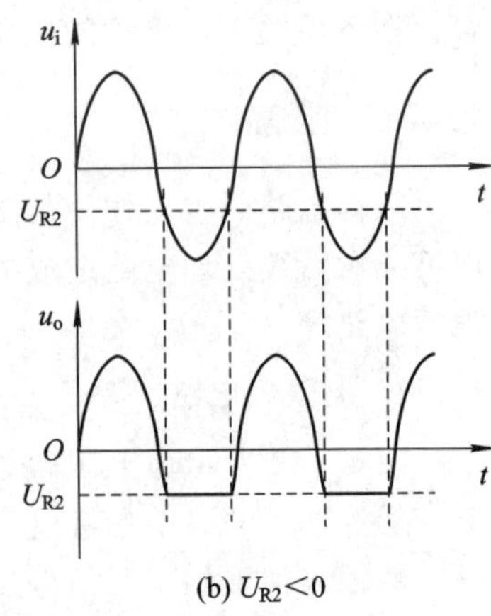

图 1－22　下限幅波形

3. 双向限幅电路

图1-23所示为双向限幅电路，即在信号的输入通道上同时并接上限幅和下限幅支路，上限幅的参考电压为U_{R1}，下限幅的参考电压为U_{R2}，要求$U_{R1}>U_{R2}$。当输入信号$u_i>U_{R1}$时，上限幅二极管V_{D1}正偏导通，下限幅二极管V_{D2}反偏截止，输入信号幅值大于U_{R1}的部分波形被削顶；当输入信号$u_i<U_{R2}$时，下限幅二极管V_{D2}正偏导通，上限幅二极管V_{D1}反偏截止，输入信号u_i小于U_{R2}的部分波形被削掉；只有当输入信号$U_{R2}<u_i<U_{R1}$时，上限幅和下限幅的二极管均截止，输出信号u_o跟随输入信号u_i变化。图1-24所示为双向限幅输出信号的波形，其中参考电源U_{R1}为正值，参考电源U_{R2}为负值，实际应用中可以根据需要灵活设置上、下限幅参考电源。

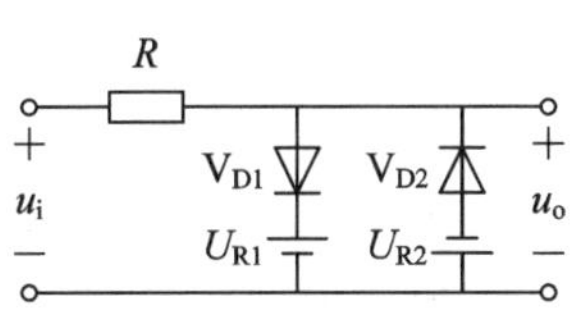

图1-23 双向限幅电路

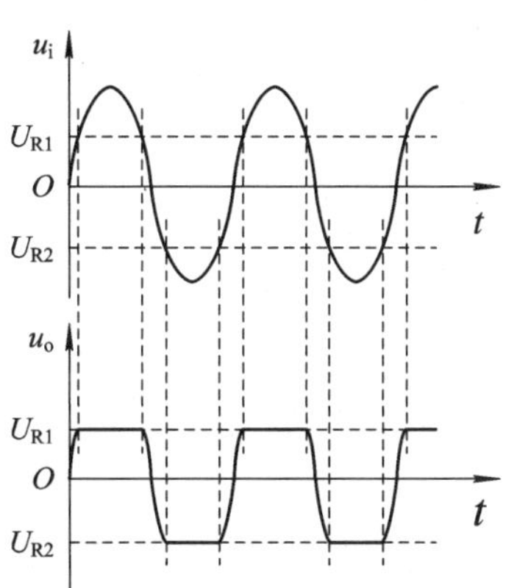

图1-24 双向限幅波形

限幅电路的应用广泛，例如在工业数据采集过程中，由于工业现场环境复杂，由前端传感器传送过来的信号中可能含有大幅度的干扰信号，这些干扰信号一方面降低了数据采样的精度，另一方面很强的干扰信号可能直接造成处理电路的损坏，这时，采用限幅电路就可以有效地降低干扰信号的影响。

1.4.2 整流与滤波

整流电路是把交流信号转换为直流信号的变换电路，在电源电路中应用广泛。整流电路也是利用二极管的单向导电性工作的。整流电路种类较多，这里主要介绍单相整流电路，它是把单相交流电转换为直流电的基本电路，按照结构单相整流电路又可以划分为**单相半波整流电路**、**单相全波整流电路**和**单相桥式整流电路**。下面分别介绍这几种整流电路的工作原理。

1. 单相半波整流

图1-25(a)所示为单相半波整流电路。图中变压器通常用来把幅值较大的交流电变换为幅值较低的交流电，在变压器的一次侧加交流电u_1，在二次侧得到交流电u_2，u_2经过一只整流二极管V_D向负载R_L供电。

图1-25(b)所示为半波整流输入电压u_2与输出电压u_o的波形图，从图中可以看出输

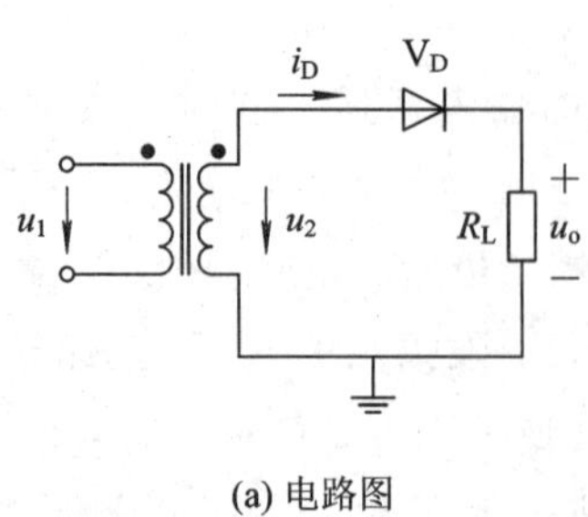

(a) 电路图

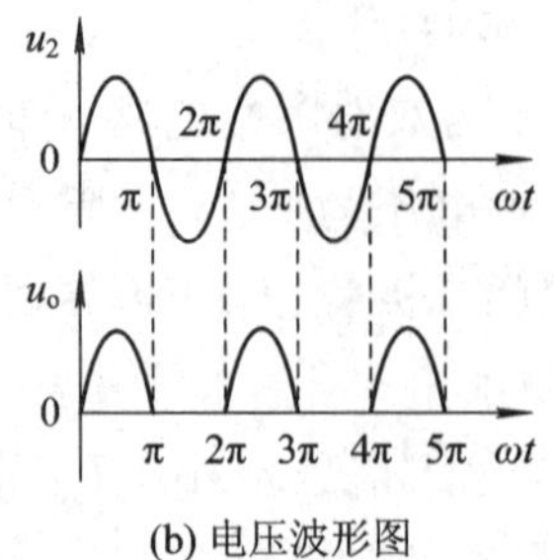

(b) 电压波形图

图 1-25　单相半波整流

入是完整的正弦波，而输出波形 u_o 却只有完整正弦波的一半，负半周的波形被削掉，半波整流由此得名。

分析半波整流电路的工作原理，其实只要分析清楚二极管 V_D 在 u_2 的一个完整的周波内的偏置及导通情况就可以了。如图 1-25(b)所示，在 u_2 的正半周，二极管 V_D 承受正偏电压导通，把二极管当理想二极管处理，就相当于 u_2 直接加在 R_L 的两端，因此输出电压 u_o 的波形与 u_2 一致，此时有电流 i_D 流过二极管及负载 R_L；而在 u_2 的负半周，二极管承受反偏电压截止，二极管相当于断开，此时负载上输出电压 u_o 为零。

设 $u_2=\sqrt{2}U_2\sin\omega t$，其中 U_2 为 u_2 的有效值，则输出电压 u_o 在一个周波内的平均值 U_{oa} 为

$$U_{oa}=\frac{1}{2\pi}\int_0^{\pi}u_2\,\mathrm{d}(\omega t)=\frac{1}{2\pi}\int_0^{\pi}\sqrt{2}U_2\sin\omega t\,\mathrm{d}(\omega t)=\frac{\sqrt{2}}{\pi}U_2\approx 0.45U_2 \tag{1-1}$$

负载 R_L 上的平均电流 I_{oa} 为

$$I_{oa}=\frac{U_{oa}}{R_L}=\frac{\sqrt{2}}{\pi}\frac{U_2}{R_L}\approx 0.45\frac{U_2}{R_L} \tag{1-2}$$

半波整流电路输出的电压波形为脉动的直流电压，为了使输出的直流电压脉动减小，通常需在整流输出端接滤波电容进行滤波。图 1-26(a)为接入滤波电容 C 后的半波整流电路，图 1-26(b)为接入滤波电容后的输出电压及电流波形。滤波电容的接入，使得二极管 V_D 在正半周无法始终保持正偏导通，只有当 u_2 正半周且 u_2 的电压幅度大于电容 C 上的电压时二极管才导通。当 u_2 正半周且幅度大于电容 C 上的电压时，二极管正偏导通，电容充电，其电压跟随 u_2 的增大而增加，当 u_2 达到最大值进而减小到电容电压以下时，二极管重又截止，此后由电容放电向负载供电，随着放电的持续，电容上的电压也就是输出电压 u_o 越来越低，直到下一个正半周 u_2 的值再次大于电容 C 上的电压，二极管再次导通向电容充电。以上充放电的过程不断重复，就得到了如图 1-26(b)所示的直流输出电压和二极管脉动电流。

在图 1-26(a)所示的电路中，显然，接入的滤波电容的容量越大、负载的电流越小，输出电压的脉动就越小，其平均值越高；当负载开路时，负载不取用电流，输出电压将达到 u_2 的最大值 $\sqrt{2}U_2$，并且脉动消失，输出平直的直流电压。通常情况下，当滤波电容 C 和负载 R_L 的时常数满足 $R_LC>(3\sim5)\frac{T}{2}$ 时，输出电压的平均值可以按照 $U_{oa}\approx(1\sim1.1)U_2$ 来估算，T 为交流电的周期。

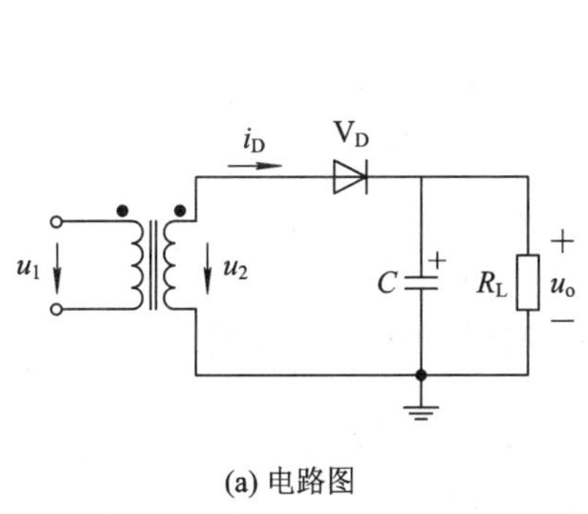

(a) 电路图

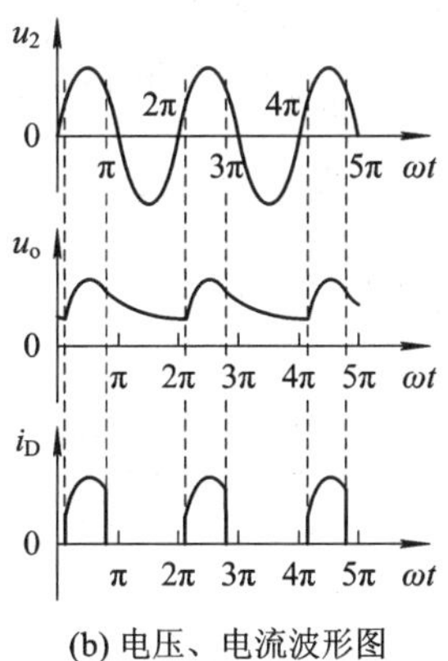

(b) 电压、电流波形图

图 1－26　单相半波整流及滤波

在半波整流及滤波电路中，二极管在 u_2 负半周承受的最高反向电压为$\sqrt{2}U_2$，为确保整流二极管不被反向击穿，电路中所选二极管的反向击穿电压 U_{BR} 至少应该大于二极管实际所承受反向电压的最大值$\sqrt{2}U_2$，即 $U_{BR}>\sqrt{2}U_2$，如果考虑安全余量 U_{BR} 应该选取比$\sqrt{2}U_2$ 更高的值。二极管的最大正向平均电流 I_F 应该大于实际流过二极管的平均电流 I_{oa} 并留有一定的余量。

2. 单相全波整流

图 1－27(a)所示为单相全波整流电路图，在一个带有中心抽头的变压器的两端连接两只整流二极管 V_{D1} 和 V_{D2}，并且把它们阴极并接向负载供电，负载电流从变压器的中心抽头流回。

图 1－27(b)所示为全波整流电路输入输出电压波形，从图中可以看出，在输入 u_2 一个周波内 u_o 输出两个正的半波，就如同把输入信号的负半周的波形沿横轴对折，全部变换成正极性的脉动直流电压一样。在 u_2 的正半周内，V_{D1} 正偏导通，V_{D2} 反偏截止，此时，变压器中心抽头上半部分工作，电流从变压器上端流出经过正偏导通的 V_{D1} 向负载供电，电流由中心抽头流回变压器，此时的电流如图中 i_{D1} 所示。在 u_2 的负半周内，V_{D1} 反偏截止，V_{D2} 正偏导通，此时，变压器中心抽头下半部分工作，电流从变压器下端流出经过正偏导通的 V_{D2} 向负载供电，电流也由中心抽头流回变压器，此时的电流如图中 i_{D2} 所示。在输入 u_2 一个周波内 V_{D1}、V_{D2} 交替导通一次。

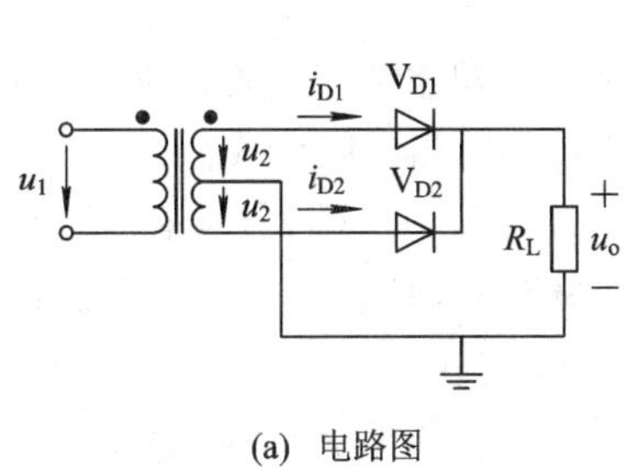

(a)　电路图

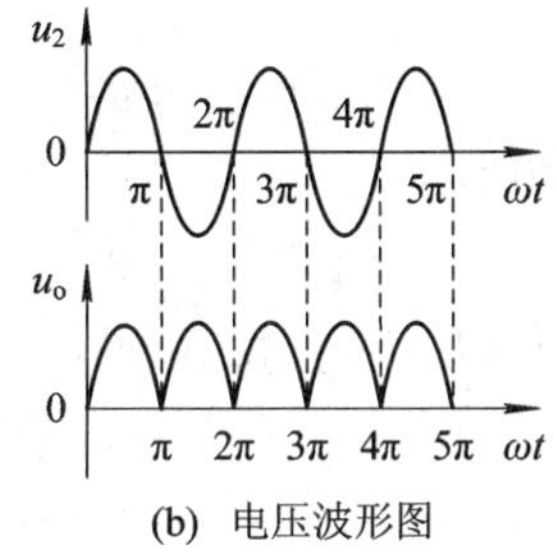

(b)　电压波形图

图 1－27　单相全波整流

设 $u_2=\sqrt{2}U_2\sin\omega t$，其中 U_2 为 u_2 的有效值，显然，输出电压 u_o 在一个周波内的平均值 U_{oa} 为半波整流电路输出平均电压的两倍，即

$$U_{oa}=\frac{1}{\pi}\int_0^{\pi}u_2\mathrm{d}(\omega t)=\frac{1}{\pi}\int_0^{\pi}\sqrt{2}U_2\sin\omega t\,\mathrm{d}(\omega t)=\frac{2\sqrt{2}}{\pi}U_2\approx 0.9U_2 \tag{1-3}$$

负载 R_L 上的平均电流 I_{oa} 为

$$I_{oa}=\frac{U_{oa}}{R_L}=\frac{2\sqrt{2}}{\pi}\frac{U_2}{R_L}\approx 0.9\frac{U_2}{R_L} \tag{1-4}$$

图 1-28(a)所示为接入滤波电容后的全波整流及滤波电路图。

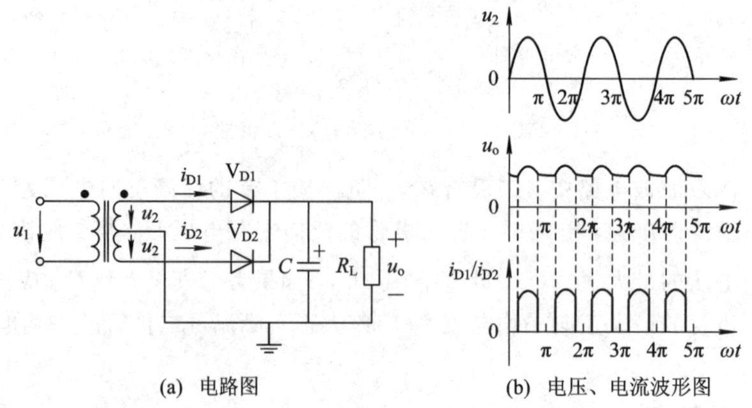

图 1-28 单相全波整流及滤波

如图 1-28(b)所示，输出电压 u_o 的脉动减小，二极管 V_{D1}、V_{D2} 仍然交替导通，但是 V_{D1} 只在 u_2 正半周的部分时间内导通，V_{D2} 只在 u_2 负半周的部分时间内导通。全波整流输出电压的波头数比半波整流翻倍，在经过电容滤波后可以得到较平直的直流电压。通常情况下，当滤波电容 C 和负载 R_L 的时常数满足 $R_LC>(3\sim5)\dfrac{T}{2}$ 时，输出电压的平均值可以按照 $U_{oa}\approx1.2U_2$ 来估算。

在全波整流及滤波电路中，二极管在截止时承受的最高反向电压为 $2\sqrt{2}U_2$，为确保整流二极管不被反向击穿，电路中所选二极管的反向击穿电压至少应该大于二极管实际所承受的反向电压 $2\sqrt{2}U_2$。二极管的最大正向平均电流 I_F 应该大于实际流过二极管的平均电流 $I_{oa}/2$，即负载电流的一半。为安全起见以上参数在选取时必须留有一定的余量。

3. 单相桥式整流

图 1-29(a)所示为桥式整流电路。图中采用 4 只整流二极管构成一个 H 桥整流电路，其中 V_{D1}、V_{D3} 首尾相串联构成一个半桥，V_{D2}、V_{D4} 首尾相串联构成另外一个半桥，两个半桥的中点输入交流电，连接变压器二次侧的输出，V_{D1}、V_{D2} 的阴极并接在一起作为整流输出的正极，V_{D3}、V_{D4} 的阳极并接在一起作为整流输出的负极，负载连接到整流输出的正负极之间。

图 1-29(b)所示为桥式整流电路输出电压的波形，从图中可以看出桥式整流的输出电压波形与单相全波整流电路的输出相同。在 u_2 的正半周 V_{D1}、V_{D4} 承受正偏电压导通，V_{D2}、V_{D3} 承受反偏电压截止，导通电流从 u_2 绕组的上端出发流经 V_{D1}、R_L 和 V_{D4} 回到 u_2 绕组的下端，此时 V_{D1} 上的导通电流 i_{D1} 与 V_{D4} 上的导通电流 i_{D4} 相同。在 u_2 的负正半周

V_{D2}、V_{D3}承受正偏电压导通，V_{D1}、V_{D4}承受反偏电压截止，导通电流从 u_2 绕组的下端出发流经 V_{D2}、R_L 和 V_{D3}回到 u_2 绕组的上端，此时 V_{D2}上的导通电流 i_{D2}与 V_{D3}上的导通电流 i_{D3}相同。可以看出不管是正半周还是负半周流过负载的电流方向不变，负载上得到的电压始终为直流电压。

设 $u_2=\sqrt{2}U_2\sin\omega t$，其中 U_2 为 u_2 的有效值，显然，输出电压 u_o 在一个周波内的平均值 U_{oa}与全波整流电路输出平均电压相同，即

$$U_{oa}=\frac{2\sqrt{2}}{\pi}U_2\approx 0.9U_2$$

负载 R_L 上的平均电流 I_{oa}为

$$I_{oa}=\frac{U_{oa}}{R_L}=\frac{2\sqrt{2}}{\pi}\frac{U_2}{R_L}\approx 0.9\frac{U_2}{R_L}$$

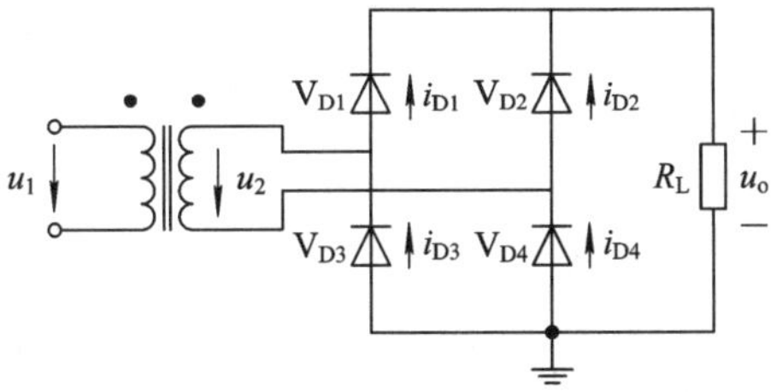

(a) 电路图 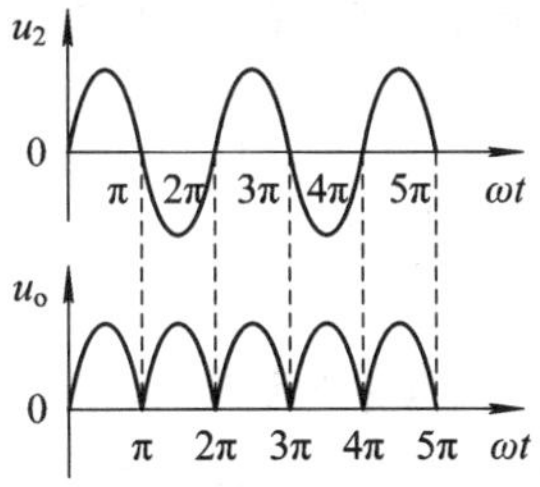　　(b) 电压波形图

图 1-29　单相桥式整流

如图 1-30(a)所示，在桥式整流电路的输出端接入了滤波电容，其输出电压脉动变小。由于滤波电容的接入，在 u_2 的正半周只有当 u_2 的幅值大于电容 C 上的电压幅值时 V_{D1}、V_{D4}才会导通，同样在 u_2 的负半周，只有当 u_2 的幅值上升到大于电容的电压时 V_{D2}、V_{D3}才会导通，因此每只二极管在一个周波的导通角小于 180°。如图 1-30(b)所示，u_2 正

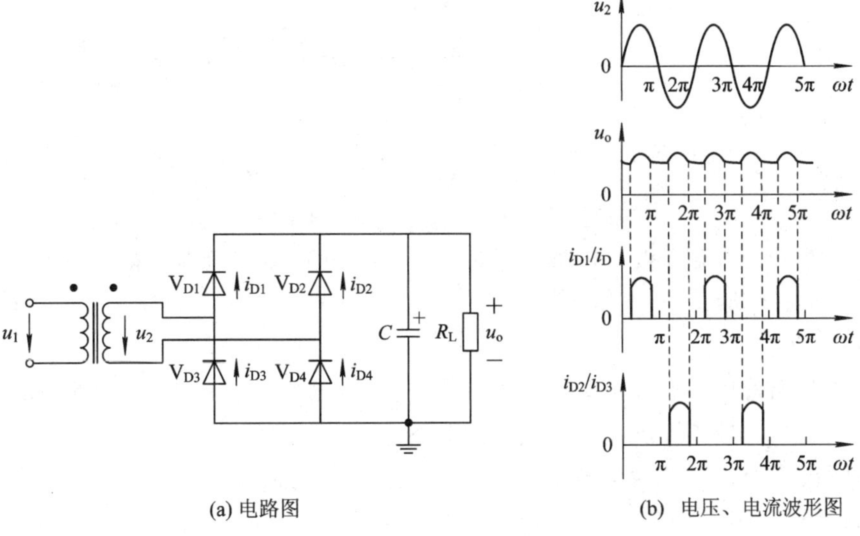

(a) 电路图　　(b) 电压、电流波形图

图 1-30　单相桥式整流及滤波

半周 V_{D1}、V_{D4}导通电流为 $i_{D1}=i_{D4}$，u_2 负半周 V_{D2}、V_{D3}导通电流为 $i_{D2}=i_{D3}$。桥式整流滤波的输出电压平均值与全波相同，当滤波电容 C 和负载 R_L 的时常数满足 $R_LC>(3\sim5)\frac{T}{2}$时，可以按照 $U_{oa}\approx1.2U_2$ 来估算。

在桥式整流滤波电路中，二极管在截止时承受的最高反向电压为$\sqrt{2}U_2$，为确保整流二极管不被反向击穿，电路中所选二极管的反向击穿电压至少应该大于$\sqrt{2}U_2$。二极管的最大正向平均电流 I_F 应该大于实际流过二极管的平均电流 $I_{oa}/2$ 并留有一定的余量。

1.5 其他类型二极管

其他类型二极管

前面主要讨论了普通二极管，另外还有一些特殊用途的二极管，如**稳压二极管**、**肖特基二极管**、**发光二极管**、**光敏二极管**和**变容二极管**等，现介绍如下。

1.5.1 稳压二极管

1. 稳压二极管及其参数

稳压二极管是利用二极管的反向击穿特性工作的特殊二极管。普通二极管反向击穿后极易损坏，稳压二极管却专门设计工作在反向击穿特性下，只要反向击穿后的电流在一定的范围内它就不会损坏，并且击穿后其两端的电压基本保持稳定。图 1－31 所示为稳压二极管的符号及伏安特性。

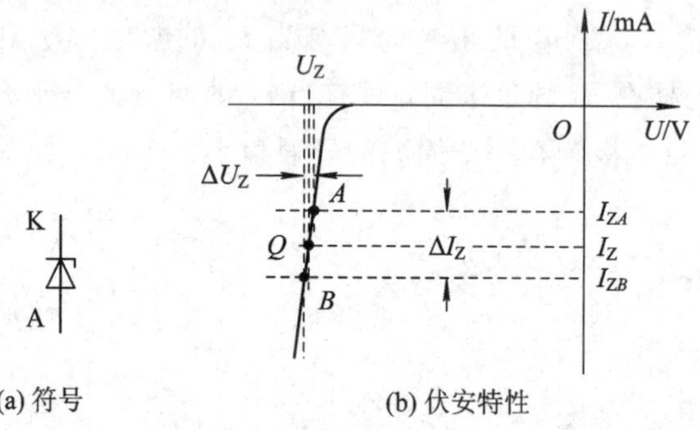

图 1－31　稳压二极管符号及伏安特性

稳压二极管的主要参数与普通二极管有较大的不同，对于稳压二极管来讲主要关注它的反向击穿特性参数。

1）稳定电压 U_Z

稳定电压指稳压二极管在反向击穿导通，并且流过规定测试电流 I_Z 的情况下测得的反向击穿电压值。稳压管反向击穿导通后其管压降会根据导通电流大小在一定范围内变化，U_Z 是指稳压管反向击穿后流过典型电流 I_Z 时的电压值。

2）最大调整电流 I_{ZM}

最大调整电流指在一定温度条件下保持稳压管能够长时间稳定工作情况下测得的稳压

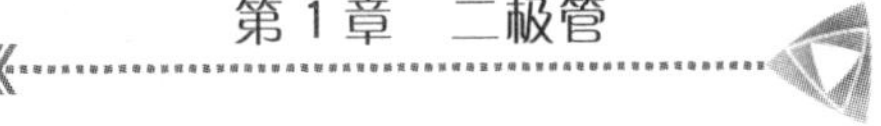

管所能承受反向导通电流的最大值。稳压管的工作电流通常应该保持在一定的范围内，既不能太大，也不能过小，这样，稳压管才能够有较好的稳压效果，实际的工作电流必须小于 I_{ZM}。

3）最大浪涌电流 I_{ZS}

最大浪涌电流指稳压管可以承受的瞬时冲击电流的最大值，通常该电流值远大于稳压管的最大调整电流值 I_{ZM}。

4）最大耗散功率 P_{ZM}

最大耗散功率指稳压管能够承受的最大功率。稳压管在稳压状态下的功率为管压降即 U_Z 与击穿电流的乘积，最大耗散功率 $P_{ZM}=I_{ZM}\cdot U_Z$。实际使用中如果稳压管的功率大于 P_{ZM}，稳压管极易因 PN 结温度过高而损坏。

5）动态电阻 r_Z

动态电阻指稳压管在反向击穿导通的情况下，交流小信号引起的稳压管稳定电压的变化量与流过稳压管电流的变化量的比值。该参数是这样测定的：首先使稳压管反向击穿导通，并且具有一个合适的静态测试电流 I_Z，在该电流的基础上叠加一个一定频率的交流信号，该交流信号的幅值约为直流静态电流的 10%，如图 1－31 所示，稳压管静态工作点为 Q 点，叠加交流信号后导通电流的变化量为 ΔI_Z，引起稳压管的管压降的变化量为 ΔU_Z，则稳压管的动态电阻 $r_Z=\dfrac{\Delta U_Z}{\Delta I_Z}$。动态电阻是随工作点变化的，从数学的角度上理解动态电阻就是稳压管反向击穿曲线切线斜率的倒数，通过曲线可以看出在稳压管开始击穿导通时动态电阻较大，随着导通电流增加稳压管的动态电阻减小，当稳压管电流较大时动态电阻较小，且相对稳定。

6）电压温度系数 α

电压温度系数指使稳压管流过测试电流 I_Z，测量环境温度每变化 1℃引起的稳压管稳压值相对于稳定电压 U_Z 的变化量与稳定电压之比的百分数，即

$$\alpha=\frac{u_Z-U_Z}{U_Z}\cdot\frac{1}{\Delta t}\times 100\%$$

式中 u_Z 为当前测试稳定电压，Δt 为温度变化值。电压温度系数有正温系数和负温系数之分，通常对于稳定电压小于 4.5 V 的稳压管电压温度系数为负值，即温度升高稳压管的稳定电压减小，对于稳定电压大于 5.5 V 的稳压管电压温度系数为正值，即温度升高稳压管的稳定电压会增加。稳定电压介于 4.5～5.5 V 之间的稳压管其电压温度系数可能为正，也可能为负，与具体的温度范围有关。

2. 二极管稳压电路分析

由稳压二极管组成的二极管稳压电路如图 1－32 所示。R_L 为需要稳压供电的负载，稳压管 V_{DZ}与负载 R_L 相并联，并且与调整电阻 R 相串联。

图 1－32 中所示各个电压、电流均为叠加有交流信号的直流信号。输入信号 $u_I=U_I+u_i$，U_I 表示输入的直流分量，u_i 表示输入信号中的交流分量；输出电压 $u_O=U_Z+u_o$，U_Z 为稳压管在输入信号仅为 U_I 时的稳定电压，u_o 为稳压管在交流信号 u_i 作用下的交流输出分量。这里必须强调交流信号能够传递的前提条件是直流分量已经作用于电路，直流信号为

交流信号的传递创造了条件。仅有直流分量作用于电路时稳压管在伏安特性上所对应的点称为稳压管的直流工作点。

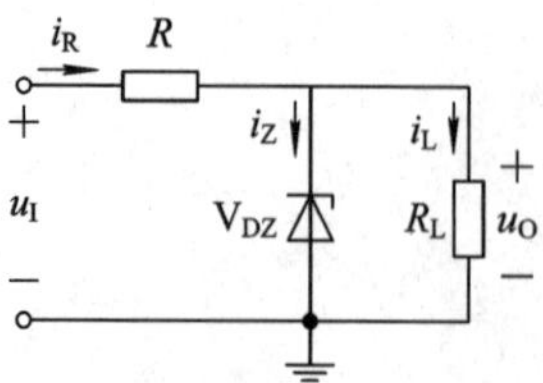

图 1-32　二极管稳压电路

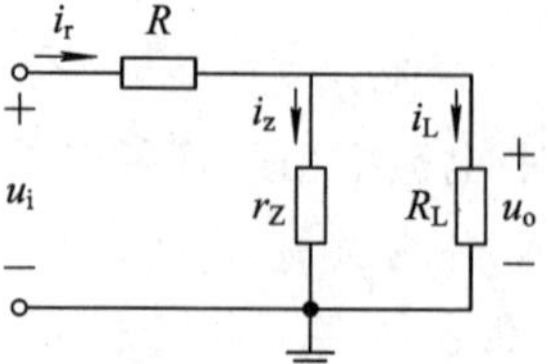

图 1-33　交流等效电路

图 1-33 所示为二极管稳压电路的交流等效电路，图中所示各参数均为交流参数。由图分析可知在交流输入信号 u_i 作用下输出信号 u_o 为

$$u_o = \frac{r_Z /\!/ R_L}{r_Z /\!/ R_L + R} \cdot u_i \tag{1-5}$$

由于 $r_Z \ll R_L$，$r_Z /\!/ R_L \approx r_Z$，因此

$$u_o = \frac{r_Z /\!/ R_L}{r_Z /\!/ R_L + R} \cdot u_i \approx \frac{r_Z}{R + r_Z} \cdot u_i \tag{1-6}$$

在式(1-6)中，$R \gg r_Z$，所以输入 u_i 引起的输出变化仅为输入 u_i 的$\frac{r_Z}{R+r_Z}$倍，这说明输入电压的变化在输出负载上引起的分量很小，正因为如此，稳压二极管才能抑制输入端电压的变化实现稳压。

另外，当负载本身发生变化时，稳压二极管也可以实现输出电压的基本稳定。对式(1-5)进行变换得

$$u_o = \frac{r_Z /\!/ R_L}{r_Z /\!/ R_L + R} \cdot u_i = \frac{\dfrac{r_Z \cdot R_L}{r_Z + R_L}}{\dfrac{r_Z \cdot R_L}{r_Z + R_L} + R} \cdot u_i = \frac{r_Z}{(r_Z + R) + \dfrac{R}{R_L} r_Z} \cdot u_i \tag{1-7}$$

对于式(1-7)，假定输入 u_i 保持不变，研究负载 R_L 变化时输出 u_o 的变化情况。根据式(1-7)可知 R_L 增大，u_o 也增大，R_L 减小，u_o 也减小，但是由于

$$u_o = \frac{r_Z}{(r_Z + R) + \dfrac{R}{R_L} r_Z} \cdot u_i < \frac{r_Z}{(r_Z + R)} \cdot u_i$$

因此 R_L 变化引起的输出变化并不大。

综上所述，稳压二极管不管对于输入信号变化还是输出负载变化引起的负载电压变化都具有抑制作用，从而实现负载上电压的基本稳定。二极管稳压电路通常带负载的能力较差，效率较低，主要用作电压基准信号的产生及小功率负载的供电。

稳压二极管要取得较好的稳压效果，必须使稳压二极管上的电流保持在最小调整电流 I_{Zmin} 到最大调整电流 I_{Zmax} 范围内。根据图 1-32 所示可知流过稳压二极管的电流为

$$i_Z = i_R - i_L = \frac{u_I - U_Z}{R} - \frac{U_Z}{R_L}$$

那么 $I_{Zmin}<i_Z<I_{Zmax}$，即

$$I_{Zmin}<\frac{u_I-U_Z}{R}-\frac{U_Z}{R_L}<I_{Zmax} \tag{1-8}$$

解不等式(1-8)可得

$$\frac{u_I-U_Z}{I_{Zmax}+\dfrac{U_Z}{R_L}}<R<\frac{u_I-U_Z}{I_{Zmin}+\dfrac{U_Z}{R_L}} \tag{1-9}$$

在式(1-9)中考虑输入信号 u_I 和负载 R_L 的变化，当输入信号最大为 u_{Imax}，且负载取得最大阻值 R_{Lmax} 时 R 取得其下限的最大值；当输入信号最小为 u_{Imin}，且负载取得最小阻值 R_{Lmin} 时 R 取得其上限的最小值，即

$$\frac{u_{Imax}-U_Z}{I_{Zmax}+\dfrac{U_Z}{R_{Lmax}}}<R<\frac{u_{Imin}-U_Z}{I_{Zmin}+\dfrac{U_Z}{R_{Lmin}}} \tag{1-10}$$

式(1-10)是二极管稳压电路设计中选择串联调整电阻 R 的依据。实际上二极管稳压电路就是把输入电压变化或负载阻值变化引起的负载电压变化通过稳压二极管转换为 R 上的电流变化，进而通过 R 上的电压变化调整输出电压，使其基本保持稳定。

3. 设计举例

例 1-1　如图 1-34 所示，输入电压的范围 5～7.5 V，负载电阻 $R_L=180\ \Omega$，选用稳压二极管 1N4729 实现稳压。已知 1N4729 的稳定电压为 3.6 V，调整电流的最大值为 250 mA，请选择合适的调整电阻 R。

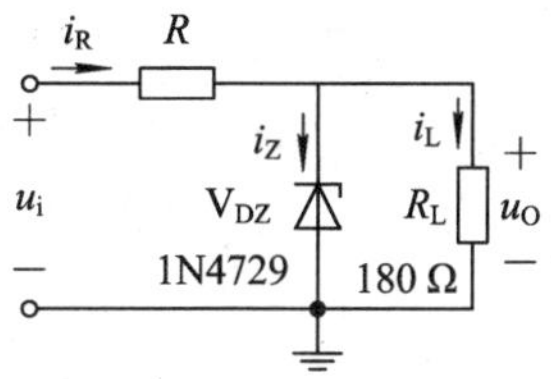

图 1-34　例 1-1 图

解　根据已知条件可知负载是不变化的，其阻值 $R_L=180\ \Omega$，因此无需考虑负载的变化。

稳压管的最大调整电流为 250 mA，最小调整电流可以根据实际选取一个较小的电流值进行计算，这里选取最小调整电流为负载电流的 1/4，即

$$I_{Zmin}=\frac{1}{4}\cdot\frac{U_Z}{R_L}=\frac{1}{4}\cdot\frac{3.6}{180}=5\ \text{mA}$$

然后根据式(1-10)可得

$$\frac{7.5-3.6}{0.25+\dfrac{3.6}{180}}<R<\frac{5-3.6}{0.005+\dfrac{3.6}{180}}$$

解得

$$14.4\ \Omega<R<56\ \Omega$$

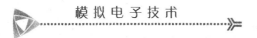

选取 $R=47\ \Omega$ 的电阻，此时 R 上的最大电流为

$$I_{\text{Rmax}}=\frac{U_{\text{Imax}}-U_{\text{Z}}}{R}=\frac{7.5-3.6}{47}\approx 83\ \text{mA}$$

则调整电阻上的功率为

$$P_{\text{R}}=(I_{\text{Rmax}})^2R=0.083^2\times 47=0.32\ \text{W}$$

为安全起见选择 47 Ω/1 W 的电阻。

1.5.2 肖特基二极管

肖特基二极管是一种特殊的 PN 结二极管，被德国物理学家华特·肖特基(Walter Hermann Schottky)发明并以其名命名以示纪念。PN 结是 P 型半导体与 N 型半导体材料相结合形成的，而肖特基二极管的 PN 结是由金属与 N 型半导体材料相结合形成的，这里 PN 结只是一种习惯的叫法而已。

肖特基二极管相对于普通的 PN 结二极管具有以下优势：首先，肖特基二极管正向导通的电压低，死区电压小，正向导通时的管耗更小，正向特性更接近于理想二极管；其次肖特基二极管结电容效应小，开关的速度高，更适合高速场合应用。肖特基二极管的不足在于其反向耐压值小，通常在 100 V 左右，在一些需要耐受较高反偏电压的场合是不适合的。

1.5.3 发光二极管

发光二极管(Light - Emitting Diode，LED)是一种能把电能转换成光能的半导体器件。发光二极管内部的 PN 结具有与普通二极管相似的正偏导通、反偏截止特性，但是不同的是当发光二极管正偏导通时，P 型区的空穴和 N 型区的电子相互扩散并进行复合时会以光的形式向外释放出能量，电流越大发光的强度越强，并且 PN 结的材料不同，掺杂的粒子浓度和种类不同，发光的波长也不同，既可以发出可见光，也可以发出不可见光。发光二极管正偏导通时的管压降较高，通常根据材料及发光颜色不同管压降从 1.5 V 到3.0 V左右。发光二极管应用时必须控制其电流大小在合适的范围内，否则发光二极管可能因为发热而损坏，通常在发光二极管的支路上串入适当的电阻来限流。图 1 - 35 所示为发光二极管的符号和限流电路。

A　K　　+U　R

(a) 符号 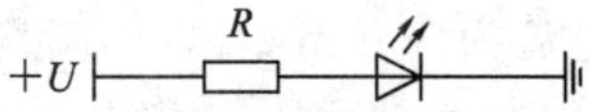　　(b) 限流电路

图 1 - 35　发光二极管符号及限流电路

制造发光二极管的材料种类繁多，不同材料、不同掺杂浓度制造出来的发光二极管的发光颜色不同，发光的效率也有差异。表 1 - 1 列出光谱中各波段光的波长及产生对应光的半导体材料。

表 1-1　光谱及产生对应光的半导体材料

序号	光谱	波长范围/nm	发光半导体材料
1	红外线	$740\sim1.0\times10^{9}$	砷化镓、铝砷化镓、磷化铟镓
2	红色	625～740	砷化镓、铝砷化镓、磷化铟镓
3	橙色	590～625	磷化铝铟、镓砷化镓、磷化铟镓
4	黄色	565～590	磷砷化镓、磷化镓
5	绿色	500～565	氮化镓、铟氮化镓、碳化硅
6	青色	485～500	氮化镓
7	蓝色	440～485	铟氮化镓、碳化硅、硒化锌
8	紫色	380～440	氮化铝、氮化铝镓
9	紫外线	100～440	氮化铝、氮化铝镓

发光二极管的应用广泛。首先，发光二极管被大量应用于各种设备中作为状态指示及报警指示，这样的指示安全可靠，应用灵活；其次，发光二极管被大量用来作为信息显示器件，如利用发光二极管制造的各种数码显示器件，比如各种的 LED 数码管、LED 广告牌、LED 大屏幕等；再次，发光二极管还被广泛应用于信息的检测与传输系统之中，在这样的系统中，发光二极管负责把电信号转换为光信号；最后，随着高亮度发光二极管的应用推广，发光二极管被用来作为高效、长寿命的照明器件正变得越来越普及。

1.5.4　光敏二极管

光敏二极管也称**光电二极管**，是将光信号变成电信号的半导体器件。光敏二极管的 PN 结具有显著的光敏特性，主要体现在：当把光敏二极管反偏时，反向饱和漏电流会随着外部光照的强度发生显著的变化。把光敏二极管完全不受光照射的情况下测得的反向饱和漏电流称为**暗电流**，该电流很小，和普通的二极管反向饱和电流相当。把在光照射情况下测得的电流称为**光电流**，光照越强光电流越大，这实际上就是光敏二极管把光信号转换为电信号的基本原理。从 PN 结的微观结构上分析，当受到外部光照射的情况下，具有光敏特性的 PN 结会激发产生更多的电子-空穴对，这些电子-空穴对在 PN 结反偏的情况下能够产生更大的漂移电流，从而使光敏二极管体现出光敏特性。在正向偏置导通情况下光敏二极管与普通二极管差别不大，也不具有显著的光敏特性，因此，光敏二极管总是反向偏置应用的。不同种类的光敏二极管对不同波长的光敏感，有些光敏二极管对可见光敏感，有些对不可见光敏感，例如家电遥控接收用光敏二极管就是对红外光敏感的。

图 1-36(a)所示为光敏二极管的符号，两个小箭头表示光敏二极管可以接收光照。图 1-36(b)所示为光敏二极管的反向伏安特性，其中 E_1 和 E_2 表示照度，且 $E_1<E_2$，随着照度的增加，光电流增加。光敏二极管的应用非常广泛，如图 1-36(b)所示，把一只发光二极管和一只光敏二极管制造在一起，使得发光二极管发出的光正好被光敏二极管接收到，然后再把它们封装起来就成为一个光电耦合器，简称光耦。当外加控制信号使光耦的发光二极管点亮，则光敏二极管反偏状态下的电流就会显著增加，对该电流进行处理可以还原发光管输入端所加的信号，这样一来，在输入、输出之间没有电气直接连接的情况实现了

信号传递。应用这种原理可以在不同电压等级的电路之间传递信号，避免了通过直接的电气连接传递信号可能出现的彼此干扰现象，这种方法被称为光电隔离。光敏二极管是重要的检测器件，广泛用于各种领域的各种光电检测电路之中，例如电视、空调等各种家电的光电遥控应用等。另外光敏二极管还被广泛用于信息传输处理系统之中，如在光纤通信中光敏二极管承担光信号的检测，把光信号转换为电信号。

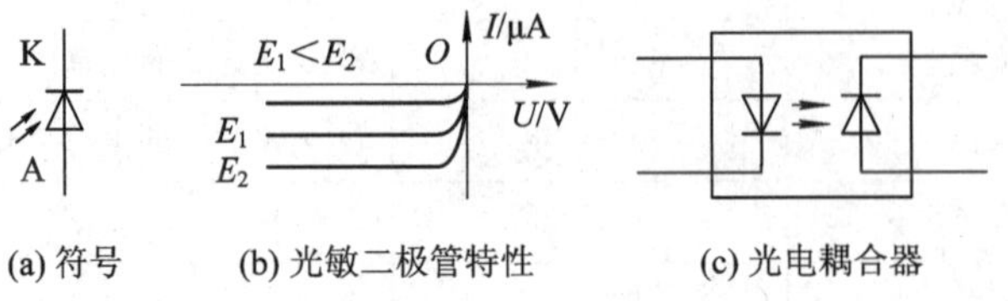

(a) 符号　(b) 光敏二极管特性　(c) 光电耦合器

图 1-36　光敏二极管符号、特性及光电耦合器

1.5.5　变容二极管

变容二极管是靠 PN 结的电容效应工作的，在应用变容二极管时主要是利用其势垒电容，因此，变容二极管必须工作在反偏状态。变容二极管的容量很小，通常为 pF 级，其应用场合主要是高频场合，如利用变容二极管实现调频、调相等。图 1-37所示为变容二极管的符号。

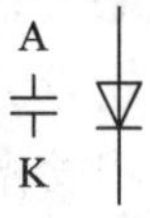

图 1-37　变容二极管的符号

1.6　二极管电路仿真

本教材每章后配置一节介绍该章相关电路的仿真内容，采用的仿真软件为 NI 公司的 Multisim 10，关于该软件的基本使用方法可以参考相关的资料学习，本书不做赘述。进行电路仿真的目的主要有两个：其一，增进对所学知识的感性认识，扩展学习的视野；其二，仿真是现代电路设计的重要环节，可以通过仿真对所设计的电路进行各方面的参数分析，并根据仿真结果对所设计的电路进行修改和完善，提前预知所设计电路的性能，仿真的结果可以作为后续设计开发的重要依据。仿真不能完全代替实验，特别是脱离实际背景的仿真完全没有意义，甚至会误导设计的方向，因此在应用仿真工具进行电路的分析、设计时必须结合实际，重视仿真模型的准确性，这样才能取得较好的效果。

本小节介绍应用 Multisim 软件对二极管的各项参数进行分析。主要包括二极管伏安特性的仿真测试，二极管应用电路的仿真分析，通过这些仿真加深对所学内容的认识与理解。西安电子科技大学出版社网站“资源中心”提供了部分仿真案例的仿真文件，读者可下载使用。

1.6.1　二极管基本特性仿真

1. 二极管伏安特性仿真

单向导电性是二极管的基本特性。在 Multisim 中提供了晶体管的伏安特性测试仪(IV Analyzer)，应用该测试仪可以方便地测试二极管、晶体三极管、场效应管等器件的电压电流特性，即伏安特性。

图 1－38 所示为二极管伏安特性测试电路。在该电路中，选用的二极管型号为 1N4001，该二极管的最大平均电流为 1 A，最高反向耐压 50 V。首先，对 1N4001 的正向伏安特性进行仿真。仿真前先要设置仿真参数，双击 XIV1 图标，弹出伏安测试仪的分析窗口，在该窗口的右上角 Components(元件)栏，选择仿真测试的器件类型为 Diode(二极管)。再点击该窗口的右下角的“Simulate param.”图标，弹出如图 1－39 所示的 Simulate Paramenters 设置对话框，设置起始电压(Start)为 0 V，停止电压(Stop)为 1 V，仿真的步进增量为 10 mV，点击 OK 完成。这里要说明一点：设置仿真的电压范围时要与实际相当，正常工作情况下，1N4001 的正向导通压降为 1 V 左右，电流越大管压降越高，如果仿真设置的电压范围很宽，在正向电压远高于 1 V 时，所得的仿真结果与实际情况不符，没有太多的实际意义。

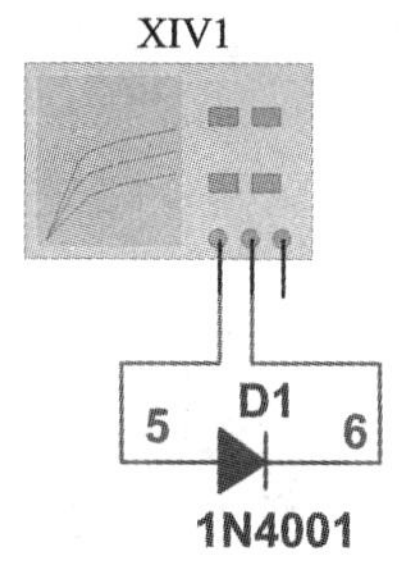

图 1－38　伏安特性测试电路

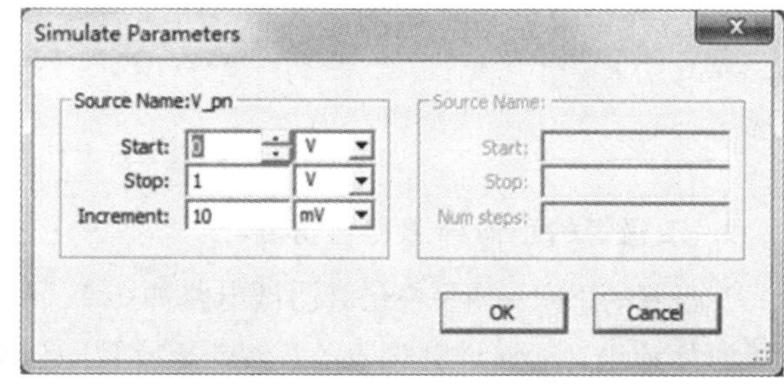

图 1－39　仿真参数设置界面

点击主菜单 Simulate/Run(这里表示点击了主菜单 Simulate，再点击 Simulate 的子菜单 Run，“/”用来表示下一级菜单，以后文中多级菜单的操作都按此方法表示，不再说明)，此时就可以看到图 1－40 所示的正向特性仿真结果了。仿真窗口横轴表示二极管的电压，纵轴表示二极管的电流，但需要注意的是这里并没有实际画出的坐标轴。为了读取仿真曲线上的值，可以用鼠标拖动移动光标，光标线与仿真曲线交点的横、纵坐标分别显示在曲线窗口下面的信息栏内。移动光标也可以通过点击曲线窗口下的左、右箭头来实现。

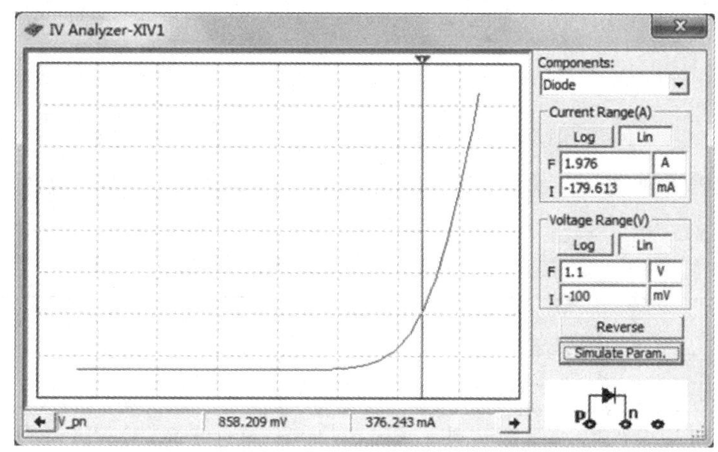

图 1－40　二极管正向伏安特性仿真结果

再对 1N4001 的反向击穿特性进行仿真，设置仿真电压范围为－55～－40 V，仿真结果如图 1－41 所示，由此可见 1N4001 的击穿电压约为 53 V。

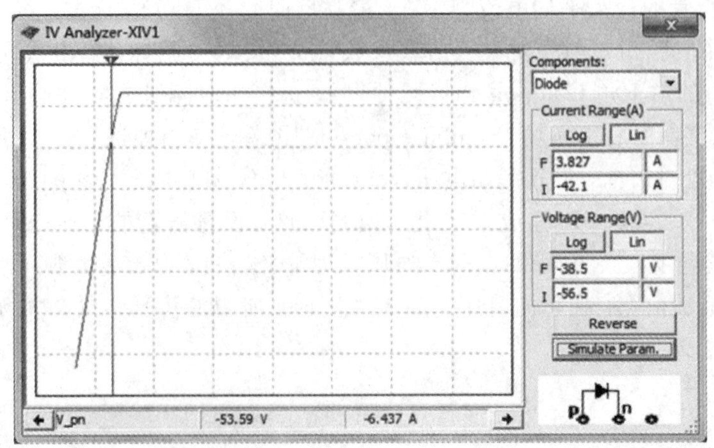

图 1－41　二极管反向伏安特性仿真结果

2. 二极管的正向导通特性仿真

二极管的正向导通特性仿真测试电路如图 1－42 所示。通过分压电阻调节二极管 1N4007 的正向导通电压，通过电流表 A1 测试二极管 D2 的电流，通过 U2 测试 D2 的正向管压降。放置这些电压表、电流表的方法为：点击 Place/Component，弹出 Select a component(元件选择)对话框，设置 Database 为 Master Database，设置 Group 为 Indicators，再通过 Family 栏和 Component 栏就可以选择所需的电压表或电流表了。

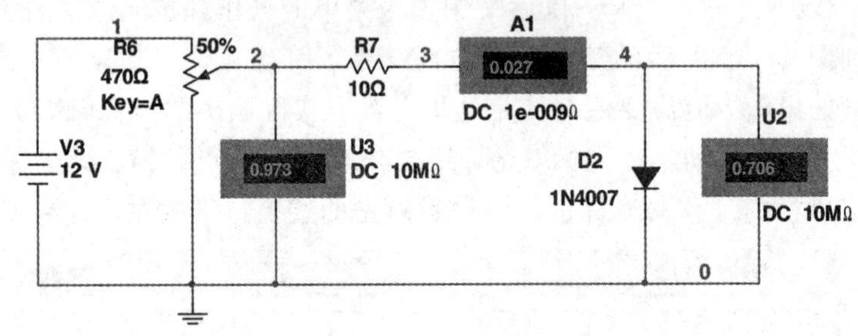

图 1－42　二极管正向导通特性测试电路

仿真时，改变电位器 R6 的分压比，观察每次二极管对应的电流、电压的变化，并记录在表 1－2 中。

表 1－2　正向导通测试数据记录表

U2/V	0	0.663	0.708	0.731	0.820	0.945
A1/A	0	0.012	0.027	0.042	0.208	1.105

由表 1－2 所记录的数据可以说明二极管正向导通的特性，也可以通过描点绘图做出二极管 1N4007 的正向特性。

1.6.2　二极管应用电路仿真

1. 限幅电路仿真

1）上限幅

图 1 - 43 为串联型上限幅仿真电路。用来限幅的二极管采用 1N4148，测试的仪器采用 Oscilloscope（双通道示波器）。电路连接完毕，点击 Simulate/Run 开始仿真，双击双踪示波器 XSC2 图标弹出示波器的仿真结果，如图 1 - 44 所示。

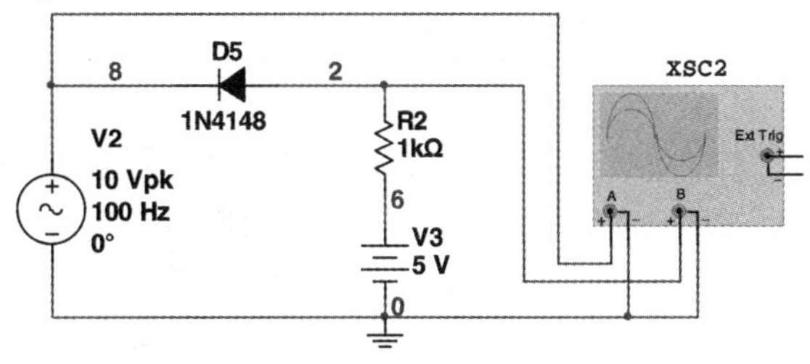

图 1 - 43　二极管上限幅仿真测试电路

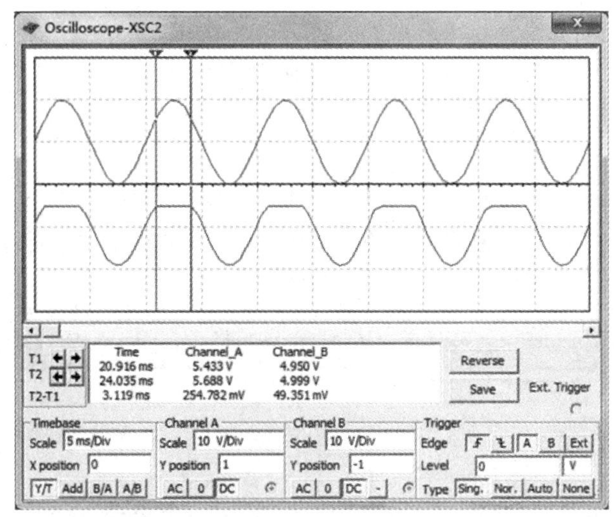

图 1 - 44　二极管上限幅仿真结果

要清楚、准确地观察仿真结果，必须对图 1 - 44 所示的虚拟示波器进行合理的设置，设置方法与普通双通道数字示波器类似。

首先，设置 Timebase 栏。扫描方式可选 Y/T、Add、B/A 及 A/B，其中 Y/T 方式是最基本的时间扫描方式，通道 A 和通道 B 的信号相互独立，均随时间的变化而变化，因此可以同时观察两路信号，对比它们之间的相互关系；Add 扫描方式显示的曲线是通道 A 和通道 B 的叠加信号随时间的变化曲线，也属于按照时间进行扫描的方式；B/A 方式下通道 A 信号充当 X 轴信号，通道 B 信号充当 Y 轴信号，示波器展示通道 B 信号随通道 A 信号的变化规律，例如显示李沙育图形等；A/B 方式把两通道的信号交换，其余与 B/A 方式完全相同。Scale 用来设置横轴的分度单位，在 Y/T 方式下应为每格所代表的时间。X position用来设置曲线的水平起始位置。

其次，设置 Channel A 和 Channel B 栏。其中 Scale 用于设置 Y 轴的分度，即每格代表的信号幅度，Y position 用于设置通道信号的水平基准位置；通过 AC、0 及 DC 设置通道信号的耦合方式。

最后，设置 Trigger 栏，即信号的触发方式。Edge 栏用于选择触发信号和设置触发信号的边沿，可以选择通道 A、通道 B 或外部信号作为触发信号，选定触发信号后设置触发的信号为上升沿触发或下降沿触发。通过 Level 栏设置触发的电平值。触发方式可以选择 Sing.(单次触发)、Nor.(正常触发)、Auto(自动触发)和 None(禁止触发)。

通过图 1-44 所示的仿真结果可以看出：当输入信号的幅度超过+5 V 时，输出信号被削顶，即上限幅到+5 V。

2）下限幅

图 1-45 所示为串联型二极管下限幅仿真测试电路。同上限幅类似采用双踪示波器分别观察限幅电路的输入和输出信号，仿真运行后，双击 XSC3 查看仿真结果，如图 1-46 所示。

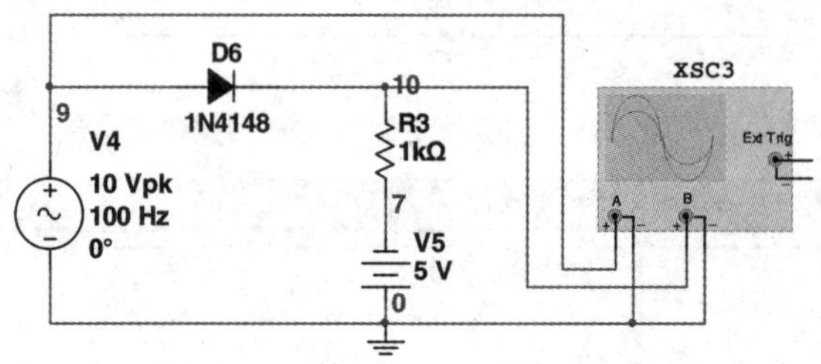

图 1-45　二极管下限幅仿真测试电路

从图 1-46 可以看出，当输入信号的幅度低于-5 V 时，输出信号被割底，输出信号被限幅在-5 V。

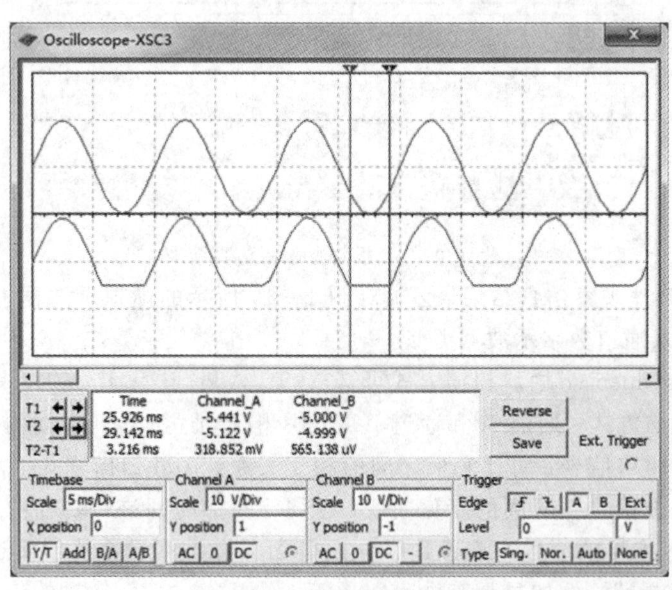

图 1-46　二极管下限幅仿真结果

2. 整流与滤波电路仿真

1）半波整流、滤波电路

图1-47所示为半波整流仿真电路，输入信号采用50 Hz交流信号源，采用整流二极管1N4007实现整流，整流输出接电容滤波支路，可以通过开关J2控制滤波电容的接入和断开。

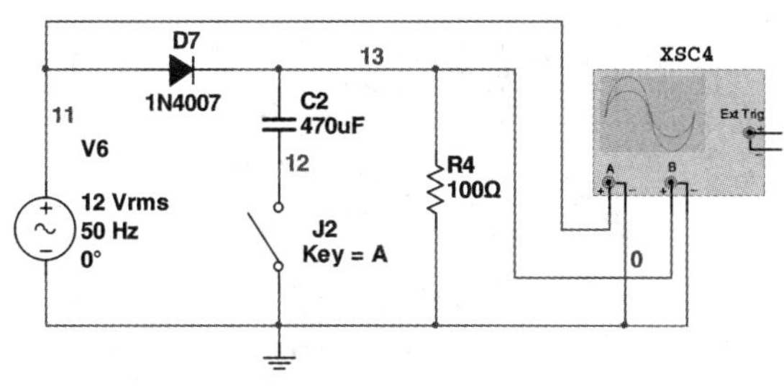

图1-47　二极管半波整流、滤波仿真电路

图1-48为半波整流、滤波仿真波形图，其中，图1-48上部视窗的波形为开关J2断开时的整流仿真结果，下部视窗的波形为开关J2闭合时的整流滤波波形，通过对比可以看出滤波前后输出电压波形的变化。

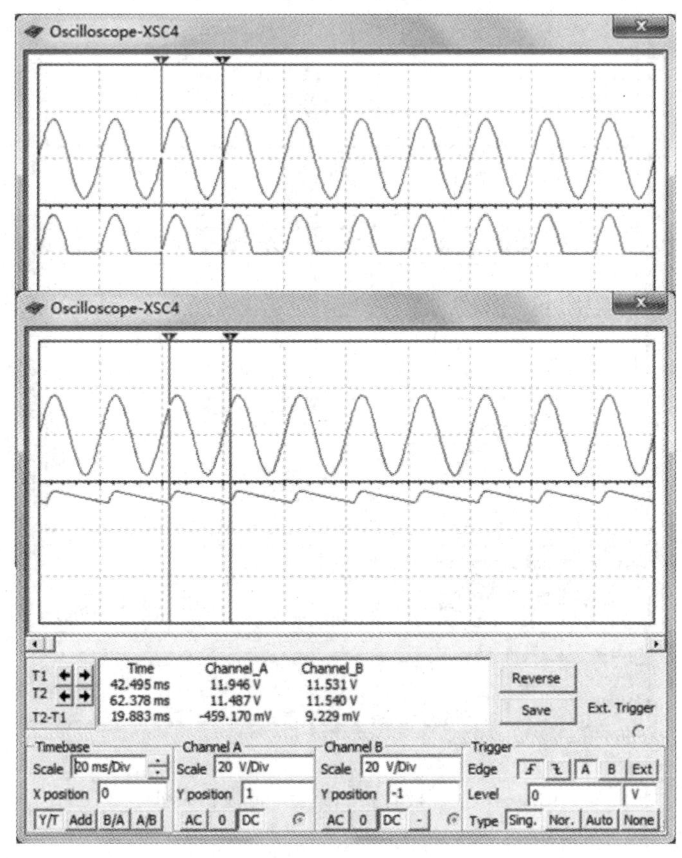

图1-48　二极管半波整流、滤波仿真波形

2）桥式整流、滤波电路

桥式整流电路如图 1-49 所示，输入信号为 50 Hz 交流信号源，采用双通道示波器观察输入信号与输出信号的波形情况，开关 J1 用来控制滤波电容的接入或断开。

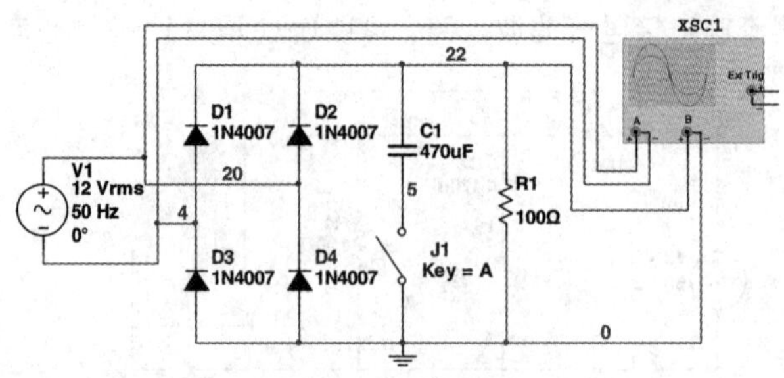

图 1-49　二极管桥式整流、滤波仿真电路

图 1-50 所示为二极管桥式整流、滤波电路仿真波形。上部视窗波形为整流波形，下部视窗波形为整流滤波波形，对比可以看出接入滤波电容后输出信号脉动明显减小，供电质量提高。

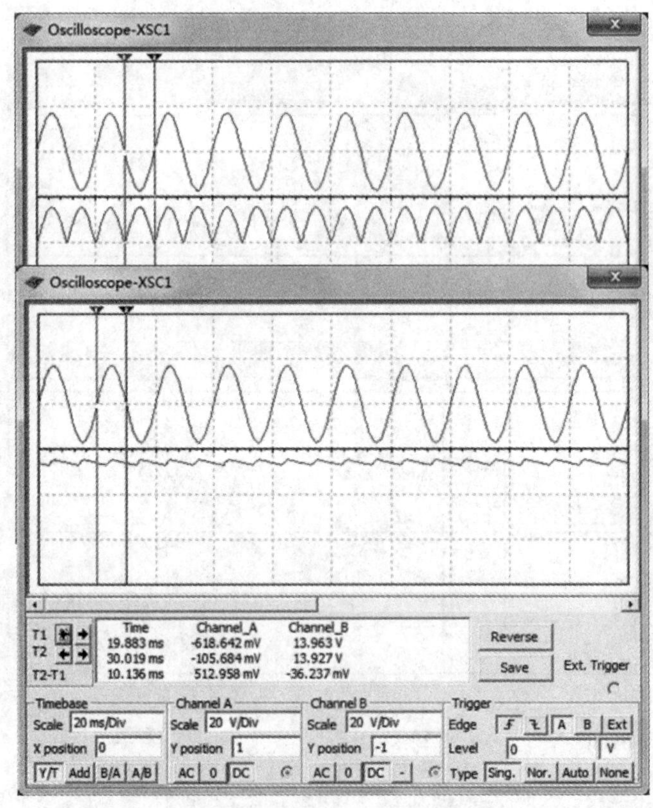

图 1-50　二极管桥式整流、滤波仿真波形

3）全波整流、滤波电路

图 1-51 所示为全波整流、滤波仿真电路，T2 为副边具有中心抽头的变压器，J3 控制滤波电容的接入与否，通过双通道示波器观察仿真波形。

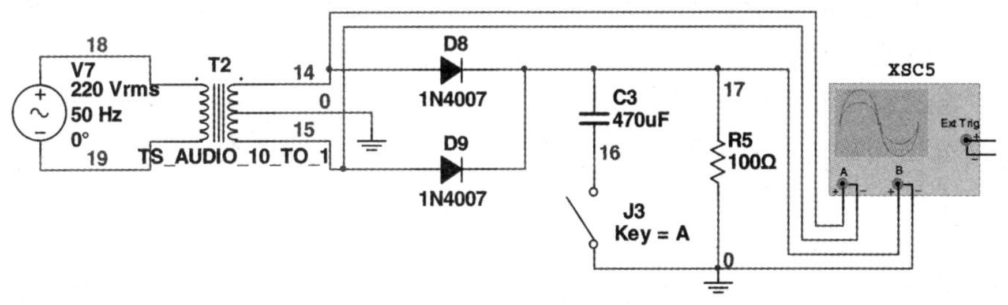

图 1-51　全波整流、滤波仿真电路

全波整流及滤波电路仿真波形与桥式整流、滤波电路仿真波形相似，这里不再给出其波形图。

3. 二极管稳压电路仿真

图 1-52 所示为稳压管构成的并联稳压仿真测试电路。稳压管为 1N4689，稳压值 U_Z 典型值 5.1 V，通过改变可变电位器 R8 的阻值模拟负载的变化，观察负载两端电压的变化以及稳压管电流的变化。记录仿真实验数据，填入表 1-3 中。

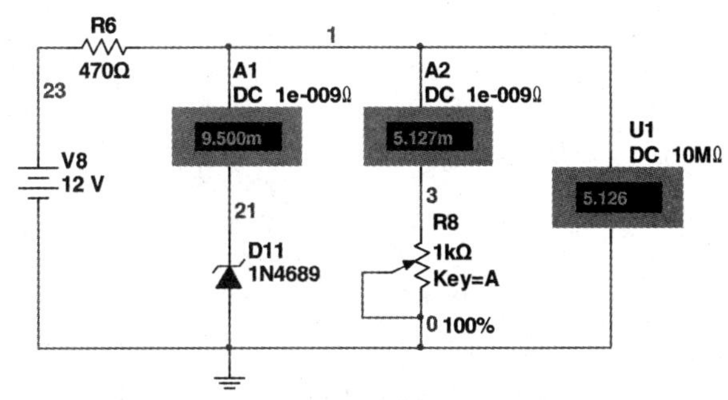

图 1-52　稳压管仿真测试电路

表 1-3　稳压管工作电流、电压记录表

U1/V	2.6	4.948	5.120	5.124	5.125	5.126
A1/mA	0.004	0.008	2.731	6.497	8.139	9.500
A2/mA	20.0	15.0	12.0	8.1	6.487	5.127

从表 1-3 可以看出，当负载阻值较小时，负载电流较大，负载两端的电压很低，稳压管只有非常小的漏电流，此时稳压管不能实现稳压调节；随着负载电阻的上升，稳压管两端的电压上升，当电压接近 5.0 V 时，稳压管的电流随电压的增加迅速上升，之后，继续增大负载电阻的值，稳压二极管的电压基本保持在 5.12 V，稳压管的电流不断上升，此时，稳压管进入反向击穿状态，为负载提供了稳定的电压输出。1N4689 数据手册中给出的最小测试电流为 50 μA，稳定电压 5.1 V 左右，仿真数据与之相符。

习　题　一

1-1　什么是半导体？半导体材料有什么特性？

1-2　什么是本征半导体？什么是杂质半导体？以硅材料为例说明本征半导体和杂质半导体的结构及各自的特征。

1-3　什么是P型半导体？什么是N型半导体？两种半导体中的载流子各有什么特点？

1-4　什么叫载流子的扩散运动、漂移运动？它们的大小主要与什么有关？

1-5　简述PN结的结构及其形成过程。

1-6　外加电压对于PN结有何影响？简要分析PN结为什么具有单向导电性。

1-7　温度对于PN结的导电性能有什么影响？为什么？

1-8　什么是PN结的击穿现象？击穿是否意味着PN结一定损坏？为什么？

1-9　什么是PN结的电容效应？何谓势垒电容、扩散电容？PN结正向运用时，主要考虑什么电容？反向运用时，主要考虑何种电容？

1-10　稳压二极管为什么能够稳压？选用稳压管时主要考虑哪些参数？

1-11　由理想二极管组成的电路如图1-53所示，请根据输入信号分别画出图1-53(a)、(b)输出信号的波形。

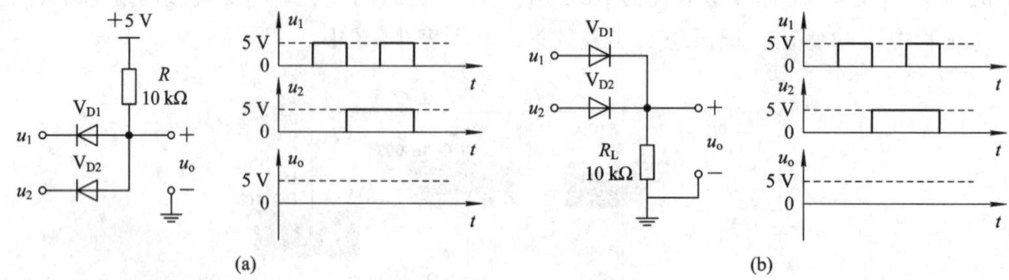

图1-53　题1-11图

1-12　二极管电路如图1-54所示，已知$u_i=10\sin\omega t$，所有的二极管当理想二极管处理，请在图1-54(a)、(b)、(c)的下方分别画出输出电压u_o的波形。

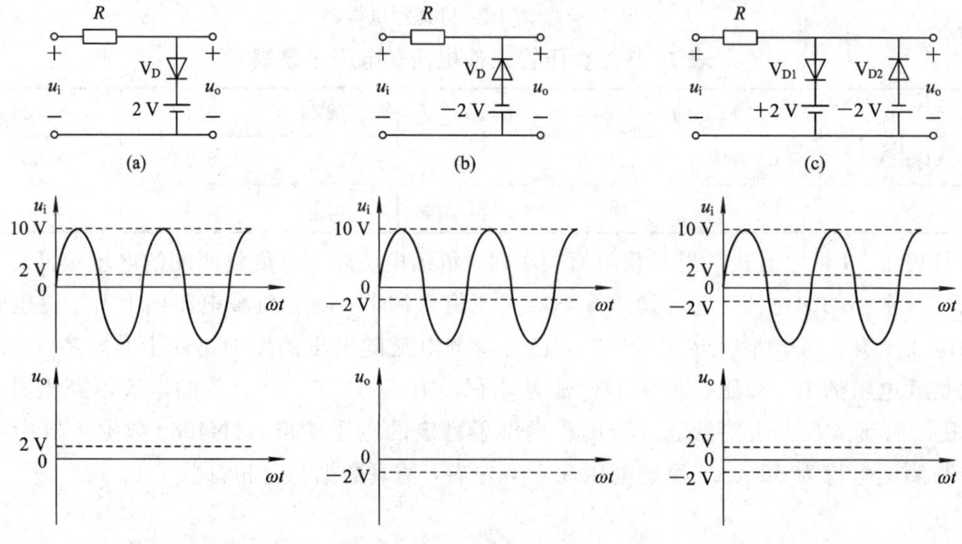

图1-54　题1-12图

1-13　二极管电路如图1-55所示，已知$u_i=10\sin\omega t$，所有的二极管当理想二极管处理，请在图1-55(a)、(b)、(c)的下方分别画出输出电压u_o的波形。

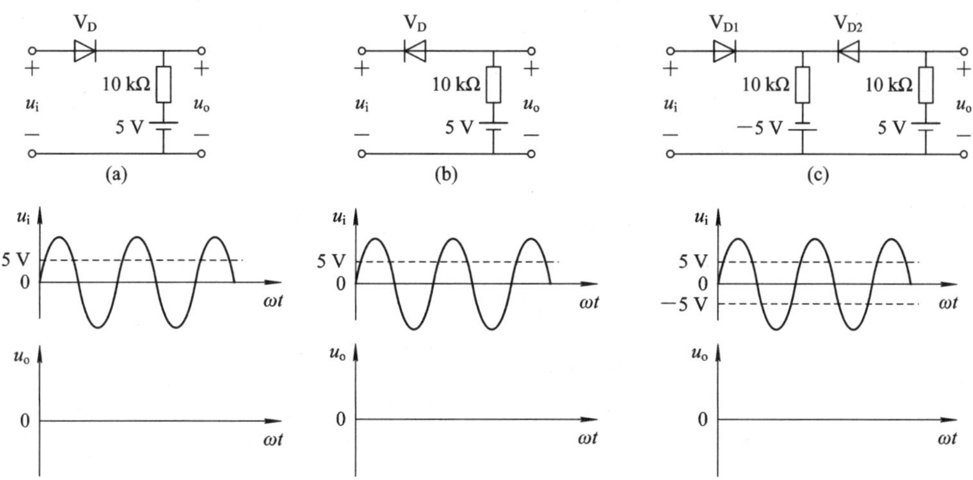

图 1-55　题 1-13 图

1-14　有两只稳压管稳定电压分别是 10 V 和 12 V，当它们正偏导通时管压降为 0.7 V，把这两只稳压管串联可以组成几种稳压电路？稳压值各为多少？

1-15　稳压管 1N4742 的稳定电压 $U_Z=12$ V，最大耗散功率 $P_{ZM}=1$ W，最小调整电流 $I_{Zmin}=1$ mA，由该稳压管组成的稳压电路如图 1-56 所示，图中负载电阻 $R_L=1$ kΩ，输入电压的变化范围为 15～20 V，请选择合适的调整电阻 R。

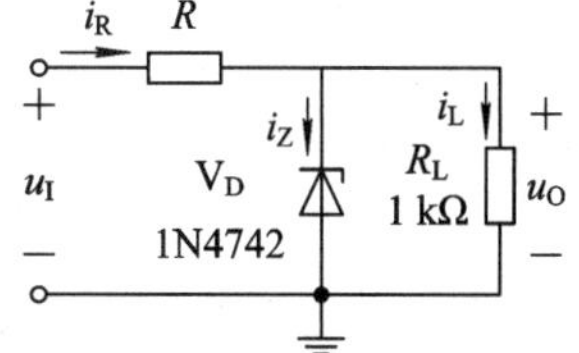

图 1-56　题 1-15 图

1-16　单相整流电路有哪三种？它们各有什么特点？

1-17　对比三种单相整流电路中二极管平均电流与负载平均电流之间的关系，说明二极管承受的最高反向电压与变压器二次侧电压的关系。应如何选择整流电路中的二极管？

1-18　图 1-57 所示为全波整流电路，当输入 u_1 为交流 220 V/50 Hz 交流电时，输出 u_2 的有效值为 7.5 V，负载 $R_L=100$ Ω，请计算负载电压、电流的平均值以及每只二极管电流的平均值。

1-19　图 1-58 所示为单相桥式整流滤波电路，变压器 T 的变比为 44∶3，负载 $R_L=100$ Ω，变压器当前输入交流 220 V/50 Hz 交流电，请选择合适的滤波电容 C，使得输出电压的平均值约为 u_2 有效值的 1.2 倍。

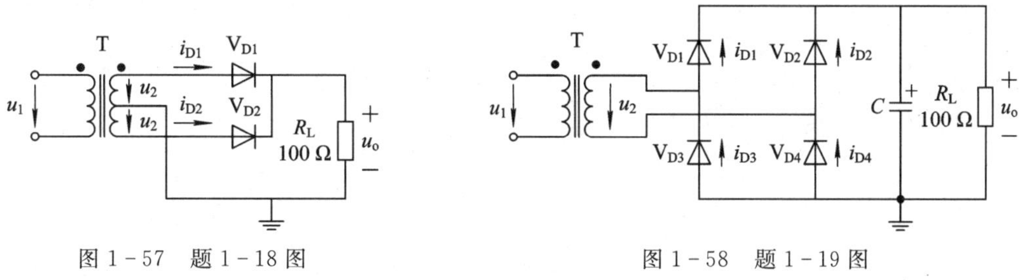

图 1-57　题 1-18 图　　图 1-58　题 1-19 图

1-20　应用 Multisim 对习题 1-12 中图 1-54 所示电路进行仿真，观察仿真波形，并与理论分析结果进行对比。

1-21　图1-59所示为四倍压整流电路，输入为交流100 V/50 Hz电压信号，请通过Multisim仿真测试输入、输出之间的关系。

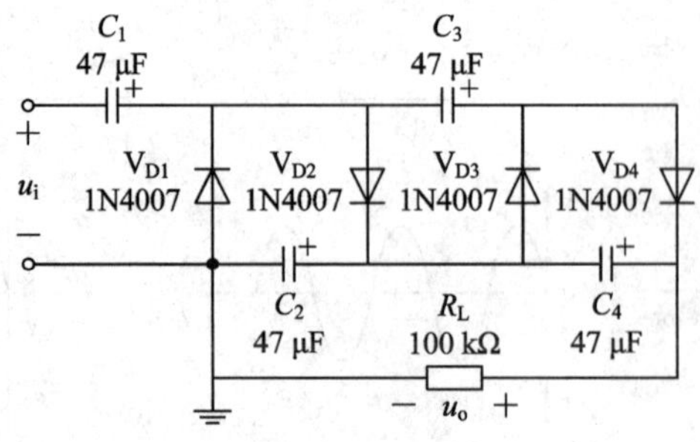

图1-59　题1-21图

习题一参考答案

第 2 章　三极管及其放大电路

三极管及其放大电路是信号放大电路的基础。本章首先介绍三极管的结构及放大的基本原理；其次，介绍三极管放大电路的静态、动态分析方法及三种典型的三极管放大电路；最后，通过静态工作点稳定放大电路说明改善三极管放大电路性能的方法，并且说明了多级放大器组成原理及分析方法。

2.1　三极管

三极管

三极管也称**双极型三极管**(Bipolar Junction Transistor，BJT)，它的发明和使用对电子技术的发展具有重大的意义，它为信号的放大、变换电路的实现开辟了新天地，为集成电路的发展奠定了基础。

三极管的种类繁多，按照三极管的内部结构可分为**NPN 型**和**PNP 型**，按照三极管 PN 结的材料可分为**硅管**和**锗管**，按照三极管的工作频率范围可分为**低频管**、**中频管**及**高频管**，按照三极管的功率可分为**小功率管**、**中功率管**和**大功率管**等。

2.1.1　三极管的结构

按照内部结构不同三极管可分为 NPN 型和 PNP 型，图 2-1 所示为这两种三极管的结构示意图及符号。

图 2-1(a)所示为 NPN 型三极管内部结构示意图，可以看出它由三个区组成，它们分别是**集电区**、**基区**和**发射区**。其集电区为 N 型半导体，掺杂浓度较低，基区为 P 型半导体，掺杂浓度低，且非常薄，通常只有微米数量级，发射区为 N 型半导体，掺杂浓度远高于基区和集电区，因此集电区和发射区虽同属 N 型半导体，但是属于不同性质的 N 型半导体，集电区和发射区并不具有对称性。在三极管的三个区的接触面上形成两个 PN 结，基区与发射区接触面上的 PN 结称为**发射结**，基区与集电区接触面之间的 PN 结称为**集电结**，这两个 PN 结通过薄薄的基区紧紧地连接在一起。分别从三个区引出三个电极，其中基区引出的电极称为**基极**(base，简称 b 极)，集电区引出的电极称为**集电极**(collector，简称 c 极)，发射区引出的电极称为**发射极**(emitter，简称 e 极)。图 2-1(b)所示为 NPN 型三极管的符号。

图 2-1(c)为 PNP 型三极管的内部结构示意图，它的基区为 N 型半导体，集电区和发射区为 P 型半导体，各区的掺杂浓度与 NPN 型三极管相似。图 2-1(d)为 PNP 型三极管的符号。

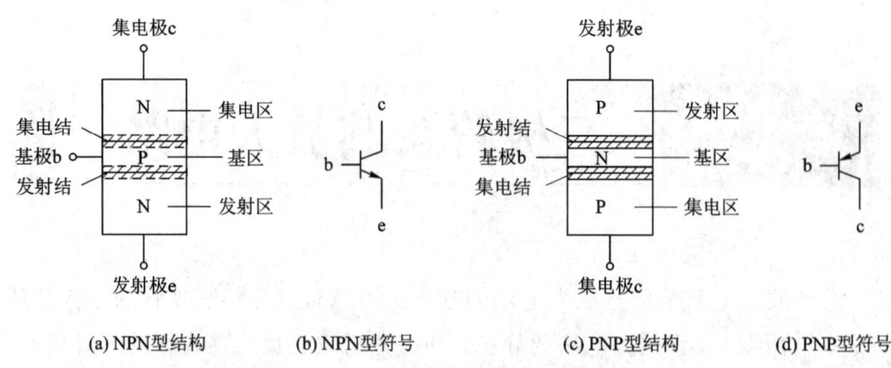

(a) NPN型结构　(b) NPN型符号　(c) PNP型结构　(d) PNP型符号

图 2-1　三极管的结构及符号

2.1.2　三极管的电流放大作用

三极管可以根据具体的应用需求工作在不同的工作状态下，典型的，三极管可以工作在**放大状态**、**截止状态**和**饱和状态**下，其中放大状态是三极管最主要的工作状态，对于小信号的放大及传递通常都是通过放大状态来实现的，因此，这里首先介绍三极管的放大状态及其工作原理，对于截止状态和饱和状态会在后面介绍。

1. 放大状态条件

三极管要进入放大状态必须满足的条件是：**发射结正偏，集电结反偏**。下面以 NPN 型三极管为例说明。图 2-2 为 NPN 型三极管外加偏置电压工作于放大状态的电路示意图。从图中可以看出，外加电源 U_B 通过电阻 R_b 加到三极管的基极与发射极之间，此时发射结正偏，发射结的耗尽层变薄，当 U_B 足够强时，发射结耗尽层被外电场彻底抵消。在集电极与发射极之间通过电阻 R_c 施加偏置电压 U_C，只要 U_C 足够高，则可使集电极的电压高于基极的电压，集电结就处在反向偏置状态下。由于集电结反向偏置，其耗尽层被外加电场拉宽、变厚。此时三极管所处的状态就是放大状态。

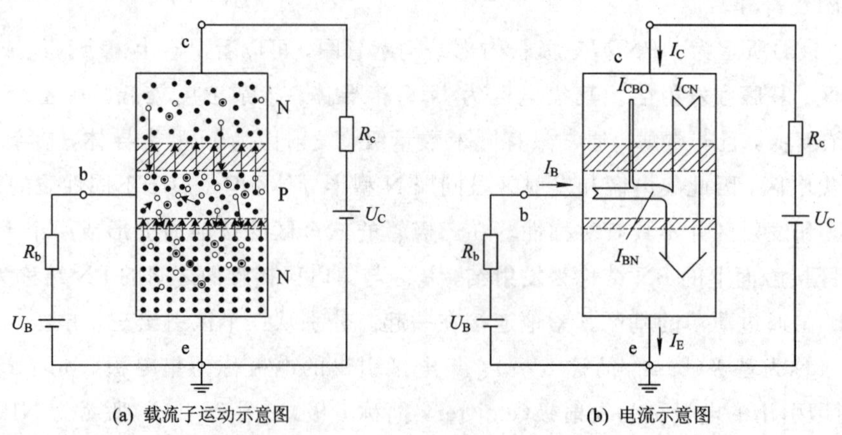

(a) 载流子运动示意图　(b) 电流示意图

图 2-2　三极管电流放大示意图

2. 放大状态下载流子的运动分析

1）发射极发射及多子的复合

图 2-2(a)所示为载流子的运动示意图。在发射结正偏的情况下，发射结变薄进而消

失，这有利于发射结两侧多子的扩散，于是发射区的多子电子向基区扩散，基区的多子空穴向发射区扩散；但是由于基区与发射区的掺杂浓度存在较大的差异，高掺杂的发射区扩散到基区的电子数目远大于低掺杂的基区扩散到发射区的空穴的数目。把发射区在发射结正偏情况下向基区因扩散而注入大量电子的过程称为发射极**发射**。基区与发射区彼此扩散到对方的多子与对方的多子相复合，但是发射区扩散到基区的电子浓度远高于基区空穴的浓度，因此扩散到基区的电子只有极少部分被基区的空穴复合掉，还剩余大量的未被复合的电子继续沿基区扩散，由于基区很薄，未被复合的电子很容易扩散到集电结一侧。

2）集电极收集及少子的复合

由于集电结反向偏置，有利于集电结两侧少数载流子的漂移运动，基区的少子是电子，集电区的少子是空穴，由于发射极正偏，有大量的电子扩散到基区集电结一侧，就造成基区少子不少的现象，基区的这些电子在集电结反偏电场的作用下顺利漂移到集电区，被集电区收集，这个过程就称为集电区的**收集作用**。由于收集作用的存在，使得发射区发射的电子可以经由基区到达集电区，从而形成贯穿发射极到集电极的电子运动。另外，基区和集电区本来就有的少子也彼此漂移并相互复合。

3. 放大状态下的电流关系分析

图 2-2(b)所示为放大状态下各种载流子形成的电流关系示意图。在发射极正偏情况下，发射区向基区扩散的电子形成的电流与基区向发射区扩散的空穴形成的电流统一称为射极电流 I_E。I_E 可以被分成两部分，一部分称为**基区复合电流** I_{BN}，它包括发射区注入基区的电子中的一部分与基区的空穴复合形成的电流和由基区的空穴扩散到发射区并与发射区的电子复合形成的电流；另一部分称为**收集电流** I_{CN}，它就是发射区注入基区的电子扩散到集电结并被集电区收集的电子形成的电流，因此 $I_E=I_{BN}+I_{CN}$。把基区和集电区少子在集电结反偏情况下形成的漂移电流称为**反向饱和电流** I_{CBO}，显然 I_{CBO} 的方向与 I_{CN} 一致。

设流入基极的电流为 I_B，流入集电极的电流为 I_C，根据图 2-2(b)可以求得

$$I_{BN} = I_B + I_{CBO} \tag{2-1}$$

$$I_C = I_{CN} + I_{CBO} \tag{2-2}$$

$$I_E = I_B + I_C \tag{2-3}$$

把收集电流 I_{CN} 与射极电流 I_E 之比称为三极管的**共基直流电流放大倍数** $\bar{\alpha}$，即

$$\bar{\alpha} = \frac{I_{CN}}{I_E} \tag{2-4}$$

参数 $\bar{\alpha}$ 反映了三极管把射极电流转换为集电极收集电流的能力，$\bar{\alpha}$ 越接近于 1，说明三极管把射极电流转化为集电极收集电流的能力越强，通常情况下三极管的 $\bar{\alpha}$ 值范围在0.95～0.995 之间。

由式(2-2)和式(2-4)可得

$$I_C = I_{CN} + I_{CBO} = \bar{\alpha} I_E + I_{CBO} \tag{2-5}$$

又根据式(2-3)有 $I_E=I_B+I_C$，代入式(2-5)得

$$I_C = \bar{\alpha}(I_B + I_C) + I_{CBO} \tag{2-6}$$

整理式(2-6)可得

$$I_C = \frac{\bar{\alpha}}{1-\bar{\alpha}}I_B + \frac{1}{1-\bar{\alpha}}I_{CBO} \tag{2-7}$$

令 $\bar{\beta}=\frac{\bar{\alpha}}{1-\bar{\alpha}}$，称为**共射直流电流放大倍数**，代入式(2－7)可得

$$I_C = \bar{\beta}I_B + (1+\bar{\beta})I_{CBO} \tag{2-8}$$

令 $I_{CEO}=(1+\bar{\beta})I_{CBO}$，称为三极管的**穿透电流**，对于三极管来讲希望该参数越小越好，通常情况下该值较小，当 $I_C \gg I_{CEO}$ 时，$I_C \approx \bar{\beta}I_B$，则

$$\bar{\beta} \approx \frac{I_C}{I_B} \tag{2-9}$$

三极管的共射直流电流放大倍数 $\bar{\beta}$ 反映了三极管基极电流对集电极电流的控制能力，通常三极管的 $\bar{\beta}$ 值的范围在几十到几百之间。由此可以看出：当三极管处于放大状态时，基极有一个电流 I_B，则集电极就会产生一个 $\bar{\beta}$ 倍的电流 I_C，这就是三极管的电流放大作用的体现，应用三极管进行信号放大实际上就是基于它的电流放大原理工作的。

2.1.3 三极管的特性曲线

1. 输入特性曲线

三极管的输入特性是指保持三极管集电极与发射极之间的电压(也称管压降)u_{CE}不变的情况下，三极管的基极输入电流 i_B 与发射结电压 u_{BE}之间的函数关系，即

$$i_B = f(u_{BE})\big|_{u_{CE}=\text{常数}} \tag{2-10}$$

图 2－3 所示为 NPN 型三极管的输入特性曲线。取 $u_{CE}=5$ V，逐渐增加基极与射极的正偏电压 u_{BE}的幅值，得到的曲线与二极管的正向伏安特性相似。输入 u_{BE}存在一个死区，当输入 u_{BE}的幅值位于死区内时，基极电流为零，当输入电压 u_{BE}大于死区电压时，发射结开始导通，并且随着输入电压 u_{BE}增加输入电流 i_B 近似按照指数规律上升。再取 $u_{CE}=0$ V，同样研究输入电压 u_{BE}变化时输入电流 i_B 的变化规律，又可以得到一条相似的输入特性曲线，但是对比两条曲线可以发现 $u_{CE}=0$ V 时的曲线相对于 $u_{CE}=5$ V 时的曲线向左移动了。究其原因，实际上当 $u_{CE}=0$ V 时发射结和集电结均处于正偏状态，发射区注入基区的电子无法通过集电结收集，因此会有更多的电子与基区的空穴复合形成基极电流，另外，正偏的集电结也能使基极的电流增加；而当 $u_{CE}=5$ V 时集电结反偏，发射极注入基区的电子绝大部分被集电区收集，只有少部分与基区的空穴复合形成基极电流，因此在相同的输入电压 u_{BE}的情况下，$u_{CE}=0$ V 的曲线对应的电流 i_B 比 $u_{CE}=5$ V 的曲线对应的电流 i_B 大。这里要特别说明的一点是，当 u_{CE}足够高使得集电结反偏后，继续增加 u_{CE}并不能使输入曲线继续右移，这是因为当集电结反偏后，集电结的收集作用很强，绝大部分注入基区的电子均被集电区收集，只留下很小一部分与基区复合形成基极电流，继续增加集电结的反偏电压并不能显著提升收集的电流，因此当集电结反偏后，不同 u_{CE}对应的输入特性曲线基本重合。

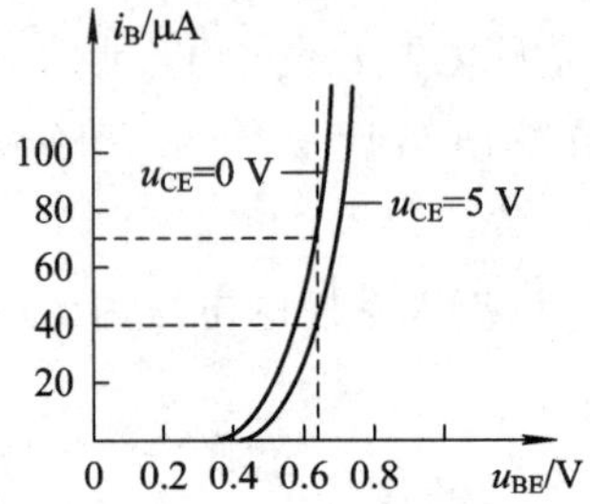

图 2－3 NPN 型三极管输入特性曲线

2. 输出特性曲线

三极管的输出特性是指保持三极管的发射结偏置电压或基极输入电流不变的情况下，三极管集电极电流 i_C 与三极管管压降 u_{CE}之间的函数关系，即

$$i_C = f(u_{CE})\big|_{u_{BE}=\text{常数}} \tag{2-11}$$

图 2－4 所示为 NPN 型三极管的输出特性曲线。假定保持基极电流为 $i_B=10\ \mu A$，u_{CE}从零起逐渐增加，刚开始集电极输出电流 i_C 随着 u_{CE}增加而增加，但是当 u_{CE}增加到一定程度时，i_C 不再随 u_{CE}的增加而变化，即 u_{CE}增加但 i_C 基本保持不变，i_C 随 u_{CE}的变化曲线近似为一条水平线。改变基极的电流重新测定 i_C 与 u_{CE}之间的关系，会得到另一条相似的曲线，所不同的是随着基极电流 i_B 的增加，曲线进入水平阶段对应的集电极电流 i_C 也随之增加。这样每次改变 i_B 就可以得到一条新的曲线，把这些不同 i_B取值的情况下测得的曲线绘制在同一个坐标系中，就得到如图 2－4 所示的输出特性曲线了。可以看出输出特性曲线是一簇曲线，取不同的 i_B可测得无数条这样的曲线，但实际绘制输出特性时只画若干条近似均匀分布的曲线就可以了。

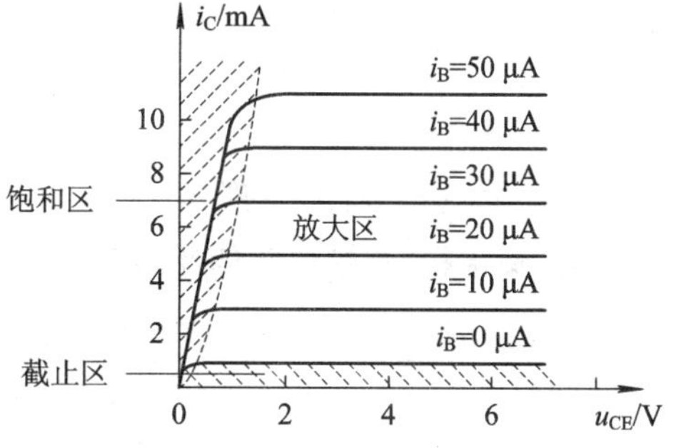

图 2－4　NPN 型三极管输出特性曲线

对于实际三极管的输出特性，当 i_B 等间距增加时对应的输出特性在曲线水平阶段对应的集电极电流 i_C 并不是等间距增加，通常 i_B 值越大其增加所引起的 i_C 的变化越大；其次，每一条输出特性曲线在水平阶段并不是完全水平的，而是一条随着 u_{CE}的增加略微上翘的曲线，并且 u_{CE}越大曲线上翘得越厉害。在工程实践中为研究问题简单起见认为：在曲线水平阶段随着 i_B 的增加 i_C 均匀增加，并且认为曲线在水平阶段完全水平。

图 2－4 所示的输出特性曲线可以被划分为三个区，分别是**放大区**、**饱和区**和**截止区**。

放大区对应的就是三极管的放大工作状态，在该状态下三极管发射结正偏，集电结反偏，此时三极管的集电极电流与基极电流近似地成比例变化。三极管能够对小信号进行放大就是靠工作在放大状态来实现的。在放大状态下，三极管的集电极直流偏置电流 I_C 与基极直流偏置电流 I_B 之比就近似为三极管的直流放大倍数，即 $\bar{\beta}\approx I_C/I_B$；在三极管的基极直流偏置电流上叠加一个小的变化量 Δi_B，则引起集电极输出电流叠加一个放大了的电流变化量 Δi_C，定义集电极电流变化量与基极电流变化量之比为三极管的**共射极交流放大倍数**，即

$$\beta = \frac{\Delta i_C}{\Delta i_B} = \frac{i_c}{i_b} \tag{2-12}$$

式(2－12)中 i_c 与 i_b 为叠加在直流量之上的交流信号，即三极管的电流可以表示为直流量与交流量的叠加，基极电流表示为 $i_B=I_B+i_b$，集电极电流表示为 $i_C=I_C+i_c$，这一点很重要，后面对放大电路的分析经常要应用叠加定理的思想来处理信号。

饱和区与三极管的饱和工作状态相对应，当三极管的发射极正偏，集电结也正偏就进入饱和工作状态。集电结正偏意味着集电极的电压很低，低于基极的电压，此时集电极相对于基极的电压为负，管压降 u_{CE}很小，在该状态下集电极电流 i_C 随管压降 u_{CE}的增加近似呈线性增加，这是由于在饱和状态下，集电结的收集作用由于集电结正偏大大减弱，在管

压降很小时，集电结完全正偏，收集作用很弱，随着管压降 u_{CE} 的增大，集电结正偏程度减弱，并逐渐转向反偏，收集作用增强，电流 i_C 增加。在饱和状态下，三极管的集电极电流与基极电流之间没有线性的关系，基极电流的上升并不会引起集电极电流成比例地上升。

截止区与三极管的截止状态相对应，当三极管的发射结与集电结均处于反偏状态时，三极管即处在截止状态，在该状态下基极电流为零，发射结不能向基区注入电子，集电极电流近似为零，并且不会随管压降的变化而变化。此时的三极管没有电流放大作用，集电极与射极之间几乎截止，实际上此时从集电极到发射极之间有很小的漏电流，该电流就是 I_{CEO}。

2.1.4 三极管的参数

三极管的参数较多，理解这些参数的含义是正确选择和使用三极管的依据，现介绍如下。

1. 集电极-基极击穿电压 $U_{(BR)CBO}$

$U_{(BR)CBO}$ 指三极管发射极开路情况下集电极与基极之间的反向击穿电压，是集电极与基极之间能够承受反向电压的最大值。

2. 集电极-发射极击穿电压 $U_{(BR)CEO}$

$U_{(BR)CEO}$ 指三极管基极开路情况下集电极与发射极之间的击穿电压，是集电极与发射极之间能够承受电压的最大值。

3. 发射极-基极击穿电压 $U_{(BR)EBO}$

$U_{(BR)EBO}$ 指三极管集电极开路情况下基极与发射极之间的反向击穿电压，是基极与发射极之间能够承受的最大反向电压。

在实际使用三极管时，三极管在电路中所承受的各极之间的最高电压应该低于以上三个参数所给出的值，并且要留出一定的安全余量，通常取各参数的二分之一到三分之一较好。

4. 集电极-基极漏电流 I_{CBO}

I_{CBO} 指三极管发射极开路的情况下，集电极与基极之间施加反偏电压时集电极与基极之间的漏电流。正常情况下该参数值很小，只有微安级。

5. 集电极-发射极漏电流 I_{CEO}

I_{CEO} 指三极管基极开路的情况下，集电极与发射极之间的漏电流，即集电极到发射极之间的穿透电流，通常也只有微安级。

6. 直流电流增益 h_{EF}

该参数实际上就是前面提到的共射极直流电流放大倍数 $\bar{\beta}$，对一个具体的三极管，直流电流增益是一个范围值，其大小与三极管的偏置电流及温度等因素都有关系。通常中小功率的三极管 h_{EF} 在几十到几百之间，低频大功率三极管的 h_{EF} 通常较低，只有十几。

7. 饱和管压降 $U_{CE(sat)}$

$U_{CE(sat)}$ 指三极管饱和导通时集电极与发射极之间的压降，通常为零点几伏左右。在电路中判断三极管是否进入饱和状态可以测量管压降，如果管压降很小，近似为零点几伏，则可以判定三极管已经进入饱和状态。

8. 集电极最大电流 I_{CM}

I_{CM} 指三极管工作时集电极允许流过的连续电流平均值的最大值，该电流是三极管工

作时集电极电流的上限。

9. 最大耗散功率 P_{CM}

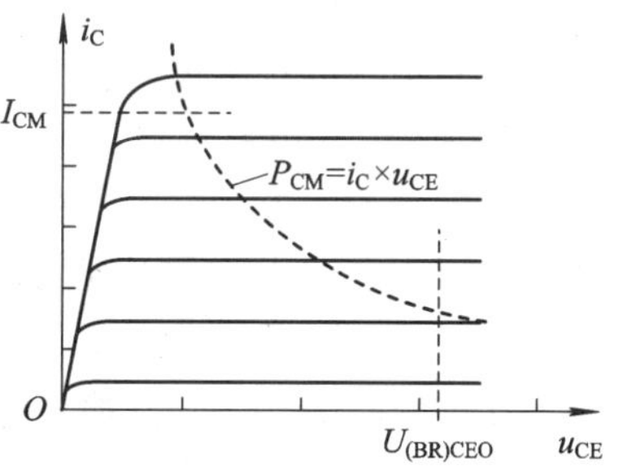

图 2-5　三极管的安全工作区

P_{CM}指三极管工作时自身允许消耗功率的最大平均值。如果三极管工作时的平均损耗功率超过该参数，三极管就可能因为过热而损坏。在实际使用中不但要求三极管的耗散功率满足要求，还必须保证三极管具有良好的散热条件以充分发挥其性能。

图 2-5 所示为三极管工作时的安全工作区域，它是由集电极最大电流线 $i_C=I_{CM}$、集电极-发射极击穿电压线 $u_{CE}=U_{(BR)CEO}$、最大功率曲线 $P_{CM}=i_C\times u_{CE}$ 及坐标轴所围成的区域，只有同时满足这些条件三极管工作才是安全的。

10. 特征频率 f_T

特征频率指三极管共射极交流电流放大倍数降低到 1 时所加输入信号的频率，用 f_T 表示。通常把 $f_T<3$ MHz的三极管称为低频管，把 $f_T>30$ MHz 的三极管称为高频管，把 3 MHz$<f_T<$30 MHz 的三极管称为中频管。应用中应根据待放大或传输的信号的性质合理地选择相应频率特性的三极管。

2.2　共射极放大电路及其静态分析

共射极放大电路及其静态分析

由三极管组成的基本放大电路可分为**共基极放大电路**、**共射极放大电路**和**共集电极放大电路**，其中共射极放大电路应用最广泛，因此首先介绍它的电路组成及分析方法。

2.2.1　共射极放大电路组成原理

图 2-6 所示为由 NPN 型三极管组成的共射极放大电路。该电路之所以被叫做共射极放大电路，原因就在于输入信号 u_i 和输出信号 u_o 的接地端都与三极管的射极连接在一起，射极是输入信号与输出信号的公共端。

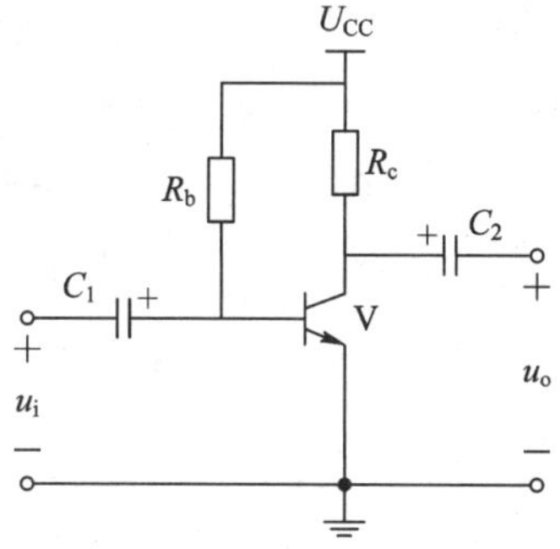

图 2-6　共射极放大电路

要实现三极管的放大电路，首先必须使三极管处在放大状态。在图 2-6 中基极电阻

R_b 接电源 U_{CC}，为三极管 V 提供发射结正偏电压和基极偏置电流。集电极电阻 R_c 也接电源 U_{CC}，为三极管集电极提供电压，使三极管集电结处在反偏状态，使三极管具有合适的管压降和适当的集电极偏置电流。这样一来就为三极管放大信号创造了一个基本的环境：发射结正偏，集电结反偏，并且具有合适的基极偏置电流和集电极偏置电流。

当三极管具有了放大的基本条件之后，就可以进行信号的放大了。首先，必须通过适当的手段把交流小信号引入到放大器的输入端，图 2-6 中输入电容 C_1 的作用就是把输入交流信号 u_i 耦合到三极管的基极，由于电容 C_1 的容抗相对于输入交流信号较小，可以看成对于交流信号短路。随后，耦合到基极的交流信号使得发射结的电压及基极的电流随输入信号变化，当三极管 V 处在放大状态时，基极电流的变化必然引起集电极电流的变化，并且集电极电流的变化量是基极电流变化量的 β 倍，因此集电极电流流经电阻 R_c 必然引起集电极电压的较大变化，这样的电压变化是受控于基极输入信号的控制的，即基极输入较小的信号引起了集电极较大的电流、电压变化，这就是共射极放大电路最基本的工作原理。最后，被放大的信号需从集电极分离出来，输出电容 C_2 就是实现交流信号输出的，其容抗相对于被放大的交流信号较小，可以看成短路，这样一来在输出端就可以得到与输入信号 u_i 相对应的被放大的输出信号 u_o 了。

2.2.2 直流通路与交流通路

叠加定理告诉我们：在线性电路中，任一支路的电压或电流都是各个独立信号源单独作用下在该支路中产生的电压或电流的代数和。在分析图 2-6 所示电路时，为了充分说明直流信号与交流输入信号各自的作用及相互之间的关系，应用叠加定理把直流电源单独作用于电路时的情况与交流信号单独作用于电路时的情况分开研究。假定输入的交流信号 $u_i=0$，仅有直流电源 U_{CC} 的作用，此时电容 C_1 和 C_2 相当于开路，于是就得到如图 2-7 所示的等效电路，该电路就称为共射极放大器的**直流通路**。同理如果认为直流电源 $U_{CC}=0$，仅有交流输入信号 u_i 的作用，同样可以画出对应的等效电路，该等效电路就称为共射极放大器的**交流通路**。画交流通路时因为 $U_{CC}=0$，所以直流电源短接，即电阻 R_b、R_c 上端并接到地，又因为对交流信号电容 C_1 和 C_2 相当于短路，因此可以直接短接，这样就可以画出如图 2-8 所示的交流通路了。

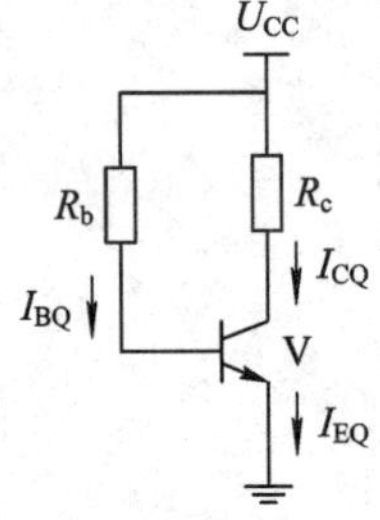

图 2-7 共射极放大电路直流通路

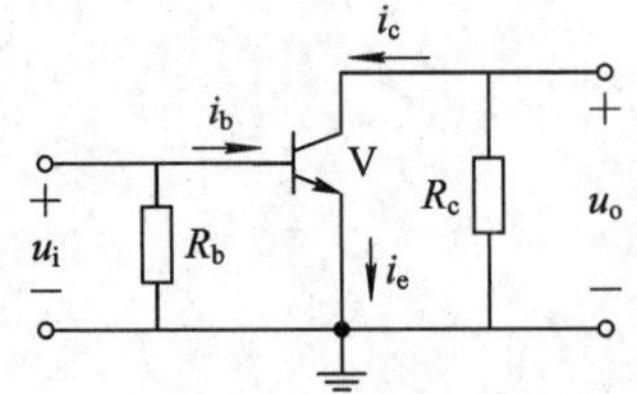

图 2-8 共射极放大电路交流通路

2.2.3 静态工作点的解析法分析

静态指的是放大电路的**直流工作状态**，即交流输入信号为零时电路的状态。**静态工作点**是指放大电路的直流偏置状态，衡量该状态的主要参数包括：基极的偏置电流 I_{BQ}、集电

极偏置电流 I_{CQ}及集电极-发射极之间的管压降 U_{CEQ}等。求取静态工作点参数的过程称为**静态分析**。由于在静态时，交流输入信号为零，只有直流电源的作用，此时放大电路的等效电路与其直流通路相同，因此对静态进行分析就是对放大电路的直流通路进行分析，从中求出静态参数。

共射极放大电路图解法分析

共射极放大电路的直流通路如图 2-7 所示，各支路的电流如图所示。在该电路中存在两个回路，一个是基极回路，一个是集电极回路。对于基极回路，电流 I_{BQ}从电源出发流经电阻 R_b，再流经三极管的发射结，经射极到地；对于集电极回路，电流 I_{CQ}从电源出发流经电阻 R_c，再经过三极管的集电极-射极到地，根据这两个回路可以列写回路方程，求得静态参数。

对于基极回路，有

$$I_{BQ}\cdot R_b+U_{BEQ}=U_{CC} \tag{2-13}$$

式(2-13)中 U_{BEQ}为三极管发射结正偏导通压降，估算静态工作点时可以认为该值为常数，通常对于硅管取 0.6～0.7 V，对于锗管取 0.2～0.3 V，于是可以求得基极静态偏置电流为

$$I_{BQ}=\frac{U_{CC}-U_{BEQ}}{R_b} \tag{2-14}$$

式(2-14)说明在 $U_{CC}>U_{BEQ}$的情况下，设置适当的电阻 R_b 就可以得到合适的基极偏置电流 I_{BQ}了，并保证发射结正偏。

在放大状态下，三极管的集电极电流 I_{CQ}与基极电流 I_{BQ}近似为 $\bar{\beta}$ 倍的关系，即

$$I_{CQ}=\bar{\beta}\cdot I_{BQ} \tag{2-15}$$

对于集电极回路，有

$$I_{CQ}\cdot R_c+U_{CEQ}=U_{CC} \tag{2-16}$$

式(2-16)称为**直流负载线**，它是集电极电流 I_{CQ}与集电极-发射极压降 U_{CEQ}的约束关系，由此可以求得静态管压降为

$$U_{CEQ}=U_{CC}-I_{CQ}\cdot R_c=U_{CC}-\bar{\beta}\cdot I_{BQ}\cdot R_c \tag{2-17}$$

严格地讲，在静态工作点的估算过程中，三极管的放大倍数为直流放大倍数 $\bar{\beta}$，但是由于交流放大倍数 β 与直流放大倍数 $\bar{\beta}$ 差别不大，因此在估算时可以替换使用。

例 2-1　图 2-9(a)所示为某共射极放大电路，$R_b=100$ k，$R_c=1$ kΩ，电源电压为+12 V，三极管的放大倍数 $\bar{\beta}=50$。请估算三极管的静态工作点，并画出放大器的交流通路。

解　(1) 估算静态工作点。

电容 C_1、C_2 看成开路即可得到放大器的直流通路，取发射极导通压降为 0.7 V，根据基极回路可以估算基极偏置电流为

$$I_{BQ}=\frac{U_{CC}-U_{BEQ}}{R_b}=\frac{12\text{ V}-0.7\text{ V}}{100\text{ k}\Omega}=113\ \mu\text{A}$$

根据放大状态下集电极电流与基极电流的关系可得

$$I_{CQ}=\bar{\beta}\cdot I_{BQ}=50\times 113\ \mu\text{A}=5.65\text{ mA}$$

再根据集电极回路方程可得集电极-射极管压降为

$$U_{CEQ}=U_{CC}-I_{CQ}\cdot R_c=12\text{ V}-5.65\text{ mA}\times 1\text{ k}\Omega=6.36\text{ V}$$

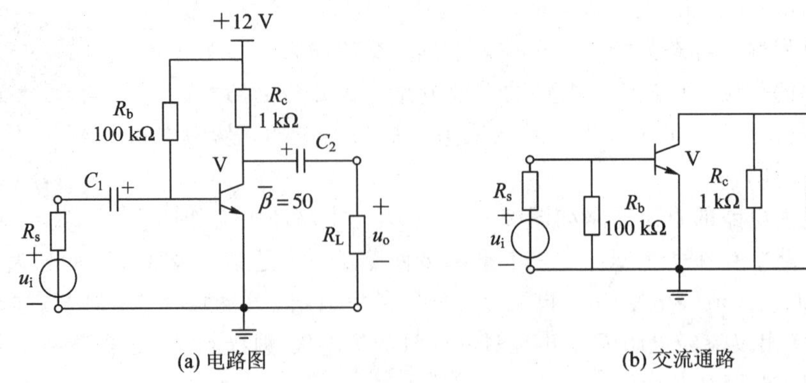

图 2-9　例 2-1 图

(2) 画交流通路。

画交流通路的基本原则：直流电压源当零处理，正负极短接，把耦合电容短接。按照这个原则可以画出该放大电路的交流通路如图 2-9(b)所示。

共射极放大电路图解法分析

2.3　共射极放大电路图解法分析

共射极放大电路动态分析就是要研究三极管在一定的静态偏置条件下，输入信号是如何被放大的，以及放大器的性能指标和参数，常采用的动态分析方法有图解分析法和解析法。

2.3.1　图解法分析

所谓**图解法**，就是通过放大电路和三极管的特性曲线揭示放大器如何工作的分析方法。该方法的特点是能够较直观地反映放大器工作的过程。下面就采用图解分析方法说明共射极放大器是如何工作的。

1. 基极电压电流映射关系

共射极放大电路仍如图 2-6 所示，假定当前静态参数：基极偏流为 I_{BQ}，基极-射极偏压为 U_{BEQ}，集电极电流为 I_{CQ}，静态管压降为 U_{CEQ}。当输入交流信号 u_i 后，基极的信号 u_{BE} 必然是静态基极电压 U_{BEQ} 与通过电容耦合输入交流信号 u_{be} 的叠加，即

$$u_{BE}=U_{BEQ}+u_{be} \tag{2-18}$$

在式(2-18)中 u_{be} 就是输入交流信号 u_i，因此，此时的基极-射极电压是静态电压 U_{BEQ} 与输入信号 u_i 的叠加。

在三极管的输入特性曲线上标出静态工作点 $Q(U_{BEQ}, I_{BQ})$。由输入特性可知：如果三极管的基极-射极电压 u_{BE} 在 U_{BEQ} 两边波动，则基极电流也将围绕 I_{BQ} 波动，这样如果输入交流信号，u_{BE} 将随着输入的变化而变化，则必然引起基极电流的变化。

如图 2-10 所示为输入电压电流映射图，从图中可以看出，输入信号 u_i 耦合到基极后引起基极电压变化，这种变化经过输入特性映射后转换成基极电流的变化。输入特性并不是完全线性的，但是在静态工作点 Q 附近可以近似把 i_B — u_{BE} 的曲线看成直线，当线性处理，只要输入信号的幅值不是太大。当输入信号在较大的范围内变化时，由于输入特性的

非线性必然造成基极电流的失真，这种失真属于非线性失真。

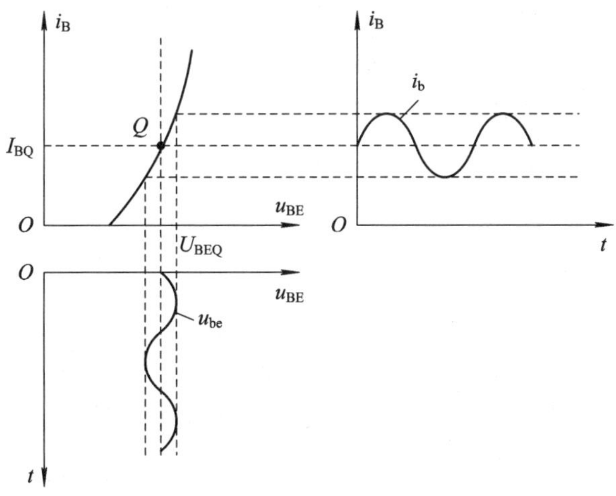

图 2-10　输入电压与电流的映射关系

由此可见，处于放大状态的三极管可以把基极-射极之间的微小电压变化转换为基极电流的变化，当三极管的静态工作点设置合适，并且输入信号在小范围内变化时，基极电流的变化与引起基极电流变化的基极-射极之间的电压的变化量之间可以看成是线性的。

2. 基极-集电极电流映射关系

合理地设置共射极放大电路的工作点，使三极管处于放大状态，则集电极电流受控于基极电流。设三极管在静态工作点 Q 处的共射极交流放大倍数为 β，则集电极电流可以表示为

$$i_C = I_{CQ} + \beta \cdot i_b \tag{2-19}$$

图 2-11 为基极电流与集电极电流之间的映射关系。三极管在静态工作点 Q 附近的共射极电流放大倍数 β 就是 Q 点切线的斜率，只要信号 i_b 的幅值足够小，那么从 i_b 到 i_c 的映射关系就可以认为是线性的。

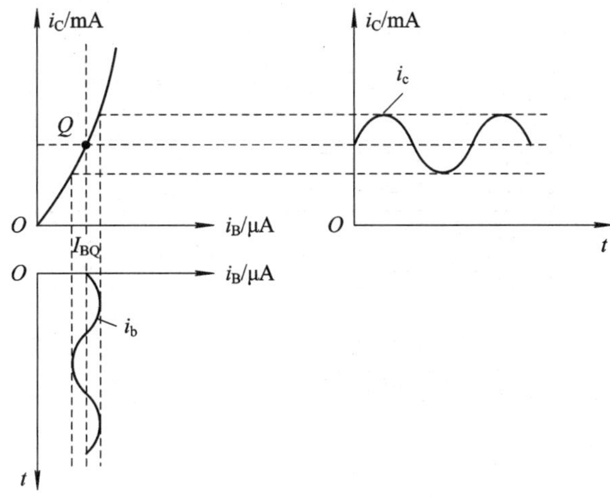

图 2-11　基极电流与集电极电流之间的映射关系

由基极电流与集电极电流之间的映射关系可以看出：基极电流的变化可以被近似线性地转换为集电极电流的变化，但这是以三极管处于合适的静态工作点，并且输入信号足够小为前提的。

3. 集电极电流电压映射关系

集电极电流流过集电极回路，它必然受到集电极回路方程的约束。输出交流负载开路的情况下集电极回路方程为

$$i_C \cdot R_c + u_{CE} = U_{CC}$$

于是整理可得

$$i_C = \frac{U_{CC}}{R_c} - \frac{1}{R_c} \cdot u_{CE} \tag{2-20}$$

式(2-20)称为共射极放大器的**空载交流负载线**，它是在 i_C — u_{CE} 坐标平面中过点 $\left(0, \frac{U_{CC}}{R_c}\right)$ 和点(U_{CC}, 0)的一条直线，它是 i_C 和 u_{CE} 之间的约束关系。

前面提到直流负载线，这里将直流负载线与交流负载线进行一下对比。对于空载交流负载线而言，如果输入的交流信号为零，即 $u_i = u_{be} = 0$，则 $i_b = 0$，那么基极电流可表示为

$$i_B = I_{BQ} + i_b = I_{BQ}$$

因此集电极电流为

$$i_C = I_{CQ} + i_c = I_{CQ} + \beta i_b = I_{CQ}$$

由此可见在交流输入信号为零时，i_C 就是 I_{CQ}，交流负载线就是直流负载线。但是这里必须强调指出：对于直流负载线 $I_{CQ} \cdot R_c + U_{CEQ} = U_{CC}$，当电源 U_{CC} 和 R_c 保持不变时，I_{CQ} 的改变是靠改变基极偏置电阻来实现的，不是输入信号变化引起的，而基极偏置电阻的改变是要改变电路的硬件参数的，因此直流负载线表征的是由于基极偏置改变而引起的集电极偏置电流与三极管管压降之间的关系；而交流负载线表征的是在特定的偏置条件下，集电极电流与三极管管压降之间的关系。

图 2-12 所示为集电极电流与电压之间的映射关系。由于受到空载交流负载线的约束，

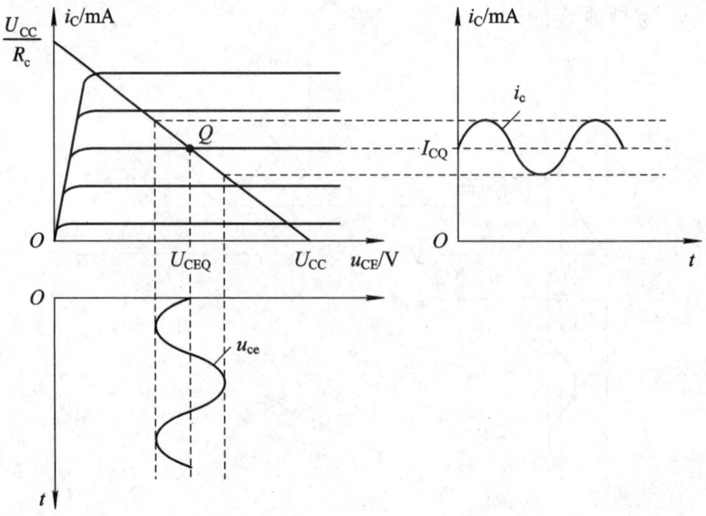

图 2-12　集电极电流与电压的映射关系

集电极电流的变化引起集电极电压的变化，最终，叠加在 I_{CQ}之上的集电极交流电流 i_c 转换为叠加在集电极直流电压 U_{CEQ}上的交流电压信号 u_{ce}。结合基极电压电流映射关系和基极-集电极电流映射关系，仔细观察输入交流信号 u_{be}与输出信号 u_{ce}，不难发现它们的相位是相反的。

集电极的交直流信号经过输出耦合电容 C_2 就可以输出纯净的交流信号了，该交流信号相对于输入信号 u_i 是被放大并倒相了的交流信号。

2.3.2　静态工作点设置对放大器的影响

当静态工作点设置不合适时将产生失真，从而严重影响信号的放大效果。图 2-13 所示为静态工作点设置不当引起的失真现象示意图。图中工作点 Q_1 设置太低，临近截止区，输入交流信号负半周很容易使三极管进入截止状态，集电极电流出现割底失真，输出交流电压信号出现**削顶失真**；而工作点 Q_2 设置又太高，临近饱和区，在交流输入信号的正半周，由于集电极电流增大在集电极电阻上的压降几乎占用了整个电源电压，使得三极管的管压降接近饱和，集电极电流无法继续增大，出现集电极电流的削顶失真，输出交流电压信号出现**割底失真**。

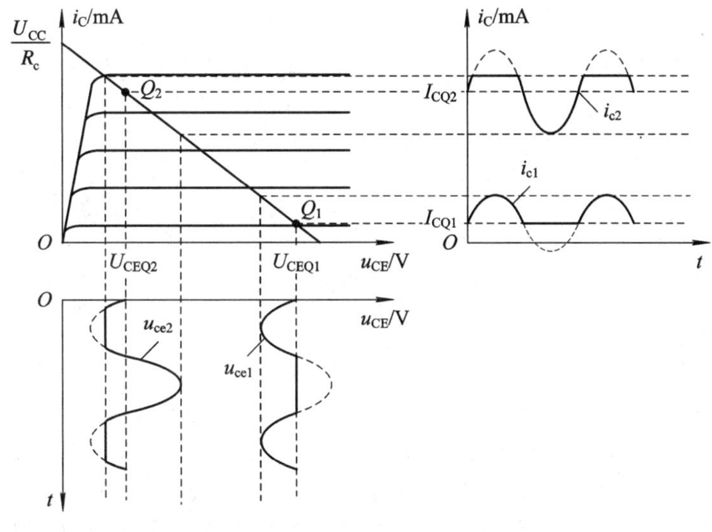

图 2-13　工作点设置不当引起信号失真现象

工作点的设置对于放大器的性能具有重要的意义，工作点设置较低易出现输出截止削顶失真，设置较高易出现饱和割底失真，这就提示在设置静态工作点时，应该使工作点尽量位于负载线的中间，这样信号输出波形好，输出幅度大。

2.3.3　输出带载时的动态分析

前面介绍的动态分析过程输出是空载状态，如果带上交流负载，在交流负载上输出的交流电压信号又该是什么样的呢？

图 2-14 所示是共射极放大器带载电路及其交流通路。

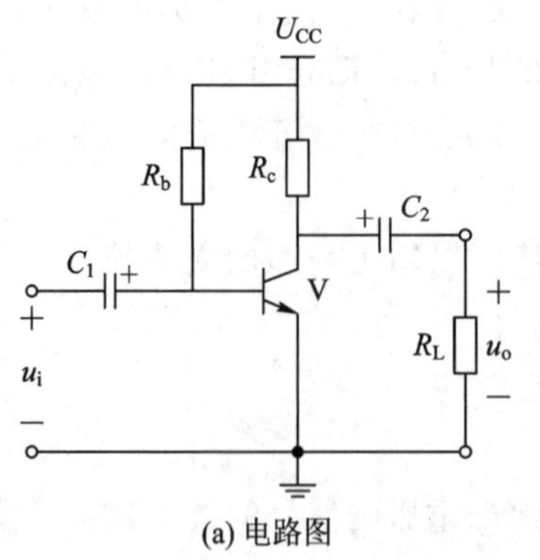

(a) 电路图

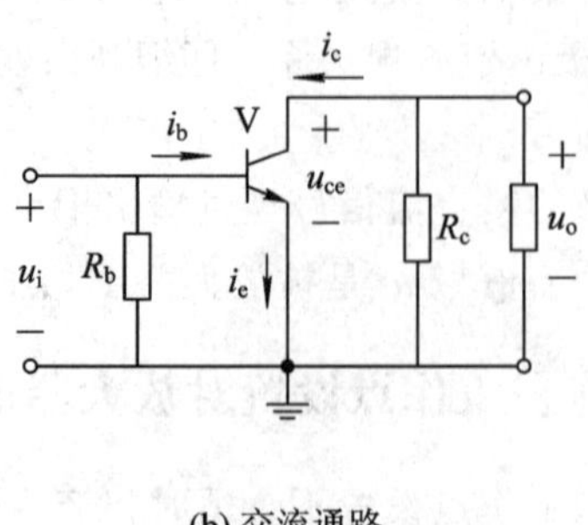

(b) 交流通路

图 2-14　共射极放大器带载电路及其交流通路

设静态工作点为 $Q(U_{CEQ}, I_{CQ})$，则根据直流负载线有

$$U_{CEQ} = U_{CC} - I_{CQ} \cdot R_c \tag{2-21}$$

交流信号输入后集电极电流为静态电流 I_{CQ} 与动态电流 i_c 之和，即

$$i_C = I_{CQ} + i_c \tag{2-22}$$

集电极-发射极电压为静态直流分量 U_{CEQ} 与动态交流分量 u_{ce} 之和，即

$$u_{CE} = U_{CEQ} + u_{ce} \tag{2-23}$$

由图 2-14(b)所示交流通路可知动态电流 i_c 在三极管上引起的压降为

$$u_{ce} = -i_c(R_c /\!/ R_L) \tag{2-24}$$

由式(2-22)可得

$$i_c = i_C - I_{CQ}$$

上式代入式(2-24)得

$$u_{ce} = -(i_C - I_{CQ})(R_c /\!/ R_L)$$

把上式代入式(2-23)得

$$\begin{aligned} u_{CE} &= U_{CEQ} - (i_C - I_{CQ})(R_c /\!/ R_L) \\ &= U_{CEQ} + I_{CQ}(R_c /\!/ R_L) - i_c(R_c /\!/ R_L) \end{aligned}$$

令 $R'_L = R_c /\!/ R_L$，则上式可表示为

$$u_{CE} = U_{CEQ} + I_{CQ} \cdot R'_L - i_C \cdot R'_L \tag{2-25}$$

令 $U_S = U_{CEQ} + I_{CQ} \cdot R'_L$，则 U_S 是与静态参数和 R_c、R_L 相关的常数，代入式(2-25)并变形得

$$i_C = \frac{1}{R'_L}U_S - \frac{1}{R'_L}u_{CE} \tag{2-26}$$

式(2-26)称为共射极放大电路**带载时的交流负载线**，当 $i_C = I_{CQ}$ 时，代入式(2-25)可得 $u_{CE} = U_{CEQ}$，即带载时的交流负载线也经过静态工作点 $Q(U_{CEQ}, I_{CQ})$，只是其斜率为 $-1/R'_L$。

图 2-15 所示为带载后集电极电流与电压的映射关系。在图中的输出特性坐标平面中，过静态工作点 Q 同时画出了空载交流负载线和带载交流负载线，两条负载线斜率不同。如果空载，动态时集电极的电流经空载负载线映射后输出交流电压信号为 u_{CE}-t 坐标系中虚线所示的 u_{ce}，而带载时，集电极电流经带载负载线映射后输出的交流信号为 u_{CE}-t

坐标系中实线所示的 u_{ce}，对比可以看出带载后输出交流电压信号的幅值下降了。

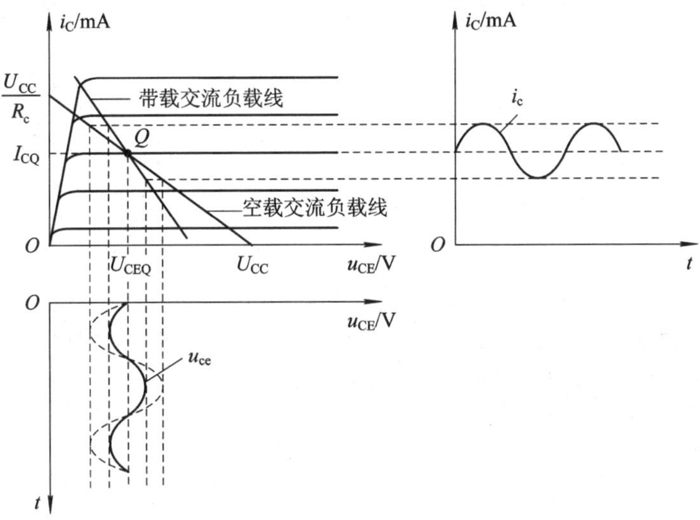

图 2-15　带载后集电极电流与电压的映射关系

图解法进行放大电路的分析具有直观明了的特点，可以很清楚地观察信号之间的传递关系，但是图解法也有不足，无法定量地对放大器的性能进行分析，因此有一定的局限性。

2.4　微变等效电路分析法

微变等效电路分析法

2.4.1　微变等效电路模型

三极管的微变等效电路模型是三极管放大电路解析法分析的基础，该模型是基于三极管的放大状态和输入交流信号限于低频小信号的前提建立的，只有确保这两个条件微变等效电路模型才具有有效性。微变等效电路就是在适当的静态偏置条件下，放大电路加入小信号时对三极管的线性化处理模型。

1. 微变等效电路

可借助图 2-10，从三极管的输入特性可知，在静态工作点 Q 附近，发射结电压的变化将引起基极电流的变化，只要输入发射结的电压变化足够小，那么发射结电压变化所引起的基极电流变化就可以看成是线性的。这也就是说，在 Q 点附近基极上所产生的交流电流 i_b 与发射结上的交流小信号 u_{be} 成比例，那么按照欧姆定律基极与发射极之间可以等效为一个电阻 r_{be}。该等效电阻是输入特性上静态工作点 Q 处的切线斜率的倒数，显然随着静态偏置的不同，工作点在输入特性上移动，相应的切线斜率不同，等效电阻的大小不同。

参见图 2-12，又由三极管的输出特性可知，在静态工作点 Q 附近，集电极电流 i_C 与 u_{CE} 的变化无关，仅与基极电流的大小相关。这里用 i_b、i_c 分别表示在静态基础上基极与集电极上叠加的交流小信号，那么，在 Q 点附近当基极叠加上交流信号 i_b 时，集电极将叠加一个与 i_b 成比例变化的交流信号 i_c，并且有 $i_c=\beta i_b$，这说明在静态工作点 Q 附近，集电极电流变化可以看成是由基极电流变化控制的，于是，集电极电流变化可以看成基极电流变化量的受控源。

综合输入特性和输出特性，三极管在动态时可以等效为图 2－16 的微变等效模型。

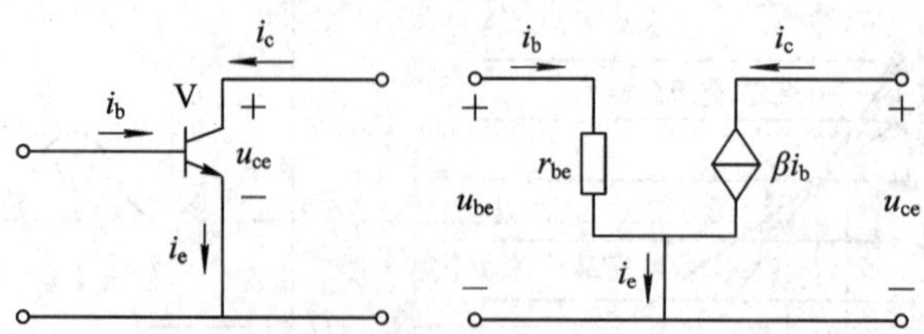

图 2－16　三极管微变等效电路

图 2－16 所示微变等效电路模型是忽略了三极管的电容效应得到的简化电路模型，因此当信号的频率很高时，该模型的误差会增大，甚至失效。

2. r_{be}的计算

图 2－17 所示为三极管的内部结构示意图，图中的电阻 $r_{bb'}$、r_e 和 r_c 分别表示三极管基区、发射区和集电区的体电阻，电阻 $r_{b'e'}$ 和 $r_{c'b'}$ 分别表示发射结和集电结的电阻。基区体电阻 $r_{bb'}$ 根据三极管的种类、型号不同而不同，一般低频小功率三极管约为几百欧。发射区掺杂浓度高，体电阻小，通常只有几欧，可以忽略，集电区体电阻由于有较高的掺杂和较大的面积因此也较小，也可以忽略。

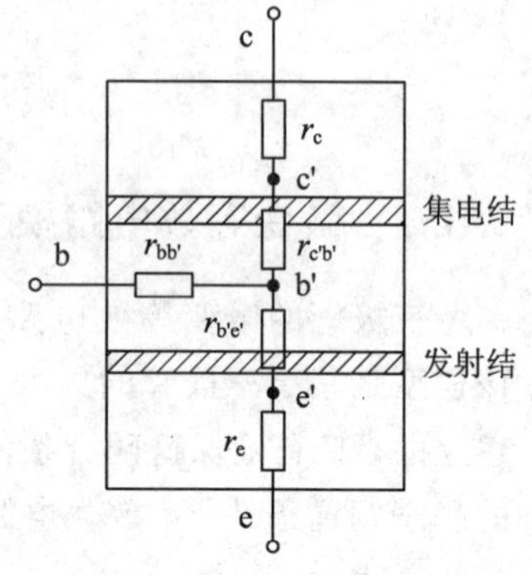

图 2－17　三极管内部结构

发射结的输入特性与二极管的 PN 结的正向特性类似，根据 PN 结伏安特性表达式，有

$$i_E = I_S\left(e^{\frac{u_{BE}}{u_T}} - 1\right)$$

当 $u_{BE} \gg u_T$ 时，有

$$i_E = I_S\left(e^{\frac{u_{BE}}{u_T}} - 1\right) \approx I_S \cdot e^{\frac{u_{BE}}{u_T}} \tag{2-27}$$

常温时温度电压当量 $u_T = 26$ mV，对式(2－27)求导可得

$$\frac{di_E}{du_{BE}} = \frac{I_S}{u_T} e^{\frac{u_{BE}}{u_T}} = \frac{1}{u_T} \cdot I_S \cdot e^{\frac{u_{BE}}{u_T}} = \frac{i_E}{u_T} \tag{2-28}$$

式(2－28)计算的值为发射结交流等效电阻的倒数。在静态工作点附近可以近似认为 $i_E = I_{EQ}$，因此 Q 点发射结等效电阻为

$$r_{b'e'} = \frac{u_T}{I_{EQ}} \approx \frac{26\ \text{mV}}{I_{EQ}} \tag{2-29}$$

当 I_{EQ} 取 mA 作单位，$r_{b'e'}$ 的计算结果单位为欧姆。

根据动态情况下基极到发射极的回路可得

$$\begin{aligned} u_{be} &= i_b r_{bb'} + i_e r_{b'e'} = i_b r_{bb'} + (1+\beta) i_b \frac{26\ \text{mV}}{I_{EQ}} \\ &= i_b \left(r_{bb'} + (1+\beta) \frac{26\ \text{mV}}{I_{EQ}} \right) = i_b r_{be} \end{aligned}$$

于是基极到发射极的总的等效电阻 r_{be} 可表示为

$$r_{be} \approx r_{bb'} + (1+\beta) r_{b'e'} = r_{bb'} + (1+\beta) \frac{26\ \text{mV}}{I_{EQ}} \tag{2-30}$$

如果已知放大电路中三极管的偏置电流 I_{EQ}，就可以根据式(2－30)估算 r_{be}，此时对于中小功率三极管，$r_{bb'}$无特别说明时取 300 Ω 进行计算。这里需要强调说明的是：r_{be}是三极管在动态时的交流等效参数，它的大小与三极管的静态工作点有关，但是 r_{be}只能用于放大电路的动态分析，不能用于任何的静态分析。

2.4.2　共射极放大电路微变等效电路分析

采用微变等效电路对放大器进行分析的目的是要定量计算放大器的主要参数，主要包括电压放大倍数、输入电阻和输出电阻等。该分析方法并不是仅针对共射极放大器，它也同样适用于共基极和共集电极放大电路，是普遍适用于低频小信号放大器的分析方法。

1. 微变等效电路分析步骤

微变等效电路分析方法通常遵从以下基本步骤进行：

(1) 进行静态分析，根据静态参数估算 r_{be}。

(2) 画交流通路和微变等效电路。

(3) 根据微变等效电路进行相关参数计算。

2. 共射极放大器微变等效电路分析

图 2－18(a)为共射极放大电路，现在按照微变等效电路分析的基本步骤对其进行分析。

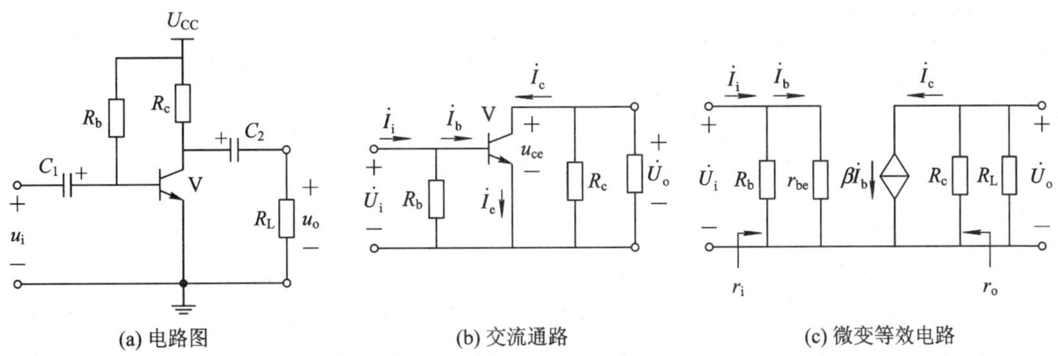

图 2－18　共射极放大器微变等效分析

1) 进行静态分析，根据静态参数估算 r_{be}

根据放大电路的直流通路可以得到

$$I_{BQ}=\frac{U_{CC}-U_{BEQ}}{R_b},\ I_{CQ}=\bar{\beta}\cdot I_{BQ}$$

则可以估算出静态时射极偏置电流为

$$I_{EQ}=I_{BQ}+I_{CQ}=I_{BQ}+\bar{\beta}\cdot I_{BQ}=(1+\bar{\beta})I_{BQ}$$

于是根据式(2－30)可得

$$r_{be}\approx r_{bb'}+(1+\beta)\frac{26\ \text{mV}}{I_{EQ}}$$

在估算时认为 $\beta\approx\bar{\beta}$。此处，静态分析的主要目的是估算 r_{be}，但是静态工作点是否合适对放大器至关重要，因此动态分析前通常要检查管压降 u_{CE}等静态参数是否合适。

2）画交流通路和微变等效电路

图 2-18(b)为交流通路，把交流通路中的三极管用微变等效电路模型替换即可得到放大器的微变等效电路，如图 2-18(c)所示。需要强调的是，微变等效电路是在正确直流偏置状态下的交流小信号模型，它放大与传输的信号是交流信号，因此不要和直流信号混为一谈。对于交流信号而言具有幅值和相位特性，适合用相量表示，因此画出的交流通路和微变等效电路均采用了相量。

3）根据微变等效电路进行相关参数计算

(1) 求电压放大倍数 $\dot{A}_u$。

根据微变等效电路输入电压可以表示为

$$\dot{U}_i = \dot{I}_b r_{be}, \quad \dot{I}_c = \beta \dot{I}_b$$

输出电压为

$$\dot{U}_o = -\dot{I}_c (R_c /\!/ R_L) = -\beta \cdot \dot{I}_b (R_c /\!/ R_L) \tag{2-31}$$

则共射极放大器的电压放大倍数为

$$\dot{A}_u = \frac{\dot{U}_o}{\dot{U}_i} = -\frac{\beta \cdot \dot{I}_b (R_c /\!/ R_L)}{\dot{I}_b r_{be}} = -\beta \cdot \frac{(R_c /\!/ R_L)}{r_{be}} = -\beta \cdot \frac{R'_L}{r_{be}} \tag{2-32}$$

式(2-32)中 $R'_L = R_c /\!/ R_L$。

(2) 求输入电阻 r_i。

放大器的输入电阻是指在放大器交流通路或微变等效电路中输入电压与输入电流之比。由图 2-18(c)所示微变等效电路易得输入电阻为

$$r_i = \frac{\dot{U}_i}{\dot{I}_i} = R_b /\!/ r_{be} \tag{2-33}$$

当 $R_b \gg r_{be}$ 时，$r_i \approx r_{be}$。

(3) 求输出电阻。

放大器的输出电阻是指从放大器的交流通路或微变等效电路的输出端看进去的等效电阻。输出电阻可以这样来求取：把输入信号设置为零，然后在输出端加测试电压，此时外加测试电压与从输出端流入放大器的电流之比即为输出电阻。分析图 2-18(c)所示微变等效电路，当输入为零时，受控源相当于开路，易得输出电阻为

$$r_o = R_c$$

例 2-2 如图 2-19(a)所示为某共射极放大电路，$R_s = 2\ \text{k}\Omega$，$R_b = 200\ \text{k}\Omega$，$R_c = 1\ \text{k}\Omega$，$R_L = 1\ \text{k}\Omega$，电源电压为 +12 V，三极管的放大倍数 $\beta = 100$。请计算 $\dot{A}_u$、r_i、r_o 及源电压放大倍数 $\dot{A}_{us}$。

解 首先，根据直流通路可知

$$I_{BQ} = \frac{U_{CC} - U_{BEQ}}{R_b} = \frac{12 - 0.7}{200 \times 10^3} = 0.0565\ \text{mA} = 56.5\ \mu\text{A}$$

$$I_{EQ} = (1+\beta) I_{BQ} = (1+100) \times 56.5\ \mu\text{A} = 5706.5\ \mu\text{A} \approx 5.71\ \text{mA}$$

$$r_{be} \approx r_{bb'} + (1+\beta)\frac{26\ \text{mV}}{I_{EQ}} = 300 + (1+100)\frac{26\ \text{mV}}{5.71\ \text{mA}} \approx 760\ \Omega$$

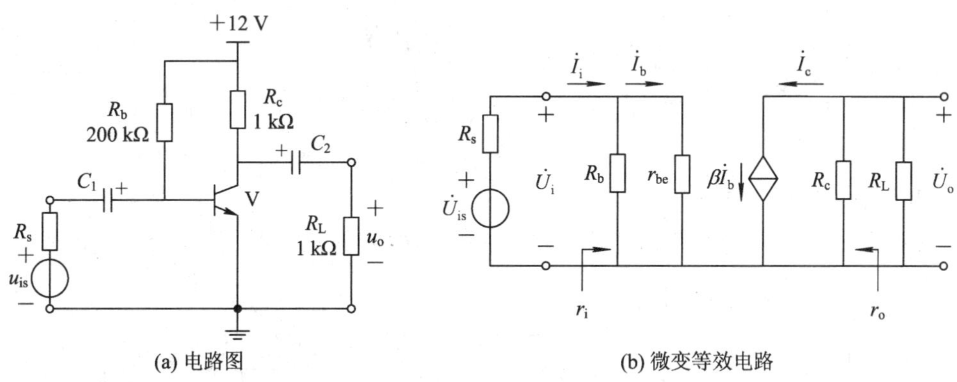

图 2-19　例 2-2 图

其次，根据交流通路画出微变等效电路如图 2-19(b)所示。

根据微变等效电路可知

$$\dot{A}_u = \frac{\dot{U}_o}{\dot{U}_i} = -\beta \cdot \frac{R_c /\!/ R_L}{r_{be}} = -100 \times \frac{1.0\times10^3 /\!/ 1.0\times10^3}{760} \approx -65.8$$

$$r_i = \frac{\dot{U}_i}{\dot{I}_i} = R_b /\!/ r_{be} \approx r_{be} = 760\ \Omega$$

$$r_o = R_c = 1\ \text{k}\Omega$$

源电压放大倍数是指输出信号与信号源开路输出电压之比，因此

$$\dot{A}_{us} = \frac{\dot{U}_o}{\dot{U}_{is}} = \frac{\dot{U}_o}{\dot{U}_i} \cdot \frac{\dot{U}_i}{\dot{U}_{is}} \approx \dot{A}_u \times \frac{r_{be}}{R_s + r_{be}} = -65.8 \times \frac{760}{2\times10^3 + 760} = -18.1$$

2.5　其他放大电路分析

其他放大电路分析

共射极放大电路从基极注入信号，从集电极取出信号，发射极作为输入与输出的公共参考地，信号是沿着基极-发射极传输的。类似地，从三极管的基极注入输入信号，从发射极取出输出信号，把集电极作为交流输入输出信号的公共参考地，信号沿着基极-发射极传输，这样的放大电路就称为**共集电极放大电路**；从三极管的发射极注入信号，从集电极取出输出信号，把基极作为输入输出的公共参考地，信号沿着发射极-集电极传输，这样的放大电路称为**共基极放大电路**。下面分别介绍这两种放大电路。

2.5.1　共集电极放大电路分析

共集电极放大电路如图 2-20(a)所示。输入信号通过基极电容 C_1 输入，输出信号从发射极通过电容 C_2 取出。

1. 静态分析

图 2-20(b)所示为共集电极放大器的直流通路。由基极回路方程可得

$$I_{BQ}=\frac{U_{CC}-U_{BE}}{R_b+(1+\beta)R_e} \tag{2-34}$$

集电极电流和射极电流分别为

$$I_{CQ}=\beta\cdot I_{BQ}$$
$$I_{EQ}=(1+\beta)\cdot I_{BQ}$$

再由集电极回路方程可知

$$U_{CEQ}=U_{CC}-(1+\beta)I_{BQ}R_e \tag{2-35}$$

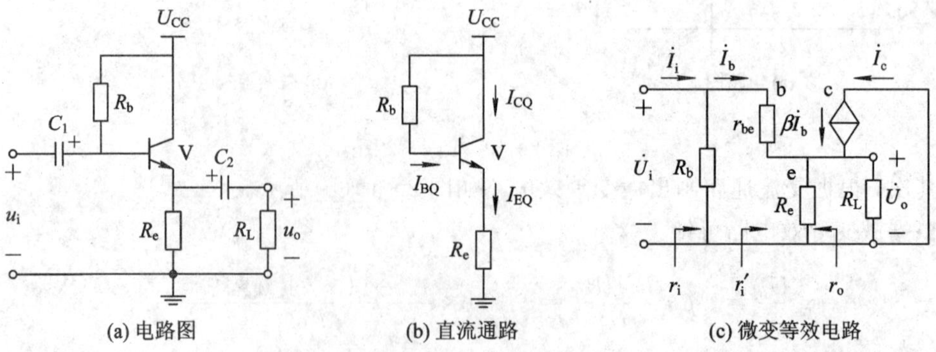

图 2-20　共集电极放大电路

2. 动态分析

图 2-20(c)所示为共集电极放大电路的微变等效电路。从微变等效电路可以看出，集电极为输入信号和输出信号的公共端。下面求取相关参数。

1) 求电压放大倍数 $\dot{A}_u$

输入信号可表示为

$$\dot{U}_i=\dot{I}_b\cdot r_{be}+(1+\beta)\dot{I}_b\cdot(R_e/\!/R_L)=\dot{I}_b[r_{be}+(1+\beta)(R_e/\!/R_L)]$$

输出信号可表示为

$$\dot{U}_o=(1+\beta)\dot{I}_b\cdot(R_e/\!/R_L)=\dot{I}_b(1+\beta)(R_e/\!/R_L)$$

因此

$$\dot{A}_u=\frac{\dot{U}_o}{\dot{U}_i}=\frac{\dot{I}_b(1+\beta)(R_e/\!/R_L)}{\dot{I}_b[r_{be}+(1+\beta)(R_e/\!/R_L)]}=\frac{(1+\beta)(R_e/\!/R_L)}{r_{be}+(1+\beta)(R_e/\!/R_L)} \tag{2-36}$$

由此可以看出：共集电极放大电路的电压放大倍数不会超过 1，通常 $r_{be}\ll(1+\beta)(R_e/\!/R_L)$，因此可以忽略 r_{be}，$\dot{A}_u\approx1$，由于输出电压与输入电压近似相等，且相位相同，因此共集电极放大电路也称**射极跟随器**。该放大器从电压放大的角度上看似乎没有什么作用，其实不然，射极跟随器虽然没有放大电压信号，但是却放大了电流信号，射极输出到 R_e 和 R_L 上的电流为基极输入电流的 $1+\beta$ 倍。

2) 求输入电阻 r_i

从微变等效电路可知

$$r_i=R_b/\!/r_i'$$

其中

$$r_i' = r_{be} + (1+\beta)(R_e // R_L)$$

即

$$r_i = R_b // [r_{be} + (1+\beta)(R_e // R_L)] \tag{2-37}$$

由式(2-37)可以看出，共集电极放大器输入电阻值远高于共射极放大电路，当放大器工作时输入信号源在信号源内阻上的损耗小，使得信号源电压尽可能多地加载到放大器的输入端。

3）求输出电阻 r_o

根据输出电阻的求取方法，把输入信号置零，即令 $\dot{U}_i=0$，断开负载 R_L，并且在输出端加测试信号 $\dot{U}_t$，此时的等效电路如图 2-21 所示。

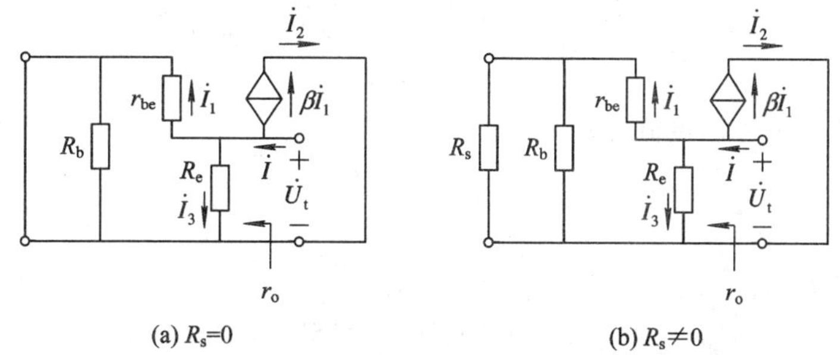

图 2-21　计算共集电极放大电路输出电阻的等效电路

如图 2-21(a)所示为信号源为理想电压源的情况，理想电压源内阻 $R_s=0$，显然，R_b 被短路，此时的输出电阻为

$$r_o = \frac{\dot{U}_t}{\dot{I}_1 + \dot{I}_2 + \dot{I}_3} = \frac{\dot{U}_t}{\dot{I}_1 + \beta\dot{I}_1 + \dot{I}_3} = \frac{\dot{U}_t}{(1+\beta)\dot{I}_1 + \dot{I}_3}$$

又 $r_{be}=\dfrac{\dot{U}_t}{\dot{I}_1}$，$R_e=\dfrac{\dot{U}_t}{\dot{I}_3}$，所以上式可表示为

$$r_o = \frac{1}{(1+\beta)\dfrac{\dot{I}_1}{\dot{U}_t} + \dfrac{\dot{I}_3}{\dot{U}_t}} = \frac{1}{(1+\beta)\dfrac{1}{r_{be}} + \dfrac{1}{R_e}} = R_e // \frac{r_{be}}{1+\beta} \tag{2-38}$$

图 2-21(b)所示为信号源的内阻不为零时的等效测试电路，此时，$r_{be}+R_s // R_b=\dfrac{\dot{U}_t}{\dot{I}_1}$，输出电阻可表示为

$$r_o = \frac{\dot{U}_t}{\dot{I}_1 + \dot{I}_2 + \dot{I}_3} = \frac{1}{(1+\beta)\dfrac{\dot{I}_1}{\dot{U}_t} + \dfrac{\dot{I}_3}{\dot{U}_t}} = \frac{1}{\dfrac{1+\beta}{r_{be}+R_b // R_s} + \dfrac{1}{R_e}}$$

$$= R_e // \frac{r_{be}+R_b // R_s}{1+\beta} \tag{2-39}$$

由式(2-38)和式(2-39)可以看出，共集电极放大器的输出电阻较小，这样当与负载相连接时，可以在负载上得到较大的信号幅度，简而言之，就是带负载的能力强。

例 2-3 共集电极放大电路如图 2-20 所示，已知 $U_{CC}=12\ \text{V}$，$R_e=2\ \text{k}\Omega$，$R_b=100\ \text{k}\Omega$，信号源内阻 $R_s=10\ \text{k}\Omega$，$R_L=2\ \text{k}\Omega$，三极管的 $\beta=50$。

(1) 请估算放大电路的静态工作点；

(2) 计算动态参数 $\dot{A}_u$、$\dot{A}_{us}$、r_i 及 r_o。

解 (1) 静态工作点估算。

根据直流通路可得基极偏流为

$$\begin{aligned} I_{BQ} &= \frac{U_{CC}-U_{BE}}{R_b+(1+\beta)R_e} \\ &= \frac{12-0.7}{100\times 10^3+(1+50)\times 2\times 10^3} \\ &\approx 55.9\ \mu\text{A} \end{aligned}$$

集电极与发射极静态电流分别为

$$I_{CQ}=\beta\cdot I_{BQ}=50\times 55.9\ \mu\text{A}\approx 2.8\ \text{mA}$$

$$I_{EQ}=(1+\beta)\cdot I_{BQ}=(1+50)\times 55.9\ \eta\text{A}\approx 2.9\ \text{mA}$$

静态管压降为

$$U_{CEQ}=U_{CC}-(1+\beta)I_{BQ}R_e=12-(1+50)\times 55.9\times 10^{-6}\times 2.0\times 10^3\approx 6.3\ \text{V}$$

估算动态基极-发射极电阻 r_{be}：

$$r_{be}\approx r_{bb'}+(1+\beta)\frac{26\ \text{mV}}{I_{EQ}}=300+(1+50)\frac{26\ \text{mV}}{2.9\ \text{mA}}\approx 757.2\ \Omega$$

(2) 计算动态参数。

根据微变等效电路可得电压放大倍数为

$$\begin{aligned} \dot{A}_u &= \frac{\dot{U}_o}{\dot{U}_i}=\frac{(1+\beta)(R_e/\!/R_L)}{r_{be}+(1+\beta)(R_e/\!/R_L)} \\ &= \frac{(1+50)(2\times 10^3/\!/2\times 10^3)}{757.2+(1+50)(2\times 10^3/\!/2\times 10^3)} \\ &\approx 0.985 \end{aligned}$$

输入电阻为

$$\begin{aligned} r_i &= R_b/\!/[r_{be}+(1+\beta)(R_e/\!/R_L)] \\ &\approx 100\times 10^3/\!/[(1+50)(2\times 10^3/\!/2\times 10^3)] \\ &\approx 33.8\ \text{k}\Omega \end{aligned}$$

源电压放大倍数为

$$\dot{A}_{us}=\frac{\dot{U}_o}{\dot{U}_s}=\frac{\dot{U}_o}{\dot{U}_i}\cdot\frac{\dot{U}_i}{\dot{U}_s}=\dot{A}_u\times\frac{r_i}{R_s+r_i}=0.985\times\frac{33.8\times 10^3}{10\times 10^3+33.8\times 10^3}\approx 0.76$$

输出电阻为

$$r_o=R_e/\!/\frac{r_{be}+R_b/\!/R_s}{1+\beta}=2.0\times 10^3/\!/\frac{757.2+100\times 10^3/\!/10\times 10^3}{1+50}=176.1\ \Omega$$

2.5.2　共基极放大电路分析

图 2-22(a)所示为共基极放大电路图。输入信号通过耦合电容 C_1 注入三极管的发射极，输出信号从集电极通过耦合电容 C_2 输出，基极电容 C_b 把基极对交流信号接地。

图 2-22(b)为共基极放大电路的交流通路。从交流通路可以看出输入信号加在射极-基极之间，输出信号从集电极-基极之间取出，基极是输入、输出的公共端，因此称共基极放大器。

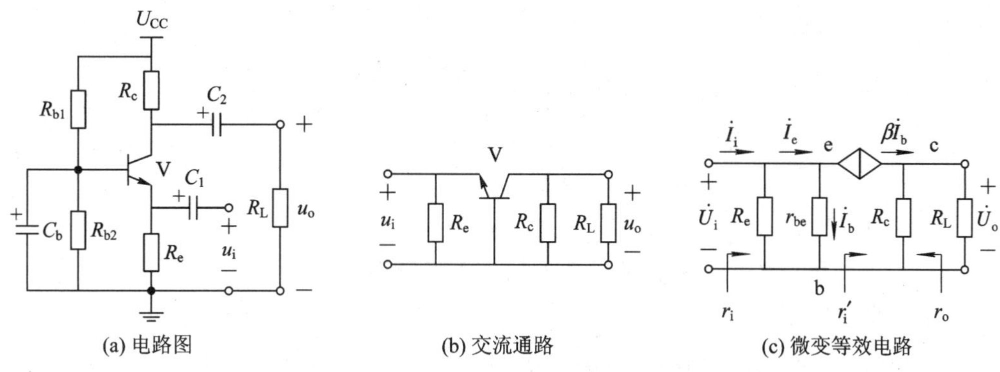

图 2-22　共基极放大电路

1. 静态分析

在静态时基极分压电阻 R_{b1} 和 R_{b2} 支路上的电流通常远大于三极管基极的偏置电流 I_{BQ}，因此可以忽略基极的分流作用，认为基极的静态电压 U_B 是由 R_{b1} 和 R_{b2} 分压决定的，即

$$U_B = \frac{R_{b2}}{R_{b1}+R_{b2}}U_{CC} \tag{2-40}$$

则从基极到地可以列写电压方程

$$U_B - U_{BE} = I_{EQ}R_e$$

于是

$$I_{EQ} = \frac{U_B - U_{BE}}{R_e} = \left(\frac{R_{b2}}{R_{b1}+R_{b2}}U_{cc} - U_{BE}\right)\frac{1}{R_e} \tag{2-41}$$

$$I_{CQ} \approx I_{EQ}$$

$$I_{BQ} = \frac{I_{EQ}}{1+\beta} \tag{2-42}$$

$$U_{CEQ} = U_{cc} - I_{CQ}R_c - I_{EQ}R_e \approx U_{cc} - I_{EQ}(R_c + R_e) \tag{2-43}$$

2. 动态分析

图 2-22(c)所示为共基极放大电路的交流微变等效电路。

1）求电压放大倍数 $\dot{A}_u$

由微变等效电路可得

$$\dot{U}_i = \dot{I}_b r_{be}$$

$$\dot{U}_o = \beta \dot{I}_b (R_c /\!/ R_L)$$

$$\dot{A}_u = \frac{\dot{U}_o}{\dot{U}_i} = \frac{\beta(R_c /\!/ R_L)}{r_{be}} \tag{2-44}$$

2）求输入电阻 r_i

根据微变等效电路，输入电阻可表示为

$$r_i = R_e /\!/ r_{be} /\!/ r'_i$$

其中

$$r'_i = \frac{\dot{U}_i}{\beta \cdot \dot{I}_b} = \frac{\dot{I}_b r_{be}}{\beta \cdot \dot{I}_b} = \frac{r_{be}}{\beta}$$

因此

$$r_i = R_e /\!/ r_{be} /\!/ \frac{r_{be}}{\beta} = R_e /\!/ \frac{r_{be}}{1+\beta} \tag{2-45}$$

由式(2-45)可以看出共基极放大器的输入电阻较小。

3）求输出电阻 r_o

按照输出电阻的求法，把输入信号置零，即 $\dot{U}_i=0$，由于 $\dot{I}_b=0$，$\beta\dot{I}_b=0$，受控源相当于开路，此时断开负载从输出端看进去的等效电阻仅有 R_c，即

$$r_o = R_c \tag{2-46}$$

2.5.3 基本放大电路比较

前面介绍了三种基本的单管放大电路，为便于学习把它们的典型参数列写在表 2-1 中进行对比。

通过对比可以看出：共射极放大电路电压放大倍数较高，输入电阻居中，输出电阻较大，可以满足一般情况下的信号放大要求，应用广泛；共集电极放大电路电压放大倍数近似为1，输入电阻高，输出电阻小，非常适合对高内阻信号源实现阻抗变换，也适合用作多级放大器的输出驱动级以获得较高的输出功率；共基极放大电路具有较高的电压放大倍数，较小的输入电阻和较高的输出电阻，由于输入电阻小，发射结的电容效应较小，因此放大器的频率响应优于共射极和共集电极放大电路。

表 2-1　三种基本放大电路参数比较

参　数	电　路		
	共射极放大电路	共集电极放大电路	共基极放大电路
电压放大倍数 $\dot{A}_u$	$-\beta \cdot \frac{R'_L}{r_{be}}$	$\frac{(1+\beta)(R_e /\!/ R_L)}{r_{be}+(1+\beta)(R_e /\!/ R_L)}$	$\frac{\beta(R_c /\!/ R_L)}{r_{be}}$
输入电阻 r_i	$R_b /\!/ r_{be} \approx r_{be}$	$R_b /\!/ [r_{be}+(1+\beta)(R_e /\!/ R_L)]$	$R_e /\!/ \frac{r_{be}}{1+\beta}$
输出电阻 r_o	R_c	$R_e /\!/ \frac{r_{be}+R_b /\!/ R_s}{1+\beta}$	R_c

若从输出信号与输入信号之间的相位关系来看：共射极放大电路输出信号与输入信号反相，而共集电极和共基极放大电路输出信号与输入信号相位一致。当然此处的信号是指放大器的中频信号，当频率超出中频范围，输出信号与输入信号之间的相位差不会简单地为反相或同相，而可能出现任意相差。

2.6　静态工作点稳定放大电路

静态工作点稳定放大电路

2.6.1　温度对放大电路工作点的影响

三极管与二极管同样属于温度敏感型器件，要搞清楚温度变化时对放大电路有何影响，就必须首先搞清楚温度变化对三极管有何影响。温度变化对处于放大状态的三极管的影响主要有三个方面。

首先，温度升高会使处于正偏导通的发射结的导通压降降低，基极电流增加。表现在三极管的输入特性上，就是温度升高输入特性曲线左移，如图 2-23(a)所示。如果保持三极管静态时的基极-发射极偏压 U_{BEQ}不变，则温度升高基极偏置电流 I_{BQ}明显增加，工作点从 Q_1 移动到 Q_2。

其次，温度升高会使三极管的 β 值增加，也就是说即使在相同的基极电流下，温度升高集电极电流会更高，这样一来，从三极管的输出特性来看，当温度升高时所有的输出特性曲线将向上移动，如图 2-23(b)中虚线所示的特性。对于前面介绍过的基本共射极放大电路而言，温度变化引起 β 值变化，进而引起集电极电流变化，根据直流负载线可知，集电极电流变化必然引起集电极电阻 R_c 上压降的变化，最终使得集电极-发射极电压降 U_{CEQ}变化，如图 2-23(b)所示，温度升高，受集电极直流负载线的约束，三极管的静态工作点由 Q_1 上移到 Q_2，三极管的静态管压降降低。

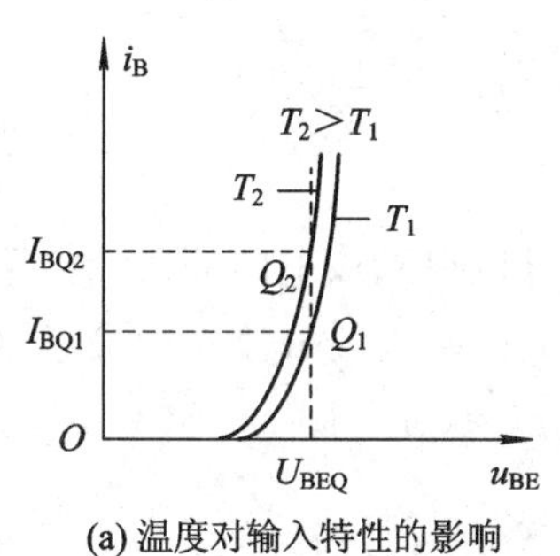

(a) 温度对输入特性的影响

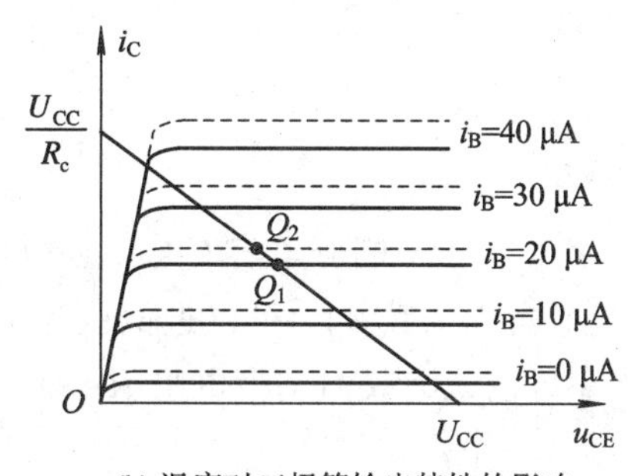

(b) 温度对三极管输出特性的影响

图 2-23　温度对三极管特性的影响

最后，温度变化会使三极管的饱和漏电流 I_{CEO} 增加，从而使放大状态的三极管的集电极总电流增加。

综合以上三方面的影响，当温度升高时基极电流的增加、β 值的增加及 I_{CEQ} 的增加都将使得基本共射极放大电路的静态工作点上移，三极管的管压降降低，动态范围减小，这样一来在低温时能够正常工作的放大器，温度升高时可能出现饱和失真甚至于无法正常工作，反之亦然。

如何克服温度变化对放大电路的影响一直是放大电路设计的关键问题，可以采取的措施包括外部措施和内部措施。从外部来讲就是创造恒温的条件，让放大器处在恒温环境中，例如，有些雷达信号的放大器就放置在恒温箱中以减小环境温度变化的影响，不过这样做的代价是较高的。从内部来讲就是从放大器本身出发，提高放大器本身对温度变化的抑制能力，具体的，比如选用温度敏感度低的器件，降低电路工作的发热量及改进电路的设计等。下面要介绍的静态工作点稳定电路就是从电路本身出发改善放大电路温度特性的。

2.6.2 分压式静态工作点稳定放大电路

1. 电路组成

图 2-24(a)所示为基极分压式静态工作点稳定的共射极放大电路。该电路是对基本共射极放大电路的改进，具体的措施包括：通过基极分压电阻 R_{b1} 和 R_{b2} 分压设定基极静态电位 U_B，在三极管的射极增加射极电阻 R_e 和射极电容 C_e。改进后的电路静态工作点稳定性大大提高，对温度变化的抑制能力增强，放大器工作的稳定性改善。

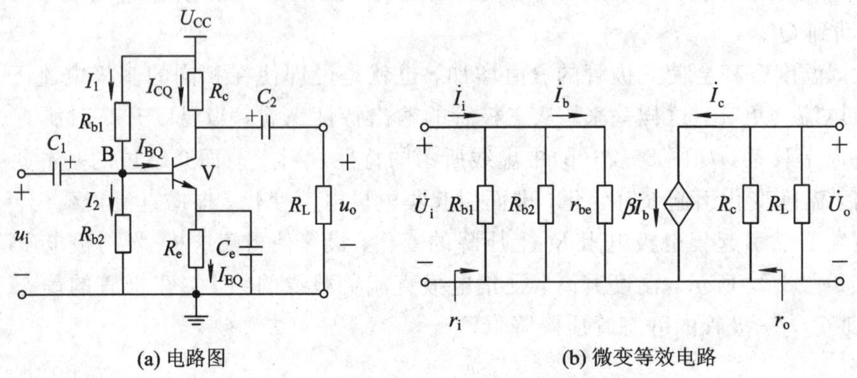

图 2-24　基极分压式静态工作点稳定电路

2. 静态分析

如图 2-24(a)所示，断开电容 C_1、C_2 及 C_e，就可以得到该电路的直流通路了，由图可知 $I_1=I_2+I_{BQ}$，当 $I_2 \gg I_{BQ}$时，可以近似认为 $I_1=I_2$，即基极的分流作用被忽略，此时基极的静态电位 U_B 可以认为仅由基极电阻 R_{b1} 和 R_{b2} 的分压决定，即

$$U_B = \frac{R_{b2}}{R_{b1}+R_{b2}}U_{CC} \tag{2-47}$$

根据基极到射极的电压回路可得

$$U_B - U_{BE} = I_{EQ}R_e$$

于是

$$I_{EQ} = \left(\frac{R_{b2}}{R_{b1}+R_{b2}}U_{CC} - U_{BE}\right)\frac{1}{R_e} \tag{2-48}$$

$$I_{CQ} \approx I_{EQ}$$

$$I_{BQ} = \frac{I_{EQ}}{1+\beta} \tag{2-49}$$

$$U_{CEQ} = U_{CC} - I_{CQ}R_c - I_{EQ}R_e \approx U_{CC} - I_{EQ}(R_c + R_e) \tag{2-50}$$

从上面的分析可以看出，基极分压式静态工作点稳定电路的直流通路与共基极放大电路的直流通路相同，静态参数相同。那么，这样的电路如何稳定静态工作点呢？首先，当 $I_1 \approx I_2 \gg I_{BQ}$ 成立时，U_B 基本不变，当温度 T 升高时，三极管的输入特性左移，外加基极-发射极电压 U_{BEQ} 不变的情况下，I_{BQ} 上升，则必然引起 I_{CQ} 上升，则 I_{EQ} 上升，R_e 上的压降上升，发射极的电位 U_E 上升，而发射极的电位上升会使基极-发射极的电压降 U_{BEQ} 减小，从而使 I_{BQ} 下降，I_{CQ} 下降，即

$$T\uparrow \to I_{BQ}\uparrow \to I_{CQ}\uparrow \to I_{EQ}\uparrow \to U_E\uparrow \to U_{BEQ}\downarrow \to I_{BQ}\downarrow \to I_{CQ}\downarrow$$

其次，温度引起的 β 值的上升以及饱和漏电流的上升所导致的静态工作点的上升也会通过发射极电阻 R_e 上电压的反馈作用进行回调，即

$$\beta\uparrow、I_{CEO}\uparrow \to I_{CQ}\uparrow \to I_{EQ}\uparrow \to U_E\uparrow \to U_{BEQ}\downarrow \to I_{BQ}\downarrow \to I_{CQ}\downarrow$$

从以上的分析可以看出，基极分压式静态工作点稳定的共射极放大电路和前面介绍的共基极放大电路都具有静态工作点的自动调整功能，这种功能的实现实际上是靠引入了 R_e 的直流负反馈调节机制实现的。

3. 动态分析

图 2-24(b)所示为基极分压式静态工作点稳定电路的微变等效电路，由图可得该电路的动态参数。

电压放大倍数为

$$\dot{A}_u = \frac{\dot{U}_o}{\dot{U}_i} = -\beta \cdot \frac{(R_c /\!/ R_L)}{r_{be}}$$

输入电阻为

$$r_i = R_{b1} /\!/ R_{b2} /\!/ r_{be}$$

输出电阻为

$$r_o = R_c$$

可以看出基极分压式静态工作点稳定电路的动态参数基本与共射极放大电路相同，由于射极耦合电容 C_e 的接入，该放大电路的电压放大倍数并未受到影响。

2.7　多级放大器

多级放大器

由于单级放大器的放大倍数有限，对于微弱信号的放大仅靠单级的放大器通常是难以满足要求的，此时就需要多级放大器对输入小信号进行逐级接力放大，这样才能把微弱信号放大到满足需要的程度。

2.7.1　级间耦合方式

多级放大器级间信号的传递方式称为**级间耦合方式**，对于多级放大器这是一个非常重要的问题，不同的耦合方式，对放大器放大性能的影响不同。常见的耦合方式主要有电容耦合、变压器耦合和直接耦合，下面分别讨论各种耦合方式及其特点。

1. 电容耦合

图 2-25 所示为电容耦合两级放大电路。由图可以看出第一级与第二级之间通过电容 C_2 传递信号，因此称为**电容耦合**。图示的两级放大器均为共射极放大器，由于有电容的隔离，两级的静态工作点相互独立，互不影响，因此各级可以根据需要合理地设置各自的静态工作点，这是电容耦合电路的优点。

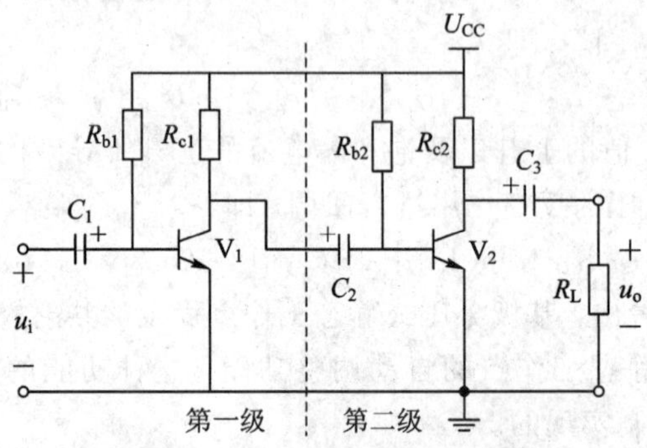

图 2-25　电容耦合多级放大器

电容耦合的不足也是明显的：首先，电容耦合对于低频信号具有较大的衰减作用，严重影响放大器的低频性能；另外，对于直流信号电容无法实现信号的传递，这使得电容耦合放大器对直流信号的放大无能为力；最后，耦合电容往往是容量较大的电解电容，不利于集成。

2. 变压器耦合

图 2-26 所示为变压器耦合多级放大器。由图可见放大器的第一级与第二级之间通过变压器 T_{r1} 耦合，第二级输出也是通过变压器 T_{r2} 把输出信号耦合到输出负载 R_L 上的，因此称为**变压器耦合**。显然，静态时变压器耦合的多级放大器的各级之间是相互独立的，因此各级之间的静态工作点互不影响，可以根据需要分别设定各级的静态工作点；此外可以通过变压器的匝数设置进行阻抗的变换，从而实现各级之间阻抗的匹配。不过，变压器耦合的缺点也是明显的：首先，对于低频信号和直流信号该耦合方式将造成信号的衰减或失效，无法正常工作；其次，变压器体积通常较大，不易集成。

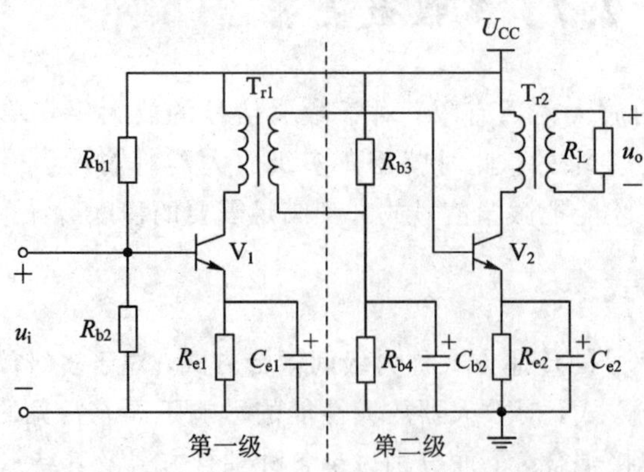

图 2-26　变压器耦合多级放大器

3. 直接耦合

所谓**直接耦合**，就是直接通过信号线实现多级放大器级间信号的传递。与前两种耦合方式相比较省掉了电容和变压器，电路体积小，易于集成。但是直接耦合也带来新的问题：首先，直接耦合的各级放大器之间由于有信号线的直接连接，静态工作点相互影响，必须彼此兼顾；其次，直接耦合放大器还存在温度漂移现象，这些将在后续章节具体讨论。

图 2-27 所示为直接耦合放大器静态工作点的设置示意图。图 2-27(a)直接把两个单级的共射极放大器连接起来，分析该电路的静态可知，如果要使第二级的三极管 V_2 处于放大状态，则 V_2 的发射结必须正偏导通，那么第一级放大器的 V_1 的集电极电压就被钳位在 0.7 V 左右(对于硅管)，这样第一级的三极管近似为饱和状态，这样的静态设置在动态时必然产生严重的信号失真，无法正常工作。图 2-27(b)所示的电路是对图 2-27(a)的改造，即在 V_2 管的发射极串入了电阻 R_e，把 V_2 基极的电位抬起来，也就是使 V_1 集电极的电位得到提升，此时，V_1 静态时的管压降就较大，可以获得较大的动态范围，这样一来就可以使两级均获得合适的静态工作点。但是，这样做也带来负面影响，串入 R_e 使得第二级的电压放大倍数下降，从而影响整个放大器的电压放大倍数。

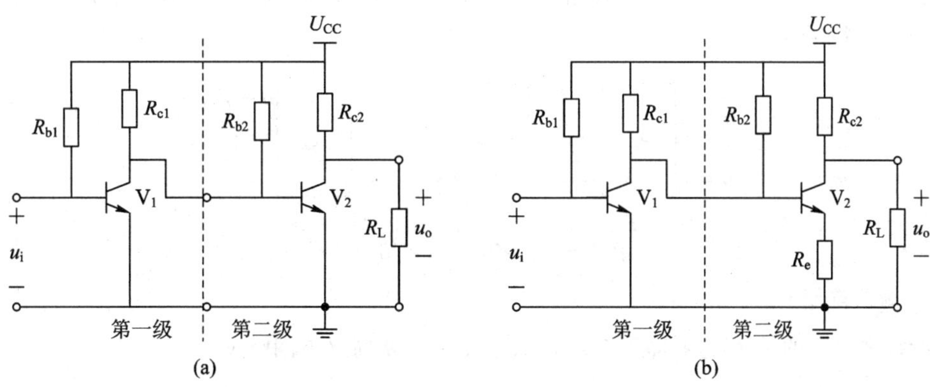

图 2-27　直接耦合放大器静态工作点的设置

图 2-28 也是直接耦合放大器，在图 2-28(a)中第二级放大器的射极接一只稳压二极管，这样可以抬升 V_2 管基极的电位，起到和图 2-27(b)中 R_e 相似的效果，但是稳压二极管的动态电阻较小，因此，在动态时第二级的放大倍数下降较少；不过该电路也有不足，稳压二极管的存在使得第二级 V_2 的管压降减小，动态范围较小。

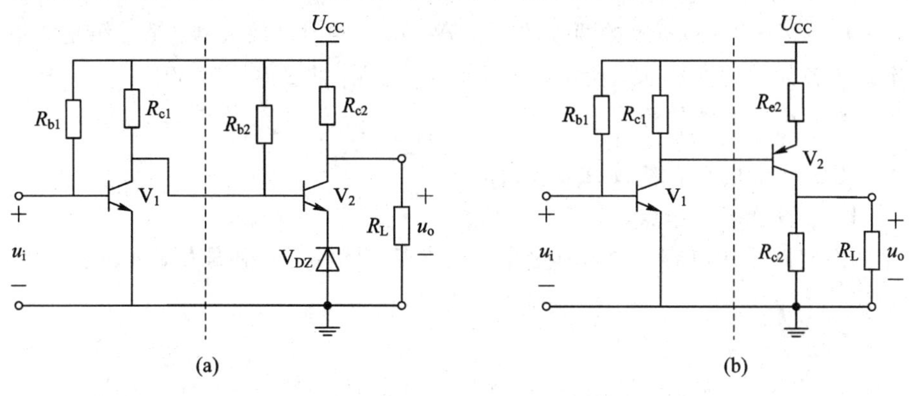

图 2-28　直接耦合放大器

图 2-28(b)所示的放大器采用了一种新的思路来匹配两级的静态工作点，即把 NPN 型和 PNP 型三极管配合起来使用，防止使用同一种三极管使得后级的静态管压降不断下降，动态范围不断减小。这样一种方法既能很好地匹配静态工作点，又较少损失动态性能，因此在直接耦合放大器中很常见。

2.7.2 多级放大器分析

多级放大器分析主要是研究多级放大器的动态参数，包括电压放大倍数、输入电阻及输出电阻等，在后续章节还要研究多级放大器的频率特性等。

1. 电压放大倍数

图 2-29 所示为多级放大器结构框图。由图可以看出多级放大器的放大倍数为

$$\dot{A}_u = \frac{\dot{U}_o}{\dot{U}_i} = \frac{\dot{U}_{o1}}{\dot{U}_i} \times \frac{\dot{U}_{o2}}{\dot{U}_{o1}} \times \cdots \times \frac{\dot{U}_o}{\dot{U}_{o(n-1)}} = \dot{A}_{u1} \times \dot{A}_{u2} \times \cdots \times \dot{A}_{un} \tag{2-51}$$

即多级放大器的电压放大倍数等于各级放大倍数的乘积。在计算各级放大倍数的时候必须考虑级间的相互影响，后级的输入电阻相当于前级的负载，而前级的输出电阻相当于后级的信号源内阻。

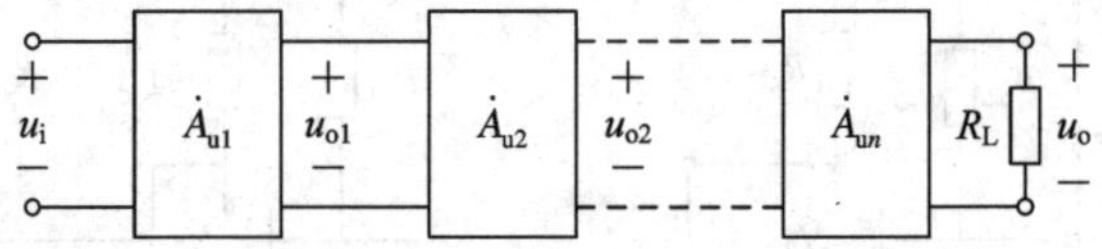

图 2-29　多级放大器结构框图

2. 输入电阻

多级放大器的输入电阻即为多级放大器输入级的输入电阻，即

$$r_i = \frac{\dot{U}_i}{\dot{I}_i}$$

3. 输出电阻

多级放大器的输出电阻即为多级放大器输出级的输出电阻，即 $r_o = r_{on}$，其中 r_{on} 为多级放大器最后一级的输出电阻。

例 2-4　图 2-30(a)所示的两级放大器第一级是共射极放大器，第二级是共集电极放大器，电路中各元件的参数如图所示，三极管 V_1 与 V_2 的 β 值均为 50。

(1) 估算两级放大器的静态工作点；

(2) 计算放大器的动态参数 $\dot{A}_u$、r_i 及 r_o。

解　(1) 估算静态工作点。

由于两级电路采用电容耦合，因此静态工作点彼此独立，根据直流通路有

$$U_{B1} = \frac{R_{b2}}{R_{b1} + R_{b2}} U_{CC} = \frac{50}{100 + 50} \times 12 = 4.0\ \text{V}$$

$$I_{EQ1} = (U_{B1} - U_{BE}) \frac{1}{R_{e1}} = (4.0 - 0.7) \frac{1}{2.7 \times 10^3} \approx 1.2\ \text{mA}$$

$$I_{CQ1} \approx I_{EQ1}$$

$$U_{CEQ1} \approx U_{CC} - I_{EQ1}(R_{c1} + R_{e1}) = 12 - 1.2 \times 10^{-3}(2.0 \times 10^3 + 2.7 \times 10^3) = 6.36\ \mathrm{V}$$

$$U_{B2} = \frac{R_{b4}}{R_{b3} + R_{b4}} U_{CC} = \frac{50}{47 + 50} \times 12 \approx 6.2\ \mathrm{V}$$

$$I_{EQ2} = (U_{B2} - U_{BE}) \frac{1}{R_{e2}} = (6.2 - 0.7) \frac{1}{2.0 \times 10^3} = 2.75\ \mathrm{mA}$$

$$I_{CQ2} \approx I_{EQ2}$$

$$U_{CEQ2} \approx U_{CC} - I_{EQ2} R_{e2} = 12 - 2.75 \times 10^{-3} \times 2.0 \times 10^3 = 6.5\ \mathrm{V}$$

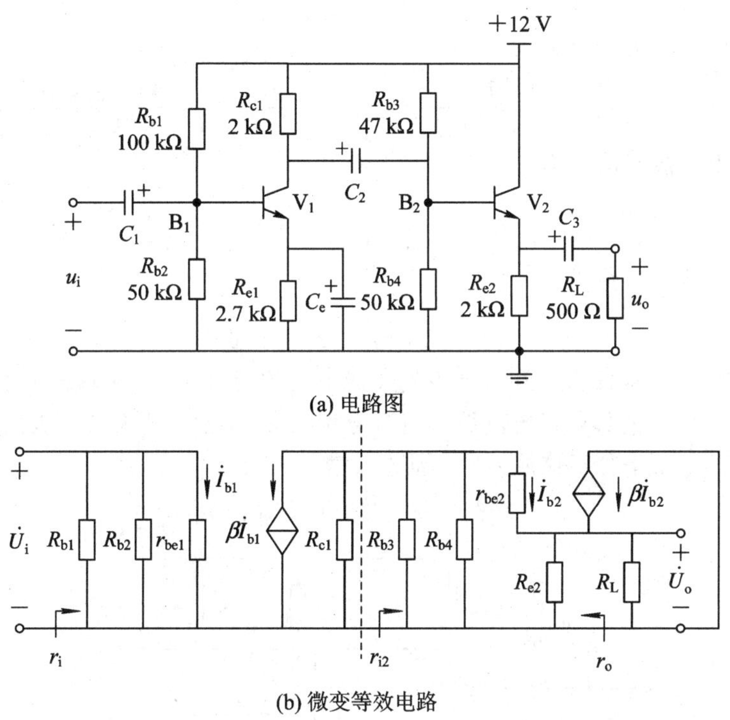

图 2 - 30　例 2 - 4 图

(2) 计算动态参数。

首先计算三极管 V_1 和 V_2 的发射结动态等效电阻，根据式(2 - 30)得

$$r_{be1} \approx r_{bb'} + (1 + \beta) \frac{26\ \mathrm{mV}}{I_{EQ1}} = 300 + (1 + 50) \frac{26\ \mathrm{mV}}{1.2\ \mathrm{mA}} = 1.4\ \mathrm{k\Omega}$$

$$r_{be2} \approx r_{bb'} + (1 + \beta) \frac{26\ \mathrm{mV}}{I_{EQ2}} = 300 + (1 + 50) \frac{26\ \mathrm{mV}}{2.75\ \mathrm{mA}} = 782.2\ \Omega$$

画出微变等效电路如图 2 - 30(b)所示，根据微变等效电路可知：第一级输入电阻 r_i 即为放大器的输入电阻，易知

$$r_i = R_{b1} /\!/ R_{b2} /\!/ r_{be1} = 100 \times 10^3 /\!/ 50 \times 10^3 /\!/ 1.4 \times 10^3 \approx 1.4\ \mathrm{k\Omega}$$

第一级输出电阻 r_{o1} 为

$$r_{o1} = R_{c1} = 2.0\ \mathrm{k\Omega}$$

第二级输入电阻 r_{i2} 为

$$\begin{aligned}r_{i2} &= R_{b3} /\!/ R_{b4} /\!/ [r_{be2} + (1+\beta)(R_{e2} /\!/ R_L)] \\ &= 47\times10^3 /\!/ 50\times10^3 /\!/ [782.2 + (1+50)(2.0\times10^3 /\!/ 500)] \\ &= 11.3\ \text{k}\Omega\end{aligned}$$

第二级的输出电阻即为整个放大器的输出电阻 r_o，其值为

$$\begin{aligned}r_o &= \frac{r_{o1} /\!/ R_{b3} /\!/ R_{b4} + r_{be2}}{1+\beta} /\!/ R_{e2} = \frac{R_{c1} /\!/ R_{b3} /\!/ R_{b4} + r_{be2}}{1+\beta} /\!/ R_{e2} \\ &= \frac{2.0\times10^3 /\!/ 47\times10^3 /\!/ 50\times10^3 + 782.2}{1+50} /\!/ 2.0\times10^3 \\ &= 50.3\ \Omega\end{aligned}$$

第一级的电压放大倍数为

$$\dot{A}_{u1} = -\beta\frac{R_{c1} /\!/ R_{L1}}{r_{be1}} = -\beta\frac{R_{c1} /\!/ r_{i2}}{r_{be1}} = -50\times\frac{2.0\times10^3 /\!/ 11.3\times10^3}{1.4\times10^3} \approx -62$$

第二级的电压放大倍数为

$$\dot{A}_{u2} = \frac{(1+\beta)(R_{e2} /\!/ R_L)}{r_{be2} + (1+\beta)(R_{e2} /\!/ R_L)} = \frac{(1+50)(2.0\times10^3 /\!/ 0.5\times10^3)}{782.2 + (1+50)(2.0\times10^3 /\!/ 0.5\times10^3)} \approx 0.96$$

则总的电压放大倍数为

$$\dot{A}_u = \dot{A}_{u1}\times\dot{A}_{u2} = -62\times0.96 \approx -60$$

例 2-5 由共射极放大器和共基极放大器组成的两级共射-共基放大电路如图 2-31 所示，假设 V_1 和 V_2 的共射极电流放大倍数分别为 β_1 和 β_2，基极与射极间的交流等效电阻分别为 r_{be1} 和 r_{be2}，请分析该放大器的动态参数。

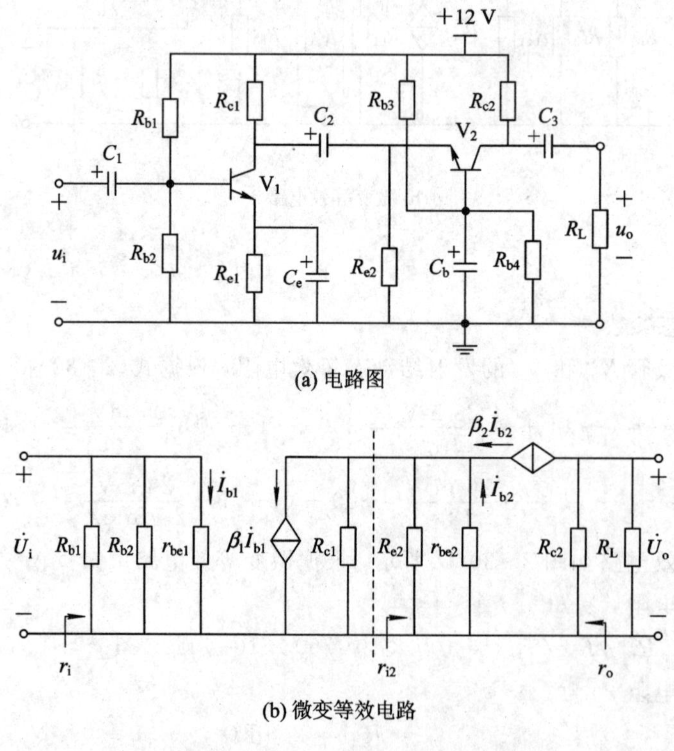

图 2-31 例 2-5 图

解　画出放大电路的微变等效电路如图 2－31(b)所示。

输入电阻为

$$r_i = R_{b1} // R_{b2} // r_{be1} \approx r_{be1}$$

第二级输入电阻为

$$r_{i2} = R_{e2} // \frac{r_{be2}}{1+\beta_2}$$

输出电阻为

$$r_o = R_{c2}$$

第一级电压放大倍数为

$$\dot{A}_{u1} = -\beta_1 \cdot \frac{R'_{L1}}{r_{be1}} = -\beta_1 \cdot \frac{R_{c1} // r_{i2}}{r_{be1}} = -\beta_1 \cdot \frac{R_{c1} // R_{e2} // \frac{r_{be2}}{1+\beta_2}}{r_{be1}}$$

第二级电压放大倍数为

$$\dot{A}_{u2} = \beta_2 \cdot \frac{R'_{L2}}{r_{be2}} = \beta_2 \frac{R_{c2} // R_L}{r_{be2}}$$

放大器总的电压放大倍数为

$$\dot{A}_{u1} = \dot{A}_{u1} \cdot \dot{A}_{u2} = -\beta_1 \beta_2 \frac{\left(R_{c1} // R_{e2} // \frac{r_{be2}}{1+\beta_2}\right)(R_{c2} // R_L)}{r_{be1} r_{be2}}$$

2.8　三极管及其放大电路仿真

本小节主要介绍应用 Multisim 软件对三极管及其放大电路的各项参数进行分析。主要包括三极管输出特性的仿真测试，三极管三种基本放大电路的仿真分析等，通过这些仿真加深对所学内容的认识与理解。仿真文件可从西安电子科技大学出版社网站“资源中心”下载。

2.8.1　三极管特性测试

1. 三极管 2N1711 输出特性测试

图 2－32 所示为三极管 2N1711 的输出特性仿真测试电路。2N1711 是一款中功率硅材料 NPN 型三极管，典型参数：$I_{CM}=500$ mA，$U_{(BR)CEO}=50$ V，小信号电流放大倍数 $h_{fe}(\beta)$在70～300 之间，特征频率 f_T 在 70～100 MHz 之间。

按照图 2－32 连接好仿真电路，双击伏安特性测试仪，打开伏安特性测试仪界面，如图 2－33 所示。在该界面右侧 Components(元件)栏选择 BJT NPN(双极型 NPN 型三极管)，然后可以看到界面的右下角出现 NPN 三极管的符号及 e、b、c 引脚连接关系，连接到伏安测试仪上的三极管的引脚应该与示意的关系一致。单击测试仪界面右下角的 Simulate Param. 按钮，弹出 Simulate Parameters(仿真参数设置)对话框，按图示参数设置。其中 Source Name：V_ce 栏用于设置三极管集电极-射极之间电压的变化范围，Source Name：I_b 栏用于设置三极管基极电流的变化范围及递进的步数。

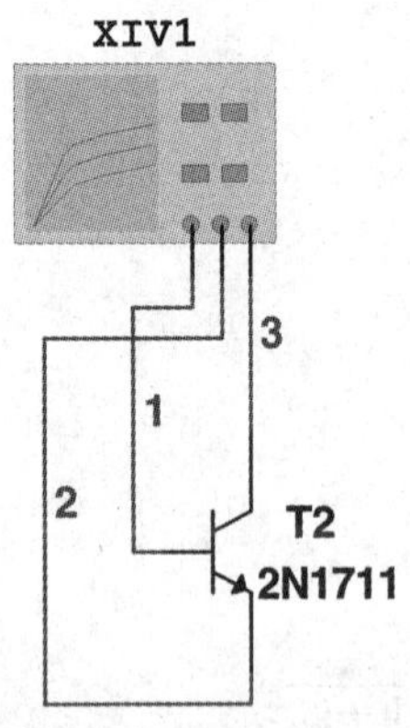

图 2-32　三极管 2N1711 输出特性仿真测试电路

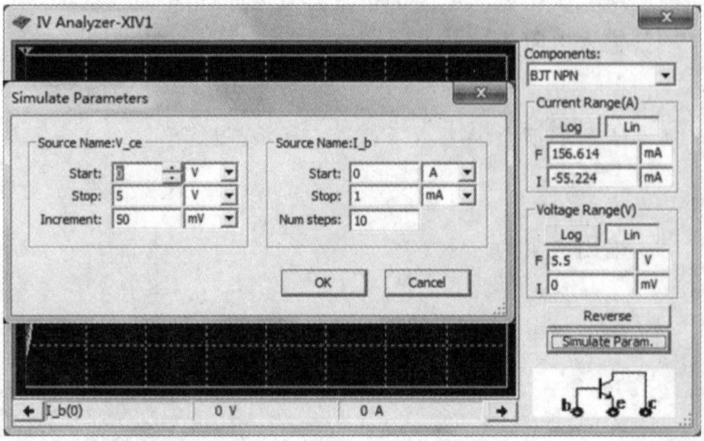

图 2-33　伏安特性测试仪参数设置

参数设置完毕后，点击菜单 Simulate/Run，或者点击 Simulate 工具栏的仿真运行图标，即开始仿真，此时虚拟伏安特性测试仪视窗中将出现三极管的输出特性曲线，如图 2-34所示。可以通过右侧的设置栏设置视窗纵、横坐标的初值与终值，移动光标，光标与被激活曲线纵横坐标的交点坐标被显示在视窗下面，用鼠标单击某根曲线则其被选中。

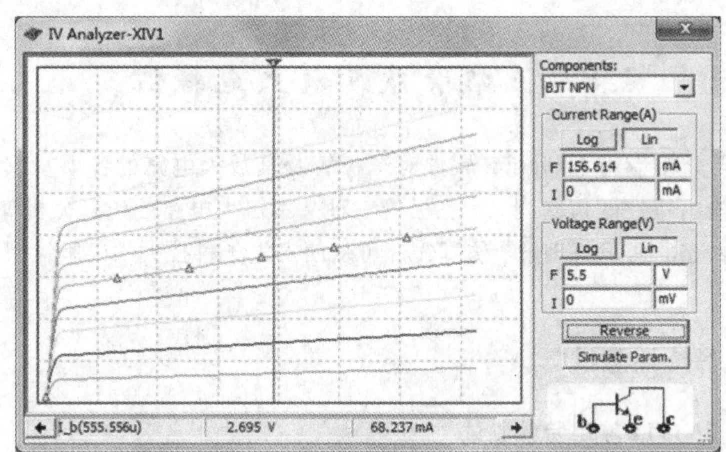

图 2-34　2N1711 输出特性仿真曲线

可以看出，2N1711 的输出特性曲线为一组近似均匀分布的、略微上翘的曲线族，这说明 2N1711 的电流放大倍数随着 U_{CE}的上升而增大。

2. 三极管 2N3904 输出特性测试

图 2-35 所示为三极管 2N3904 的输出特性仿真测试电路。2N3904 是小功率 NPN 型三极管，典型参数：$I_{CM}=200$ mA，$P_C=0.626$ W，$U_{(BR)CEO}=40$ V，小信号电流放大倍数 $h_{fe}(\beta)$在 30～300 之间，特征频率 $f_T>300$ MHz。

设置仿真参数集电极-射极电压范围为 0～10 V，基极电流范围为 0～5 mA，基极电流分 10 挡扫描。设置完成后仿真运行，得到如图 2-36 所示的输出特性曲线。

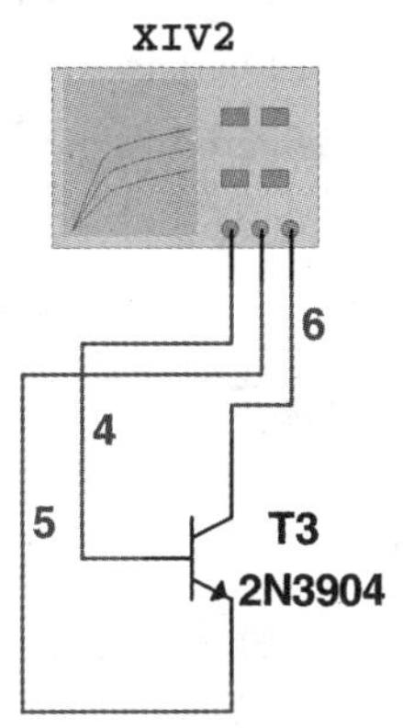

图 2-35　三极管 2N3904 输出特性仿真测试电路

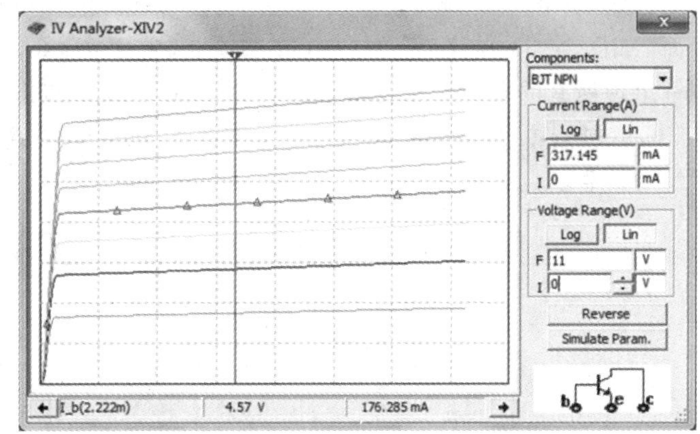

图 2-36　2N3904 输出特性仿真曲线

从图 2-36 所示曲线可见，2N3904 的输出曲线在放大区为一组近似水平的曲线族，并且随着基极电流的增加，相邻曲线之间的间距缩小，这说明随着基极电流增大集电极电流的增大放缓，即三极管的电流放大倍数并非线性，基极电流越大，电流放大倍数下降越多。

2.8.2　三极管放大电路仿真

双极型三极管具有三种基本放大电路，下面对这三种电路应用 Multisim 分别进行仿真。

1. 基极固定偏置共射极放大电路仿真

图 2-37 所示为基极固定偏置共射极放大电路。对于放大电路主要从两个方面分析，一是直流静态分析，二是交流动态分析。

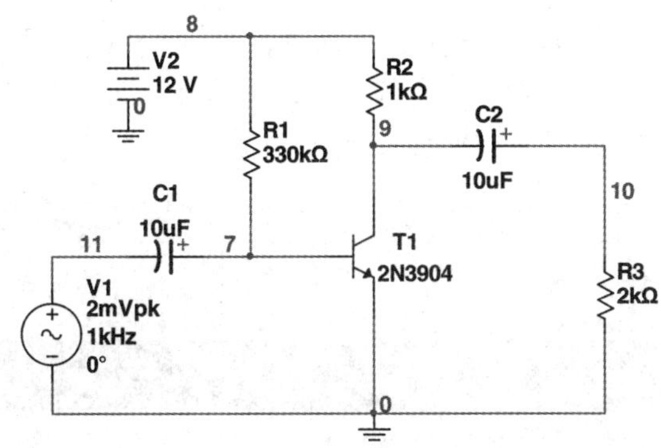

图 2-37　共射极放大电路

1）*直流静态仿真分析*

直流静态分析就是求取静态工作点相关参数，并且看这些参数是否合适。可以采用多种方法分析静态工作点，下面介绍两种方法。

第一种方法：采用 DC Operating Point Analysis（直流工作点分析）工具进行分析。

首先，点击菜单 Simulate/Analyses/DC Operating Point…，打开直流工作点分析参数设置界面，如图 2－38 所示。选中 Output 选项卡，在 Variables in circuit 栏选 All variables，下方列表框出现所有的电压电流变量，选中 V(7)和 V(9)，点击 Add 加入到 Selected variables for analysis(被选中分析的变量)列表框，对于 Analysis Options 和 Summary 选项卡可以采用系统的缺省值，不做设置。

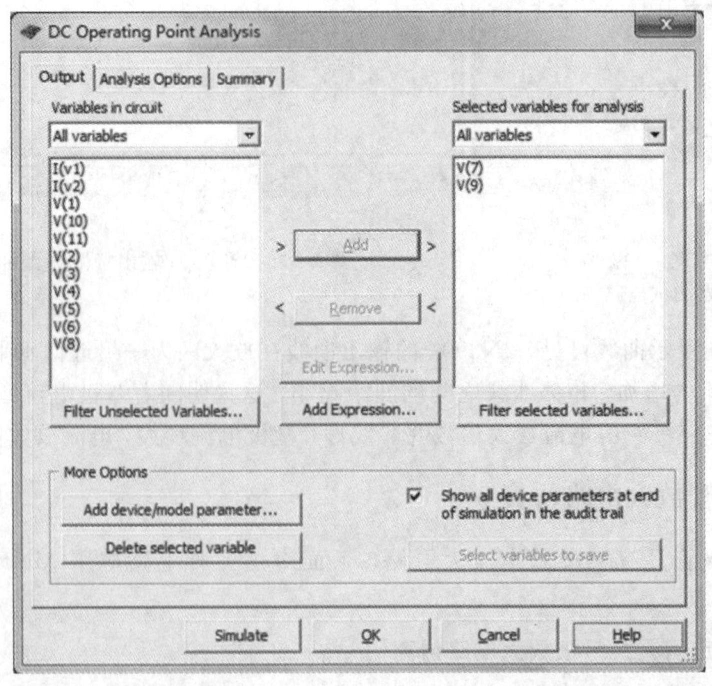

图 2－38　直流工作点分析参数设置界面

设置完成后直接点击图 2－38 下方的 Simulate 按钮，开始仿真分析，随后弹出如图 2－39所示的记录仪视窗，可以看到三极管基极电位 V(7)为 0.71 V，集电极电位 V(9)为 6.24 V，由于射极接地，电位为零，因此静态时的管压降即为 6.24 V。电源电压为 12 V，三极管的管压降近似为电源电压的一半，是比较合适的。

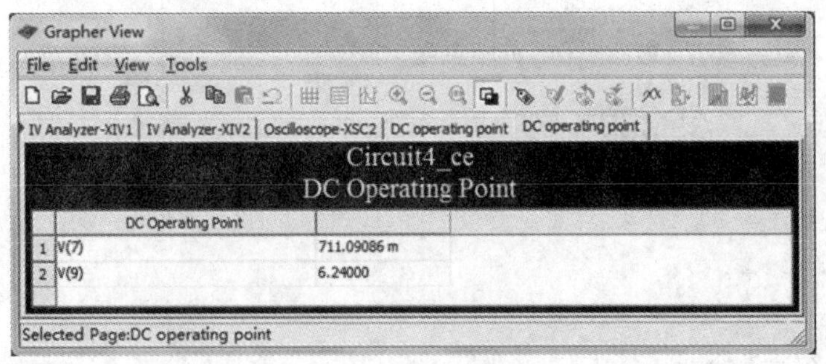

图 2－39　直流工作点分析记录仪视窗

根据基极和集电极的电位进一步可以得到基极和集电极的静态电流，基极电流可表示为

$$I_B = \frac{12\ \text{V} - 0.71\ \text{V}}{330\ \text{k}\Omega} = 34.2\ \mu\text{A}$$

集电极电流可表示为

$$I_C = \frac{12\ \text{V} - 6.24\ \text{V}}{1\ \text{k}\Omega} = 5.76\ \text{mA}$$

由此可以估算出此时三极管的共射极电流放大倍数为

$$\beta = \frac{I_C}{I_B} = \frac{5.76\ \text{mA}}{34.2\ \mu\text{A}} = 168.4$$

第二种方法：应用虚拟测试探针进行直流工作点的分析。

首先，在测试电路上放置测试探针，点击菜单 Simulate/Instruments/Measurement Probe，出现测试探针，选定要放置的点并点击即可完成一次放置，重复操作可以在需要的地方放置多个测试探针。如图 2－40 所示，在图 2－37 所示电路上放置了两个测试探针，一个在三极管的基极，一个在集电极，探针的小箭头方向表示参考电流的正方向。

测试探针放置完毕后，点击菜单 Simulate/Run 运行，测试探针的输出窗口显示测试点的各种参数，其中，交流参数随着输入信号的变化动态变化，静态直流参数保持不变。如果只需要进行直流分析可以停止仿真运行，此时就出现了图 2－41 所示的仿真结果。从基极测试探针读取基极电位 V(dc)为 711 mV，基极静态偏置电流 I(dc)为 34.2 μA；从集电极测试探针读取集电极直流电位 V(dc)为 6.24 V，集电极静态偏置电流 I(dc)为5.76 mA，这与前面分析方法分析的结果相同。

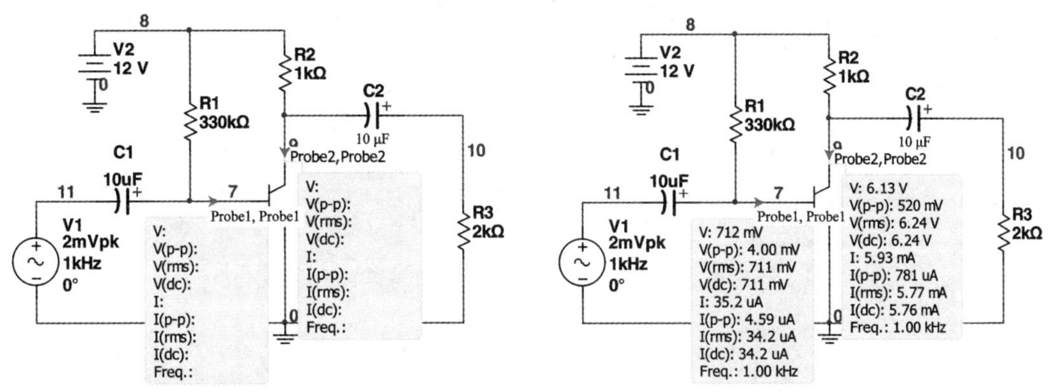

图 2－40　直流工作点测试探针分析　　　　图 2－41　直流工作点测试探针分析结果

2) *交流动态仿真分析*

采用双通道虚拟示波器来进行仿真分析，仿真电路如图 2－42 所示。示波器的通道 A 接放大电路的输入，通道 B 接放大电路的输出。

如前所述方法，启动仿真运行，双击示波器 XSC1，打开示波器的视窗，出现如图 2－43所示的仿真结果。对比两通道的信号可以看出输入信号与输出信号正好反相，相差 180°，这与理论分析一致。

在虚拟示波器的视窗移动两个光标可以获取输入信号和输出信号的幅值信息，读取光标 1 所示幅值信息，输入信号幅值为 1.996 mV，输出信号幅值为 277.855 mV，由此可以计算出该共射极放大器的电压放大倍数为

$$\dot{A}_u = -\frac{277.855\ \text{mV}}{1.996\ \text{mV}} = -139.2$$

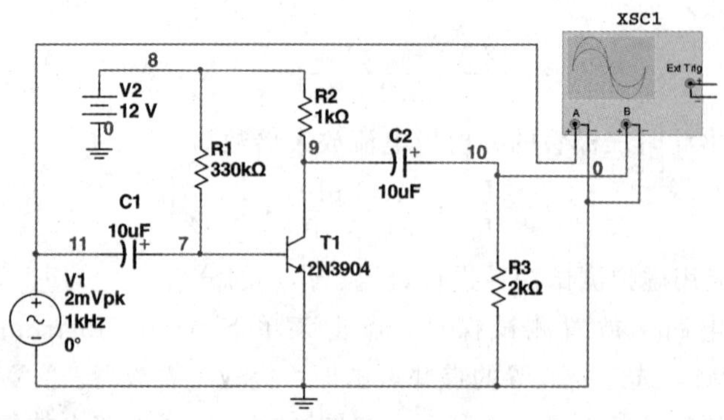

图 2-42　共射极放大电路动态仿真电路

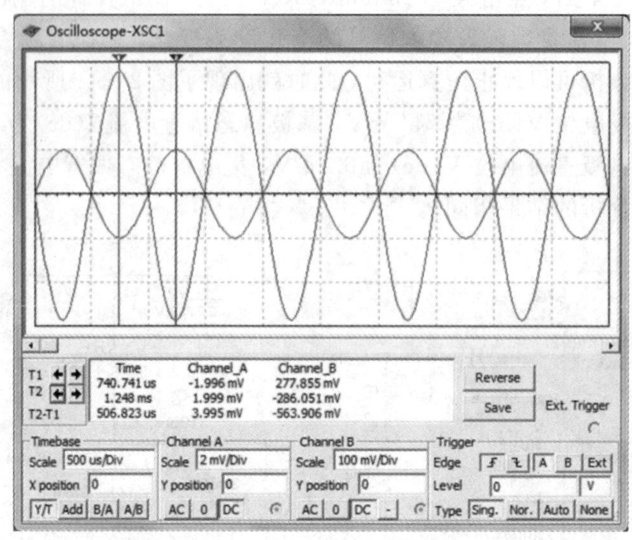

图 2-43　共射极放大电路动态仿真结果

3）失真分析

放大电路静态工作点设置不当可能引起输出信号失真，当静态工作点设置太低时容易引起截止失真，当工作点设置太高时容易引起饱和失真。下面通过仿真分析说明这两种典型现象。

将图 2-42 所示共射极放大电路的基极偏置电阻更换为 100 kΩ，如图 2-44 所示。此时由于基极偏置电流增大，引起三极管的管压降减小进入饱和状态，如图 2-45 所示，应用直流工作点分析工具分析可知此时的静态管压降只有 0.173 V，静态时三极管处于饱和状态，工作点设置显然太高。

在当前静态工作点下进行动态仿真分析，从虚拟示波器得到的仿真波形如图 2-46 所示。对比输入输出波形可以看出：输出波形出现了严重的割底失真现象，与输入信号的正半周对应的输出信号的负半周最高幅值只有 31.65 mV。

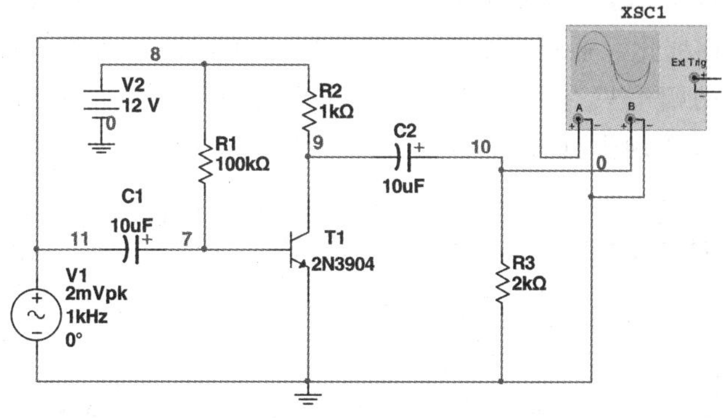

图 2－44　共射极放大电路饱和失真仿真电路

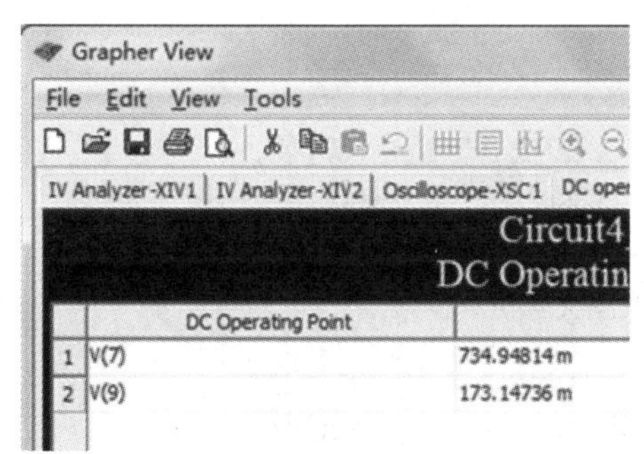

图 2－45　共射极放大电路饱和状态直流工作点分析结果

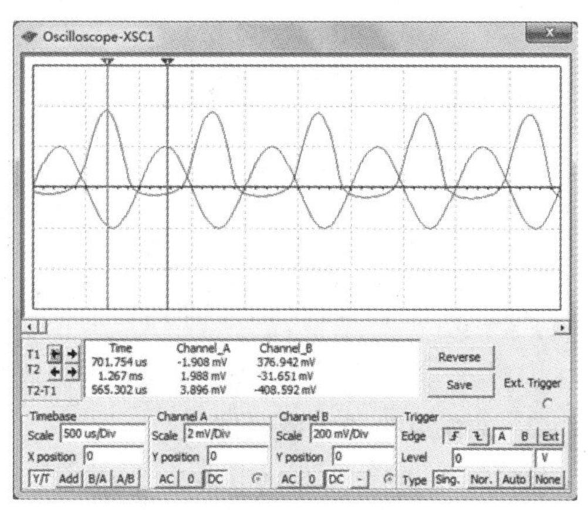

图 2－46　共射极放大电路饱和失真分析波形

将图 2－42 所示电路的基极偏置电阻更换为 2.7 MΩ 的电阻，如图 2－47 所示。对该电路进行直流分析，分析所得静态工作点如图 2－48 所示，此时的静态管压降为 11.4 V，说明静态集电极电流较小，三极管接近于截止，工作点较低。

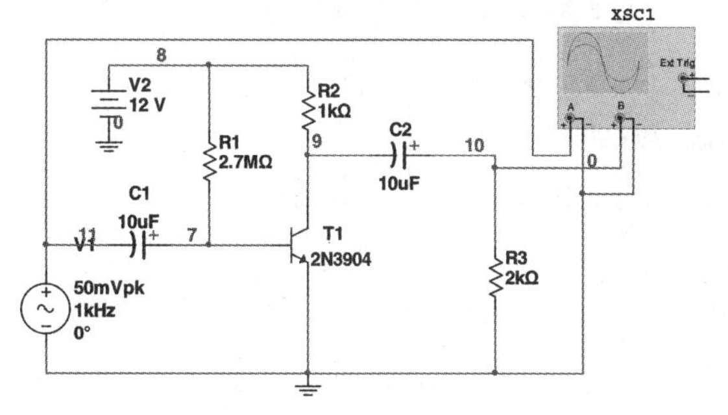

图 2－47　共射极放大电路截止失真仿真电路

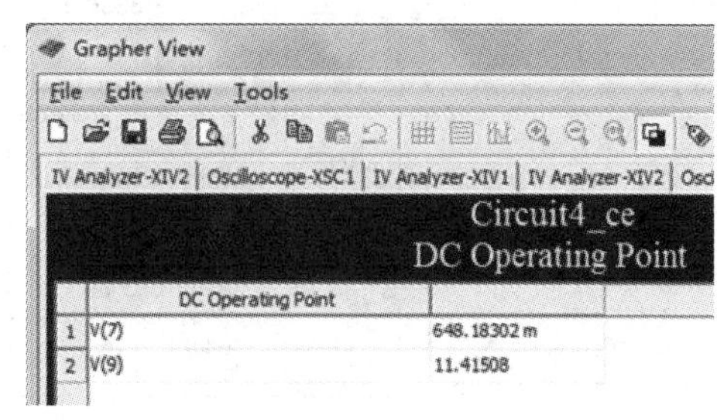

图 2－48　共射极放大电路静态工作点设置偏低情况分析

为了观察到明显的失真现象，加大输出信号的幅值到 50 mVpk，再进行交流分析，仿真波形如图 2－49 所示。可以看出输出信号出现了明显的削顶失真，出现这种现象的原因就在于在输入信号的负半周三极管基极瞬时电压过低，使得三极管截止，集电极电压不再随输入信号的下降而变化。通过图 2-49 所示的光标测量数据可见，在出现截止失真的半个周期内输出信号的幅值只有 0.36 V，而未出现失真的半周内输出信号的幅值近似为 2 V，差别很大，因此出现失真后放大器总的放大倍数下降。

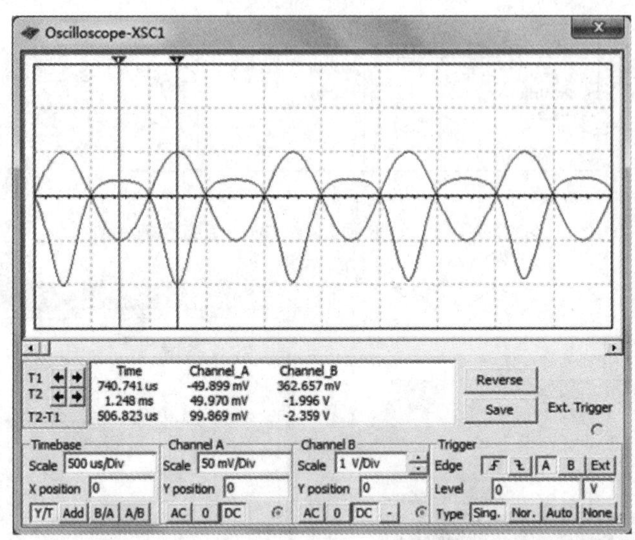

图 2-49　共射极放大电路截止失真仿真波形

2. 共集电极放大电路仿真

图 2-50 所示为共集电极放大器仿真电路，三极管仍旧采用 2N3904。

在电路中三极管的基极和射极分别加入两个测试探针，来对电路的直流工作点进行仿真分析，分析的结果如图 2-50 中测试探针测试窗口所示，从中可以得到基极静态偏置电压 V(dc)为 6.26 V，基极偏置电流 I(dc)为 17.4 μA，射极静态电位 V(dc) 为 5.58 V，射极静态电流 I(dc)为 2.79 mA，由此可以求得静态时三极管的管压降为 12 V−5.58 V=6.42 V。

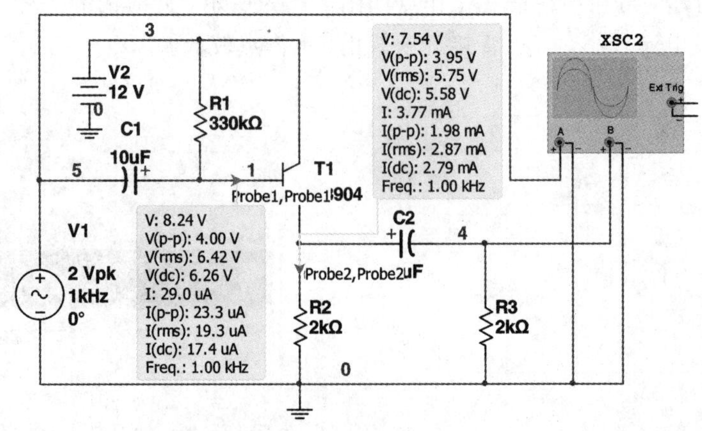

图 2-50　共集电极放大电路仿真电路

在放大器的输入端加峰值 2 V 的正弦测试信号，仿真运行，通过虚拟示波器观察仿真结果，如图 2-51 所示。观察可知输出信号与输入信号相位相同，通过光标测量数据可估

算出放大器的放大倍数为

$$\dot{A}_u = \frac{1.967\ \text{V}}{1.985\ \text{V}} \approx 1$$

虽然共集电极放大器电压放大倍数小于 1，但是共集电极电路具有输入电阻高，输出电阻小的特点，应用共集电极放大器可以实现信号源内阻的变换，即把具有较高内阻的信号源变换为具有较小内阻的信号源，从而提高信号源的带载能力。

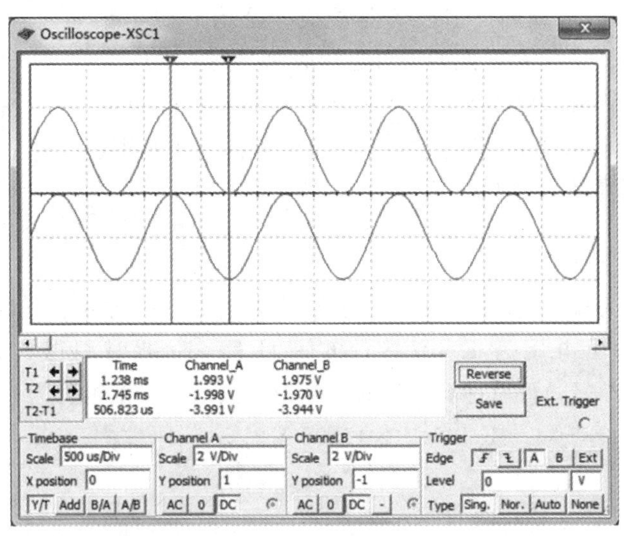

图 2 - 51　共集电极放大电路仿真波形

下面介绍通过 Multisim 测试共集电极放大器输入电阻和输出电阻的方法。

首先，介绍输入电阻的测量方法。把一个内阻已知的信号源与一个被测电阻相串联，测量信号源在被测电阻上的分压，就可以计算出被测电阻。图 2 - 52 所示为输入电阻测量的原理图，图中 u_s 为理想电压源，R_s 为信号源内阻，r_i 为被测电阻，它代表放大电路的输入电阻，通过并接在 r_i 两端的电压表可以测量 r_i 上的分压，假定 r_i 上的电压为 u，则被测电阻可以表示为

$$r_i = \frac{u}{u_s - u} R_s \tag{2-52}$$

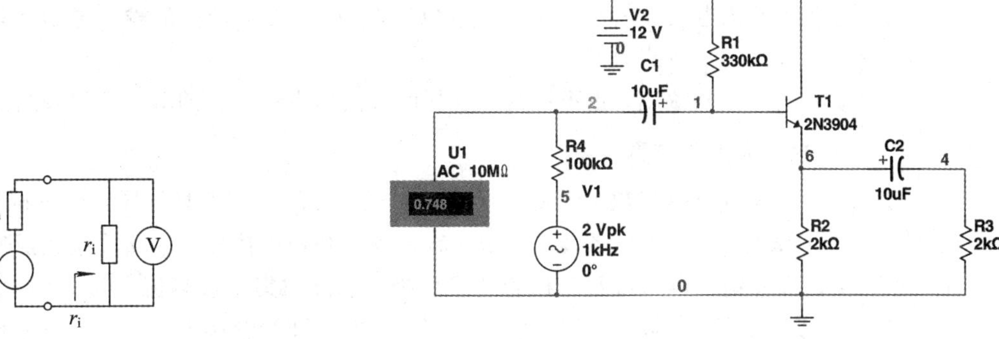

图 2 - 52　输入电阻测量原理

图 2 - 53　输入电阻测量仿真电路

图 2－53 为输入电阻测量仿真电路，信号源为峰值 2 V 的交流信号源，信号源内阻 R4 为 100 kΩ，采用的测量仪器为交流电压表。电路连接完成后仿真运行，从电压表可以读得示数为 0.748 V，根据式(2－52)可以计算得该共集电极放大器的输入电阻为

$$r_i = \frac{0.748\ \text{V}}{(2/\sqrt{2})\ \text{V} - 0.748\ \text{V}} \times 100\ \text{k}\Omega = 112.3\ \text{k}\Omega$$

输出电阻的测量原理与输入电阻的测量类似，图 2－54 为输出电阻的测量原理示意图。把放大器看成一个信号源，首先，通过开关 K 断开负载 R_L，此时通过电压表测量到的电压值相当于信号源的开路输出电压 u_{so}，然后，闭合 K 接入已知的负载电阻 R_L，此时通过电压表测得的电压是 u_{so} 在负载上的分压，据此可以计算信号源等效内阻 r_o 为

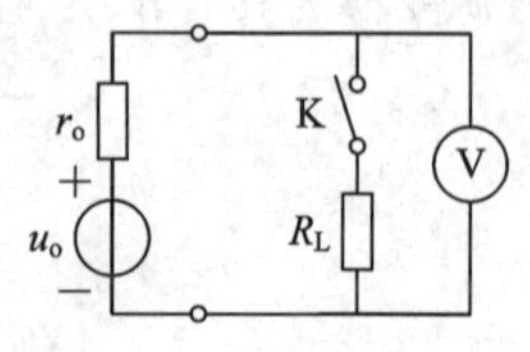

图 2－54　输出电阻测量原理

$$r_o = \frac{u_{so} - u}{u} R_L \tag{2-53}$$

图 2－55 所示为输出电阻测量仿真电路。电路连接好后仿真运行，先断开开关 J1，得到负载 R3 开路输出电压为 1.407 V，再使 J1 闭合，此时测得负载 R3 两端电压为 1.398 V，根据式(2－53)可以计算得该共集电极放大器的输出电阻为

$$r_o = \frac{1.407\ \text{V} - 1.398\ \text{V}}{1.398\ \text{V}} \times 2\ \text{k}\Omega \approx 12.9\ \Omega$$

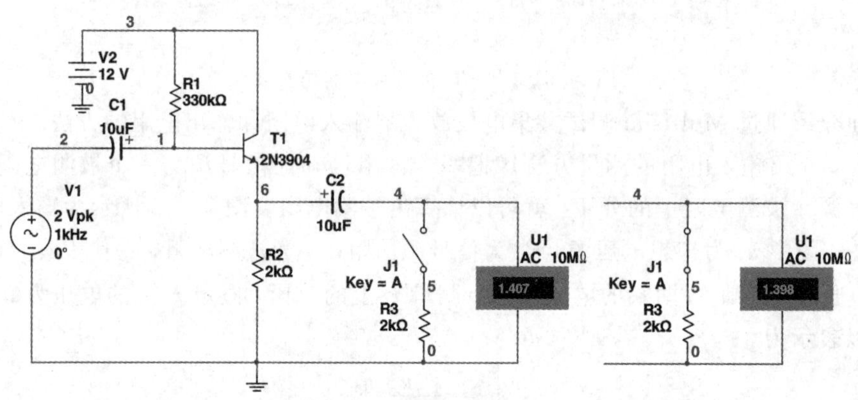

图 2－55　输出电阻测量仿真电路

综上所述，共集电极放大器电压放大倍数近似为 1，具有较高的输入电阻和较低的输出电阻，具有较强的带载能力。

对于其他种类的放大器，也可以按照这样的方法仿真计算它的输入电阻和输出电阻。

3. 共基极放大电路仿真

图 2－56 所示为共基极放大器仿真电路。在三极管的三个引脚放置三个测试探针，用于测量直流工作点，通过虚拟示波器来观察输入信号和输出信号。电路连接完成后仿真运行，通过测试探针窗口可以得到三极管的发射极、基极和集电极直流电位分别为1.87 V、2.54 V 和 7.25 V，可得静态管压降为 5.38 V。集电极静态电流为 931 μA，基极偏置电流为6.7 μA，此时，三极管的电流放大倍数 β 约为 139。

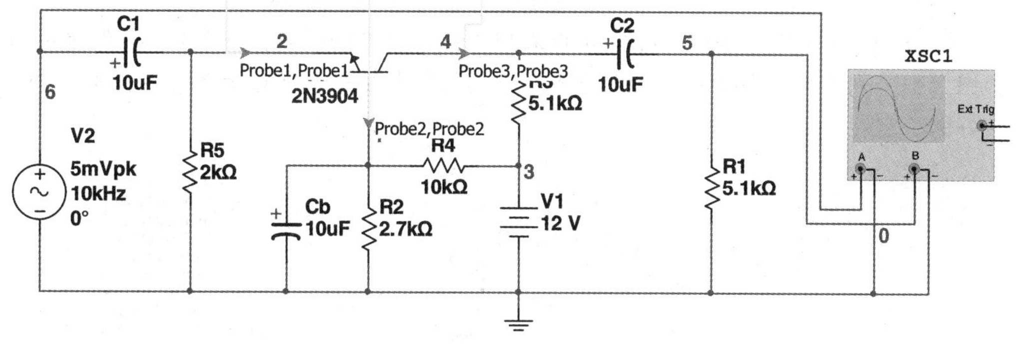

图 2-56　共基极放大电路仿真电路

打开虚拟示波器可以观察输入、输出信号波形，如图 2-57 所示。首先，输出波形与输入波形同相位；其次，通过光标测量输入、输出信号的幅值，可以估算放大器的电压放大倍数，从图示参数可得

$$\dot{A}_u = \frac{486\ \text{mV}}{4.894\ \text{mV}} \approx 99$$

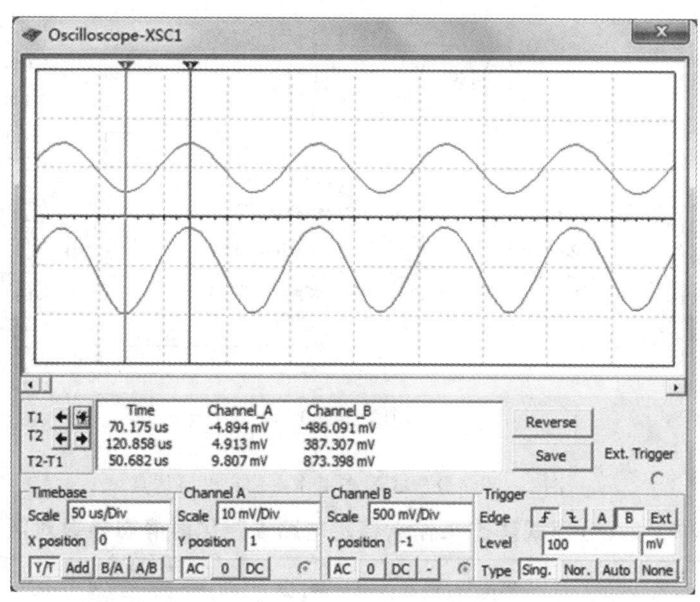

图 2-57　共基极放大电路仿真波形

4. 静态工作点稳定放大电路仿真

分压式静态工作点稳定电路由于在射极引入了直流负反馈来稳定静态工作点，较好地

克服了环境温度和三极管参数变化引起的静态工作点漂移问题。

图 2-58 所示为两个分压式静态工作点稳定电路，图 2-58(a)、(b)中除三极管的 β 值不同外，其他参数均相同，其中图 2-58(a)中三极管的 $\beta=100$，图 2-58(b)中三极管的 $\beta=200$，此处的三极管采用了双极型 NPN 虚拟三极管，可以方便地修改 β 值。

在图 2-58(a)、(b)两个电路中的三极管的三个电极放置虚拟测试探针，并运行仿真，可以观察到如图所示各测试探针视窗中的参数，记录这些直流参数，如表 2-2 所示，对比图2-58(a)、(b)中的直流静态参数，可以看出虽然三极管的 β 值有较大差异，但是两电路的静态参数差别不大，这说明分压式静态工作点稳定电路对三极管参数的变化不敏感，具有较好的稳定性。

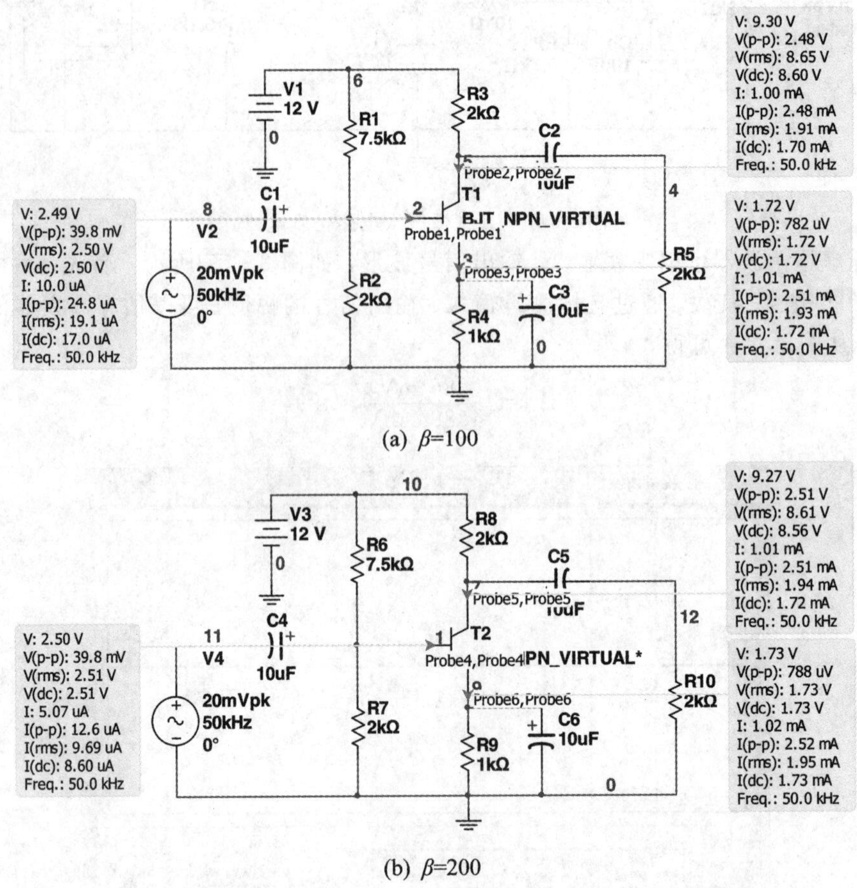

图 2-58 分压式静态工作点稳定电路仿真

表 2-2 分压式静态工作点稳定电路 β 变化时静态参数对照表

	基极 V(dc)	集电极 V(dc)	射极 V(dc)	基极 I(dc)	集电极 I(dc)
图 2-58(a)	2.5 V	8.6 V	1.72 V	17 μA	1.7 mA
图 2-58(b)	2.51 V	8.56 V	1.73 V	8.6 μA	1.72 mA

分压式静态工作点稳定电路的动态分析可参见共射极放大电路，不再赘述。

习 题 二

2－1　简述晶体三极管的结构及特点，说明三极管为什么具有电流放大作用。

2－2　以 NPN 型晶体三极管为例说明处于放大状态的三极管内部载流子的种类及其运动过程。

2－3　什么是三极管的输入特性？三极管的输入特性与温度有什么关系？

2－4　什么是三极管的输出特性？三极管的输出特性与温度有什么关系？

2－5　三极管的典型工作状态有哪些？各个工作状态对应的外部条件是什么？

2－6　一只 NPN 型三极管使其处于发射结正偏状态，测得 $u_{CE}=0$ V 和 $u_{CE}=2$ V 时的基极偏置电流分别为 I_{B1} 和 I_{B2}，请问哪个电流更大些？为什么？

2－7　现测得一只三极管基极电流为 20 μA，集电极电流为 2 mA，当基极电流增加到 25 μA 时集电极电流为 2.6 mA，则这只三极管的共射极直流电流放大倍数 $\bar{\beta}$ 和共射极交流电流放大倍数 β 各为多少？

2－8　什么是放大电路的直流通路？画直流通路的基本原则是什么？

2－9　什么是放大电路的静态工作点？如何根据直流通路分析静态工作点？

2－10　什么样的静态工作点是合适的？为什么？静态工作点设置不当会造成什么后果？简述其现象及克服的措施。

2－11　什么是放大电路的交流通路？绘制交流通路的方法是什么？

2－12　什么是三极管的微变等效模型？如何绘制放大电路的微变等效电路？

2－13　由单只三极管组成的基本放大电路有哪几种？说明其各自的特点。

2－14　绘图说明射极跟随器对交流信号放大的过程。

2－15　简要说明射极跟随器的特点及用途。

2－16　温度变化对放大电路的静态工作点有何影响？分析说明基极分压式工作点稳定放大电路稳定静态工作点的原理。

2－17　测量放大电路中三极管各引脚的电流方向及大小，结果如图 2－59 所示。请判断三极管为 NPN 型还是 PNP 型；判断各引脚是三极管的什么极。请在图中横线上标注出三极管的类型及引脚的极性，画出对应三极管的符号。

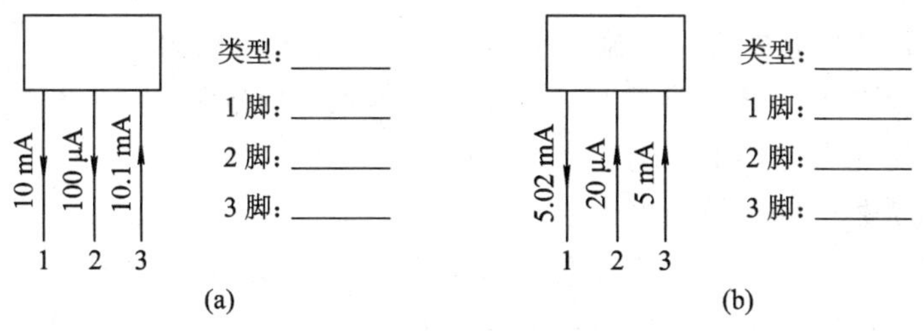

图 2－59　题 2－17 图

2－18　测量放大电路中各三极管引脚的对地电位，结果如图 2－60 所示，请判断各三极管是 NPN 型还是 PNP 型；是硅管还是锗管。请把答案标注在对应图下面的横线上。

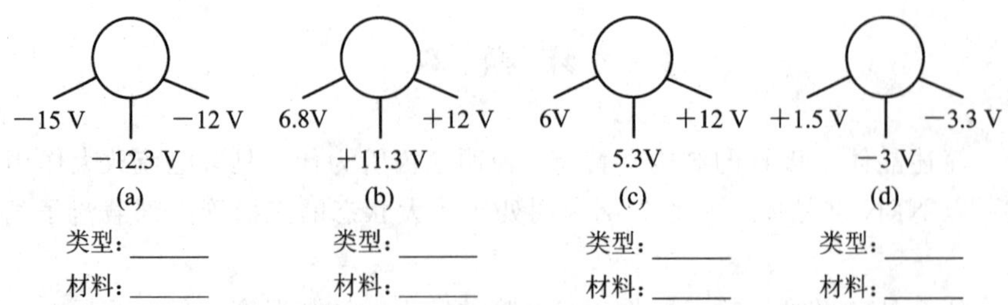

类型：______ 类型：______ 类型：______ 类型：______

材料：______ 材料：______ 材料：______ 材料：______

图 2-60　题 2-18 图

2-19　填空题

1. 晶体三极管按结构可以分为________和________两种类型，它们工作时参与导电的载流子有________和________，因此晶体三极管也称为双极型晶体管。

2. 当温度升高时晶体三极管的 β 值将________，反向饱和漏电流 I_{CEO} 将________，发射结压降 U_{BE} 将________，这些因素将导致基极固定偏置共射极放大电路的静态工作点 Q ________。

3. 晶体三极管工作在放大状态的条件为________，________；工作在饱和状态的条件为________，________；工作在截止状态的条件为________，________。

4. 温度升高时，晶体三极管的输入特性曲线将________，输出特性曲线将________，输出特性曲线的间距将________。

5. 当晶体管工作在________区时 $I_C \approx \beta I_B$ 才成立；当晶体管工作在________区时 $U_{CE} \approx 0$，此时，发射结________偏置，集电结________偏置。

6. 对于 NPN 型晶体三极管构成的共射极放大电路，如果静态工作点设置太低，动态时输出电压信号可能出现________失真，失真发生时三极管处于________状态，因此也称为________失真。

7. 对于 NPN 型三极管构成的共集电极放大电路，如果静态工作点设置太高，动态工作时输出电压信号可能出现________失真，失真发生时三极管处于________状态。

8. 共射极放大电路输出信号与输入信号之间的极性________，共集电极和共基极放大电路输出信号与输入信号的极性________。

9. 共集电极放大器也称为________，它的输出电压与输入电压近似相等，电压放大倍数近似为 1；但是共集电极放大器输入电阻________，输出电阻________，它可以把一个具有较高输出内阻的信号源变换为具有较低输出内阻的信号源，因此该放大器虽然输出电压幅度没有增加，但是输出的驱动能力大大增强。

10. 多级放大器级间的耦合方式主要有________、________和________，多级放大器的电压放大倍数等于________，输入电阻等于________，输出电阻等于________。

2-20　固定偏置共射极放大电路如图 2-61 所示，已知 $U_{CC}=15$ V，$R_c=2$ kΩ，$R_b=360$ kΩ，$R_L=1$ kΩ，V 为硅管，取 $U_{BEQ}=0.7$ V，$\beta=100$。试求该电路静态工作点。

2-21　共射极放大电路如图 2-62 所示，通过调整基极偏置电阻 R_{b1} 可以调整静态工作点。已知 $R_{b2}=150$ kΩ，$R_c=2$ kΩ，三极管的 $\beta=100$，$U_{CC}=12$ V。现在要求静态管压降 $U_{CE}=6$ V，请计算 R_{b1} 应调整到多大。

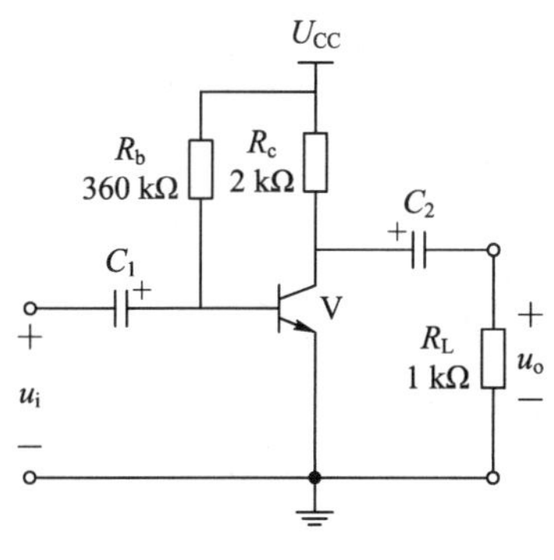

图 2 - 61　题 2 - 20 图

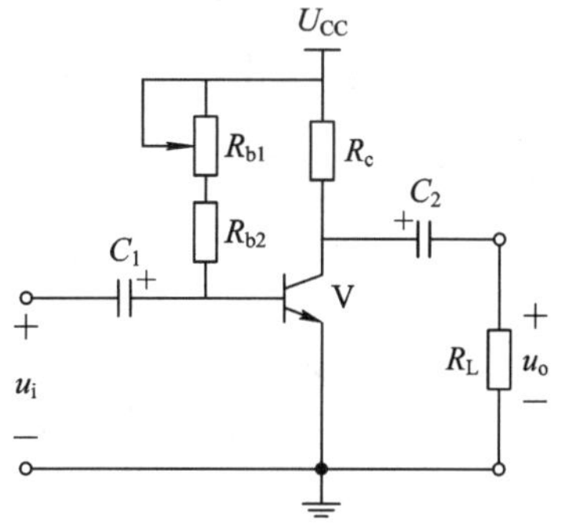

图 2 - 62　题 2 - 21 图

2 - 22　请画出图 2 - 63 所示各放大电路的直流通路与交流通路。图中各电容均为耦合电容，对交流信号视为短路。

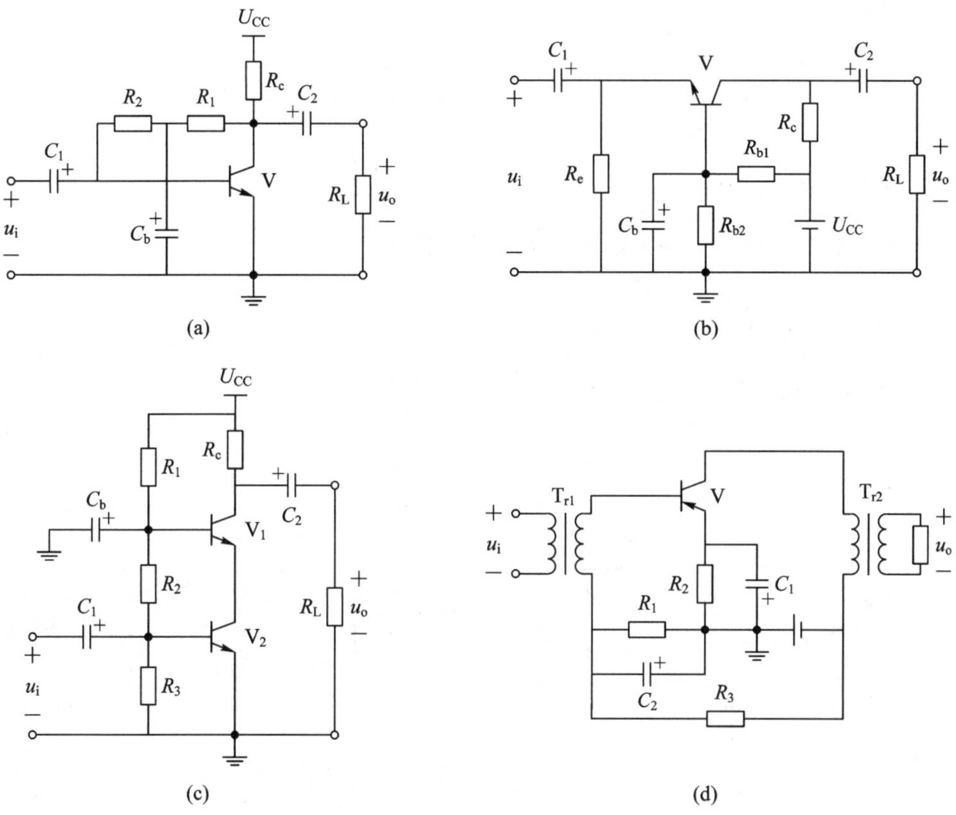

图 2 - 63　题 2 - 22 图

2 - 23　共集电极放大电路如图 2 - 64 所示，各元件参数如图标注。

(1) 分析静态参数；

(2) 计算电压放大倍数 $\dot{A}_u$、输入电阻 r_i 及输出电阻 r_o。

2 - 24　由 PNP 型三极管构成的放大电路如图 2 - 65 所示，请分析该放大器的静态工作点和动态参数。

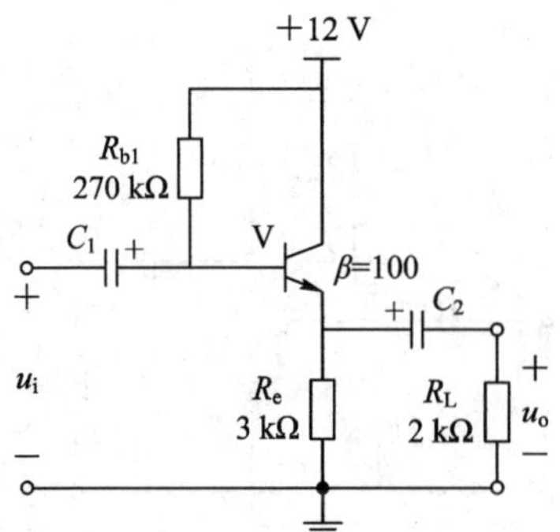

图 2-64　题 2-23 图

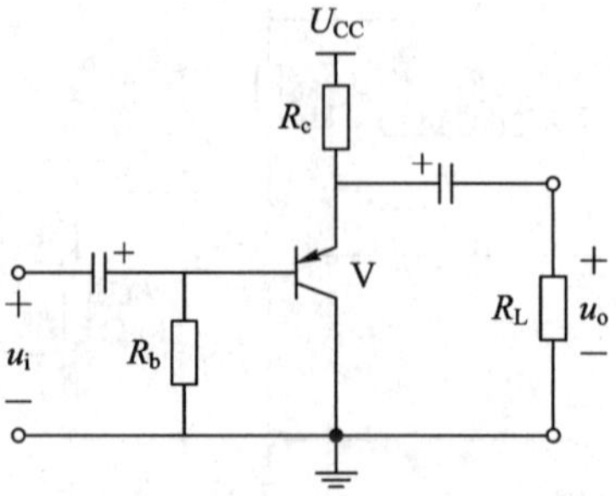

图 2-65　题 2-24 图

2-25　放大电路如图 2-66 所示，电路中各元件的参数如图标注，三极管 V 的 $\beta=100$，$r_{bb'}=100\ \Omega$。

(1) 分析电路的静态工作点；

(2) 求电压放大倍数 $\dot{A}_u$、输入电阻 r_i 及输出电阻 r_o。

2-26　放大电路如图 2-67 所示，电路中各元件的参数如图标注，三极管的 $\beta=50$，$U_{BEQ}=0.7\ V$，$r_{bb'}=300\ \Omega$。试求：

(1) 该电路的静态工作点；

(2) 电压放大倍数 $\dot{A}_u$、输入电阻 r_i 及输出电阻 r_o。

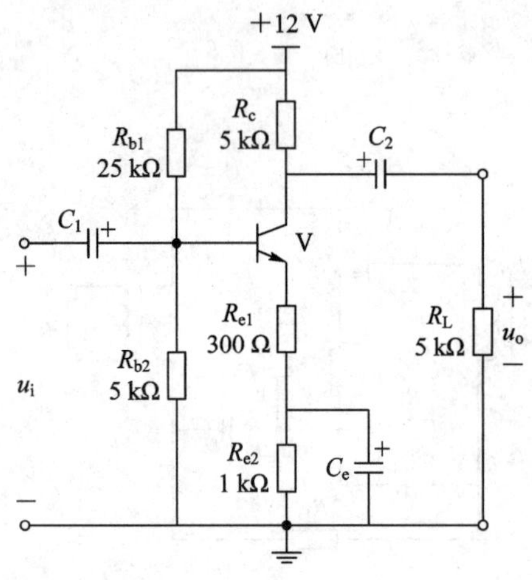

图 2-66　题 2-25 图

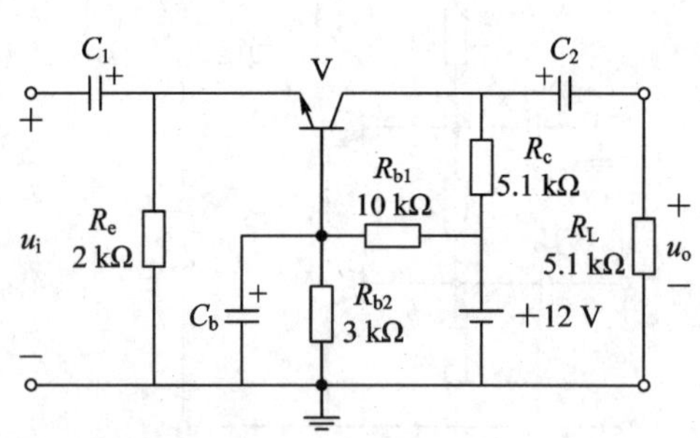

图 2-67　题 2-26 图

2-27　两级放大器如图 2-68 所示。$\beta_1=\beta_2=50$，$r_{be1}=1.8\ k\Omega$，$r_{be2}=2.2\ k\Omega$，其他元件参数如图所示。

(1) 求电压放大倍数 $\dot{A}_u$。

(2) 求电路的输入电阻 r_i 及输出电阻 r_o。

2-28　两级放大电路如图 2-69 所示，已知放大器的元件参数如图标注，两管的参数为 $\beta_1=\beta_2=40$，$r_{be1}=1.4\ k\Omega$，$r_{be2}=0.9\ k\Omega$。试求：

(1) 输入电阻 r_i；

(2) 输出电阻 r_o；

(3) 电压放大倍数 $\dot{A}_u$。

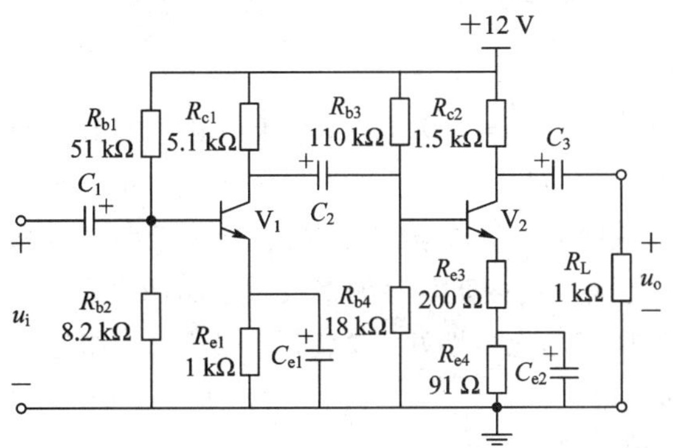

图 2-68　题 2-27 图

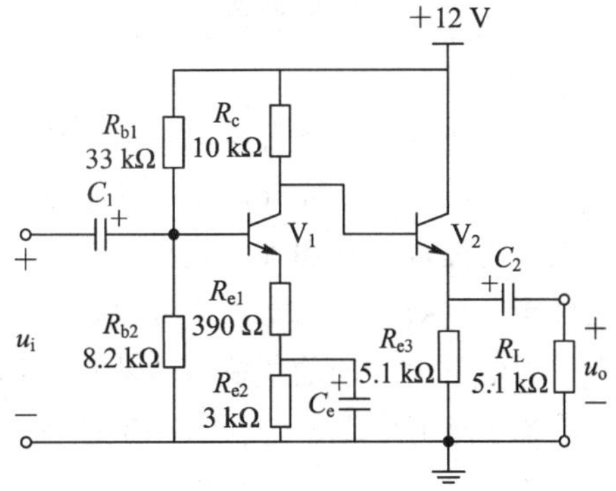

图 2-69　题 2-28 图

习题二参考答案

第3章 场效应管及其放大电路

本章主要介绍各种常见场效应管的结构原理、工作特性及其基本放大电路。**场效应管**(Field Effect Transistor, FET)是利用输入电压产生的电场效应来控制输出电流的，所以称之为**电压控制型器件**。场效应管工作时只有一种载流子参与导电，故也称**单极型半导体三极管**。场效应管通常具有较高的输入电阻，能满足高内阻信号源对放大电路的要求，常常作为信号放大的前置输入级器件使用。它还具有热稳定性好、功耗低、噪声低、制造工艺简单、便于集成等优点，因而得到了广泛的应用。

按照结构划分，场效应管可以分为**结型场效应管**(Junction Type Field Effect Transistor, JFET)和**绝缘栅型场效应管**(Insulated-Gate Field Effect Transistor, IGFET)两大类，绝缘栅场效应管也称**金属氧化物半导体**(Metal-Oxide Semiconductor, MOS)场效应管，简称**MOS 管**。按照场效应管制造工艺和材料的不同，又可分为 N 型沟道场效应管和 P 型沟道场效应管。

3.1 结型场效应管

结型场效应管

结型场效应管利用外加电压控制反向偏置的 PN 结耗尽层的厚度，进而控制导电沟道的宽度，最终实现外加电压对沟道导通电流的控制作用。由于反偏的 PN 结具有一定的漏电流，因此结型场效应管的输入电阻通常只能达到 $10^6 \sim 10^9\ \Omega$，这相对于前面介绍的双极型晶体三极管输入电阻已经非常高了，但是，相对于 MOS 管而言，其输入电阻仍然较低。

3.1.1 结型场效应管结构与原理

1. 结型场效应管的结构

图 3-1(a)所示为 N 沟道结型场效应管的结构示意图。在一块 N 型半导体的两个侧面通过扩散等工艺形成两个 P 型区，则在 P 型区与 N 型区接触面上形成两个 PN 结，如图 3-1(a)中斜线区即为 PN 结的耗尽层。把两个 P 型区通过导线连接起来，引出一个电极称为栅极，用 G 表示，再在 N 型材料的上下各引出一个电极，分别称为漏极和源极，分别用 D 和 S 表示。漏极与源极之间的 N 型区实现导电功能，称为导电沟道，由于沟道为 N 型材料，因此也称为 N 沟道，N 沟道导电时依靠其中的多子电子。

图 3-1(b)所示为 N 沟道结型场效应管的符号。

图 3-2 所示为 P 沟道结型场效应管的结构与符号。与 N 沟道结构相反，它是在 P 型材料上扩散形成 N 型区，漏极与源极之间通过 P 型材料实现导电，因此称为 P 沟道。图 3-2(b)为 P 沟道结型场效应管的符号。

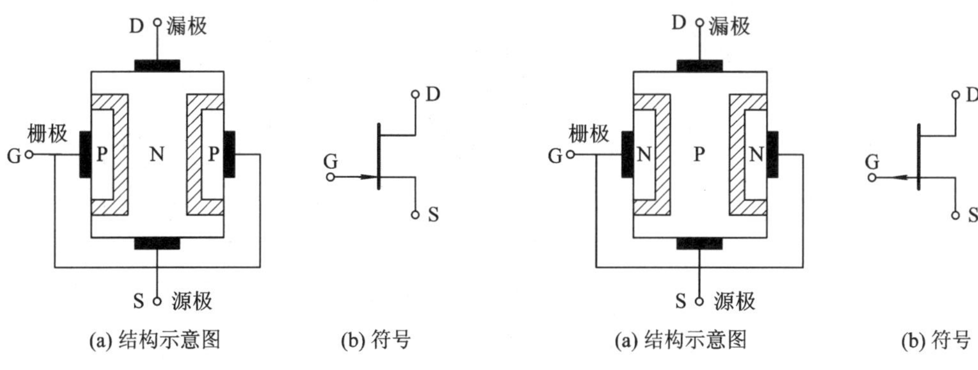

图 3-1 N沟道结型场效应管结构与符号　　图 3-2 P沟道结型场效应管结构与符号

2. 工作原理

现以N沟道结型场效应管为例说明场效应管的工作原理。如图3-3(a)所示，场效应管工作时它的两个PN结始终要加反偏电压，对于N沟道场效应管，栅源极之间的电压应为小于等于零的值，即$U_{GS} \leqslant 0$ V；而漏源之间需要加正向电压，即$U_{DS} \geqslant 0$。为了分析结型场效应管工作时栅源极之间电压及漏源极之间电压与漏源极之间电流的关系，分别说明如下。

1) U_{GS}对沟道的控制作用

首先，使$U_{DS}=0$ V，此时漏极与源极相当于短接，在此情况下研究改变U_{GS}时导电沟道的变化情况。如图3-3(a)所示，使$U_{GS}=0$ V，此时，N沟道结型场效应管的两个PN结处在零偏状态，耗尽层处在自然状态，漏极D与源极S之间的导电沟道较宽，对应的沟道导通电阻较小。如图3-3(b)所示，增大U_{GS}的幅值，相当于两个PN结的反偏电压上升，此时，可以看到两个PN结的耗尽层变厚，使得D、S之间的导电沟道变窄。当持续增加U_{GS}的幅值时，导电沟道变得越来越窄，当$U_{GS}=U_{GSoff}$时，两侧的耗尽层汇合到一起，导电沟道完全消失，这种状态称为**沟道夹断**，U_{GSoff}称为**夹断电压**，如图3-3(c)所示。沟道夹断后D、S之间的导电通道消失，D、S之间的导通电阻趋于无穷。在图3-3所示的各种情况中，由于$U_{DS}=0$ V，由D到S的电流始终为零。

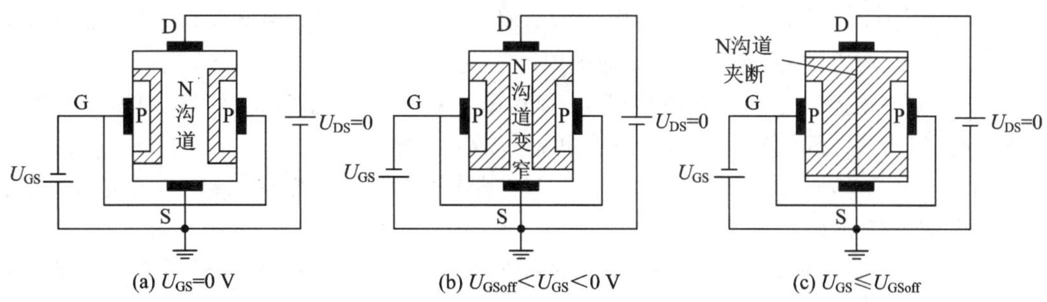

图 3-3 $U_{DS}=0$ V时U_{GS}对沟道的控制作用

接下来，给D、S之间加一个适当大小的正向电压，即使U_{DS}=常数，重新研究U_{GS}变化时导电沟道的变化情况，如图3-4所示。

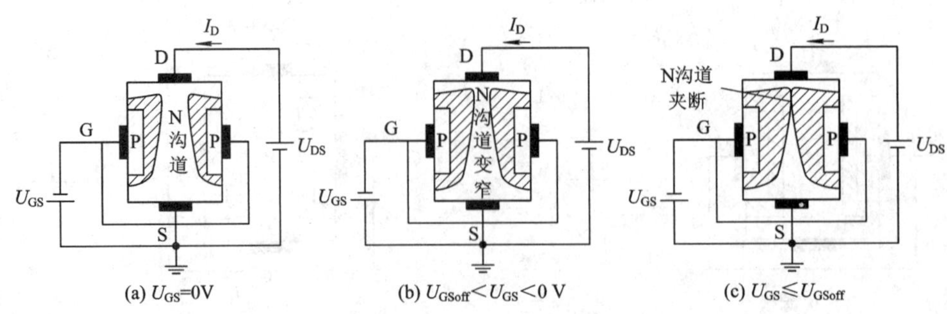

图 3-4　$U_{DS}\neq 0$ V，且 U_{DS}=常数时 U_{GS} 对沟道的控制作用

图 3-4(a)所示为 $U_{GS}=0$ V 时的情况，可以看出，两个 PN 结的耗尽层的厚度不均匀，靠近 D 极的耗尽层厚，靠近 S 极的耗尽层薄。为什么会出现这样的情况呢？当 U_{DS} 为正向常值电压时，将在导电沟道上形成导通电流 I_D，沿着导电沟道电压逐渐降低，也就是说从 D 到 S 电压按照一定梯度分布，越靠近 D 极电位越高，S 极的电位最低，在 $U_{GS}=0$ V 时，G、S 电位相同，均为 0 V，这样一来，沿沟道从 D 到 S 两个 PN 结两侧的偏置电压也呈现梯度分布，越靠近 D 极的地方，PN 结两侧的反偏电压越高，耗尽层越厚，越靠近 S 极的地方，PN 结两侧的反偏电压越低，耗尽层越薄。由于耗尽层的不均匀分布使得导电沟道呈现楔形，但是由于沟道仍然较宽，沟道的导通电阻仍较小，在 U_{DS} 的作用下形成漏极电流 I_D。

保持 U_{DS} 不变，增加 U_{GS} 的幅度，耗尽层仍呈现不均匀分布的情况，但是，厚度变得更厚，导电沟道变得更窄，楔形程度加重，沟道导通电阻变大，漏极电流 I_D 减小，如图 3-4(b)所示。持续增加 U_{GS} 的幅值，当 $U_{GS}=U_{GSoff}$ 时，靠近 D 极的耗尽层首先汇合在一起，沟道夹断，如图 3-4(c)所示，随后，如果继续增加 U_{GS} 的幅值，两边的耗尽层会逐渐自上而下合拢在一起，夹断程度越来越深。沟道夹断后，D、S 之间的导通电阻趋于无穷大，$I_D\approx 0$，D、S 之间呈现阻断状态。

通过以上的分析说明，通过控制栅极和源极之间的电压，即可控制结型场效应管漏极和源极之间导电沟道的宽窄，进而实现漏极和源极之间的电流控制，这实际上就是场效应管的电压控制作用。

2) U_{DS} 与 I_D 之间的关系

前面研究了 U_{DS} 保持不变时，导电沟道随着 U_{GS} 的变化情况，接下来研究 U_{GS} 保持恒定时，U_{DS} 对导电沟道及 D、S 之间的导通电阻的影响。

使 U_{GS} 为一定值电压，并且满足 $U_{GSoff}<U_{GS}<0$ V，然后调整 U_{DS}，使 U_{DS} 从 0 V 起逐渐增加，观察 D、S 之间的导电沟道及导通电流 I_D 的变化情况。

如图 3-5(a)所示，由于 $U_{DS}=0$ V，在 U_{GS} 的作用下耗尽层变厚，导电沟道变窄，耗尽层和导电沟道都呈现均匀分布的情况，漏极电流 $I_D=0$。

增加 U_{DS}，漏极电流 I_D 随着 U_{DS} 的增加而增加，耗尽层变厚，并呈现不均匀分布的情况，导电沟道呈现楔形分布，当增加 U_{DS} 使得 $U_{GS}-U_{DS}=U_{GSoff}$ 时，沟道两侧的耗尽层在靠近 D 极的 A 点相遇，沟道夹断，此时，$U_{DS}=U_{GS}-U_{GSoff}$，如图 3-5(b)所示。当由于 U_{DS} 增加引起沟道夹断时，漏极电流 I_D 并不会减小或消失，在 U_{DS} 产生的电场的作用下，载流子仍可通过耗尽层之间的缝隙形成电流 I_D。

随后，如果继续增大 U_{DS}，耗尽层汇合范围扩大，沟道的夹断程度加深，沟道导通电阻增加，如图3-5(c)所示。一方面是U_{DS}增加，它有产生更大的漏极电流的趋势，另一方面是沟道的夹断程度越来越深，沟道导通电阻越来越大，这有阻碍漏极电流增加的趋势，实际上这两种作用相互抵消，最终使漏极电流基本保持不变。也就是说，当增加U_{DS}使沟道夹断后，I_D将不再随着U_{DS}的增加而增加，基本保持稳定。

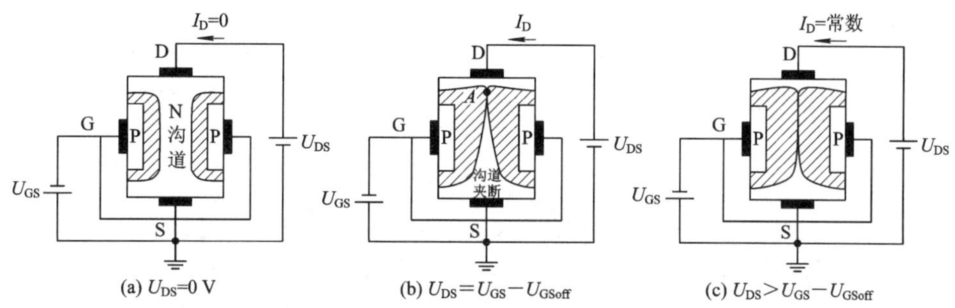

图3-5　U_{GS}=常数时U_{DS}对沟道的影响

以上的分析说明，当U_{GS}为满足$U_{GSoff}<U_{GS}<0$ V的常数，并且U_{DS}从零起逐渐增加时，N沟道结型场效应管漏极电流I_D起初随U_{DS}增加而增加，但当U_{DS}增加到使得沟道夹断时，漏极电流I_D不再随U_{DS}的增加而上升，而是基本维持不变。

3.1.2　工作特性

为了更进一步说明场效应管的工作原理及信号之间的关系，引入其工作特性，场效应管的工作特性可分为转移特性和输出特性。为描述工作特性，假定场效应管所加的信号为交直流混合信号，栅源极电压表示为u_{GS}，漏源极电压表示为u_{DS}，漏极电流表示为i_D。下面以N沟道结型场效应管为例介绍工作特性。

1. 转移特性

转移特性曲线是指在一定漏源电压u_{DS}作用下，漏极电流i_D与栅源极电压u_{GS}之间的关系，即

$$i_D = f(u_{GS})\big|_{u_{DS}=\text{常数}}$$

图3-6(a)所示为N沟道结型场效应管工作特性测试电路，在保持u_{DS}不变的情况下，改变u_{GS}，测得i_D与u_{GS}之间的转移特性如图3-6(b)所示。由转移特性可以看出，当$u_{GS}=0$ V时，i_D电流最大，$i_D=I_{DSS}$，I_{DSS}称为饱和漏电流；当u_{GS}从0 V起逐渐减小时，漏极电流i_D也不断下降，当$u_{GS}=U_{GSoff}$时，i_D减小到零。

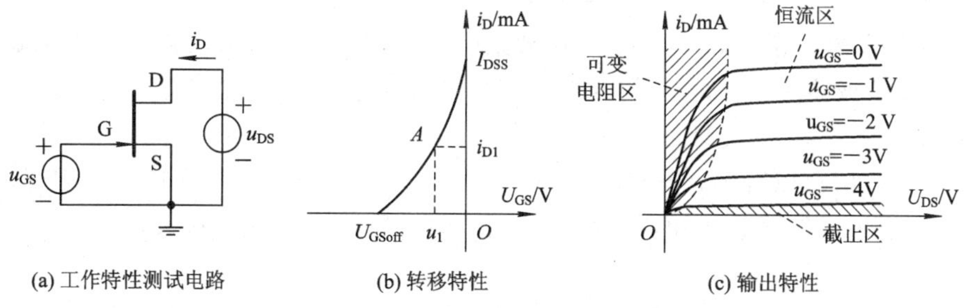

图3-6　N沟道结型场效应管工作特性

定量的研究表明，结型场效应管转移特性为

$$i_D = I_{DSS}\left(1 - \frac{u_{GS}}{U_{GSoff}}\right)^2 \tag{3-1}$$

转移特性实际上反映了 u_{GS} 对 i_D 的控制作用，对于 N 沟道结型场效应管，u_{GS} 越接近 U_{GSoff}，导电沟道越窄，沟道电阻越大，漏极电流越小。

2. 输出特性

输出特性曲线是指在一定栅极电压 u_{GS} 作用下，漏极电流 i_D 与 u_{DS} 之间的关系曲线，即

$$i_D = f(u_{DS})\big|_{u_{GS}=\text{常数}}$$

图 3-6(c)所示为 N 沟道结型场效应管的输出特性曲线，实际上这是一簇曲线，每一条曲线对应一个固定的 u_{GS} 值，把不同 u_{GS} 下测定的曲线绘制在同一坐标系中就得到了该输出特性。取某一条曲线来看，当 u_{DS} 从零逐渐增加时，开始 i_D 随着 u_{DS} 的增加近似线性增加，D、S 之间相当于一个电阻；随后，当 u_{DS} 持续增加时，i_D 增加变缓，出现膝点；之后，i_D 不再跟随 u_{DS} 的增加而增加，基本保持恒定。

输出特性所在的象限可分成以下三个工作区，即可变电阻区、恒流区和截止区，如图 3-6(c)所示。

1）可变电阻区

当 u_{GS} 不变，u_{DS} 由零开始逐渐增加时，i_D 随 u_{DS} 的增加而线性上升，场效应管导电沟道畅通。漏源之间可视为一个线性电阻 r_{DS}，这个电阻在 u_{DS} 较小时，主要由 u_{GS} 决定，此时沟道电阻值可近似看成常数，但是，不同的栅源电压 u_{GS} 对应不同的电阻值 r_{DS}，即改变 u_{GS} 就可改变 r_{DS}，故称为可变电阻区。每条曲线在可变电阻区对应的 r_{DS} 近似为曲线斜率的倒数，显然，对于 N 沟道结型场效应管，当 $u_{GS}=0$ V 时对应的 r_{DS} 最小，随着 u_{GS} 趋向于 U_{GSoff}，r_{DS} 不断增加。

2）恒流区

图 3-6(c)中间部分是恒流区，对于特定的 u_{GS}，i_D 不再随 u_{DS} 的增加而变化，基本保持恒定，输出特性曲线近似为水平线，但是不同的 u_{GS} 对应的 i_D 不同，并且 u_{GS} 越负，i_D 对应的电流越小，这体现出 i_D 受控于 u_{GS} 的特性，说明场效应管电压控制电流的放大作用，人们正是利用这一点实现场效应管放大电路的。

3）截止区

当 $u_{GS}<U_{GSoff}$ 时，场效应管的导电沟道被耗尽层全部夹断，由于耗尽层电阻极大，因而漏极电流 i_D 几乎为零。此区域类似于三极管输出特性曲线的截止区。

3. P 沟道结型场效应管的工作特性

P 沟道结型场效应管工作时 u_{GS} 应该加正的电压，这样才能保证它的 PN 结反向偏置，而 u_{DS} 应该加负极性的电压，图 3-7 所示为 P 沟道结型场效应管工作特性测试电路及其工作特性。

由图 3-7(b)可以看出，当 $u_{GS}=0$ V 时，P 沟道结型场效应管沟道完全敞开，导通电阻小，当 u_{GS} 加正极性电压，并且不断增加时，沟道导通电阻逐渐增大，当 $u_{GS}=U_{GSoff}$ 时，沟道夹断，场效应管进入阻断状态。

由图 3-7(c)可以看出，P 沟道结型场效应管的输出特性位于第Ⅲ象限，即 u_{DS} 为负极

性的电压，电流 i_D 的实际方向为从 S 到 D 流动。

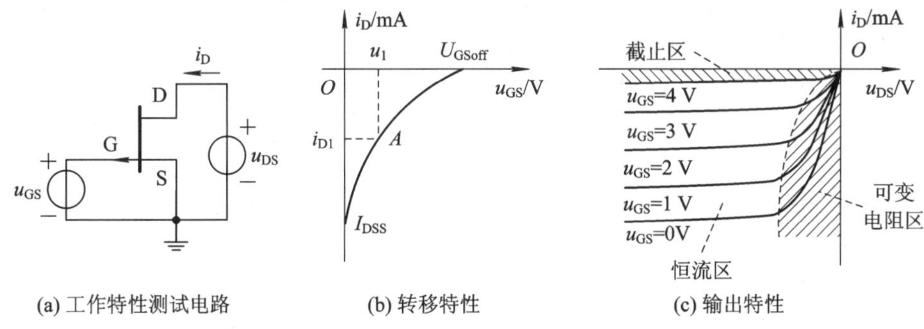

(a) 工作特性测试电路　(b) 转移特性　(c) 输出特性

图 3－7　P 沟道结型场效应管工作特性

3.2　绝缘栅场效应管

绝缘栅场效应管

绝缘栅场效应管也称 MOS 管，MOS 管的栅极与漏极和源极是完全绝缘的，输入电阻可高达 10^9 Ω 以上，这非常有利于提高放大器的输入阻抗，有利于对高内阻、弱信号的信号源进行放大。MOS 管按照导电沟道可分为 N 沟道和 P 沟道两种，按照工作方式不同又可以分为增强型和耗尽型两类。

3.2.1　N 沟道 MOS 管

1. 结构与符号

图 3－8 所示为 N 沟道 MOS 管的结构示意图与符号。

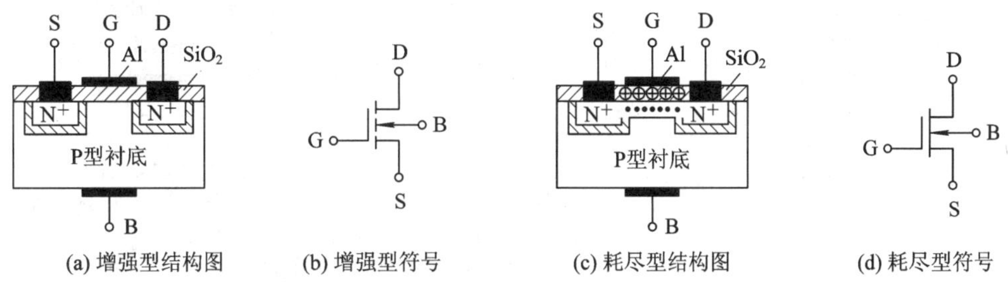

(a) 增强型结构图　(b) 增强型符号　(c) 耗尽型结构图　(d) 耗尽型符号

图 3－8　N 沟道 MOS 管结构及符号

图 3－8(a)所示为 N 沟道增强型 MOS 管的结构示意图，它以一块掺杂浓度较低的 P 型硅片做衬底，在衬底上通过扩散工艺形成两个高掺杂的 N 型区，用 N^+ 表示，并在这两个 N^+ 区上引出两个电极，分别作为源极 S 和漏极 D；在 P 型硅表面制作一层很薄的二氧化硅(SiO_2)绝缘层，然后再在二氧化硅表面喷上一层金属铝，引出一个电极，即为栅极 G。这种场效应管栅极与源极和漏极之间都是绝缘的，所以称之为绝缘栅场效应管。由衬底引出一个电极，用 B 表示，MOS 管制造时通常把衬底 B 和源极 S 连接在一起，这样 MOS 管与双极型晶体管相似也就只有三个电极了。特别说明，当衬底单独引出时，MOS 管的 D 和 S 可以互换。

图 3－8(b) 所示为 N 沟道增强型 MOS 管的符号，箭头方向表示沟道类型，箭头指向

管内表示为N沟道MOS管；D与S之间的三条断续线表示D、S之间的导电沟道，之所以用断续线表示，是指在栅源之间的控制电压加上之前沟道不存在，必须加上合适的栅源电压才能感生出导电沟道，谓之增强型。

图3-8(c)所示为N沟道耗尽型MOS管的结构示意图，与增强型MOS管不同，在栅极G下面的二氧化硅中掺入了大量的正离子，这些正离子不能移动，由于这些正离子的存在，它们可以把P型衬底中的自由电子吸引到靠近栅极的一侧，形成导电沟道，也就是说即使栅源之间没有控制电压信号，漏源之间的导电沟道就已经存在了，加入栅源之间的控制信号可以使已经存在的导电沟道削弱，甚至完全截断，谓之耗尽型。

图3-8(d)所示为N沟道耗尽型MOS管的符号，与增强型相比较D、S之间是一条直线，而不是断续线，表示栅源之间控制电压为零时导电沟道已经存在。

2. 工作原理

下面以N沟道增强型场效应管为例介绍其工作原理。对于N沟道增强型场效应管，工作时栅源极之间与漏源极之间必须加正极性电压，即$U_{GS} \geqslant 0$ V，$U_{DS} \geqslant 0$ V。

仅仅在D、S之间加正向电压，D、S之间相当于存在两个反向串联的二极管，显然，这是无法实现导电的。

图3-9所示为N沟道增强型场效应管工作原理分析示意图。

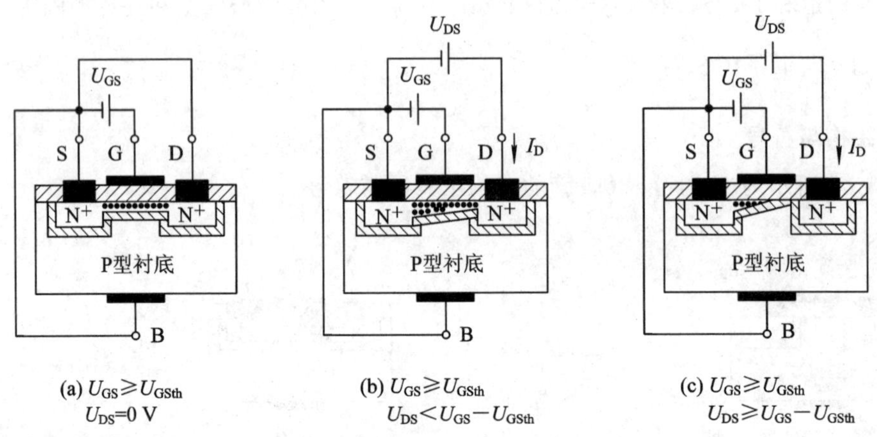

图3-9　N沟道增强型MOS管工作原理分析

首先，研究$U_{DS}=0$ V时，U_{GS}的作用。给G、S之间加正极性电压U_{GS}，把D、S短接，即$U_{GS} \geqslant 0$ V，$U_{DS}=0$ V。逐渐增加U_{GS}，由于G的电压升高，G上正电荷聚集，这些正电荷吸引衬底中的自由电子向靠近栅极G的衬底上部运动，起初，由于U_{GS}较低，吸引过来的电子有限，这些电子与衬底中空穴复合，使得衬底上层靠近栅极G的部分出现耗尽层。继续增加U_{GS}，当$U_{GS} \geqslant U_{GSth}$时，栅极G吸引过来的电子越来越多，此时，这些被吸附过来的电子除了和P型衬底中的空穴复合以外还有剩余，这样一来，就在衬底的上部、栅极G的下面形成了一个富含电子的层，它与衬底富含空穴的性质相反，称为反型层。反型层的出现意味着在D、S之间产生了可以导电的通道，因此它对MOS管的工作意义重大。U_{GSth}称为开启电压，N沟道场效应管的开启电压通常在几伏左右，U_{GS}越大，吸引的电子越多，反型层越厚，导电沟道导电能力越强。在图3-9(a)中，由于D、S之间没有电压，因此从

D 到 S 的电流为零。

接下来研究 $U_{GS} \geqslant U_{GSth}$，给 D、S 之间加正极性电压时的情况。使 $U_{GS} \geqslant U_{GSth}$，逐渐增加 U_{DS}，此时可以看到 D、S 之间产生了导通电流 I_D，并且 I_D 随着 U_{DS} 的上升而上升。此时，还有一种现象：伴随着 U_{DS} 的增加导电沟道出现楔形分布，靠近 D 的反型层变薄，如图 3－9(b)所示。出现这种情况的原因，是沿导电沟道各点的电位按照梯度分布，与结型场效应管的沟道楔形分布类似。继续增大 U_{DS}，当栅极 G 与漏极 D 之间的电压差满足 $U_{GD}=U_{GS}-U_{DS}=U_{GSth}$，即 $U_{DS}=U_{GS}-U_{GSth}$ 时，靠近 D 极的沟道出现夹断，并且伴随着 U_{DS} 的上升夹断程度加深，夹断区向 S 极一侧移动。沟道夹断后，漏极电流 I_D 不再跟随 U_{DS} 的增加而上升，基本保持恒流，也就是说，夹断并不意味着 I_D 消失，电流仍然可以通过沟道的间隙通过，只是 U_{DS} 的增加产生的动力与沟道夹断产生的阻力相互抵消，I_D 电流基本保持恒流罢了。进一步的研究说明，当改变 U_{GS} 的大小时，U_{GS} 越大，增加 U_{DS} 使得 I_D 进入恒流状态时对应的电流越大，这就体现出了 MOS 管通过栅源电压控制漏极电流的能力。

3. N 沟道增强型 MOS 管工作特性

与结型场效应管类似，MOS 管的工作特性也通过转移特性和输出特性来描述。下面以 N 沟道增强型场效应管为例介绍其工作特性。考虑到实际工作中 MOS 管所加的信号既可能包含直流量又可能包含交流量，因此用 u_{GS} 和 u_{DS} 分别表示栅源和漏源之间的电压信号，用 i_D 表示漏极电流。

1）转移特性

MOS 型场效应管的转移特性是指在 u_{DS} 不变的情况下，漏极电流 i_D 随着栅源电压 u_{GS} 变化的规律，即

$$i_D = f(u_{GS})\big|_{u_{DS}=\text{常数}}$$

图 3－10 所示为 MOS 管工作特性测试电路及特性曲线。

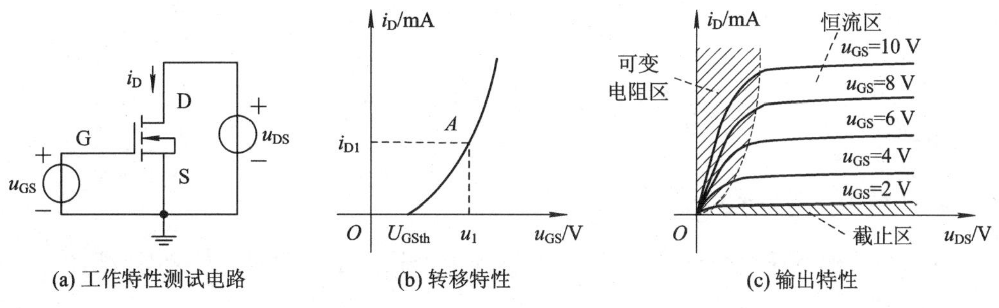

图 3－10　N 沟道增强型 MOS 管工作特性

图 3－10(b)所示即为 N 沟道增强型 MOS 管的转移特性，由图可见，当 $u_{GS}<U_{GSth}$ 时，$i_D=0$，说明感生导电沟道不存在；当 $u_{GS} \geqslant U_{GSth}$ 时，i_D 开始出现，并且随着 u_{GS} 的增加而增加，说明 u_{GS} 越大感生导电沟道越宽，导电能力越强。进一步的研究表明 i_D 与 u_{GS} 的关系可以近似表示为

$$i_D = I_{DO}\left(\frac{u_{GS}}{u_{GSth}} - 1\right)^2 \tag{3-2}$$

式(3-2)中 I_{DO}是指 $u_{GS}=2U_{GSth}$时的 i_D 值，相当于结型管的 I_{DSS}。转移特性反映了栅源电压对漏极电流的控制作用。

2）输出特性

输出特性是指在 u_{GS}不变的情况下，漏极电流 i_D 与漏源极电压 u_{DS}之间的关系，即

$$i_D = f(u_{DS})\big|_{u_{GS}=常数}$$

图 3-10(c)所示为N沟道增强型MOS管的输出特性曲线，对比发现该特性与N沟道结型场效应管的输出特性相似，输出特性也分为三个区，即可变电阻区、恒流区和截止区；所不同的是：在恒流区，u_{GS}控制 i_D 大小变化的方式不同，当 u_{DS}固定时，输出电流的大小只有当 $u_{GS}>U_{GSth}$时才随 u_{GS}的增大而增大。

4. N沟道耗尽型MOS管工作特性

N沟道耗尽型MOS管的导电沟道在栅源电压为零时已经存在，加入 u_{GS}的目的是人为控制沟道的宽窄及其导电能力，可以通过外加的 u_{GS}使导电沟道变窄，甚至完全关断。图 3-11所示为N沟道耗尽型MOS管的工作特性。

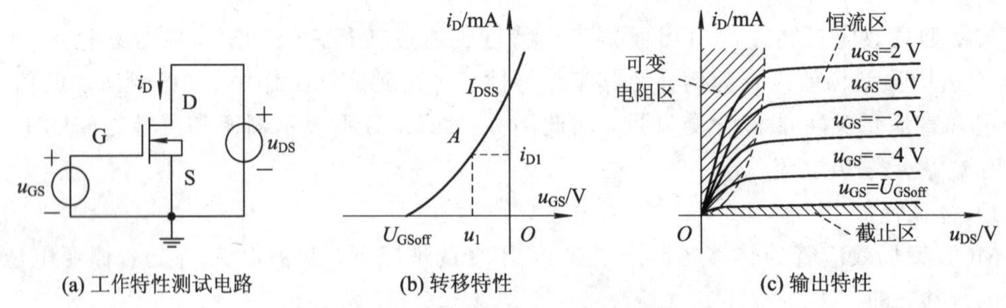

图 3-11　N沟道耗尽型MOS管工作特性

图 3-11(a)所示为工作特性测试电路。图 3-11(b)为转移特性曲线，从图可以看出，当 u_{GS}加负极性电压时，漏极电流减小，当 $u_{GS}=U_{GSoff}$时，导电沟道完全关断，$i_D=0$，N沟道耗尽型MOS管工作时正是利用这一点来实现 u_{GS}对 i_D 的控制的。U_{GSoff}为耗尽型MOS管的沟道夹断电压，与结型场效应管的夹断电压相似。图 3-11(c)为N沟道耗尽型MOS管的输出特性。

3.2.2　P沟道MOS管

限于篇幅，不再详细介绍P沟道MOS管内部结构及工作原理，只简要说明它们的符号及工作特性。

1. P沟道MOS管符号

P沟道MOS管也可以分为增强型和耗尽型两种，只有当加入适当的 u_{GS}才能产生导电沟道的称为增强型，如果当 $u_{GS}=0$ V时导电沟道就已经存在则称为耗尽型。图 3-12所示分别为P沟道增强型和耗尽型MOS管的符号。

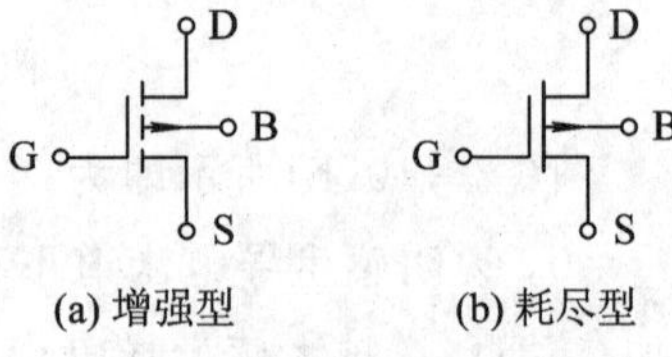

图 3-12　P沟道MOS管符号

2. 工作特性

图 3-13所示为P沟道增强型MOS管的工作特性。从其转移特性可以看出，要使P

沟道增强型 MOS 管导通必须给其栅源极之间加负极性电压，并且当 $u_{GS}<U_{GSth}$时，漏极电流受控于 u_{GS}。从输出特性可以得到，P 沟道 MOS 管工作时 u_{DS}需加负极性电压，在恒流区 u_{GS}负极性电压幅值越高，漏极电流 i_D 越大。

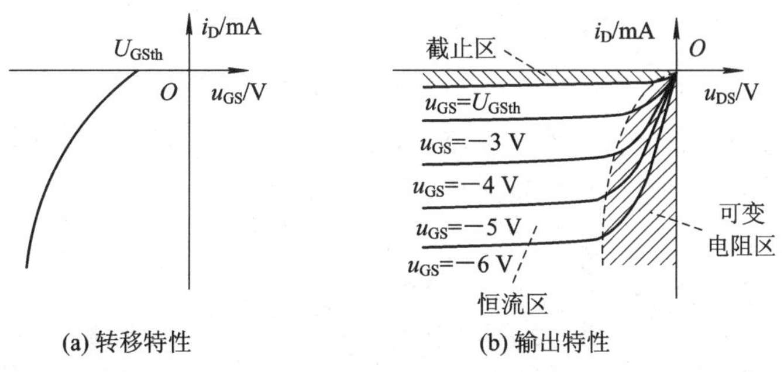

图 3－13　P 沟道增强型 MOS 管工作特性

图 3－14 所示为 P 沟道耗尽型 MOS 管的工作特性。从其转移特性可见，当 $u_{GS}=0$ V 时管子已经导通，u_{GS}加正极性电压可以使沟道变窄甚至完全关断。

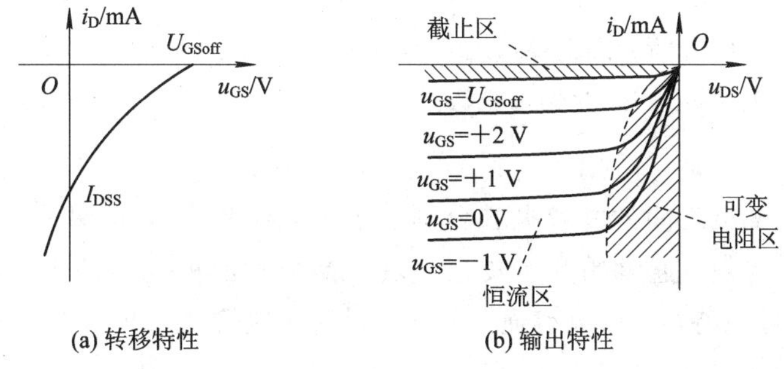

图 3－14　P 沟道耗尽型 MOS 管工作特性

P 沟道耗尽型 MOS 管的输出特性与增强型相似，区别在于栅源电压的控制方式不同。

3.3　场效应管参数

场效应管参数

场效应管的参数是选择和应用场效应管的主要依据，下面简要介绍这些参数。

3.3.1　场效应管的参数

1. 夹断电压 U_{GSoff}

该参数是描述结型场效应管和耗尽型 MOS 管的参数，它是指当漏源极电压保持不变时，外加栅源电压使得场效应管导电沟道临界夹断，漏极电流几乎为零，此时所对应的栅源电压即为夹断电压 U_{Gsoff}。

2. 开启电压 U_{GSth}

该参数是描述增强型 MOS 管的参数，它是指漏源电压 u_{DS}保持某一定值时，外加栅源电压使增强型 MOS 管临界导通，漏极电流 i_D 开始出现并等于某一微小电流，此时，栅源之间所加的电压即为开启电压 U_{GSth}。

3. 饱和漏极电流 I_{DSS}

保持漏源极电压为某一定值，当结型场效应管或者耗尽型 MOS 管栅源电压为零时，测得的漏极电流即为饱和漏极电流 I_{DSS}。

4. 低频跨导 g_m

低频跨导是指当场效应管工作于恒流区，并且漏源电压保持不变时，漏极电流的变化量和引起这个变化的栅源电压变化量之比，即

$$g_m = \left.\frac{\Delta i_D}{\Delta u_{GS}}\right|_{u_{DS}=\text{常数}}$$

式中，Δi_D 为漏极电流的变化量；Δu_{GS} 为栅源电压微变量。g_m 反映了 u_{GS} 对 i_D 的控制能力，是表征场效应管放大能力的重要参数，单位为西门子(S)，场效应管的 g_m 一般为几毫西门子。g_m 实际上就是转移特性曲线上工作点处切线的斜率。

5. 直流输入电阻 R_{GS}

直流输入电阻 R_{GS} 是指漏源间短路时，栅源间的直流电压与栅极电流之比，由于场效应管的栅极几乎不取用电流，因此 R_{GS} 通常较大，对于结型场效应管 $R_{GS}>10^6\ \Omega$，而 MOS 管的直流输入电阻更高，通常 $R_{GS}>10^9\ \Omega$。

6. 极间电容

栅极与源极及漏极之间的等效电容分别表示为 C_{GS} 和 C_{GD}，这两个电容是影响场效应管高频特性的主要参数，通常为几个皮法左右。漏极与源极之间的等效电容表示为 C_{DS}，由于 D、S 之间的低阻特性，该电容通常较小，对场效应管的高频特性影响也较小。

7. 漏源击穿电压 $U_{(BR)DS}$

漏源击穿电压是指漏源间能承受的最大电压，当 u_{DS} 值超过 $U_{(BR)DS}$ 时，栅漏间发生雪崩击穿，i_D 开始急剧增加，正常使用时应确保场效应管漏源电压不高于 $U_{(BR)DS}$。

8. 栅源击穿电压 $U_{(BR)GS}$

栅源击穿电压是指栅源极间所能承受的最大反向电压，u_{GS} 值超过此值时，栅源间发生击穿，i_D 由零开始急剧增加，极易损坏。正常使用时应保证栅源电压在栅源击穿电压以内，保证场效应管工作安全。

9. 最大耗散功率 P_{DM}

最大耗散功率 $P_{DM}=u_{DS}i_D$，与半导体三极管的 P_{CM} 类似，这部分功率将转化为热量，使管子的温度升高，因此最大耗散功率受管子最高工作温度的限制。

3.3.2 注意事项

(1) 在使用场效应管时，要注意漏源电压 u_{DS}、漏源电流 i_D、栅源电压 u_{GS} 及耗散功率等值不能超过最大允许值。

(2) 场效应管从结构上看漏源两极是对称的，可以互换，但有些产品制作时已将衬底和源极在内部连在一起，这时漏源两极不能互换使用。

(3) 结型场效应管的栅源极之间所加电压必须保证使沟道两侧的 PN 结反偏，不能加正偏电压。

(4) MOS 管栅源极间电阻很高，当栅极开路情况下因感应等原因而带电时，所带电荷无法泄放，这极易造成栅极与源极之间的击穿损坏，因此在存放、运输及安装的过程中要做好保护。通常情况下存放、运输 MOS 管时应该使各电极保持短接，在焊接时，烙铁外壳必须接地保护，在烙铁断开电源情况下焊接栅极，以避免感应电将栅极击穿。

3.4 场效应管放大电路

场效应管放大电路

利用场效应管栅源极输入电压可以控制漏极电流的特性可以实现场效应管放大电路。由于场效应管具有输入电阻高的特点，它适用于作为多级放大电路的输入级，尤其对高内阻的信号源，采用场效应管才能为放大器提供足够高的输入阻抗，减少信号在信号源内阻上的衰减，从而保证信号的有效放大。常用的场效应管放大电路有共源极放大电路和共漏极放大电路(也称源极输出器)。

3.4.1 静态工作点分析

与双极型晶体三极管类似，在场效应管放大电路中场效应管必须设置合适的工作点，这个工作点实际上就是保证场效应管工作在恒流区的条件。对于场效应管就是设置合适的栅源极静态电压和适当的漏极电流。

1. 自偏压电路分析

图 3-15 所示为场效应管组成的自偏压放大电路，其中图 3-15(a)采用了 N 沟道结型场效应管，而图 3-15(b)采用了 N 沟道耗尽型 MOS 管，这两个电路除场效应管不同其他结构完全相同。以图 3-15(a)为例，输入信号从 G、S 之间输入，输出信号从 D、S 之间通过耦合电容引出，源极 S 是输入输出的公共信号端，因此，这种场效应管放大电路称为**共源极放大电路**。共源极放大电路与共射极放大电路相似。C_1 和 C_2 分别为输入输出耦合电容，C_s 为源极耦合电容，R_d 为漏极电阻。

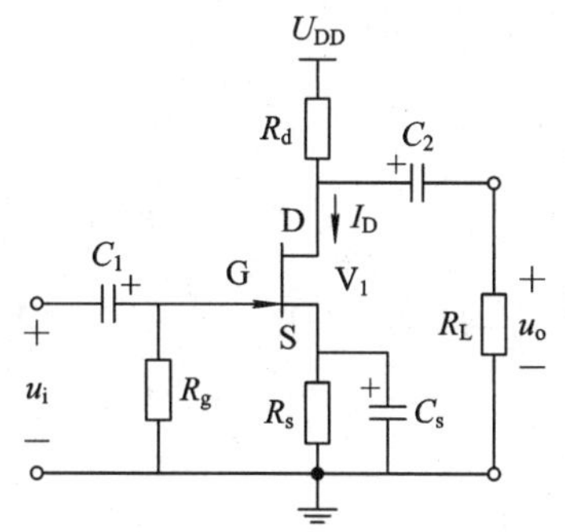

(a) N沟道结型场效应管自偏压放大电路

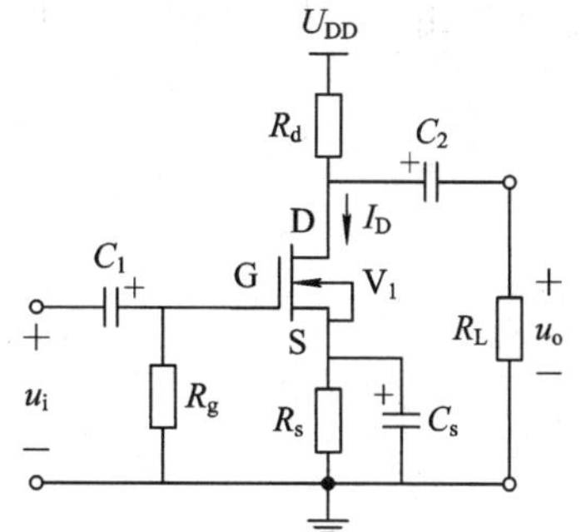

(b) N沟道耗尽型MOS管自偏压放大电路

图 3-15 自偏压放大电路

在进行静态分析时，把交流信号源看成开路的，这和三极管放大电路相同，这样一来就可以得到放大电路的直流通路了。如图 3－15(a)所示，设静态时的漏极电流为 I_D，则根据漏极直流通路可得

$$I_D R_d + U_{DS} + I_S R_s = U_{DD}$$

因为 $I_D = I_S$，所以

$$I_D(R_d + R_s) + U_{DS} = U_{DD}$$

即

$$U_{DS} = U_{DD} - I_D(R_D + R_s) \tag{3-3}$$

如果已知 I_D，就可以根据式(3－3)求得管压降 U_{DS}。

栅极与源极之间的电压 U_{GS} 可表示为

$$U_{GS} = U_G - U_S = 0 - I_D R_s = -I_D R_s \tag{3-4}$$

根据式(3－1)可得

$$I_D = I_{DSS}\left(1 - \frac{U_{GS}}{U_{GSoff}}\right)^2 \tag{3-5}$$

式(3－4)和式(3－5)联立求解可以求得 U_{GS} 和 I_D，再代入到式(3－3)即可求得 U_{DS}。

可以看出自偏压电路实际上是利用源极电阻 R_s 上的直流压降实现 U_{GS} 偏压的，设置 R_g 主要是提高交流输入阻抗。自偏压电路要求放大电路中场效应管先导通，然后才能建立偏压，而增强型 MOS 管偏压未建立不会导通，要求偏压建立在前，因此，自偏压电路不适合作为增强型 MOS 管的偏压电路。

2. 分压式偏置电路

分压式偏压电路通过分压网络设置栅极电压，栅源偏置电压为栅极与源极电压之差。分压式偏压电路既可设置 U_{GS} 为正极性电压，也可以设置为负极性电压，应用较灵活。下面以 N 沟道增强型 MOS 管为例说明分压式偏压电路的原理。

图 3－16 所示为 N 沟道增强型 MOS 管分压式偏压电路。静态分析时耦合电容都看成开路的，栅极 G 不取用电流，因此 R_{g3} 上没有电流，栅极电位就是 A 点电位，设置 R_{g3} 主要是提高动态输入电阻，A 点电位由 R_{g1} 和 R_{g2} 的分压决定，即

$$U_G = \frac{R_{g2}}{R_{g1} + R_{g2}} U_{DD}$$

则 U_{GS} 为

$$U_{GS} = U_G - U_S = \frac{R_{g2}}{R_{g1} + R_{g2}} U_{DD} - I_D R_s \tag{3-6}$$

根据式(3－2)可知

$$I_D = I_{DO}\left(\frac{u_{GS}}{u_{GSth}} - 1\right)^2 \tag{3-7}$$

式(3－6)和式(3－7)联立求解，即可得到 U_{GS} 和 I_D，进而也可以得到管压降 U_{DS} 为

$$U_{DS} = U_{DD} - I_D(R_d + R_s)$$

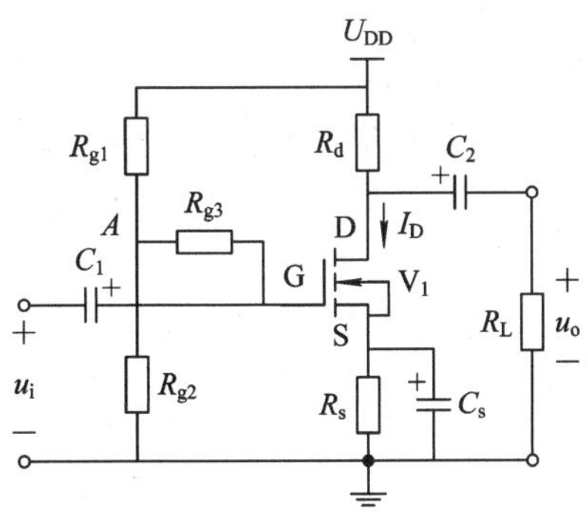

图 3－16　N 沟道增强型 MOS 管分压式偏压电路

3.4.2　场效应管放大电路动态分析

场效应管放大电路的动态分析与双极型三极管的动态分析方法相似，首先必须使场效应管处在合适的静态工作点，这样动态分析才存在合理性。动态分析是应用叠加定理把交流信号分离出来在交流等效电路下进行的分析，为此，必须先建立场效应管的交流等效电路模型。

1. 场效应管微变等效电路

场效应管与双极型三极管类似，均属于非线性器件，但是，从场效应管的转移特性可以看出，在一个确定的工作点附近，当 u_{GS}变化时，漏极电流 i_D 近似按照线性规律变化，基于此，在工作点附近，可以把场效应管看成是一个受 u_{GS}变化量控制的电流源，图 3－17 所示为场效应管微变等效电路模型。

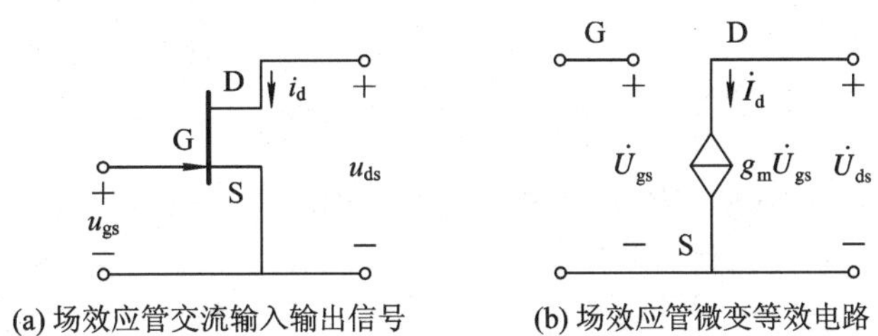

图 3－17　场效应管微变等效电路模型

如果用 u_{gs}表示 u_{GS}中的交流变化量，用 i_d 表示 i_D 中的交流变化量，则 u_{gs}对 i_d 的控制作用可以表示为

$$g_m = \frac{i_d}{u_{gs}}$$

g_m 即是场效应管的跨导，工作点不同，g_m 的大小不同。这样一来在单独考虑交流信号作用下，场效应管可以等效为一个电压控制的电流源，这实际上就是场效应管的微变等效电路模型。

2. 共源极放大电路动态分析

场效应管放大电路的动态分析与双极型晶体三极管的分析类似。首先，根据交流通路画出场效应管放大电路的微变等效电路；然后，根据等效电路分析放大电路的主要参数，如电压放大倍数、输入电阻及输出电阻等。

共源极放大电路与共射极放大电路类似，是应用较多的一种场效应管放大电路。图3-18(a)所示为N沟道结型场效应管构成的共源极放大电路的微变等效电路，图3-18(b)所示为N沟道增强型MOS管构成的共源极放大电路的微变等效电路。

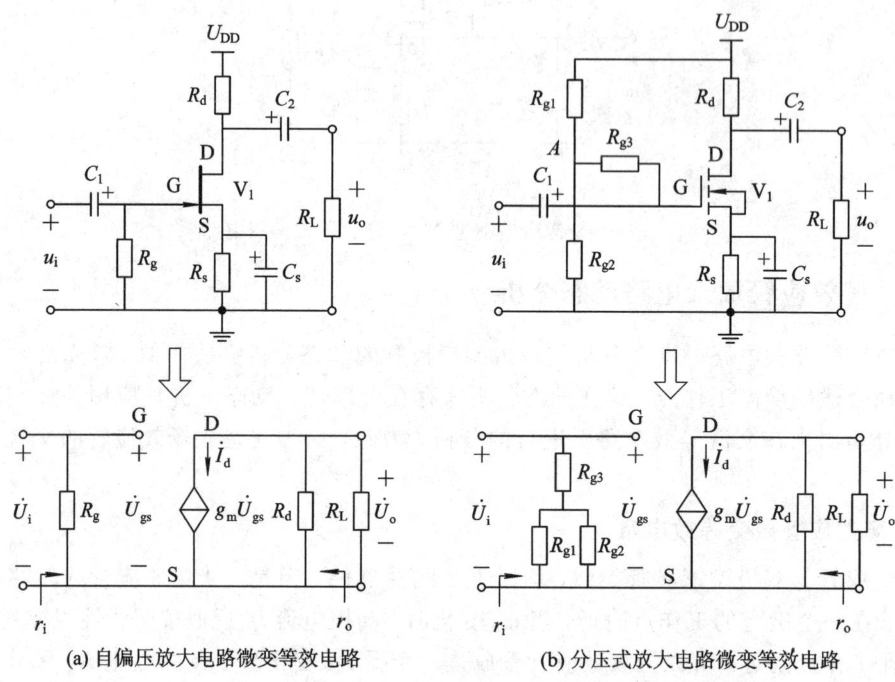

图3-18　共源极放大电路等效电路

1）求电压放大倍数

对于图3-18(a)，输入电压$\dot{U}_i=\dot{U}_{gs}$，输出电压为

$$\dot{U}_o=-\dot{I}_d(R_d/\!/R_L)=-g_m\dot{U}_{gs}(R_d/\!/R_L)=-g_m\dot{U}_i(R_d/\!/R_L)$$

由上式可得电压放大倍数为

$$\dot{A}_u=\frac{\dot{U}_o}{\dot{U}_i}=-g_m(R_d/\!/R_L) \tag{3-8}$$

对于图3-18(b)，式(3-8)的结论仍然成立。

2）求输入电阻

对于图3-18(a)，其输入电阻显然为

$$r_i=R_g$$

也就是说图3-18(a)的输入电阻取决于R_g的大小，因此为了提高输入电阻，应尽可能使R_g取大些。

对于图3-18(b)，其输入电阻可表示为

$$r_i=R_{g3}+(R_{g1}/\!/R_{g2})$$

上式表明，对于分压式场效应管放大电路，栅极分压网络对输入电阻影响较大，提高R_{g3}有利于提高输入电阻。

3）求输出电阻

输入信号置零，从放大器的输出端看进去的等效电阻即为输出电阻。对于图3-18所示的两个等效电路，当输入为零时受控源相当于开路，显然两个等效电路的输出电阻相同，即

$$r_o = R_d$$

例3-1 由结型场效应管组成的共源极放大电路如图3-19所示，已知 $U_{DD}=15$ V，结型场效应管的饱和漏电流 $I_{DSS}=5$ mA，夹断电压 $U_{GSoff}=-4$ V，跨导 $g_m=1.2$ mS，其他参数如图所示。

（1）分析该电路的静态工作点。

（2）求动态参数。

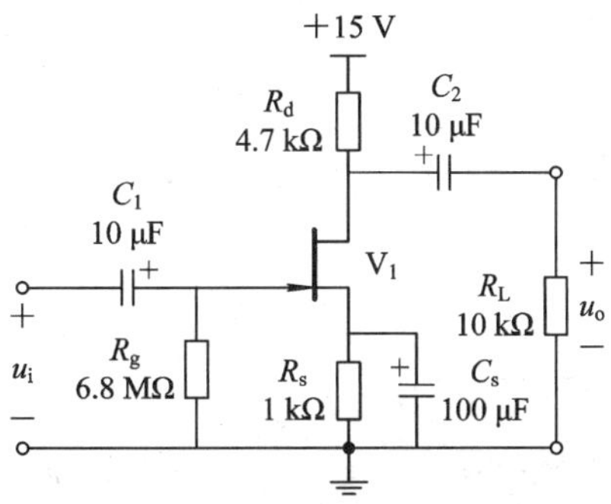

图3-19 例3-1图

解 （1）分析放大电路的静态工作点。

根据已知条件可得

$$\begin{cases} U_{GS} = -I_D R_s \\ I_D = I_{DSS}\left(1 - \dfrac{U_{GS}}{U_{GSoff}}\right)^2 \end{cases}$$

代入参数，即

$$\begin{cases} U_{GS} = -I_D \times 1\ \text{k}\Omega \\ I_D = 5\ \text{mA}\left(1 - \dfrac{U_{GS}}{-4\ \text{V}}\right)^2 \end{cases}$$

解得

$$I_D = 1.68\ \text{mA},\ U_{GS} = -1.68\ \text{V}$$

进而可得管压降为

$$U_{DS} = U_{DD} - I_D(R_D + R_s) = 15\ \text{V} - 1.68\ \text{mA} \times (4.7\ \text{k}\Omega + 1\ \text{k}\Omega) \approx 5.4\ \text{V}$$

（2）求动态参数。

电压放大倍数为

$$\dot{A}_u = \frac{\dot{U}_o}{\dot{U}_i} = -g_m(R_d /\!/ R_L) = -1.2\ \text{mS} \times (4.7\ \text{k}\Omega /\!/ 10\ \text{k}\Omega) \approx -3.8$$

输入电阻为

$$r_i = R_g = 6.8\ \text{M}\Omega$$

输出电阻为

$$r_o = R_d = 4.7\ \text{k}\Omega$$

3. 共漏极放大电路动态分析

共漏极放大电路从栅极与漏极之间输入信号，从源极与漏极之间输出信号，因此称为**共漏极放大电路**。共漏极放大电路也称为**源极输出器**，与双极型三极管组成的共集电极放大电路(射极输出器)相似。

图 3-20(a)为 N 沟道 MOS 管构成的共漏极放大电路，该电路的偏压采用了分压式偏置电路。图 3-20(b)为图 3-20(a)所示电路的动态微变等效电路。根据等效电路分析其动态参数。

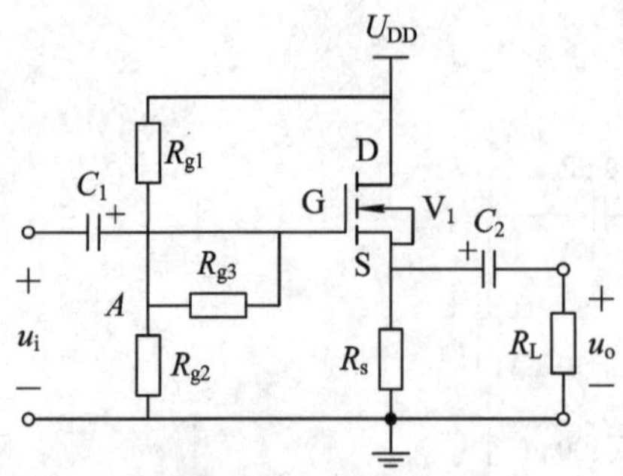

(a) 增强型MOS管构成的共漏极放大电路

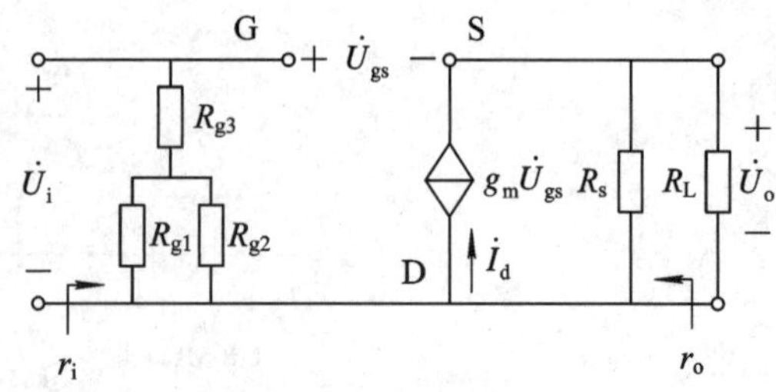

(b) 共漏极放大电路微变等效电路

图 3-20 共漏极放大电路动态分析

1) 电压放大倍数

根据图 3-20(b)等效电路可知输出电压为

$$\dot{U}_o = \dot{I}_d(R_s /\!/ R_L) = g_m\dot{U}_{gs}(R_s /\!/ R_L)$$

输入电压可表示为

$$\dot{U}_i = \dot{U}_{gs} + \dot{U}_o = \dot{U}_{gs}(1 + g_m(R_s /\!/ R_L))$$

因此，放大器的电压放大倍数可表示为

$$\dot{A}_u = \frac{\dot{U}_o}{\dot{U}_i} = \frac{g_m(R_s /\!/ R_L)}{1 + g_m(R_s /\!/ R_L)} \tag{3-9}$$

由式(3-9)可以看出，共漏极放大器的电压放大倍数小于 1，这与射随器相似；另外，共漏极放大器输出电压与输入电压同相。

2) 输入电阻

由图 3-20(b)可知该电路的输入电阻为

$$r_i = R_{g3} + (R_{g1} /\!/ R_{g2})$$

3) 输出电阻

为求得输出电阻，将输入置零，即令 $\dot{U}_i = 0$，断开负载 R_L，在输出端加测试电压 $\dot{U}_s$，得测试电流 $\dot{I}_s$，如图 3-21 所示。

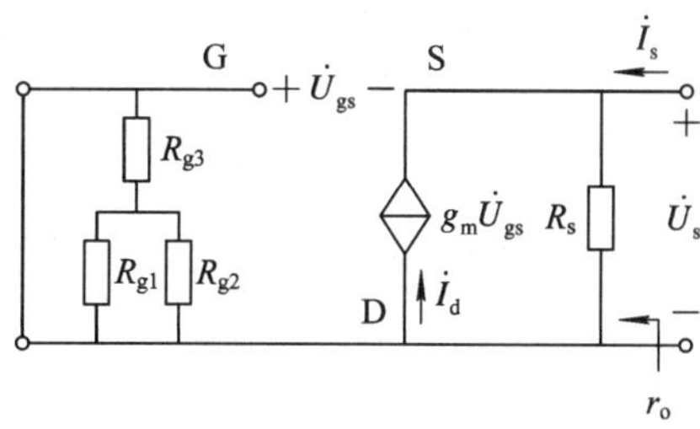

图 3－21　共漏极放大电路输出电阻测量

由图 3－21 可知

$$\dot{I}_s=\frac{\dot{U}_s}{R_s}-\dot{I}_d=\frac{\dot{U}_s}{R_s}-g_m\dot{U}_{gs} \tag{3-10}$$

$$\dot{U}_{gs}=-\dot{U}_s \tag{3-11}$$

将式(3－11)代入式(3－10)并整理得

$$r_o=\frac{\dot{U}_s}{\dot{I}_s}=\frac{1}{g_m+1/R_s}$$

例 3－2　N 沟道增强型 MOS 管构成的放大电路如图 3－22 所示，MOS 管的开启电压 $U_{GSth}=2$ V，$I_{DO}=5$ mA，$g_m=5$ mS,其他参数如图所示。

(1) 分析放大电路的静态参数。

(2) 分析放大电路的动态参数。

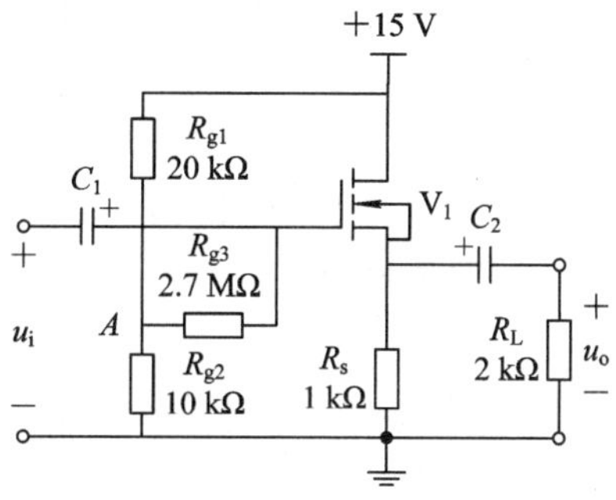

图 3－22　例 3－2 图

解　(1) 静态分析。

依据已知条件可得

$$\begin{cases}U_{GS}=\dfrac{R_{g2}}{R_{g1}+R_{g2}}U_{DD}-I_DR_s=\dfrac{10\ \text{k}\Omega}{20\ \text{k}\Omega+10\ \text{k}\Omega}\times 15\ \text{V}-I_D\times 1.0\ \text{k}\Omega\\ I_D=I_{DO}\left(1-\dfrac{U_{GS}}{U_{GSth}}\right)^2=5\ \text{mA}\left(1-\dfrac{U_{GS}}{2\ \text{V}}\right)^2\end{cases}$$

解方程得

$$U_{GS}=3.2\ \text{V},\ I_D=1.8\ \text{mA}$$

(2) 动态分析。

电压放大倍数为

$$\dot{A}_u = \frac{\dot{U}_o}{\dot{U}_i} = \frac{g_m(R_s /\!/ R_L)}{1+g_m(R_s /\!/ R_L)} = \frac{5\ \text{mS}(1\ \text{k}\Omega /\!/ 2\ \text{k}\Omega)}{1+5\ \text{mS}(1\ \text{k}\Omega /\!/ 2\ \text{k}\Omega)} \approx 0.78$$

输入电阻为

$$r_i = R_{g3} + (R_{g1} /\!/ R_{g2}) \approx R_{g3} = 2.7\ \text{M}\Omega$$

输出电阻为

$$r_o = \frac{1}{g_m + \frac{1}{R_s}} = \frac{1}{5\ \text{mS} + \frac{1}{1\ \text{k}\Omega}} \approx 167\ \Omega$$

3.5 场效应管放大电路仿真

本小节通过电路仿真加深对场效应管放大电路的理解与掌握。仿真文件可从西安电子科技大学出版社网站“资源中心”下载。

3.5.1 共源极放大电路仿真

图 3-23 所示为共源极放大器仿真电路图。图中所选用的场效应管为 N 沟道结型场效应管 2N4220，该管的栅源极或栅漏极反向耐压为 30 V，沟道夹断电压为−4 V，饱和漏电流为 3 mA，功率为 300 mW，是通用型小功率场效应管。

1. 静态分析

首先，分析该电路的静态工作点，分析方法为采用虚拟测试探针测试。在 T1 的源极和漏极分别放置两个虚拟测试探针，仿真运行，通过虚拟测试探针弹出窗口可以读取该放大电路的直流偏置情况。图 3-24 所示为虚拟测试探针测试结果。结果显示源极直流电位为 460 mV，由于栅极直流电位近似为零，因此栅源偏置电压为 $U_{GS}=-0.46$ V；源极与漏极的直流偏置电流相同为 463 μA，即漏极偏置电流 $I_D=0.463$ mA；漏极电位与源极电位之差即为静态时的管压降 $U_{DS}=11.7\ \text{V}-0.46\ \text{V}=11.24$ V。合适的静态偏置是放大器正常工作的前提，在仿真过程中可以尝试改变源极与漏极的电阻大小，看看能对静态工作点产生什么样的影响。

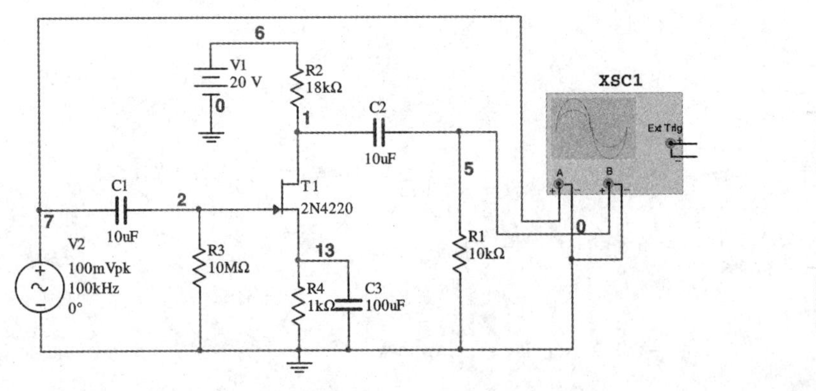

图 3-23 共源极放大电路仿真电路

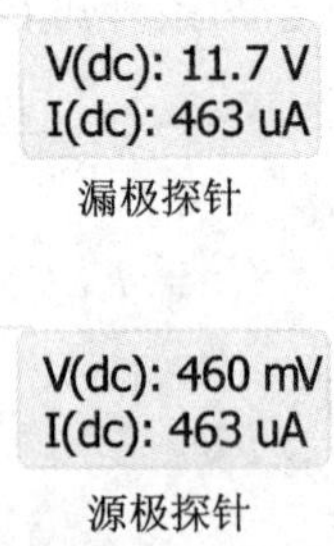

V(dc): 11.7 V
I(dc): 463 uA

漏极探针

V(dc): 460 mV
I(dc): 463 uA

源极探针

图 3-24 虚拟探针测试结果

2. 动态分析

电路中使用双通道虚拟示波器观察输入输出信号，来实现放大器的动态分析。输入信号源为幅值电压 100 mV，频率 100 kHz 的交流信号源。仿真运行后，双击虚拟示波器得到图 3－25 所示仿真波形。

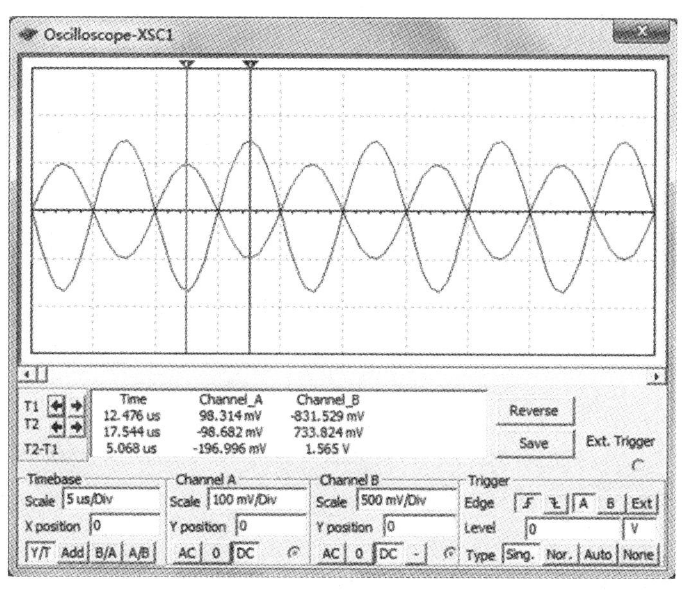

图 3－25　共源极放大电路仿真波形

从图 3－25 可见，输出信号与输入信号相位相反，这与共射极放大器相同。通过光标可以读取输入信号与输出信号的幅值，近似估算放大器的电压放大倍数。通过光标 1 读出的输入输出幅值估算的放大倍数为：－831.529 mV/98.314 mV≈－8.5，通过光标 2 读出的输入输出幅值估算的放大倍数为：－733.824 mV/98.682 mV≈－7.4，把两值平均得电压放大倍数约为 8。通过以上分析也可以看出共源极放大器的电压放大倍数较小。

3.5.2　共漏极放大电路仿真

共漏极放大器仿真电路如图 3－26 所示，选用的场效应管为 N 沟道增强型 MOS 管 2N7000，该场效应管为开启电压 2.0 V，耐压 60 V，最大漏极电流 200 mA，耗散功率 400 mW的小功率 MOS 管。

1. 静态分析

仍然通过虚拟测试探针分析静态工作点，分别在栅极和源极放置虚拟测试探针，仿真运行，得到栅极和源极的直流参数如图 3－27 所示。栅极电压为 10.4 V，源极电压为 8.13 V，由此可见静态的栅源偏置电压为 U_{GS}＝10.4 V－8.13 V＝2.27 V。源极电流就是漏极电流为 4.06 mA，管压降 U_{DS}＝20 V－8.13 V＝11.87 V。

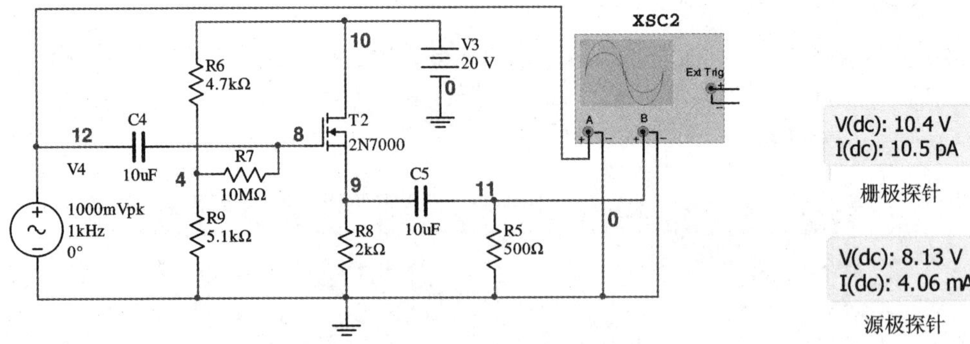

图 3-26　共漏极放大器仿真电路

图 3-27　虚拟探针测试结果

2. 动态分析

采用虚拟示波器观测输入输出波形，仿真运行后，双击示波器弹出如图 3-28 所示的仿真波形。可以看出输出与输入信号同相，类似于射极跟随器。通过观测可以看出输入输出信号的幅值近似，电压放大倍数接近于 1。

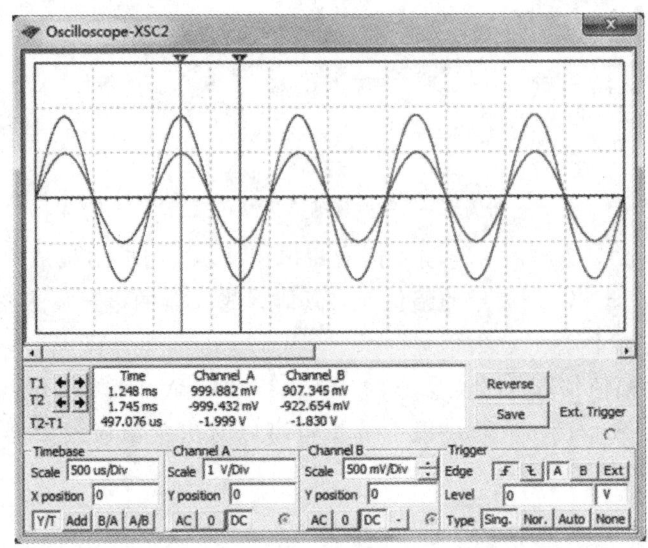

图 3-28　共漏极放大电路仿真波形

习 题 三

3-1　简述结型场效应管的结构、分类，画出对应的符号。

3-2　简述 N 沟道结型场效应管栅源电压与导电沟道之间的关系。

3-3　什么是结型场效应管的夹断电压?

3-4　分别简述 P 沟道和 N 沟道结型场效应管的转移特性。

3-5　以 N 沟道结型场效应管为例，说明其输出特性。

3-6　简述 MOS 管的分类，画出对应的符号。

3-7　以 N 沟道增强型 MOS 为例说明其转移特性与输出特性。

3-8　简述场效应管放大电路的种类及特点。

3-9　简要说明常见场效应管放大电路的静态偏置电路的原理及特点。

3-10　填空题

1. 与双极型三极管相比较，场效应管导电时只有一种载流子参与导电，因此场效应管也称为________晶体管；另外，场效应管通过栅源电压控制漏极电流，属于________型器件。

2. 结型场效应管按照导电沟道可以分为________和________两种，结型场效应管工作时沟道与栅极之间的 PN 结应该加________的电压。

3. MOS 场效应管按照导电沟道可以分为________和________两种，每种如果再按照栅源电压为零时导电沟道是否存在又可以分为________和________两种。

4. 对于 N 沟道结型场效应管，使 $U_{GSoff}<U_{GS}<0$ 并且为一定值，$U_{DS}>0$，则可知漏极电流________；而当 $U_{GS}<U_{GSoff}$，$U_{DS}>0$ 时，漏极电流________。

5. 对 N 沟道增强型 MOS 管，当 U_{GS}________时，导电沟道不存在，MOS 管关断；当 U_{GS}________时，导电沟道形成，MOS 管导通。

3-11　MOS 管的转移特性如图 3-29 所示，请分别写出各转移特性对应的 MOS 管的种类。

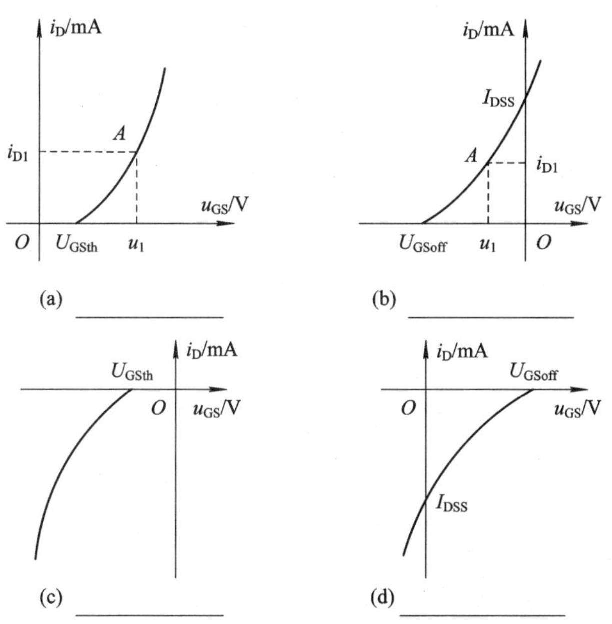

图 3-29　题 3-11 图

3-12　某 N 沟道结型场效应管放大电路采用自偏压电路，已知 $I_{DSS}=4$ mA，$U_{GSoff}=-4$ V，现在要求通过偏压电路提供 -2 V 的栅源偏压，源极电阻 R_s 应取多大？

3-13　场效应管放大电路如图 3-30 所示，已知场效应管的跨导 $g_m=2$ mS，其他参数如图所示。试求该放大电路的电压放大倍数、输入电阻及输出电阻。

3-14　如图 3-31 所示放大电路中，$U_{DD}=12$ V，场效应管的夹断电压 $U_{GSoff}=-2$ V，

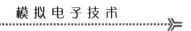

g_m=2 mS，饱和漏电流 I_{DSS}=1 mA。

（1）为使静态时 I_D=0.64 mA，源极电阻 R_s 应选多大？

（2）当 I_D=0.64 mA 时，放大电路的电压放大倍数、输入电阻及输出电阻各为多少？

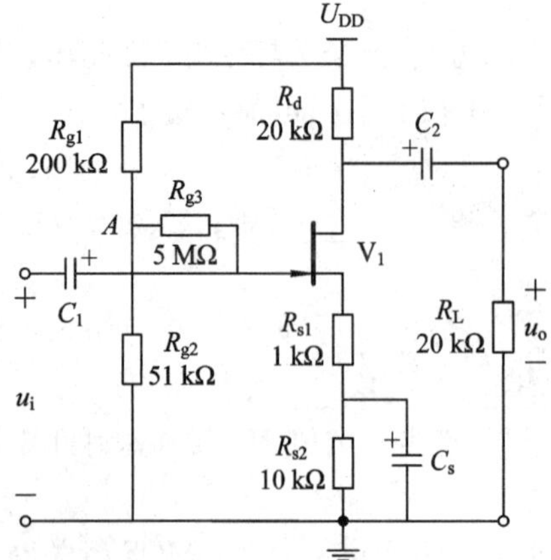

图 3-30　题 3-13 图

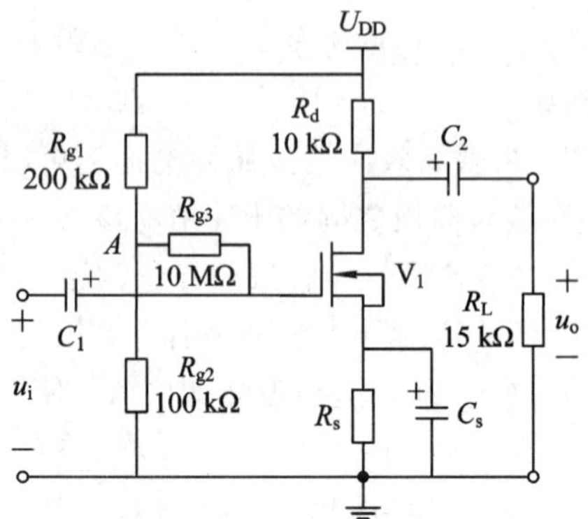

图 3-31　题 3-14 图

习题三参考答案

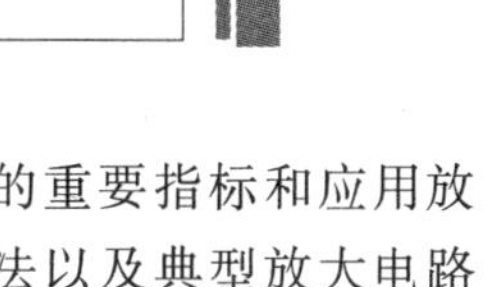

第 4 章　放大器的频率响应

放大器的频率特性是放大器的重要性能，是设计放大器要求保证的重要指标和应用放大器的重要依据。本章主要介绍放大器频率特性的相关概念、描述方法以及典型放大电路的频率响应特性分析，这些放大电路包括：共射极放大电路、共源极放大电路及由双极型晶体管组成的多级放大电路。

4.1　频率响应

频率响应

4.1.1　频率特性

由于电抗元件的存在引起放大电路对不同频率范围内的输入信号的输出响应不同，这种特性称为放大电路的**频率特性**。电路中的电抗元件可能是有意接入的，以达到某种频率控制要求，但是更多的情况下这些电抗元件不是有意接入的，而是寄生于放大电路的各元件中，由这些寄生电抗元件所引起的频率响应往往对放大电路是不利和有害的。

1. 幅频特性和相频特性

对于一个放大电路，在考虑频率响应的情况下它的放大倍数可以表示为

$$\dot{A}=\frac{\dot{U}_{\mathrm{o}}}{\dot{U}_{\mathrm{i}}}=|A|\angle\varphi \tag{4-1}$$

式(4－1)表明放大器的电压放大倍数是一个相量，有幅值有相角，并且该幅值和相角都是输入信号频率 f 的函数。把放大器放大倍数与输入信号频率 f 之间的函数关系式称为放大电路的频率特性。

放大器电压放大倍数的幅值和频率之间的关系可以表示为

$$|A|=A(f)$$

上式称为放大器的**幅频特性**。分析放大器的幅频特性可以了解放大器电压放大倍数的模值随频率变化的规律。

放大器放大倍数的相角与频率之间的关系可以表示为

$$\varphi=\varphi(f)$$

上式称为放大器的**相频特性**，它表明放大器输出信号与输入信号之间的相位差随输入信号频率变化的规律。

2. 对数频率特性

把幅频特性和相频特性绘制在以频率为横轴的坐标系中，就可以得到幅频特性曲线和相频特性曲线了。由于放大器的频率响应范围往往非常宽，采用线性分度的频率轴表示放大器从低频段到高频段的宽广频率变化范围不太方便，因此在对数频率特性中频率轴使用

对数分度。另外一方面，放大器的放大倍数也可能在一个较大的范围内变化，为便于描述放大器的放大倍数引入了分贝的概念。放大器的对数频率特性也分为对数幅频特性和对数相频特性。

给幅频特性取20倍的常用对数，即

$$20\lg|A| = 20\lg A(f)(\text{dB}) \tag{4-2}$$

式(4-2)即为放大器的对数幅频特性，此时的电压放大倍数单位为分贝(dB)，常把以分贝为单位的放大倍数称为放大器的**增益**。绘制式(4-2)所对应的曲线即可得到放大器的对数幅频特性曲线，横轴频率轴采用对数分度，纵轴为增益，采用分贝作为单位的线性分度。采用对数坐标后当频率 $f>1$ Hz时，相当于线性分度的频率轴被压缩，对数坐标每变化一个单位1，频率变化10倍；当频率 $f<1$ Hz时，相当于线性频率轴被拉伸，对数坐标每变化一个单位1，频率轴被拉伸10倍。不过研究放大器的频率特性主要是研究 $f>1$ Hz范围内的频率特性，因此在绘制频率轴时 $f<1$ Hz即 $\lg f<0$ 的频率范围通常不绘出。

把相频特性的频率轴采用对数分度，相角仍采用线性分度即可得到放大器的对数相频特性，即

$$\varphi = \varphi(f) \quad (\text{频率轴采用对数分度}) \tag{4-3}$$

式(4-3)中相角 φ 与频率 f 的映射关系本质并未发生变化，仅是频率轴的分度方式改为对数分度而已。由对数幅频特性和相频特性绘制得到的特性曲线称为**波特图**。

4.1.2 基本 *RC* 网络的频率响应

1. *RC* 低通滤波器

图4-1所示为 *RC* 低通滤波器电路。该电路的电压增益为

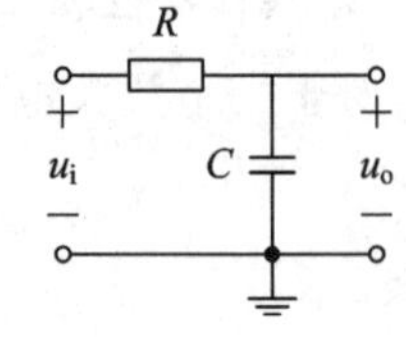

图4-1 *RC* 低通电路

$$\dot{A} = \frac{\dot{U}_o}{\dot{U}_i} = \frac{\frac{1}{j\omega C}}{R + \frac{1}{j\omega C}} = \frac{1}{1 + j\omega RC} \tag{4-4}$$

式(4-4)中 ω 为输入信号角频率，它与频率 f 的关系为 $\omega = 2\pi f$，令 $f_H = \frac{1}{2\pi RC}$，代入式(4-4)得

$$\dot{A} = \frac{1}{1 + j(f/f_H)} \tag{4-5}$$

求式(4-5)的幅值和相角即得幅频特性和相频特性：

$$|\dot{A}| = \frac{1}{\sqrt{1 + (f/f_H)^2}} \tag{4-6}$$

$$\varphi = -\arctan(f/f_H) \tag{4-7}$$

由式(4-6)可以看出，当频率 $f \ll f_H$ 时，$|\dot{A}| \approx 1$；当 $f \gg f_H$ 时，$|\dot{A}| \approx f_H/f$。这说明当输入信号的频率低于 f_H 时输出信号近似等于输入信号，信号可以顺利通过该电路进行传输，但当输入信号的频率高于 f_H 时，输出信号的幅度与输入信号的频率近似成反比例关系，输入信号频率越高，输出幅度越小，信号衰减越厉害，因此该电路具有通低频、阻高频的作用，应用于滤波电路称为 ***RC* 低通滤波器**。

根据式(4-6)可以求得对数幅频特性为

$$20\lg|\dot{A}| = 20\lg\frac{1}{\sqrt{1+(f/f_H)^2}} \tag{4-8}$$

当 $f \ll f_H$ 时，有

$$20\lg|\dot{A}| \approx 20\lg1 = 0\ \text{dB} \tag{4-9}$$

当 $f \gg f_H$ 时，有

$$20\lg|\dot{A}| \approx 20\lg\frac{f_H}{f} = 20\lg f_H - 20\lg f \tag{4-10}$$

在式(4-10)中，当 $f=f_H$ 时，$20\lg|\dot{A}|=0$ dB，因此式(4-10)是一条过点(f_H，0)并以-20 dB/十倍频程下降的斜线，依据式(4-9)和(4-10)画出 RC 低通滤波器的近似对数幅频特性曲线，如图 4-2(a)所示。实际上当 $f=f_H$ 时，有

$$20\lg|\dot{A}| = 20\lg\frac{1}{\sqrt{1+(f/f_H)^2}} = 20\lg\frac{1}{\sqrt{2}} \approx -3\ \text{dB}$$

上式表明，在 $f=f_H$ 时输出信号的增益比近似对数幅频特性曲线增益衰减 3 dB。如图 4-2(a)所示，当 $f=f_H$ 时，实际的对数幅频特性曲线比近似曲线低 3 dB。

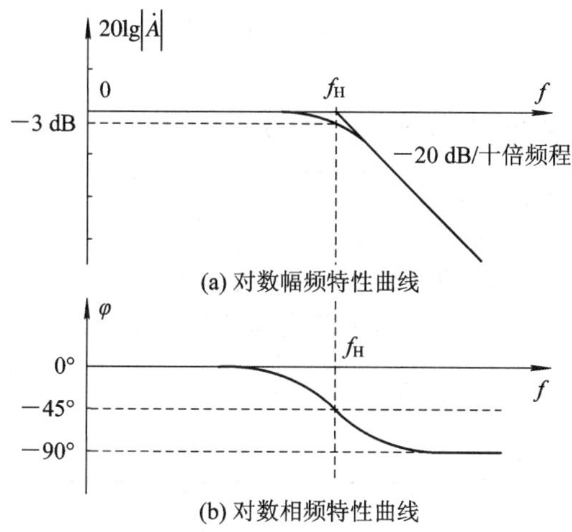

图 4-2　RC 低通滤波器波特图

根据式(4-7)可以绘制出 RC 低通滤波器的对数相频特性曲线，频率轴为对数分度，如图 4-2(b)所示。由图可知：当 $f \ll f_H$ 时，φ 趋向于 0°；当 $f \gg f_H$ 时，φ 趋向于$-90°$；当 $f=f_H$ 时，$\varphi=-45°$。该对数相频特性曲线说明，随着输入信号的频率升高，输出信号相对于输入信号的相角滞后越来越大，并最终趋向于$-90°$。

对于 RC 低通滤波电路来讲，将 f_H 称为其**上限频率**，将 0 Hz 到 f_H 之间的频率区间称为**通频带**。综上所述，RC 低通滤波电路具有通低频、阻高频的特性，即在通频带(低频)内导通信号，信号幅值传输比近似为 1，相角滞后近似为零，通频带以外的频率区间阻止信号通过，信号幅值衰减，信号输出相角滞后增大。

2. *RC* 高通滤波器

图 4-3 所示为 RC 高通滤波器电路，由图可知

$$\dot{A}=\frac{\dot{U}_o}{\dot{U}_i}=\frac{R}{R+\frac{1}{\mathrm{j}\omega C}}=\frac{1}{1+\frac{1}{\mathrm{j}\omega RC}} \tag{4-11}$$

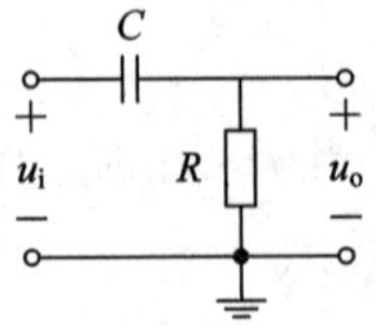

式(4－11)中，$\omega=2\pi f$，再令 $f_L=\frac{1}{2\pi RC}$，代入式(4－11)得

$$\dot{A}=\frac{1}{1-\mathrm{j}\frac{f_L}{f}} \tag{4-12}$$

图 4－3　RC 高通滤波器电路

由式(4－12)可分别求得图 4－3 的幅频特性和相频特性为

$$|\dot{A}|=\frac{1}{\sqrt{1+(f_L/f)^2}} \tag{4-13}$$

$$\varphi=\arctan(f_L/f) \tag{4-14}$$

从式(4－13)的幅频特性可以看出，当 $f\ll f_L$时，$|\dot{A}|\approx f/f_L$，而当 $f\gg f_L$时，$|\dot{A}|\approx 1$，可见输入信号的频率越高，信号越容易通过，频率越低，输出衰减越严重。把 f_L 称为**下限频率**，当频率低于该频率时信号被明显衰减，相差加大。由式(4－14)可知，当 $f\ll f_L$时，φ 趋向于 90°，而当 $f\gg f_L$时，φ 趋向于 0°。由此可见，该电路具有阻低频、通高频的特性，故此称为 ***RC* 高通滤波器**。

由式(4－13)求取该电路的对数幅频特性得

$$20\lg|\dot{A}|=\begin{cases}20\lg f-20\lg f_L & (f\ll f_L)\\ 0 & (f\gg f_L)\end{cases} \tag{4-15}$$

由式(4－14)和式(4－15)可以画出 RC 高通滤波器的波特图如图 4－4 所示。通过波特图可以非常直观地观察 RC 高通滤波电路的高通特性。

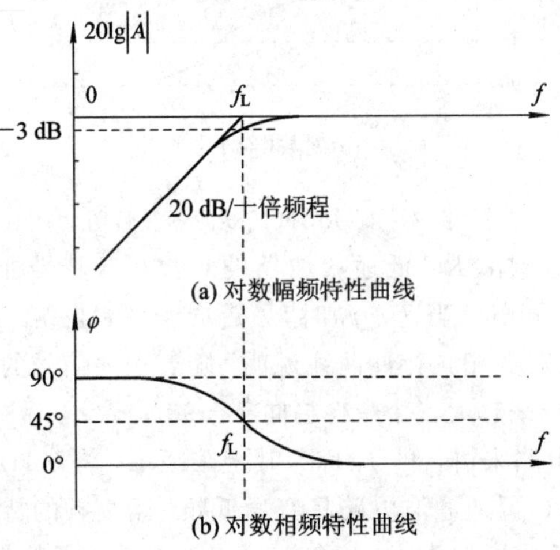

图 4－4　RC 高通滤波器波特图

4.1.3　频率失真

由于放大电路对于不同频率信号的响应特性不同，从而造成放大器输出信号各频率成

分在幅值比例和相互之间的相差上与输入信号各频率成分之间的幅值比例及相差不一致而引起的失真称为**频率失真**。频率失真本质上属于线性失真的范畴，它与放大电路的非线性失真有着本质不同。频率失真并不会产生新的频率成分，只是原有信号中各信号的幅值比例和相差相对于输入发生了改变，并没有新的频率信号产生，而非线性失真将产生出新的频率成分，这些新的频率成分是原输入信号中没有的。

频率失真可以被划分为**幅频失真**和**相频失真**。所谓幅频失真是指输出信号中各信号的幅值比例发生改变所引起的输出信号失真现象；所谓相频失真是指由于放大器的频率特性使得输出信号中不同频率成分的原有相差发生变化造成的失真现象。图 4-5 所示为频率失真现象示意图。

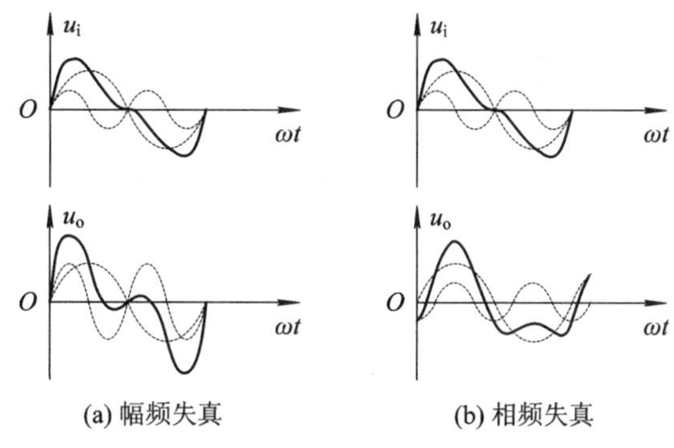

图 4-5 频率失真现象示意图

输入信号 u_i是由虚线所示的基波和二次谐波合成的，在图 4-5(a)中，该输入信号被放大器放大时二次谐波的增益更高，从而造成输出信号中二次谐波的比重增加，输出信号 u_o波形与输入信号相比较发生明显的失真，这就是幅频失真；而在图 4-5(b)中，放大器对输入信号中二次谐波产生了较大的滞后，而对基波没有产生相移，当基波和二次谐波合成后使得 u_o产生失真，这种失真就是相频失真现象。

4.2 三极管放大电路频率特性分析

三极管放大电路频率特性分析

4.2.1 三极管混合 π 型电路模型

1. 三极管混合 π 型电路模型

在第 2 章介绍了三极管的微变等效电路模型，该模型成立和应用的前提条件是“低频小信号”，即三极管的工作频率要求足够低，信号的幅度足够小，此模型实际上是三极管在低频小信号情况下的简化模型。当三极管的工作频率足够高时，简化的微变等效电路模型将不能准确地反映三极管的实际工作情况，此时就需要使用更为精确的混合 π 型电路模型。

图 4-6(a)所示为完整的三极管混合 π 型电路模型。图中 $r_{bb'}$ 为基极的体电阻，根据三极管型号不同，其值通常在几十到几百欧姆之间。电阻 $r_{b'e}$ 为发射结等效电阻，当三极管工作于放大状态时，发射结正偏导通，其等效电阻近似为$(1+\beta)U_T/I_{EQ}$。$C_{b'e}$ 为发射结正偏导通的等效电容，主要是发射结正偏导通的扩散电容。高频时该电容对加在基极和射极

之间的净输入信号有较大的分流作用，使发射结上的净输入信号减小，从而造成高频时信号的衰减和移相，这是造成三极管放大电路在高频时放大性能下降的主要原因之一。$r_{b'c}$为集电极与基极之间的集电结等效电阻，该电阻反映的是集电结反偏电压与集电极到基极之间的漏电流之间的关系，由于该漏电流很小，等效的集电结电阻就较大，因此$r_{b'c}$可以看成开路。$C_{b'c}$为集电结等效电容，实际上主要是集电结反偏时的势垒电容，该电容较小，通常只有几皮法。

集电极到射极之间等效为受控源$g_m\dot{U}_{b'e}$和电阻r_{ce}的并联，其中受控源$g_m\dot{U}_{b'e}$为三极管发射结上的净输入信号$\dot{U}_{b'e}$控制的电流源，g_m为跨导。第2章学习的低频小信号微变等效电路模型中的受控源为$\beta\dot{I}_b$，这里由于要考虑发射结电容$C_{b'e}$的影响，受控电流源不是仅由$r_{b'e}$电阻上的电流决定，而是由发射结上的净输入电压信号决定，跨导g_m就反映了发射结电压$\dot{U}_{b'e}$对受控电流源的控制作用。等效电阻r_{ce}实际上反映的是集电极到射极之间的电压与漏电流之间的关系，集电极-射极之间的漏电流很小，因此该等效电阻通常较高，另外，三极管接入放大电路工作时，该电阻通常会与三极管外部的集电极电阻R_c形成并联关系，由于R_c通常较小，因此忽略r_{ce}的影响不大。

综上所述，为简化分析起见，可以忽略$r_{b'c}$和r_{ce}，这样就可以得到简化的三极管混合π型电路模型了，如图4-6(b)所示。

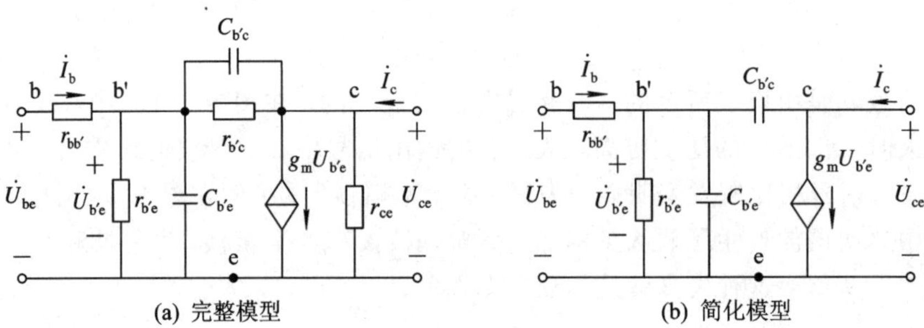

图4-6　三极管混合π型电路模型

2. 混合π型电路模型变换

在如图4-6(b)所示的简化模型中，电容$C_{b'c}$跨接在基极输入回路和集电极输出回路之间，在分析计算的过程中列写的方程复杂，解起来非常不便，为此，可以考虑使用密勒定理将$C_{b'c}$等效为输入端电容和输出端电容。

如图4-7(a)所示，跨接在基极回路和集电极回路的$C_{b'c}$的两端相对于射极的电压分别为$\dot{U}_{b'e}$和$\dot{U}_{ce}$，从基极一侧看流入$C_{b'c}$的电流为$\dot{I}_1$，从集电极一侧看流入$C_{b'c}$的电流为$\dot{I}_2$，电流$\dot{I}_1$可以表示为

$$\dot{I}_1=\frac{\dot{U}_{b'e}-\dot{U}_{ce}}{\dfrac{1}{j\omega C_{b'c}}}=\frac{\dot{U}_{b'e}\left(1-\dfrac{\dot{U}_{ce}}{\dot{U}_{b'e}}\right)}{\dfrac{1}{j\omega C_{b'c}}}\tag{4-16}$$

令 $K=-\dfrac{\dot{U}_{ce}}{\dot{U}_{b'e}}$，代入式(4-16)得

$$\dot{I}_1=\frac{\dot{U}_{b'e}(1+K)}{\dfrac{1}{j\omega C_{b'c}}}=\frac{\dot{U}_{b'e}}{\dfrac{1}{j\omega(1+K)C_{b'c}}} \tag{4-17}$$

令 $C'_{b'e}=(1+K)C_{b'c}$，则可得

$$\dot{I}_1=\frac{\dot{U}_{b'e}}{\dfrac{1}{j\omega C'_{b'e}}} \tag{4-18}$$

式(4-17)和式(4-18)表明：从基极回路看进去，跨接在 b′、c 之间的电容 $C_{b'c}$ 的作用，和一个并接在 b′、e 之间，值为 $(1+K)C_{b'c}$ 的电容的作用等效，这个等效电容就是 $C'_{b'e}$。

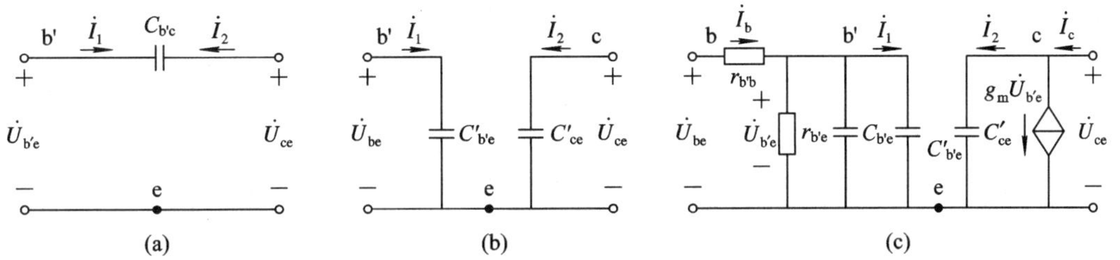

图 4-7　$C_{b'c}$ 的等效变换模型

同样，如果从输出端看进去，即从集电极-射极看进去，在 $\dot{U}_{ce}$ 的作用下产生的电流 $\dot{I}_2$ 可以表示为

$$\dot{I}_2=\frac{\dot{U}_{ce}-\dot{U}_{b'e}}{\dfrac{1}{j\omega C_{b'c}}}=\frac{\dot{U}_{ce}\left(1-\dfrac{\dot{U}_{b'e}}{\dot{U}_{ce}}\right)}{\dfrac{1}{j\omega C_{b'c}}} \tag{4-19}$$

代入 $K=-\dfrac{\dot{U}_{ce}}{\dot{U}_{b'e}}$ 得

$$\dot{I}_2=\frac{\dot{U}_{ce}\left(1-\dfrac{\dot{U}_{b'e}}{\dot{U}_{ce}}\right)}{\dfrac{1}{j\omega C_{b'c}}}=\frac{\dot{U}_{ce}\left(1+\dfrac{1}{K}\right)}{\dfrac{1}{j\omega C_{b'c}}}=\frac{\dot{U}_{ce}}{\dfrac{1}{j\omega\left(\dfrac{1+K}{K}\right)C_{b'c}}} \tag{4-20}$$

令 $C'_{ce}=\left(\dfrac{1+K}{K}\right)C_{b'c}$，代入式(4-20)得

$$\dot{I}_2=\frac{\dot{U}_{ce}}{\dfrac{1}{j\omega\left(\dfrac{1+K}{K}\right)C_{b'c}}}=\frac{\dot{U}_{ce}}{\dfrac{1}{j\omega C'_{ce}}} \tag{4-21}$$

式(4-20)和式(4-21)表明：从集电极-射极看进去，电容 $C_{b'c}$ 的作用和一个并接在集电极与射极之间，值为 $\frac{1+K}{K}C_{b'c}$ 的电容的作用等效，这个等效电容就是 C'_{ce}。上述把 $C_{b'c}$ 分别等效到输入回路和输出回路的方法就是**密勒定理**。

图 4-7(b)所示为将 $C_{b'c}$ 分别等效到基极回路和集电极回路后的等效电路。图 4-7(c)为对 $C_{b'c}$ 进行等效变换后的混合 π 型等效模型，由 $C'_{b'e}=(1+K)C_{b'c}$ 可知，接入基极回路的等效电容的值为 $C_{b'c}$ 的 $1+K$ 倍，在频率较高的情况下它对三极管基极信号的影响大，是造成三极管高频增益下降的主要原因；由 $C'_{ce}=\frac{1+K}{K}C_{b'c}$ 可知，接入集电极-射极回路的等效电容与 $C_{b'c}$ 的大小相当，由于 $C_{b'c}$ 本身较小，因此当 C'_{ce} 与负载并联时对负载和输出信号的影响较小。

3. 三极管的频率参数

在实际的放大电路中，当信号的频率足够低时，三极管的极间等效电容可以忽略不计，此时三极管的共射极电流放大倍数 β 较高，且近似为一个常数，在三极管的数据手册中给出的 β 参数实际上就是指三极管工作在中低频率时的值，但是当信号的频率足够高时，三极管的共射极电流放大倍数将由于极间等效电容的存在而衰减，并且频率越高衰减越严重。为表征不同三极管的频率特性，定义了截止频率和特征频率等参数，这些参数可以通过三极管的数据手册查到。

截止频率 f_β：指由于频率增加到足够高时，三极管的电流放大倍数衰减到中频放大倍数的 0.707 倍时对应的信号频率。这意味着三极管工作于高于截止频率 f_β 以上的频率区间时，共射极电流放大倍数将很快衰减。

特征频率 f_T：该参数曾在第 2 章介绍过，指三极管的共射极电流放大倍数下降到 1 时所对应的信号频率。这意味着当信号的频率高于特征频率 f_T 时，三极管将不会再放大信号，而是对信号起衰减作用。

4.2.2 共射极放大电路低频特性

图 4-8(a)所示为电容耦合基本共射极放大电路，当输入信号的频率足够低时，耦合电容的耦合作用下降，容抗增加，在放大电路的动态分析时就不能忽略耦合电容的作用，而必须考虑其容抗对信号的影响。在图 4-8(a)中，C_1、C_2 都是耦合电容，但是为了简化分析过程把电路从虚线处分开，在分析其低频特性时只考虑虚线左侧的部分，而把虚线右侧的部分看作下一级电路的输入耦合电容和输入阻抗，暂不考虑。根据虚线左侧部分电路，并且考虑低频时耦合电容 C_1 的容抗，画出如图 4-8(b)所示的低频微变等效电路，由于此时信号频率很低，三极管内部极间等效电容可以完全看成开路，因此三极管的模型采用简化的微变等效模型。

由图 4-8(b)可知

$$\dot{U}_{be}=\frac{R_b/\!/r_{be}}{R_s+R_b/\!/r_{be}+\frac{1}{j\omega C_1}}\dot{U}_s \tag{4-22}$$

$$\dot{I}_b=\frac{\dot{U}_{be}}{r_{be}}=\frac{(R_b/\!/r_{be})/r_{be}}{R_s+R_b/\!/r_{be}+\frac{1}{j\omega C_1}}\dot{U}_s \tag{4-23}$$

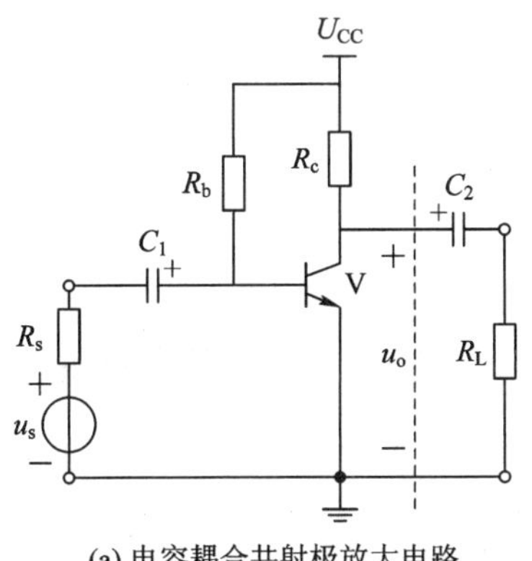

(a) 电容耦合共射极放大电路

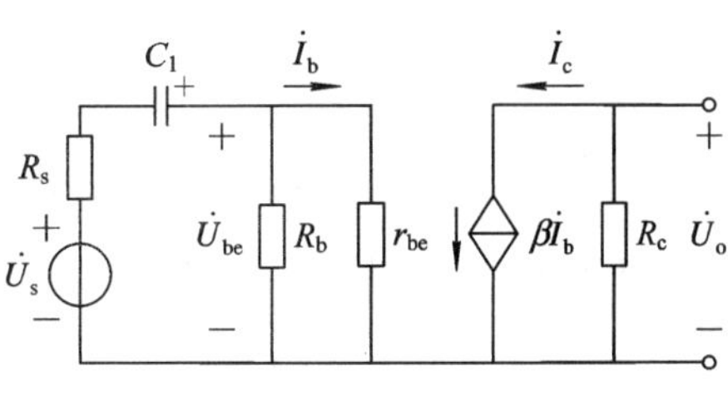

(b) 低频微变等效电路

图 4-8　基本共射极放大电路低频特性分析

$$\dot{U}_s = \frac{R_s + R_b /\!/ r_{be} + \dfrac{1}{j\omega C_1}}{(R_b /\!/ r_{be})/r_{be}} \dot{I}_b \tag{4-24}$$

$$\dot{U}_o = -\beta \dot{I}_b R_c \tag{4-25}$$

则放大器的低频放大倍数可表示为

$$\dot{A}_u = \frac{\dot{U}_o}{\dot{U}_s} = \frac{-\beta \dot{I}_b R_c}{\dfrac{R_s + R_b /\!/ r_{be} + \dfrac{1}{j\omega C_1}}{(R_b /\!/ r_{be})/r_{be}} \dot{I}_b}$$

$$= \frac{-\beta R_c R_b}{R_s(R_b + r_{be}) + R_b r_{be}} \cdot \frac{1}{1 + \dfrac{1}{j\omega C_1 (R_s + R_b /\!/ r_{be})}}$$

令 $\dot{A}_{um} = \dfrac{-\beta R_c R_b}{R_s(R_b + r_{be}) + R_b r_{be}}$，再令 $f_L = \dfrac{1}{2\pi(R_s + R_b /\!/ r_{be})C_1}$，将 $\omega = 2\pi f$ 代入上式得

$$\dot{A}_u = \dot{A}_{um} \cdot \frac{1}{1 - j\left(\dfrac{f_L}{f}\right)} \tag{4-26}$$

式(4-26)称为**共射极放大器低频特性**表达式，式中 $\dot{A}_{um}$ 称为中频放大倍数，f_L 为放大器的下限频率，当 $f = f_L$ 时，有

$$|\dot{A}_u| = \frac{1}{\sqrt{2}} |\dot{A}_{um}| = 0.707 |\dot{A}_{um}| \tag{4-27}$$

为进一步说明共射极放大电路在低频时的特性，根据式(4-26)可以写出其对数幅频特性：

$$20\lg|\dot{A}_u| = 20\lg\left(\frac{|\dot{A}_{um}|}{\sqrt{1 + \left(\dfrac{f_L}{f}\right)^2}}\right) = 20\lg|\dot{A}_{um}| - 20\lg\sqrt{1 + \left(\frac{f_L}{f}\right)^2} \tag{4-28}$$

当 $f \gg f_L$ 时，有

$$20\lg|\dot{A}_u| \approx 20\lg|\dot{A}_{um}|$$

当 $f=f_L$ 时，有

$$20\lg|\dot{A}_u|=20\lg|\dot{A}_{um}|-20\lg\sqrt{2}=20\lg|\dot{A}_{um}|-3\ \text{dB}$$

当 $f \ll f_L$ 时，有

$$20\lg|\dot{A}_u|\approx 20\lg|\dot{A}_{um}|-20\lg f_L+20\lg f$$

图 4-9(a)所示为共射极放大器低频对数幅频特性曲线。从图可以看出在下限频率以下，放大器的增益以 20 dB/十倍频程下降，这说明输入信号频率太低时放大器难以再很好地放大信号。

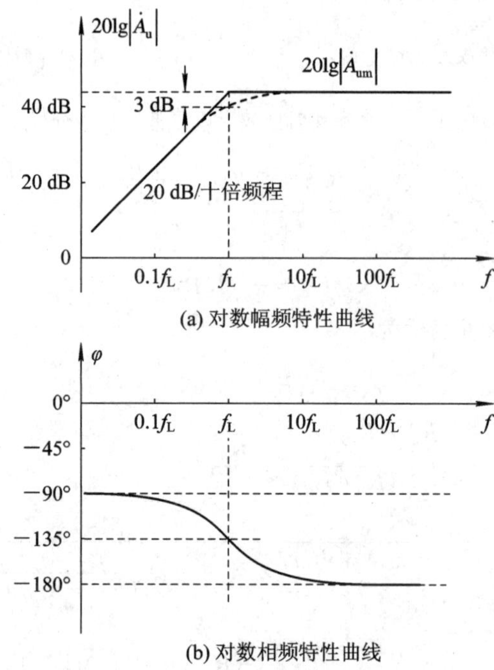

图 4-9　共射极放大器低频特性曲线

根据式(4-26)，共射极放大电路低频时的相频特性可表示为

$$\varphi=-180^\circ+\arctan\left(\frac{f_L}{f}\right) \tag{4-29}$$

图 4-9(b)为共射极放大器低频对数相频特性曲线。从图可以看出输入信号频率降低，输出信号相对于输入信号的相角滞后缩小，并逐渐趋向于-90°。

4.2.3　共射极放大电路高频特性

共射极放大电路工作于高频时三极管的极间电容不能忽略，此时必须采用三极管混合 π 型电路模型来进行分析。仍以图 4-8 所示的基本共射极放大电路为例分析其高频特性。

图 4-10 所示为共射极放大器高频特性等效电路。由于放大器工作于高频，输入和输出耦合电容的容抗可以忽略。图 4-10(a)为把电容 $C_{b'c}$ 折算到输入和输出回路后得到的等效电路，由于 C'_{ce} 较小，与集电极电阻并联后对输出电路的影响较小，因此可以忽略；折算到输入侧的电容 $C'_{b'e}$ 和发射结电容 $C_{b'e}$ 可以进一步合并在一起，记作 C_i，这样图 4-10(a)

可以进一步简化为图 4-10(b)。

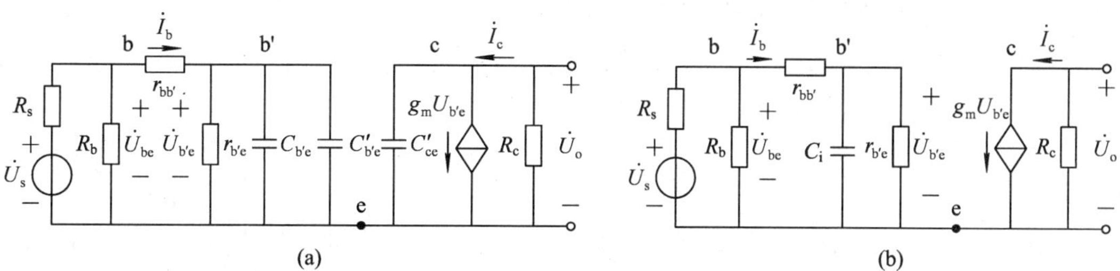

图 4-10 共射极放大器高频等效电路

由图 4-10(b)可知

$$\dot{U}_{be}=\frac{\left(r_{bb'}+r_{b'e}/\!/\frac{1}{j\omega C_i}\right)/\!/R_b}{R_s+\left(r_{bb'}+r_{b'e}/\!/\frac{1}{j\omega C_i}\right)/\!/R_b}\dot{U}_s \tag{4-30}$$

$$\dot{U}_{b'e}=\frac{r_{b'e}/\!/\frac{1}{j\omega C_i}}{r_{bb'}+r_{b'e}/\!/\frac{1}{j\omega C_i}}\dot{U}_{be} \tag{4-31}$$

根据式(4-30)和式(4-31)有

$$\dot{U}_s=\frac{R_s+\left(r_{bb'}+r_{b'e}/\!/\frac{1}{j\omega C_i}\right)/\!/R_b}{\left(r_{bb'}+r_{b'e}/\!/\frac{1}{j\omega C_i}\right)/\!/R_b}\cdot\frac{r_{bb'}+r_{b'e}/\!/\frac{1}{j\omega C_i}}{r_{b'e}/\!/\frac{1}{j\omega C_i}}\dot{U}_{b'e} \tag{4-32}$$

输出电压为

$$\dot{U}_o=-g_m\dot{U}_{b'e}R_c \tag{4-33}$$

根据式(4-32)和式(4-33)可得

$$\dot{A}_u=\frac{\dot{U}_o}{\dot{U}_s}=-g_mR_c\frac{\left(r_{bb'}+r_{b'e}/\!/\frac{1}{j\omega C_i}\right)/\!/R_b}{R_s+\left(r_{bb'}+r_{b'e}/\!/\frac{1}{j\omega C_i}\right)/\!/R_b}\cdot\frac{r_{b'e}/\!/\frac{1}{j\omega C_i}}{r_{bb'}+r_{b'e}/\!/\frac{1}{j\omega C_i}}$$

上式整理得

$$\begin{aligned}\dot{A}_u&=-\frac{R_bR_cr_{b'e}g_m}{R_bR_s+(R_b+R_s)(r_{b'e}+r_{bb'})}\cdot\frac{1}{1+j\omega\frac{[(R_b+R_s)r_{bb'}+R_bR_s]r_{b'e}}{R_bR_s+(R_b+R_s)(r_{b'e}+r_{bb'})}C_i}\\&=-\frac{R_bR_cr_{b'e}g_m}{R_bR_s+(R_b+R_s)(r_{b'e}+r_{bb'})}\cdot\frac{1}{1+j\omega[(r_{bb'}+R_b/\!/R_s)/\!/r_{b'e}]C_i}\end{aligned} \tag{4-34}$$

在式(4-34)中，令 $A_{um}=-\frac{R_bR_cr_{b'e}g_m}{R_bR_s+(R_b+R_s)(r_{b'e}+r_{bb'})}$，$f_H=\frac{1}{2\pi[(r_{bb'}+R_b/\!/R_s)/\!/r_{b'e}]C_i}$，并代入 $\omega=2\pi f$ 得

$$\dot{A}_u=A_{um}\frac{1}{1+j\frac{f}{f_H}} \tag{4-35}$$

A_{um}为放大器的中频放大倍数，f_H 为上限频率，式(4－35)为共射极放大器频率特性表达式。由式(4－35)可得其幅频特性和相频特性：

$$|\dot{A}_u|=|A_{um}|\frac{1}{\sqrt{1+\left(\frac{f}{f_H}\right)^2}} \tag{4-36}$$

$$\varphi=-180°-\arctan\left(\frac{f}{f_H}\right) \tag{4-37}$$

式(4－36)为共射极放大器高频时的幅频特性表达式，由此可知当 $f>f_H$ 时，随着 f 的增加，$|\dot{A}_u|$减小。

式(4－37)为共射极放大器高频时的相频特性表达式，此式表明当 $f>f_H$ 时，随着 f 的增加，输入信号相对于输出信号滞后相角增加，并趋向于－270°。

为了更直观地了解共射极放大器的高频特性，可以求取其对数幅频特性和相频特性，进而绘制其波特图。

由式(4－36)可求得对数幅频特性为

$$20\lg|\dot{A}_u|=20\lg\left(\frac{|A_{um}|}{\sqrt{1+\left(\frac{f}{f_H}\right)^2}}\right) \tag{4-38}$$

当 $f\gg f_H$ 时，有

$$20\lg|\dot{A}_u|\approx 20\lg|A_{um}| \tag{4-39}$$

当 $f\gg f_H$ 时，有

$$20\lg|\dot{A}_u|\approx 20\lg|A_{um}|+20\lg f_H-20\lg f \tag{4-40}$$

当 $f=f_H$ 时，有

$$20\lg|\dot{A}_u|\approx 20\lg|A_{um}|-3\ \text{dB} \tag{4-41}$$

图 4－11(a)所示为根据式(4－38)～式(4－41)画出的对数频率特性曲线，由图可以看出，当频率高于上限频率时放大器的增益以 20 dB/十倍频程下降，频率越高增益衰减越厉害。

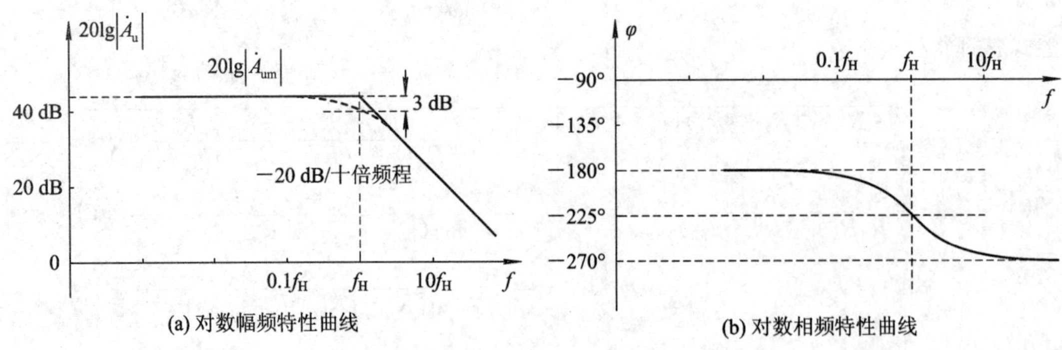

图 4－11　共射极放大器高频特性曲线

由式(4－37)可知，当 $f\ll f_H$ 时，$\varphi=-180°-\arctan\left(\frac{f}{f_H}\right)\approx-180°$；当 $f\gg f_H$ 时，$\varphi=$

$-180°-\arctan\left(\frac{f}{f_H}\right)\to-270°$；当 $f=f_H$ 时，$\varphi=-180°-\arctan\left(\frac{f}{f_H}\right)=-225°$。由此可以画出相应的对数相频特性如图 4-11(b)所示。由图可以看出，随着信号频率的增加，放大器的滞后相角加大，并趋向于$-270°$。

4.2.4　共射极放大器完整的频率特性

综合前面介绍的电容耦合共射极放大器的低频、高频特性及第 2 章学习的中频特性，可以看出当共射极放大器工作于中频时，其增益稳定，可以近似为常数，输出信号滞后于输入信号 180°；当共射极放大器工作于低频时，其增益下降，频率越低增益下降越多，滞后相角随信号频率下降减小，并趋向于$-90°$；当共射极放大器工作于高频时，放大器增益也下降，并且频率越高增益下降越多，滞后相角随着频率的上升增加，并趋向于$-270°$。现在，根据前述内容把电容耦合共射极放大器在整个频率空间上的完整的对数频率特性曲线绘制出来，如图 4-12 所示。

从图 4-12(a)可以看出：电容耦合共射极放大器在中频段(即 f_L 到 f_H 的频率区间内)增益稳定，近似为常数。把 f_H-f_L 称为放大器的**带宽**。当输入信号的频率偏离 f_L 到 f_H 的频率区间时增益下降，并且信号频率偏离该区间越远，增益下降越多。

从图 4-12(b)可以看出：只有当电容耦合共射极放大器工作于中频时，输出信号与输入信号的滞后相角才近似为 180°，在低频段时滞后相角减小，在高频段滞后相角增大。

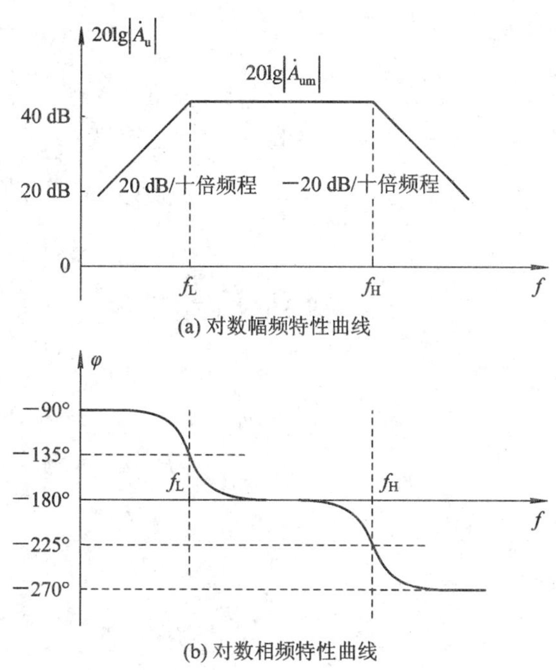

图 4-12　共射极放大器完整频率特性曲线

这里以电容耦合的共射极放大器为例说明了单级电容耦合放大器的频率特性，实际上所有的单级电容耦合放大器具有相似的特性。

4.3 场效应管放大电路频率特性分析

场效应管放大电路频率特性分析

4.3.1 共源极放大器低频特性

分析电容耦合的场效应管放大器时，在中频段由于耦合电容的容抗很小，常把耦合电容作为短路处理；但是在低频时耦合电容的容抗显著增加，必须考虑耦合电容对信号的衰减和移相作用。下面以共源极放大器为例说明场效应管放大电路的低频特性。

图 4-13(a)所示为共源极放大电路，图 4-13(b)为其低频等效电路。C_1、C_2 及 C_s 分别是输入、输出及源极耦合电容，虽然这些电容通常较大，但频率很低时其容抗不可忽略。

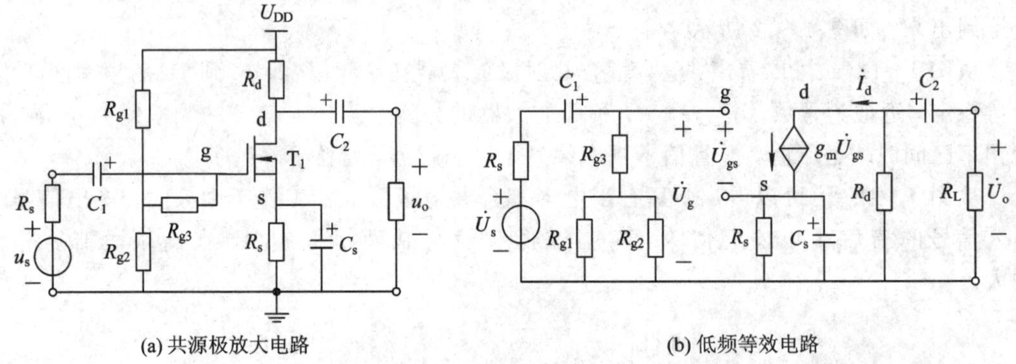

(a) 共源极放大电路　　(b) 低频等效电路

图 4-13　共源极放大电路低频特性分析

为便于表示，令 $R_g = R_{g3} + R_{g1} /\!/ R_{g2}$，由图 4-13(b)可得

$$\dot{U}_g = \frac{R_g}{R_s + R_g + \frac{1}{j\omega C_1}} \cdot \dot{U}_s \tag{4-42}$$

$$\dot{U}_g = \dot{U}_{gs} + g_m \dot{U}_{gs} \cdot \left(\frac{1}{j\omega C_s} /\!/ R_s\right) \tag{4-43}$$

由式(4-43)可得

$$\dot{U}_{gs} = \frac{\dot{U}_g}{1 + g_m\left(\frac{1}{j\omega C_s} /\!/ R_s\right)} \tag{4-44}$$

将式(4-42)代入式(4-44)得

$$\dot{U}_{gs} = \frac{1}{1 + g_m\left(\frac{1}{j\omega C_s} /\!/ R_s\right)} \cdot \frac{R_g}{R_s + R_g + \frac{1}{j\omega C_1}} \cdot \dot{U}_s \tag{4-45}$$

由输出可得

$$\dot{U}_o = -g_m \dot{U}_{gs} \cdot \frac{R_d}{R_d + R_L + \frac{1}{j\omega C_2}} \cdot R_L \tag{4-46}$$

将式(4-45)代入式(4-46)得

$$\dot{U}_o = -g_m \cdot \frac{1}{1+g_m\left(\frac{1}{j\omega C_s}/\!/R_s\right)} \cdot \frac{R_g}{R_s+R_g+\frac{1}{j\omega C_1}} \cdot \frac{R_dR_L}{R_d+R_L+\frac{1}{j\omega C_2}} \cdot \dot{U}_s$$

于是可得低频放大倍数为

$$\dot{A}_u = \frac{\dot{U}_o}{\dot{U}_s} = -g_m \cdot \frac{1}{1+g_m\left(\frac{1}{j\omega C_s}/\!/R_s\right)} \cdot \frac{R_g}{R_s+R_g+\frac{1}{j\omega C_1}} \cdot \frac{R_dR_L}{R_d+R_L+\frac{1}{j\omega C_2}} \tag{4-47}$$

式(4－47)中：

$$\frac{1}{1+g_m\left(\frac{1}{j\omega C_s}/\!/R_s\right)} = \frac{1+j\omega R_sC_s}{1+g_mR_s+j\omega R_sC_s}$$

通常情况下，由于 $\omega R_sC_s \gg 1$，因此

$$\frac{1}{1+g_m\left(\frac{1}{j\omega C_s}/\!/R_s\right)} = \frac{1+j\omega R_sC_s}{1+g_mR_s+j\omega R_sC_s} \approx \frac{1}{1+\frac{1}{j\omega(1/g_m)C_s}} \tag{4-48}$$

将式(4－48)代入式(4－47)并整理得

$$\dot{A}_u = -g_m\frac{R_g}{R_s+R_g}(R_d/\!/R_L)\frac{1}{1+\frac{1}{j\omega(1/g_m)C_s}} \cdot \frac{1}{1+\frac{1}{j\omega(R_s+R_g)C_1}} \cdot \frac{1}{1+\frac{1}{j\omega(R_d+R_L)C_2}} \tag{4-49}$$

在式(4－49)中，令

$$A_{um} = -g_m\frac{R_g}{R_s+R_g}(R_d/\!/R_L)$$

$$f_{L1} = \frac{g_m}{2\pi C_s}$$

$$f_{L2} = \frac{1}{2\pi(R_s+R_g)C_1}$$

$$f_{L3} = \frac{1}{2\pi(R_d+R_L)C_2}$$

代入式(4－49)得

$$\dot{A}_u = A_{um} \cdot \frac{1}{1-j\left(\frac{f_{L1}}{f}\right)} \cdot \frac{1}{1-j\left(\frac{f_{L2}}{f}\right)} \cdot \frac{1}{1-j\left(\frac{f_{L3}}{f}\right)} \tag{4-50}$$

在式(4－50)中含有三个转折频率 f_{L1}、f_{L2} 和 f_{L3}，通常情况下，由于 $f_{L1}=\frac{g_m}{2\pi C_s}$ 中含有 g_m 且其值较大，因此 f_{L1} 大于 f_{L2} 和 f_{L3}，如果 f_{L1} 比 f_{L2} 和 f_{L3} 高 4 倍以上，则可以近似认为

$$\dot{A}_u \approx A_{um} \cdot \frac{1}{1-j\left(\frac{f_{L1}}{f}\right)} \tag{4-51}$$

将式(4－51)和式(4－26)对比可以发现，共源极放大器的低频特性与共射极放大器的低频特性相似，它的对数幅频特性和相频特性也与共射极放大器低频特性相似，因此，这

里不再赘述。

4.3.2 场效应管高频小信号模型

场效应管工作于高频时必须考虑极间电容，这些极间电容值通常很小，但是在高频时的容抗显著降低，是造成场效应管高频性能下降的主要因素。图 4-14 为场效应管高频小信号模型。

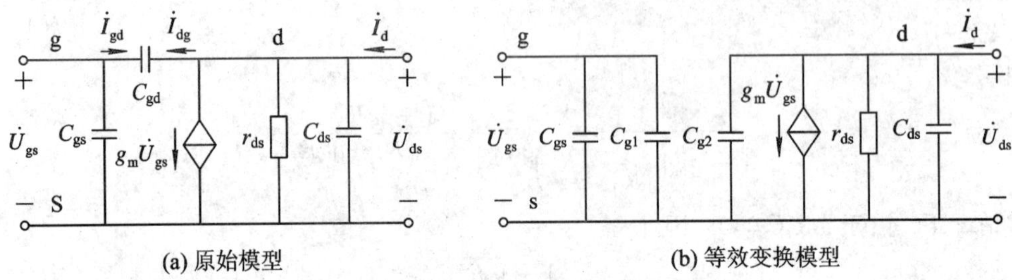

图 4-14 场效应管高频小信号模型

图 4-14(a)为原始模型，其中 C_{gs}表示栅极与源极之间的等效电容，C_{gd}表示栅极与漏极之间的等效电容，C_{ds}表示漏极与源极之间的等效电容，电阻 r_{ds}表示漏极与源极之间的等效电阻，它与漏源极间的漏电流有关。这些极间等效电容的值通常都较小，在 0.01～0.1 pF 数量级，尤其是 C_{ds}更小，在工程分析过程中常作忽略处理。漏源等效电阻 r_{ds}通常在 10 kΩ～1 MΩ 之间，当场效应管接入电路时与外部的漏极电阻和负载形成并联关系，在漏极电阻和负载较小的情况下，可以忽略 r_{ds}的存在，把它看作开路，从而简化分析过程。

在图 4-14(a)中，电容 C_{gd}跨接在输入回路和输出回路之间，分析起来不太方便，与三极管的高频等效模型的处理方法相似，采用密勒定理可以把 C_{gd}分别等效到输入回路和输出回路，等效后的电路如图 4-14(b)所示。等效过程如下：

在图 4-14(a)中，从输入端看流入 C_{gd}的电流可表示为

$$\dot{I}_{gd}=\frac{\dot{U}_{gs}-\dot{U}_{ds}}{\dfrac{1}{j\omega C_{gd}}}=\frac{\dot{U}_{gs}\left(1-\dfrac{\dot{U}_{ds}}{\dot{U}_{gs}}\right)}{\dfrac{1}{j\omega C_{gd}}}=\frac{\dot{U}_{gs}}{\dfrac{1}{j\omega C_{gd}\left(1-\dfrac{\dot{U}_{ds}}{\dot{U}_{gs}}\right)}} \tag{4-52}$$

令 $\dot{K}=\dfrac{\dot{U}_{ds}}{\dot{U}_{gs}}$，代入上式得

$$\dot{I}_{gd}=\frac{\dot{U}_{gs}}{\dfrac{1}{j\omega(1-\dot{K})C_{gd}}} \tag{4-53}$$

式(4-53)表明，电容 C_{gd} 对输入的作用就相当于在栅源极之间接入一个值为

$(1-\dot{K})C_{gd}$的电容，把这个等效电容用C_{g1}表示。

同样的道理，从输出端看电容C_{gd}形成的电流可表示为

$$\dot{I}_{dg}=\frac{\dot{U}_{ds}-\dot{U}_{gs}}{\frac{1}{j\omega C_{gd}}}=\frac{\dot{U}_{ds}\left(1-\frac{\dot{U}_{gs}}{\dot{U}_{ds}}\right)}{\frac{1}{j\omega C_{gd}}}=\frac{\dot{U}_{ds}}{\frac{1}{j\omega C_{gd}\left(1-\frac{1}{\dot{K}}\right)}} \tag{4-54}$$

式(4-54)表明，从输出端看进去，电容C_{gd}的作用就相当于在漏极与源极之间并接一个值为$C_{gd}\left(1-\frac{1}{\dot{K}}\right)$的电容，把这个等效电容用$C_{g2}$表示。

在具体的电路中$\dot{K}$的幅值通常较大，因此$C_{g1}=(1-\dot{K})C_{gd}\approx-\dot{K}C_{gd}$，其值较大，对输入信号的影响也较大，而$C_{g2}=C_{gd}\left(1-\frac{1}{\dot{K}}\right)\approx C_{gd}$，其值较小，对输出回路的影响较小，分析中常做忽略处理。

4.3.3　共源极放大器高频特性

共源极放大器如图4-13(a)所示，画出其在高频小信号情况下的等效电路如图4-15(a)所示。图中采用了图4-14(b)所示的场效应管模型，即直接把极间电容C_{gd}等效到输入和输出回路。为分析方便起见，把栅极偏压电阻网络等效为R_g，把电容C_{gs}和C_{g1}合并在一起用C_g来表示，在输出回路中等效电容C_{g2}和漏源极间等效电容C_{ds}都非常小，对应的容抗非常大，而与之相并接的$R_L'=R_d/\!/R_L$通常情况下较小，因此C_{g2}、C_{ds}对输出信号的影响不大，为简化分析过程把C_{g2}、C_{ds}做忽略处理，这样就可以由图4-15(a)简化得到图4-15(b)。

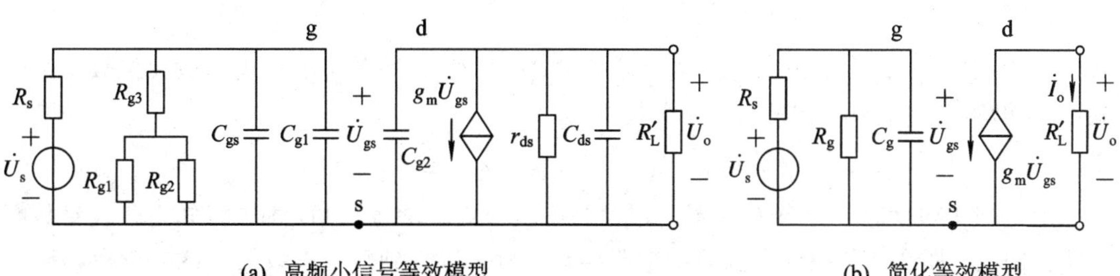

图4-15　共源极放大电路高频特性分析

由图4-15(b)可得

$$\dot{U}_{gs}=\frac{R_g/\!/\frac{1}{j\omega C_g}}{R_s+R_g/\!/\frac{1}{j\omega C_g}}\cdot\dot{U}_s \tag{4-55}$$

$$\dot{U}_o=-g_m\dot{U}_{gs}R_L' \tag{4-56}$$

于是可求得

$$\begin{aligned}\dot{A}_u &= \frac{\dot{U}_o}{\dot{U}_s} = \frac{\dot{U}_o}{\dot{U}_{gs}} \cdot \frac{\dot{U}_{gs}}{\dot{U}_s} \\ &= -g_m R'_L \frac{R_g \,/\!/\, \dfrac{1}{j\omega C_g}}{R_s + R_g \,/\!/\, \dfrac{1}{j\omega C_g}} \\ &= -g_m R'_L \frac{R_g}{R_s + R_g} \cdot \frac{1}{1 + j\omega(R_s /\!/ R_g) C_g}\end{aligned}$$

上式中令 $A_{um} = -g_m R'_L \dfrac{R_g}{R_s + R_g}$，$f_H = \dfrac{1}{2\pi(R_s /\!/ R_g) C_g}$，将 $\omega = 2\pi f$ 代入上式得

$$\dot{A}_u = A_{um} \frac{1}{1 + j\left(\dfrac{f}{f_H}\right)} \tag{4-57}$$

由式(4-57)可以看出，共源极放大器高频特性与三极管的高频特性相似，当 $f > f_H$ 时，随着 f 的增加，放大器的放大倍数减小，并且滞后相角增加，其幅频特性及相频特性可以参看三极管的高频特性分析，这里不再赘述。

4.4 多级放大器的频率特性分析

多级放大器的频率特性分析

4.4.1 多级放大器频率特性

多级放大器的频率特性是由各级放大器频率特性综合决定的，与放大器每一级都有关系，由第2章多级放大器的相关内容可知，多级放大器的电压放大倍数等于各级放大倍数的乘积，即

$$\dot{A}_u = \dot{A}_{u1} \times \dot{A}_{u2} \times \cdots \times \dot{A}_{un} \tag{4-58}$$

式(4-58)中，$\dot{A}_{u1}$、$\dot{A}_{u2}$、…、$\dot{A}_{un}$ 分别为第1级、第2级、…、第 n 级的电压放大倍数。根据式(4-58)求取多级放大器的对数幅频特性为

$$20\lg|\dot{A}_u| = 20\lg|\dot{A}_{u1}| + 20\lg|\dot{A}_{u2}| + \cdots + 20\lg|\dot{A}_{un}| \tag{4-59}$$

由式(4-59)可知，多级放大器的增益为各级放大器增益之和，即如果知道各级对数幅频响应曲线，那么把各级对数幅频特性曲线叠加就可以得到整个多级放大器的对数幅频特性。又由式(4-58)可知多级放大器总的相移为各级放大器相移的代数和，即

$$\varphi = \varphi_1 + \varphi_2 + \cdots + \varphi_n \tag{4-60}$$

式(4-60)中，φ 为多级放大器总的相移，φ_1、φ_2、…、φ_n 分别表示第1级、第2级、…、第 n 级的相移。

4.4.2 多级放大器的上、下限频率

组成多级放大器的级数越多，整个放大器的通频带就越窄。为说明方便起见，假定有两个频率特性相同的放大器串联组成一个两级的放大器，设这两级放大器的中频放大倍数

为 A_{um0}，上、下限频率分别为 f_{L0} 和 f_{H0}，则相串联后的两级放大器的中频放大倍数为 $A_{um}=A_{um0}^2$，此时，两级放大器的上、下限频率所对应的放大倍数为

$$0.707A_{um}=0.707A_{um0}^2=(\sqrt{0.707}A_{um0})^2=(0.84A_{um0})^2$$

也就是说，单级放大器放大倍数下降到 $0.84A_{um0}$ 时所对应的上、下频率点相当于两级放大器的上限频率 f_L 和下限频率 f_H。显然，此时对应的上限频率 f_H 相较于 f_{H0} 下降，下限频率 f_L 相较于 f_{L0} 上升，放大器的带宽变窄。另一方面，两级放大器在单级放大器上、下限频率点处对应的放大倍数为

$$(0.707A_{um0})^2=0.5A_{um0}^2=0.5A_{um}$$

也就是说，两级放大器在单级放大器上、下限频率点处对应的放大倍数低于整个放大器的上、下限频率处对应的放大倍数 $0.707A_{um}$。这也同样说明由两级串联组成的放大器带宽变窄，上限频率降低，下限频率上升。

图 4－16 所示为两级放大器的对数幅频特性。

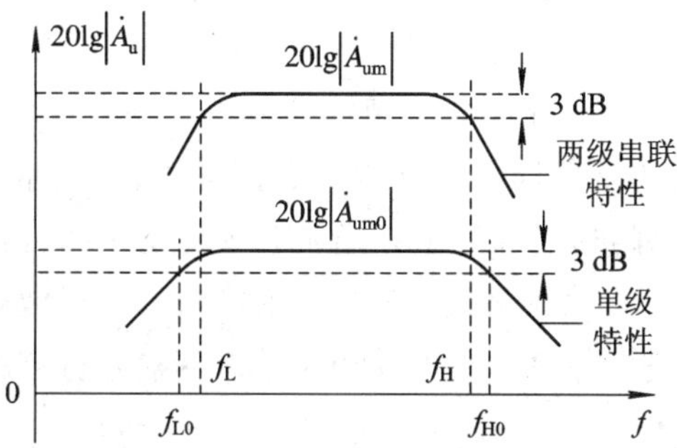

图 4－16　两级放大器对数幅频特性曲线

这里以两个相同的单级放大器串联组成一个两级放大器为例，说明了多级放大器与组成多级放大器的各单级放大器上、下限频率及带宽的关系。实际上，这是一个普遍的规律，即多级放大器级数越多，放大器的带宽越窄，上限频率下降越多，下限频率上升越多，整个放大器的总带宽是小于任何一个单级放大器的带宽的。

4.5　放大器频率响应仿真

本节介绍应用 Multisim 来实现放大器频率特性仿真的一般方法，通过仿真加深对放大器频率特性的理解与认识，也可以通过仿真寻找改进放大器频率特性的方法。仿真文件可从西安电子科技大学出版社网站“资源中心”下载。

4.5.1　共射极放大器的频率特性仿真

可以通过波特图仪法或交流分析法来研究放大器的频率特性。

1. 波特图仪法

图 4－17 所示为分压式共射极放大器的频率特性仿真电路。

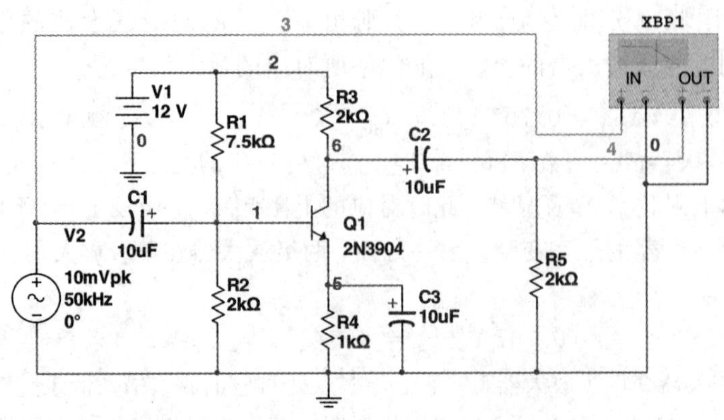

图 4-17　共射极放大器频率特性仿真电路

图 4-17 中，XBP1 为波特图仪，放置的方法为点击菜单 Simulate/Instruments/Bode Plotter，按照图示连接好电路，波特图仪的 IN 端连接放大器的输入端，OUT 端连接放大器的输出端。仿真运行时，双击波特图仪打开波特图仪视窗，在视窗的右侧 Mode 栏点选 Magnitude 项，出现如图 4-18 所示的幅频特性曲线。通过 Horizontal（水平）和 Vertical（垂直）栏可以设置横坐标和纵坐标的分度方式和范围，Lin 表示线性分度，Log 表示对数分度，I 和 F 分别表示显示的初值和终值。通常，在研究频率特性时，横坐标轴即频率轴常用对数分度，而纵坐标既可以采用线性分度，也可以采用对数分度。纵坐标采用线性分度时表示放大器的放大倍数，如图 4-18(a)所示；采用对数分度时表示放大倍数对应的分贝值，如图 4-18(b)所示。

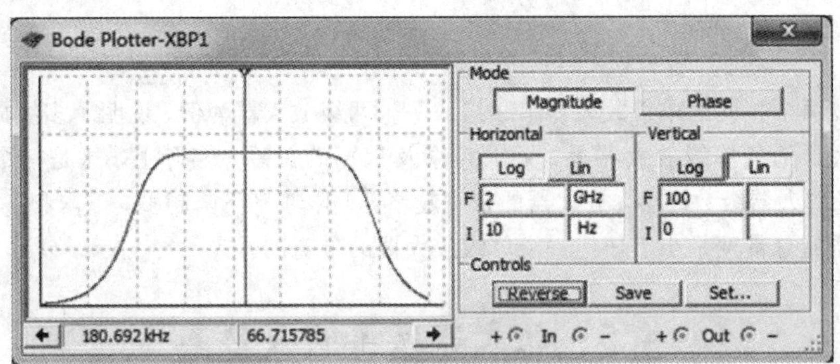

(a) 幅值为线性放大倍数

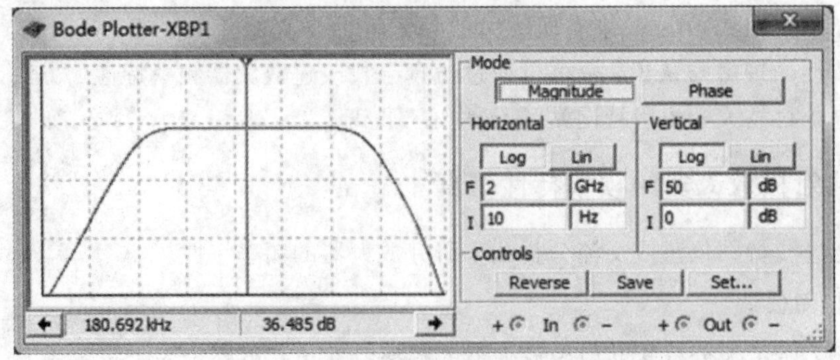

(b) 幅值为放大倍数的分贝值

图 4-18　共射极放大器幅频特性仿真结果

通过幅频特性可以得到放大器的中频放大倍数、上限频率、下限频率，可以计算放大器的带宽等频率参数。

对于图 4-18(a)，移动光标，可以得到光标与幅频特性曲线的交点的坐标，并显示在视窗的下面。移动光标到幅频特性曲线的中间，得到中频放大倍数约为 66.7，可以计算出上、下限频率点的放大倍数为 66.7×0.707≈47.2，移动光标寻找放大倍数为 47.2 的频率点，可得到上、下限频率分别为 50.58 MHz 和 1.1 kHz，于是可以计算出放大器的带宽约为 50.6 MHz。

对于图 4-18(b)，通过移动光标刻度的中频增益约为 36.5 dB，放大器的上、下限频率点处的增益应该比中频增益下降 3 dB，应为 33.5 dB，移动光标寻找增益为 33.5 dB 的频率点，可得上、下限频率分别为 50.58 MHz 和 1.1 kHz，显然结果与前面的分析相同。

打开波特图仪视窗后，如果点选 Mode 栏的 Phase 项，则显示相频特性曲线，如图 4-19所示。从图可以看出在中频段输出信号与输入信号的相差约为 180°；在低频段，频率越低，输出信号滞后于输入的相角越小；在高频段，频率越高，输出信号超前于输入信号的相角越小。

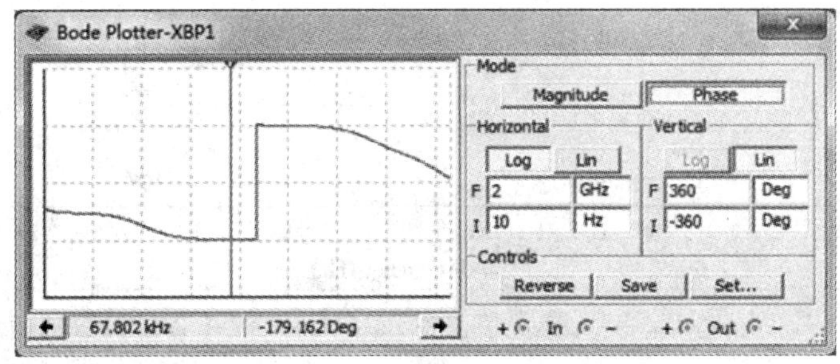

图 4-19　共射极放大器相频特性仿真结果

2. 交流分析法

点击菜单 Simulate/Analyses/AC Analysis，打开 AC Analysis 窗口，如图 4-20 所示。

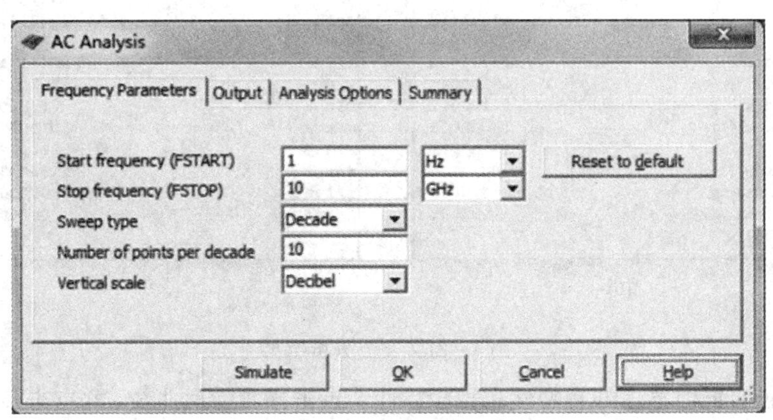

图 4-20　交流分析参数设置

通过 Frequency Parameters(频率参数)选项卡设置交流分析的频率参数，其中，Start

frequency 用于设置起始频率，Stop frequency 用于设置仿真终止频率，Sweep type 用于设置扫描方式，通常选 Decade，即十倍频程的对数扫描方式，Number of points of per decade 用于设置每十倍频程取的仿真分析点数，Vertical scale 用于设置仿真结果的纵坐标分度，这里选 Decibel，即分贝。

通过 Output 选项卡设置待分析的变量，根据图 4－17 可知放大器的输出应为 V(4)，设置该变量为输出项。其他选项卡通常情况下可以保持缺省设置，无需改变。设置完成后点击图 4－20 下方的 Simulate 开始仿真，弹出如图 4－21 所示的记录仪视窗，通过该视窗可以观察仿真结果。

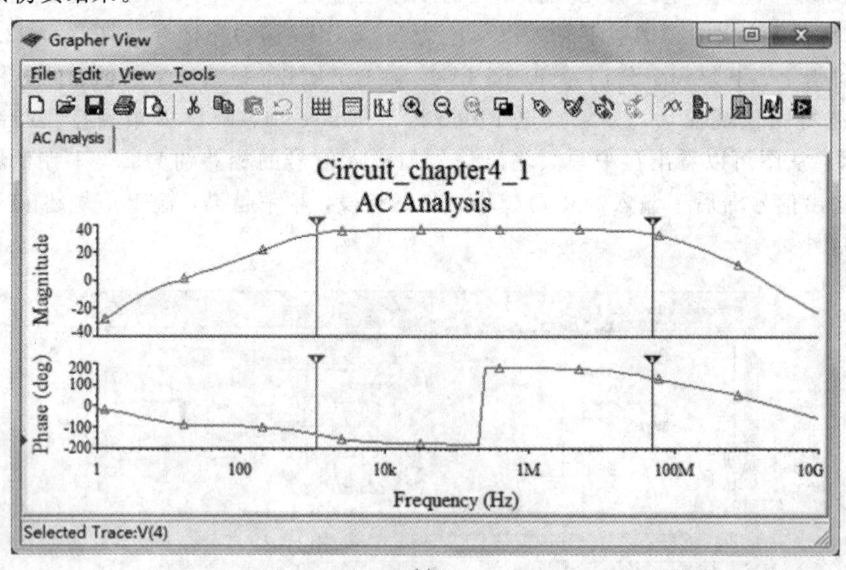

(a)

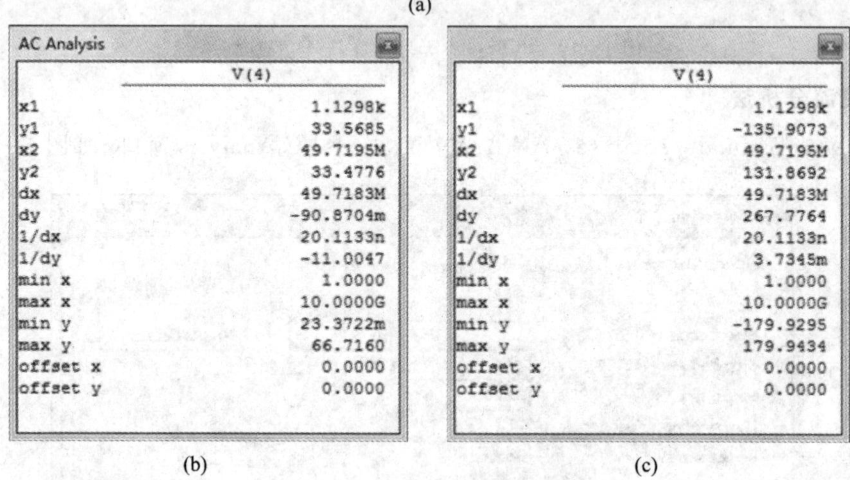

(b)　　　　　　　　　　　　(c)

图 4－21　交流分析结果

记录仪窗口同时显示幅频特性和相频特性。点击幅频特性曲线，并点击菜单 View，勾选 Show/Hide Cursors 则可以打开幅频特性坐标系的光标及光标参数显示窗，移动光标，光标与曲线交点的坐标值显示在光标参数显示窗内，如图 4－21(b)所示。按照同样的方法可以打开相频特性坐标系中的光标和参数视窗，如图 4－21(c)所示。

利用交流分析的结果也可以得到放大器的频率特性相关参数。从图 4-21(b)可知 max y 为 66.716，此值即为放大倍数的最大值，对应增益的分贝值约为 36.5 dB，则上、下限频率点对应的增益分贝值为 33.5 dB，移动光标 1 和 2 到增益为 33.5 dB 的点附近，可以得到上限频率约为 49.7 MHz，下限频率约为 1.1 kHz，从而可知放大器的带宽近似为 50 MHz，与波特图仪分析结果相似。从 4-21(c)图可知，当光标移动到上、下限频率点附近时对应的相差分别为 131.8°和−134.7°。

4.5.2　多级放大器的频率特性仿真

多级放大器的通频带比组成多级放大器的任何单级放大器的通频带窄，下面通过一个两级的放大器频率特性仿真来验证这一结论。

图 4-22 所示为一个电容耦合的两级放大器。采用三个波特图仪来分析频率特性，XBP1 和 XBP2 分别用于分析第一级和第二级的频率特性，XBP3 用于整个放大器的频率特性分析，虚拟示波器 XSC1 用于观察输入和输出信号的波形。

电路连接好后仿真运行，依次打开三个波特图仪视窗，观察幅频特性，得到如图 4-23 所示的三个幅频特性曲线。通过移动三个波特图仪光标可以记录每级放大器和整个放大器的中频放大倍数、上限频率和下限频率，计算每级的带宽及整个放大器的带宽，数据填入表 4-1 中。

表 4-1　幅频特性数据记录表

对象	参数			
	中频放大倍数/dB	下限频率/Hz	上限频率/MHz	带宽/MHz
第一级放大器	41.0	119	1.835	1.84
第二级放大器	9.1	6.18	51.795	51.8
整个放大器	50.1	119	1.7	1.7

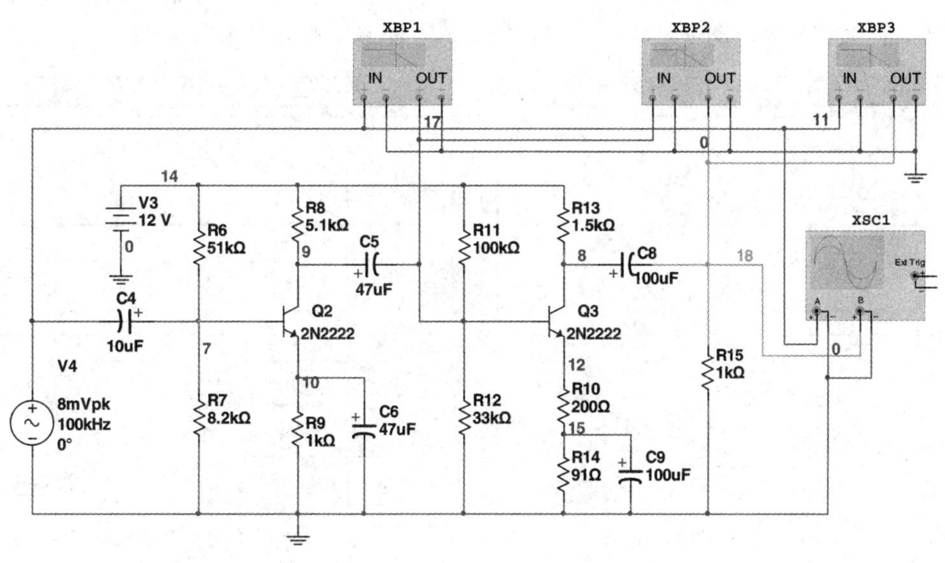

图 4-22　两级放大器仿真电路

根据表 4-1 参数可以看出，整个放大器的带宽为 1.7 MHz，小于第一级和第二级放大器的带宽，说明整个放大器的带宽小于放大器中任何一级的带宽。

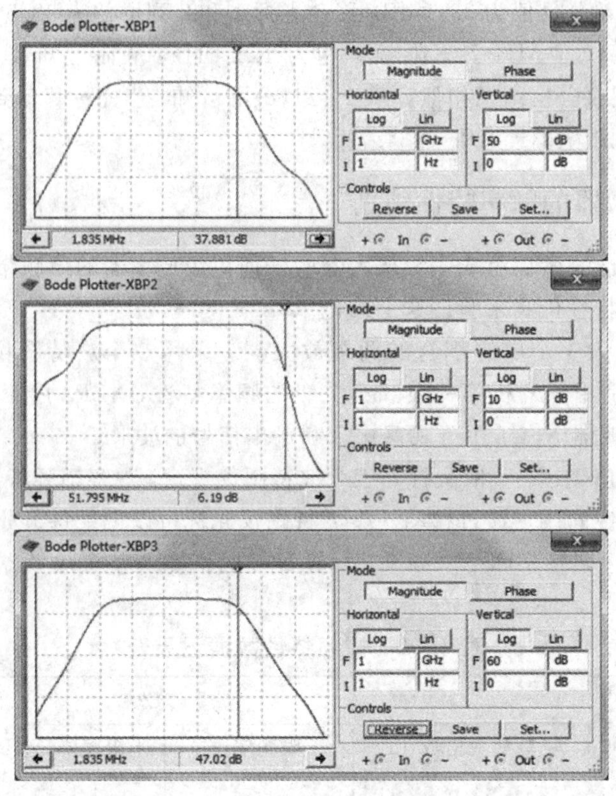

图 4-23　幅频特性曲线

在输入端加通频带内的信号，仿真运行，通过双通道示波器观察输入信号和输出信号的波形情况，再在输入端加通频带以外某个频率的信号，观察输入和输出波形情况，并且对比两种情况的差异。图 4-24 所示为通频带内、外信号响应对比。

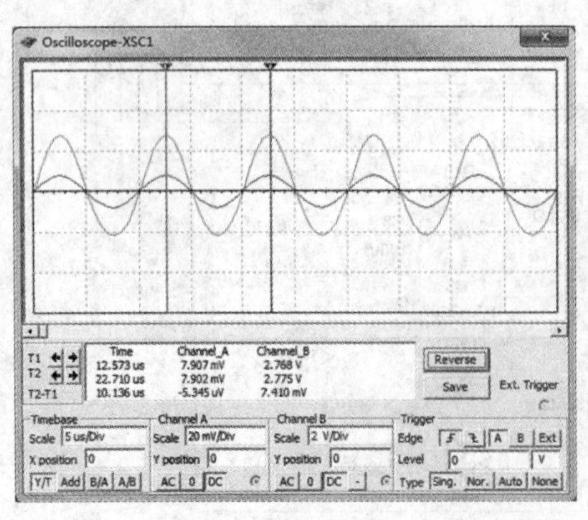

(a) 输入信号频率100 kHz

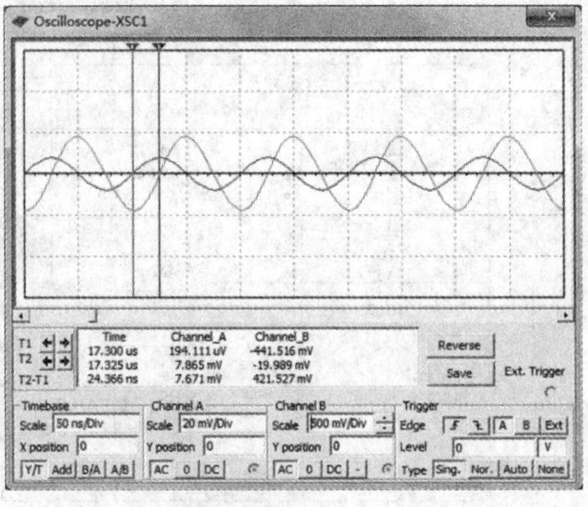

(b) 输入信号频率10 MHz

图 4-24　通频带内、外频率信号的响应波形对比

输入信号的峰值均为 8 mV，通过对比可以看出，对于通频带内的信号，输出信号得到充分放大，输出信号幅值高，输出信号和输入信号相位相同；对于通频带外的信号，输出信号的幅值较小，并且输出信号明显滞后于输入信号。

习 题 四

4-1　放大器的频率特性与什么因素有关?

4-2　什么是幅频特性和相频特性? 以 RC 低通滤波器为例说明之。

4-3　什么是对数幅频特性和相频特性? 以 RC 高通滤波器为例说明之。

4-4　简述频率失真现象及其产生的原因，频率失真与放大器的饱和失真和截止失真有什么区别?

4-5　共射极放大电路低频特性主要与什么因素有关? 请简要分析。

4-6　共射极放大电路高频特性主要与什么因素有关? 请简要分析。

4-7　什么是放大器的下限频率、上限频率? 什么是放大器的带宽?

4-8　请简述共射极放大器的频率特性，并绘制共射极放大器在整个频率范围内的对数频率特性曲线。

4-9　简述影响场效应管放大电路高频特性的主要因素。

4-10　对比多级放大器与组成多级放大器的各单级放大器的上、下限频率及带宽的关系。

4-11　填空题

1. 由于________的存在引起放大电路对不同频率范围内的输入信号的输出响应不同，这种特性称为放大电路的频率特性。

2. RC 低通滤波器的上限频率表达式为________________，RC 高通滤波器的下限频率表达式为________________。

3. 由于放大器对于不同频率信号放大的倍数不同造成的失真称为______________，由于放大器对于不同频率的信号产生的相移不同造成的失真称为______________，两者总称________________。

4. 放大器的饱和失真和截止失真属于__________失真现象，因为输出信号有新的频率成分产生；放大器频率失真属于__________失真现象，因为输出信号中没有新的频率成分产生，只是原有信号各频率成分的幅值比例和相互之间的相差发生了变化。

5. 电容耦合共射极放大电路的低频特性主要受到________的影响，高频特性主要受到三极管________的影响，而放大器工作于中频时______可以看成短路，三极管的______可以看成开路。

6. 影响共源极放大器高频特性的主要因素为________________。

7. 多级放大器的对数增益等于各级增益________，总的相移等于各级相移________，总的带宽比任何一级的带宽________。

4-12　某单管放大器中频放大倍数为 100，下限频率 $f_L=10$ kHz，上限频率 $f_H=10$ MHz。请绘制该放大器的对数频率特性曲线。

4-13　共射极放大电路如图 4-25 所示，已知三极管的 $\beta=50$，$r_{be}=1.4\ \mathrm{k\Omega}$，其余参数如图所示，请估算该放大器的下限频率 f_L 的值。

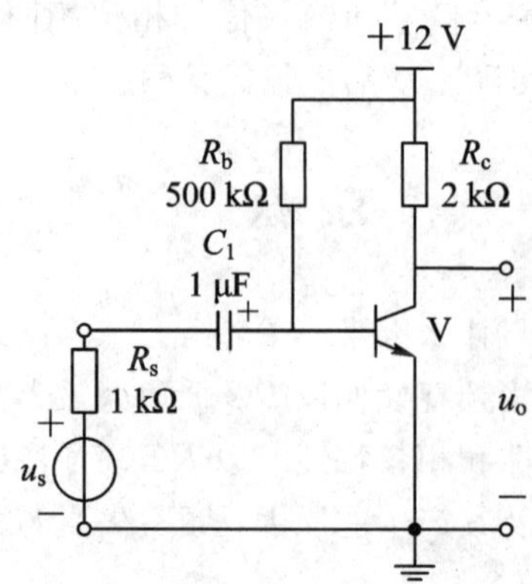

图 4-25　题 4-13、4-14 图

4-14　共射极放大电路如图 4-25 所示，已知三极管的混合 π 参数 $r_{bb'}=200\ \Omega$，$r_{b'e}=1.2\ \mathrm{k\Omega}$，$C_{b'e}=100\ \mathrm{pF}$，$C_{b'c}=10\ \mathrm{pF}$，$g_m=40\ \mathrm{mS}$。

(1) 画出该共射极放大电路的高频等效电路；

(2) 估算放大器的上限频率 f_H。

4-15　两个相同的单级放大器的上限频率为 10 MHz，下限频率为 100 Hz，请估算由这两个单级放大器串联组成的两级放大器的下限频率和上限频率。

习题四参考答案

第 5 章　集成运算放大器

集成运算放大器是采用集成制造工艺生产的模拟信号处理电路，与分立器件构成的放大器相比较具有体积小、性能优良、可靠性高、价格便宜等优点，在各种模拟信号处理电路中得到广泛应用。本章主要介绍集成运算放大器的内部电路结构及各部分的工作原理，为集成电路的应用打下基础。

5.1　电流源电路

电流源电路在集成运算放大器中主要起到提供静态偏置的作用，通过电流源电路提供的静态偏置，保证集成运算放大器中的各相关晶体管处于合适的工作状态；另外电流源电路还充当运算放大器中的有源负载，既能够提供较大的动态负载，又能够保证信号的动态范围，大大改善运算放大器的性能。

电流源电路

5.1.1　镜像电流源

图 5-1 为镜像电流源电路。图 5-1(a)为由两个 NPN 型三极管组成的镜像电流源，图 5-1(b)为由两个 PNP 型三极管组成的镜像电流源。以图 5-1(a)为例来介绍镜像电流源的工作原理。

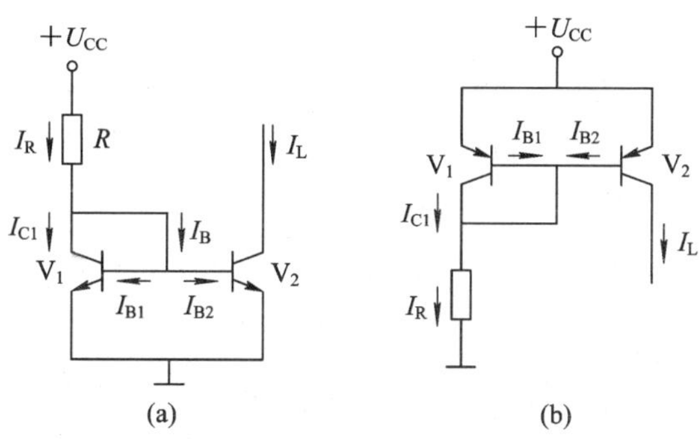

图 5-1　镜像电流源

电路中含两只参数相同的三极管 V_1 和 V_2，它们的基极并接在一起，并且与 V_1 管的集电极相连。对于 V_1 来讲，由于其基极与集电极并接，该三极管处于临界饱和的放大状态(认为 $I_{C1}=\beta \cdot I_{B1}$ 仍成立)，V_1 的管压降就是发射结压降 U_{BE}，此时的 V_1 相当于一只二极管，它的作用就是为了产生一个 PN 结的压降。由于 V_2 管的基极与 V_1 管并接，因此 V_2 管的发射结压降也为 U_{BE}，V_1、V_2 的发射结偏置电压相同，基极偏置电流相等，即 $I_{B1}=I_{B2}=I_B/2$，根据电路可知

$$I_R = (U_{CC} - U_{BE})/R = I_{C1} + I_B = \beta \cdot I_{B1} + I_B = \beta \cdot \frac{I_B}{2} + I_B = (\frac{\beta}{2} + 1)I_B \quad (5-1)$$

$$I_L = \beta \cdot I_{B2} = \left(\frac{\beta}{2}\right) I_B \quad (5-2)$$

由于β值通常较大，$\left(\frac{\beta}{2}+1\right)I_B \approx \left(\frac{\beta}{2}\right)I_B$，即 $I_L \approx I_R$。这说明 V_2管的集电极电流近似与 I_R 相等，I_R 为设置电流，它的大小与电源电压和电阻 R 的大小有关，V_2的集电极电流即为输出的负载电流，只要 V_2管未进入饱和区，I_L 就等于 I_R，I_L 称为 I_R 的像电流。

镜像电流源具有抑制温度变化影响的作用。温度上升，V_1管的基极和集电极电流有增加的趋势，但是这种增加会引起电阻 R 上压降的增加，R 上压降的增加反过来又会削弱 V_1管的基极和集电极电流的增加(假定电源电压一定)，这样当温度变化时 I_R 就可以基本保持稳定，I_R 的稳定保证了 I_L 的稳定。

5.1.2 威尔逊电流源

图 5-2 所示为威尔逊电流源，它是具有更高稳定性的镜像电流源。V_1管和 V_2管构成基本镜像电流源，V_3管的集电极电流即为受控于 I_R的输出电流。该镜像电流源具有更高稳定性的原因可以这样理解：由于负载变化或者温度变化使得 I_L变化时，假设电流 I_L增加，则 I_{C1}、I_{C2}增加，电阻 R 上的压降增加，V_3管的基极电位下降，I_L的上升被抑制，这实际上是一种闭环的反馈调节机制，从而保证 I_L的更高稳定性。

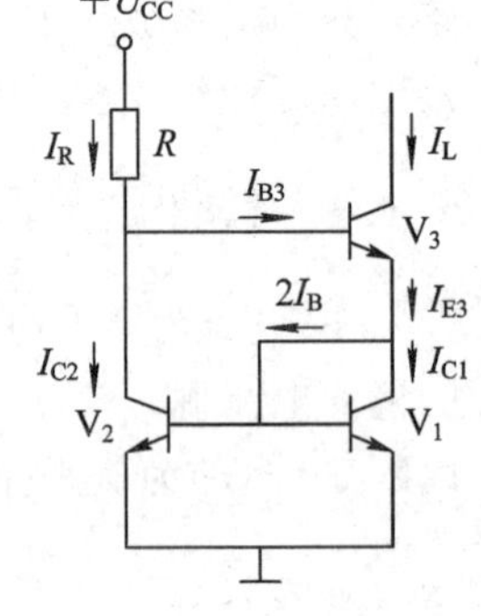

图 5-2 威尔逊电流源

也可以通过定量地分析 I_L和 I_R之间的关系来说明 I_L更稳定的原因。由图 5-2 可知

$$I_{E3} = 2I_B + I_{C1} = 2I_B + \beta \cdot I_B = (2+\beta)I_B \quad (5-3)$$

$$I_{E3} = I_{B3} + I_L = (1+\beta)I_{B3} \quad (5-4)$$

$$I_{C2} = \beta I_B \quad (5-5)$$

由式(5-3)和式(5-4)可得

$$I_{B3} = \frac{2+\beta}{1+\beta} I_B$$

于是负载电流可表示为

$$I_L = \beta I_{B3} = \beta \frac{2+\beta}{1+\beta} I_B \quad (5-6)$$

设定电流可表示为

$$I_R = I_{C2} + I_{B3} = \beta I_B + \frac{2+\beta}{1+\beta} I_B = \frac{\beta^2 + 2\beta + 2}{\beta + 1} I_B \quad (5-7)$$

由式(5-6)和式(5-7)可得

$$I_L = \frac{\beta^2 + 2\beta}{\beta^2 + 2\beta + 2} I_R \quad (5-8)$$

式(5-8)表明 I_L与 I_R近似相等，两者之差为 $2/(\beta^2+2\beta+2)$，由于通常$\beta^2+2\beta+2 \gg 2$，因此 I_L与设定电流 I_R相差微乎其微，这也说明 I_L始终与设定电流保持一致，具有更高的稳定性。

V_1和V_3的发射结压降用U_{BE}表示，I_R可以按照下式进行估算

$$I_R = \frac{U_{CC} - 2U_{BE}}{R} \tag{5-9}$$

5.1.3　比例电流源

图 5-3 所示为比例电流源电路。与镜像电流源相比较，该电路在V_1和V_2的发射极串入了电阻R_{e1}和R_{e2}，当V_1和V_2的基极电流相差在 10 倍的范围内时，V_1和V_2的发射结压降相差微乎其微，可以认为相等。

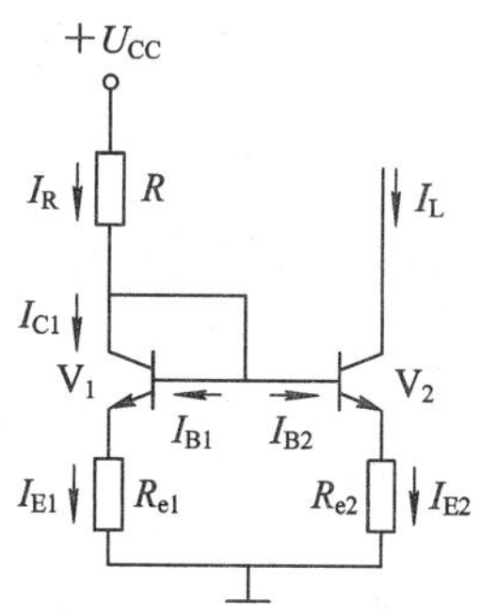

图 5-3　比例电流源

由图 5-3 可知

$$I_R = I_{C1} + I_{B1} + I_{B2} \tag{5-10}$$

$$I_{E1} = I_{C1} + I_{B1} \tag{5-11}$$

由式(5-10)和式(5-11)可知 $I_{E1} \approx I_R$。

由 $I_{E2} = I_{B2} + I_L$ 可知 $I_{E2} \approx I_L$。

V_1和V_2的发射结压降分别用U_{BE1}、U_{BE2}表示，由图 5-3 可以看到，从V_1、V_2的基极分别经V_1、V_2的发射结和各自的射极电阻再到地的电压差相同，即

$$U_{BE1} + I_{E1}R_{e1} = U_{BE2} + I_{E2}R_{e2}$$

U_{BE1}、U_{BE2}近似相等，可约去，即 $I_{E1}R_{e1} = I_{E2}R_{e2}$，变形得$\frac{I_{E2}}{I_{E1}} = \frac{R_{e1}}{R_{e2}}$，又因为 $I_{E1} \approx I_R$，$I_{E2} \approx I_L$，因此可得

$$\frac{I_L}{I_R} = \frac{R_{e1}}{R_{e2}} \tag{5-12}$$

式(5-12)说明电流源的输出电流与设定电流之比与V_1和V_2射极电阻之比相等，那么，通过设置R_{e1}和R_{e2}之间的比例关系可以设定输出电流的大小，即

$$I_L = \frac{R_{e1}}{R_{e2}} I_R$$

5.1.4　微电流源

图 5-4 所示为微电流源电路，与比例电流源电路相比较该电路中V_1的射极没有电阻，只在V_2的射极接了电阻。该电路的主要特点在于可以在不接入大的限流电阻的情况下得到很小的微电流源。

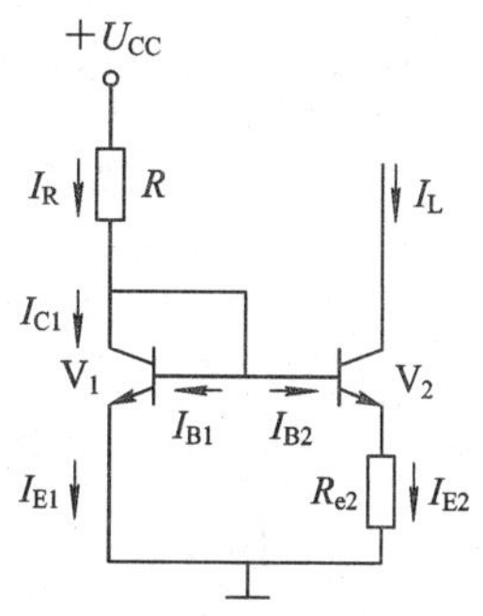

图 5-4　微电流源

从图 5-4 可见：V_1管的发射结压降等于V_2管的发射结压降与R_{e2}上压降之和，即

$$U_{BE1} = U_{BE2} + I_{E2}R_{e2}$$

$$I_{E2} = \frac{U_{BE1} - U_{BE2}}{R_{e2}}$$

由于U_{BE1}和U_{BE2}相差很小，因此$U_{BE1} - U_{BE2}$很小，这样就得到了一个微电压，该电压在R_{e2}上形成一个微电流I_{E2}。由于$I_L + I_{B2} = I_{E2}$，$I_L \gg I_{B2}$，因此可以认为 $I_L \approx I_{E2}$，即 I_L为一个微电流源。

设定电流 I_R可以通过下式计算

$$I_R = \frac{U_{CC} - U_{BE1}}{R}$$

输出电流 I_L 可以通过下面的方程求出

$$U_T \ln \frac{I_R}{I_L} = I_L R_{e2} \tag{5-13}$$

式(5-13)中，U_T 为温度电压当量。

5.1.5 多路电流源

所谓多路电流源，指由一路设定电流实现多路输出电流控制的电流源。在集成电路中针对不同的单元要求的偏置电流可能不同，通过多路电流源可以方便地实现一路控制多路的目的。

图5-5所示为多路电流源。图中 V_1 管的集电极与基极短接，并与 V_2、V_3 及 V_4 的基极并接在一起，V_1 的发射极电压作为 V_2、V_3 及 V_4 的基极偏置电压，显然，V_1 与 V_2 和 V_3 分别组成两路微电流源，V_1 与 V_4 组成镜像电流源，这样就由 V_1 实现了一个三路的电流源。

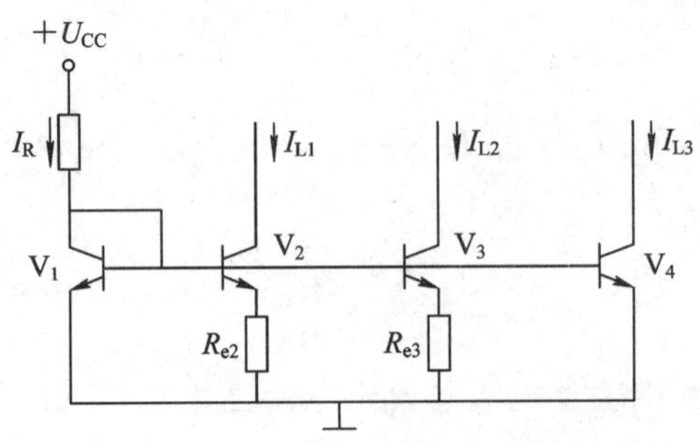

图5-5 多路电流源

5.2 差动放大电路

差动放大电路

差动放大电路往往作为运算放大器的输入级，它对运算放大器的性能和指标有着重要的影响，它是克服直接耦合放大电路温漂的重要手段。

5.2.1 零点漂移

对于一个放大电路来讲，通常要求输入信号为零时输出信号也为零，即零输入零输出，但是许多情况下并不能做到这一点。对于多级放大器，这种情况更普遍、更严重，在零输入情况下去测量其输出，往往会发现输出为变化的不规则信号，这种现象称为**零点漂移**，简称**零漂**。零点漂移的本质是放大器自身的静态工作点发生变化所引起的扰动信号造成的。零漂轻则影响信号放大的质量，严重时则可能造成放大器无法正常工作，使有用信号完全淹没在漂移信号中，因此零点漂移对于放大器的工作是非常有害的。

造成零点漂移的原因较多，电源电压的波动、元器件参数的改变、环境温度的变化等

因素都可能造成零点漂移；但是温度的变化所引起的零点漂移是最主要的，因此研究零漂主要是研究**温漂**。对于交流耦合的放大器，由于各级之间的静态工作点彼此独立，由零漂造成的直流工作点的波动信号很难通过交流耦合环节向后级传输，因此，零漂主要局限于单级放大器本身，对整个放大器造成的影响较小。对于直接耦合的放大器，各级之间的静态工作点彼此影响，前级的工作点变化可以直接传导到后级，并且在传输的过程中信号被放大，从而造成严重的零漂现象。由于信号被逐级放大，前级很小的漂移信号也可能造成输出严重的零漂，因此克服零漂是直接耦合放大器要解决的主要问题之一。

抑制零漂的措施包括：选择温度稳定性高的元器件；对元件进行老化处理；采用高稳定性电源；采用温度补偿措施；采用差动放大电路等。对于集成运算放大器采用差动放大电路来抑制零漂已经成为行之有效和必不可少的措施。

5.2.2　基本差动放大电路

1. 基本差动放大电路的结构

图 5－6 所示为基本差动放大电路。该电路由两部分完全对称的晶体管放大电路构成，在采用集成工艺制造的情况下，V_1和V_2的参数完全相同，并且集成在同一块晶片之上，所处环境相同，温度对它们的影响效果相同。图 5－6 中各对称位置上的电阻大小相等，名称标注也相同。

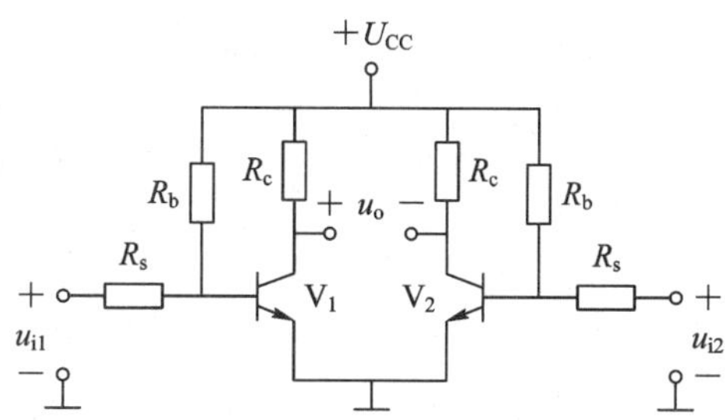

图 5－6　基本差动放大电路

差动放大电路具有两个对地输入端，如图5－6所示，u_{i1}和u_{i2}所对应的输入端即为该差动放大电路的两个输入端，这和前面章节介绍过的放大器不同，通常它们只有一个对地的输入端。

基本差动放大电路具有抑制零漂的功能。现在假设输入信号u_{i1}和u_{i2}皆为零，由于V_1、V_2组成的电路对称，因此V_1、V_2的集电极电位也完全相同，输出电压u_o为零，即两个三极管集电极电位差为零。当温度变化时，如温度升高，两管的集电极电流增加，由于两部分电路对称，集电极电流的变化量相同，两管集电极电压变化量相同，输出电压u_o仍为零，不受温度变化的影响。

2. 差动放大电路的输入信号

差动放大电路的输入信号可以分为共模信号和差模信号。所谓共模信号是指两个输入端都有的对地公共信号，是两个输入端对地信号的算术平均值。在图 5－6 中两个输入端对地的信号分别为u_{i1}和u_{i2}，那么，两个输入端所加的共模信号可以表示为

$$u_{ic} = \frac{u_{i1} + u_{i2}}{2} \tag{5-14}$$

仅让共模信号作用于差动放大电路，如图 5-7(a)所示。

差模信号是指两个输入端对地信号之差。对于图 5-6 其差模信号可以表示为

$$u_{id} = u_{i1} - u_{i2}$$

由于差动放大电路的对称性，可以认为从差动放大电路的每一输入端看进去的输入电阻相等，那么每个等效电阻应当承担幅度相等的输入差模信号，因此，可以把差模信号分解为两个幅值相等、极性相反的信号，可以表示为

$$u_{id} = \frac{u_{id}}{2} - \left(-\frac{u_{id}}{2}\right) \tag{5-15}$$

令

$$u_{id1} = \frac{u_{id}}{2},\ u_{id2} = -\frac{u_{id}}{2}$$

则式(5-15)可以表示为

$$u_{id} = u_{id1} - u_{id2}$$

这样可以认为加在两个输入端的差模信号分别为 u_{id1}、u_{id2}。现在仅让差模信号作用于差动放大电路，如图 5-7(b)所示。

由于

$$u_{ic} + u_{id1} = \frac{u_{i1} + u_{i2}}{2} + \frac{u_{i1} - u_{i2}}{2} = u_{i1}$$

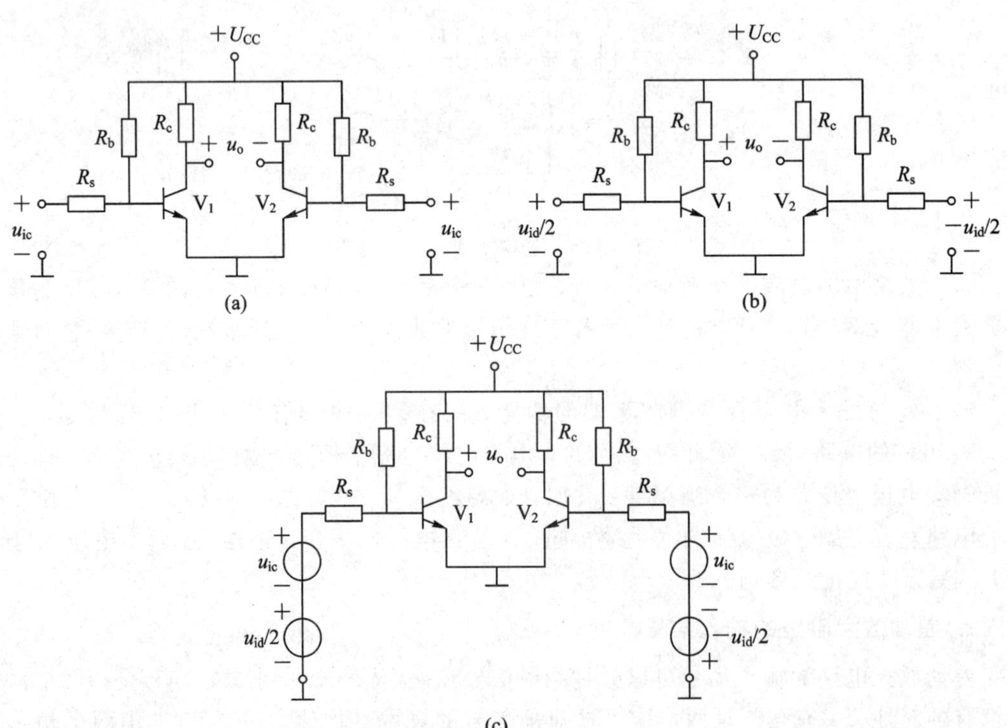

图 5-7 差动放大器的输入信号

$$u_{ic}+u_{id2}=\frac{u_{i1}+u_{i2}}{2}-\frac{u_{i1}-u_{i2}}{2}=u_{i2}$$

每个输入端的信号可以看成是共模信号与差模信号之和，即

$$u_{i1}=u_{ic}+u_{id1}$$

$$u_{i2}=u_{ic}+u_{id2}$$

因此，差动放大器的输入信号可以看成是共模信号与差模信号叠加作用的结果。图5-7(c)所示为共模信号与差模信号叠加作用于差动放大电路的示意图。

在差动放大电路的分析中，对输入信号进行分解来研究非常重要，差动放大电路对于共模信号和差模信号的作用效果差别很大，分析方法也不同，常常分开处理。

例5-1 设差动放大电路的两个输入端所加的信号分别为 $u_{i1}=100\ \text{mV}$，$u_{i2}=50\ \text{mV}$，求两个输入端的共模信号与差模信号分别为多少。

解 两输入端的共模信号相同，为

$$u_{ic}=\frac{u_{i1}+u_{i2}}{2}=\frac{100\ \text{mV}+50\ \text{mV}}{2}=75\ \text{mV}$$

两输入端的差模信号为

$$u_{id}=u_{i1}-u_{i2}=100\ \text{mV}-50\ \text{mV}=50\ \text{mV}$$

分配到每个输入端的差模信号为

$$u_{id1}=\frac{u_{id}}{2}=\frac{50\ \text{mV}}{2}=25\ \text{mV}$$

$$u_{id2}=-\frac{u_{id}}{2}=-\frac{50\ \text{mV}}{2}=-25\ \text{mV}$$

3. 差动放大电路的输出信号

差动放大电路输出信号如果取两个对称管的集电极电压之差，即从两个对称管的集电极之间取出，称为**双端输出**；如果输出信号取两个对管中的某个管子的集电极对地的电压，则称为**单端输出**。

4. 差动放大电路的工作状态

根据差动放大电路输入信号和输出信号的不同接法，可以把差动放大电路分为四种工作状态，分别是：双端输入双端输出、双端输入单端输出、单端输入双端输出和单端输入单端输出。图5-8所示为差动放大电路的四种工作状态。单端输入时信号可以从左侧输入，也可以从右侧输入，未输入信号的一侧接地。单端输出时信号可以从左侧 V_1 集电极输出，也可以从右侧 V_2 集电极输出。

5. 基本差动放大电路工作原理分析

1）双端输入双端输出工作状态

如图5-8(a)所示，加在两个输入端的信号分别为 u_{i1} 和 u_{i2}，可以把这两个输入信号分解为共模信号和差模信号，分别研究共模信号和差模信号作用时电路的工作情况。

当两个输入端只有共模信号作用时，两个输入端所加信号都为 u_{ic}，由于差动放大电路的两边完全对称，两个三极管的集电极对地电压相同，双端输出时取两管集电极电压之差为零，因此，基本差动放大电路在此情况下对输入的共模信号 u_{ic} 的电压放大倍数为零。此

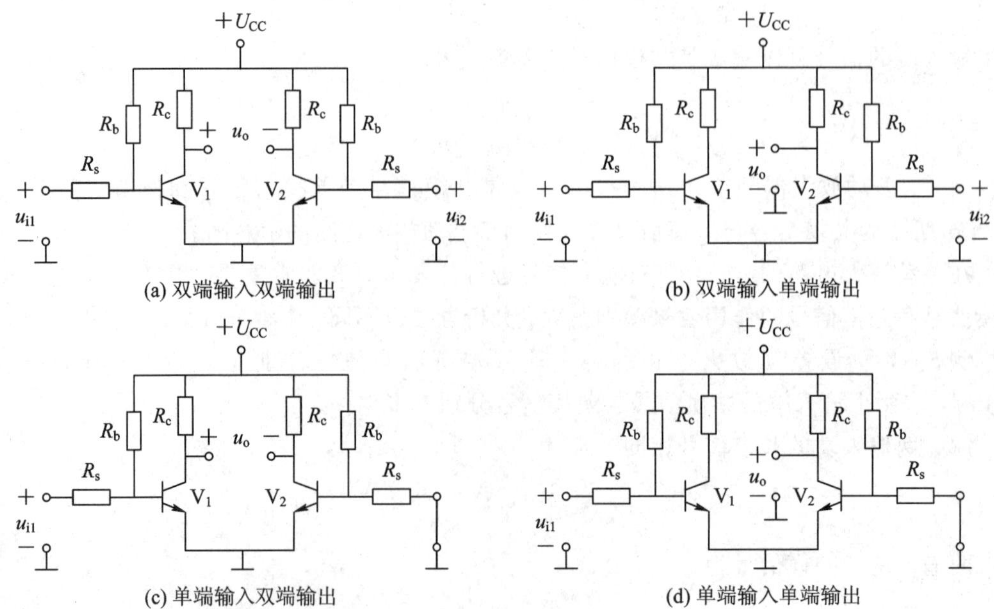

图 5-8　差动放大电路的工作状态

时的输出电压用 u_{oc} 表示，用相量式表示 u_{ic}、u_{oc} 之间的关系为

$$\dot{U}_{oc} = \dot{A}_{uc}\dot{U}_{ic} = 0$$

$\dot{A}_{uc}$ 表示共模信号作用下差动放大器的放大倍数，显然 $\dot{A}_{uc}=0$。这表明差动放大电路在双端输出时完全抑制掉了共模信号，对共模信号没有放大作用，这一点非常重要，这正是差动放大电路的优点。共模信号往往是由前级电路的零漂或工作点设置引起的，是不希望出现在真正有用的信号中的，而差动放大电路具有的抑制共模信号的能力正好满足这种需要。另外，在差动放大器工作的过程中，由于温度的变化，两个三极管的参数变化，进而引起静态工作点的变化，但是由于差动放大器中两侧电路对称，温漂引起的信号变化相同，双端输出时，相当于两集电极信号做差，两侧相同的温漂相减后的结果为零，因此温漂信号被完全抑制，不会影响输出。

当输入的信号为差模信号时，每个输入端承担的差模信号为总差模信号的一半，即

$$u_{id1} = \frac{u_{id}}{2},\ u_{id2} = -\frac{u_{id}}{2}$$

此时，差动放大电路两边的 V_1 和 V_2 的集电极对地电压 u_{od1} 和 u_{od2} 分别为

$$\dot{U}_{od1} = \dot{A}_{u1}\dot{U}_{id1},\ \dot{U}_{od2} = \dot{A}_{u2}\dot{U}_{id2}$$

$\dot{A}_{u1}$、$\dot{A}_{u2}$ 分别表示差动放大器左右两侧共射极放大器的放大倍数，由于电路对称，故有

$$\dot{A}_{u1} = \dot{A}_{u2}$$

此时的输出电压是在差模信号作用下引起的，用 u_{od} 表示，用相量式表示为

$$\dot{U}_{od} = \dot{U}_{od1} - \dot{U}_{od2} = \dot{A}_{u1}\dot{U}_{id1} - \dot{A}_{u2}\dot{U}_{id2}$$
$$= \dot{A}_{u1}(\dot{U}_{id1} - \dot{U}_{id2}) = \dot{A}_{u1}\dot{U}_{id} \qquad (5-16)$$

式(5-16)说明，基本差动放大电路对差模信号的放大倍数，与差动放大电路中一边的单管放大电路的放大倍数相同。在输出开路时，两边的单管放大器的放大倍数可表示为

$$\dot{A}_{u1} = \dot{A}_{u2} = -\frac{\beta R_c(R_b /\!/ r_{be})}{(R_s + R_b /\!/ r_{be})r_{be}} \approx -\frac{\beta R_c}{R_s + r_{be}}$$

在双端输入双端输出状态下，总的输出信号可以看成是输入信号中共模信号与差模信号作用下产生的输出信号之和，由于共模信号作用的输出为零，因此总的输出只有差模信号作用引起的输出，即 u_{od}。

通过以上的讨论可知：在双端输入双端输出情况下，差动放大电路用了两个单管放大器的硬件资源，却只得了一个单管放大器的放大倍数，但是，它取得了对共模信号和放大器内部温漂的抑制能力。

2）双端输入单端输出工作状态

按照图5-8(b)所示的电路进行分析，仍把输入信号分解为共模信号与差模信号分别进行讨论。当只有共模信号作用时，V_2的集电极的输出为

$$\dot{U}_{oc} = \dot{A}_{u2}\dot{U}_{ic} = \frac{1}{2}\dot{A}_{u2}(\dot{U}_{i1} + \dot{U}_{i2}) \qquad (5-17)$$

当只有差模信号输入时，V_2的集电极输出为

$$\dot{U}_{od} = \dot{A}_{u2}\dot{U}_{id2} = -\dot{A}_{u2}\frac{1}{2}\dot{U}_{id} = -\frac{1}{2}\dot{A}_{u2}(\dot{U}_{i1} - \dot{U}_{i2}) \qquad (5-18)$$

总的输出可以表示为

$$\dot{U}_{o} = \dot{U}_{oc} + \dot{U}_{od} = \dot{A}_{u2}\dot{U}_{ic} + \dot{A}_{u2}\dot{U}_{id2} = \dot{A}_{u2}(\dot{U}_{ic} + \dot{U}_{id2}) = \dot{A}_{u2}\dot{U}_{i2} \qquad (5-19)$$

式(5-19)说明双端输入单端输出的情况下输出只与输出侧的输入信号有关，并且对共模信号失去抑制作用。其实此时的差动放大电路也失去了对本级电路两个对管温漂的抑制能力。

3）单端输入双端输出工作状态

按照图5-8(c)进行分析。此时 $u_{i1} \neq 0$，$u_{i2} = 0$，可以看成是特殊的双端输入情况，即一个输入信号为零的情况，因此可以按照双端输入双端输出的情况处理。

4）单端输入单端输出工作状态

按照图5-8(d)进行分析。类似于单端输入双端输出的处理方法，可以把单端输入看成有一个输入端为零的双端输入，那么，单端输入单端输出就可以按照双端输入单端输出的情况进行分析了，分析的结果也与双端输入单端输出相似。

综合以上的分析可知：基本差动放大电路只有在采取双端输出的情况下才能够抑制共模信号，抑制放大器内部的温漂，并且这种抑制作用是建立在差动电路左右两部分参数完全对称的理想状态之上，这种条件即使采用了集成制造工艺也是很难完全满足的，因此基本的差动放大电路应用有限，介绍它主要是为了介绍差动放大电路的基本概念。

5.2.3 长尾式差动放大电路

长尾式差动放大电路是为提高差动放大电路的共模信号抑制能力而设计的，这种电路也称为发射极耦合差动放大电路。

1. 电路结构

图 5-9 所示为长尾式差动放大电路图。与基本的差动放大电路相比较，长尾式差动放大电路采用正负电源，在 V_1 和 V_2 的射极接入了电阻 R_e，取掉了基极偏置电阻 R_b。

2. 静态分析

图 5-10 所示为长尾式差动放大电路静态时的情况，两输入信号为零，各静态电流如图所示，根据此时的基极到射极的回路可得

$$0-(-U_{EE})=R_s I_B+U_{BE}+2I_E R_e$$

$$U_{EE}=R_s\frac{I_E}{1+\beta}+U_{BE}+2I_E R_e$$

$$I_E=\frac{U_{EE}-U_{BE}}{2R_e+\dfrac{R_s}{1+\beta}}\approx\frac{U_{EE}}{2R_e} \tag{5-20}$$

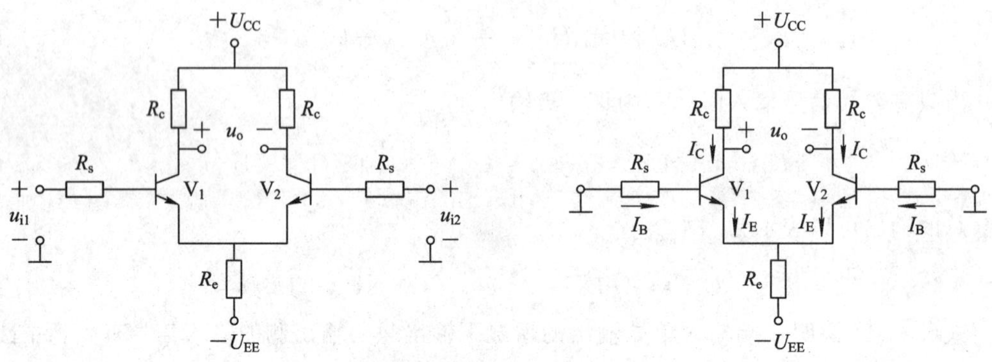

图 5-9 长尾式差动放大电路　　　图 5-10 长尾式差动放大电路静态分析

式(5-20)说明，静态时射极的电流仅与负电源 U_{EE} 和 R_e 有关，与三极管 V_1 和 V_2 的参数无关，当温度变化时，三极管参数变化对 V_1 和 V_2 射极的静态电流影响很小，可以不计；V_1 和 V_2 的射极电流稳定，集电极电流就稳定，输出的静态电压就可以保持为零，因此该电路具有更高的抑制温漂能力。

3. 动态分析

1）输入共模信号

图 5-11 所示为长尾式差动放大电路共模信号分析图。图 5-11(a)所示长尾式差动放大电路的两输入端同时输入共模信号 u_{ic}，由于左右两侧的电路完全对称，因此 u_{ic} 在 V_1 和 V_2 中引起的动态电流相同。两管射极的动态电流用 i_e 表示，这两个射极电流 i_e 汇合到一起流过射极电阻 R_e，那么从一侧的放大电路来看，就相当于在其三极管的射极接了一个阻值为 $2R_e$ 的电阻。图 5-11(b)所示为在共模信号 u_{ic} 作用下从 V_1 一侧看进去的动态等效电路。

值得注意的一点是：对于直接耦合放大电路，这里的动态并非一定是交流信号作用下的状态，输入的共模信号完全可能是直流，但是这并不影响采用叠加定理把动态信号和静态信号分解开来，分别进行研究。

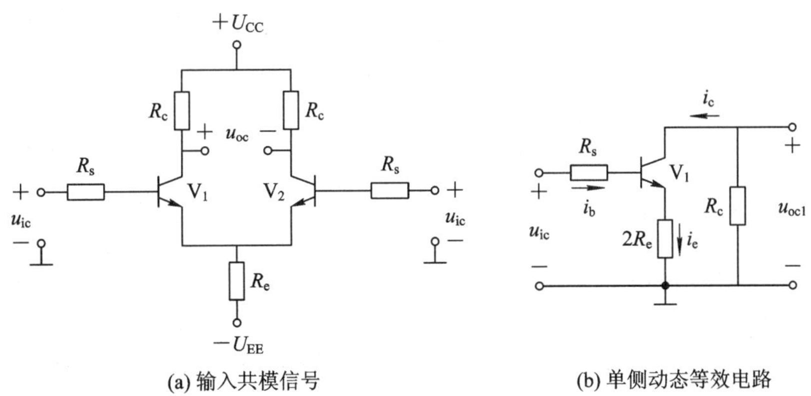

图 5-11　长尾式差动放大电路共模信号分析

根据图 5-11(b)所示的动态等效电路可知动态输出信号为

$$\dot{U}_{oc1}=-\frac{\beta R_C}{R_s+r_{be}+(1+\beta)2R_e}\dot{U}_{ic} \tag{5-21}$$

此时对共模信号的电压放大倍数为

$$\dot{A}_{uc1}=-\frac{\beta R_C}{R_s+r_{be}+(1+\beta)2R_e} \tag{5-22}$$

由式(5-21)和式(5-22)可见，由于射极电阻 R_e 的接入，使得单侧放大器的共模信号放大倍数大大减小，单侧输出的共模信号幅度得到抑制，实际上该单侧共模信号输出就是单端输出。

由于左右两侧电路对称，必有 $\dot{A}_{uc1}=\dot{A}_{uc2}$，$\dot{U}_{oc1}=\dot{U}_{oc2}$，双端输出信号为

$$\dot{U}_{oc}=\dot{U}_{oc1}-\dot{U}_{oc2}=0$$

由此可知：在输入共模信号作用下，长尾式差动放大电路采用双端输出时具有和基本差动放大电路一样的完全的共模抑制能力，采用单端输出时共模信号的输出也得到了大大的抑制，这比基本差动放大电路前进了一步。

2）输入差模信号

图 5-12 所示为长尾式差动放大电路差模信号分析图。两输入端分别加入差模信号 $u_{id}/2$ 和 $-u_{id}/2$，由于电路的对称性，两侧的差模信号在 V_1 和 V_2 的射极引起的动态电流必定大小相等，方向相反，分别表示为 i_e 和 $-i_e$，则流过 R_e 的动态电流为零，因此在画动态等效电路时 R_e 相当于不存在。另外，输入差模信号在 V_1 和 V_2 的集电极引起的动态电压信号总是幅值相等相位相反，因此可以认为负载电阻的中间点为动态信号的零点。以 V_1 对应的一侧画出单侧动态等效电路如图 5-12(b)所示。

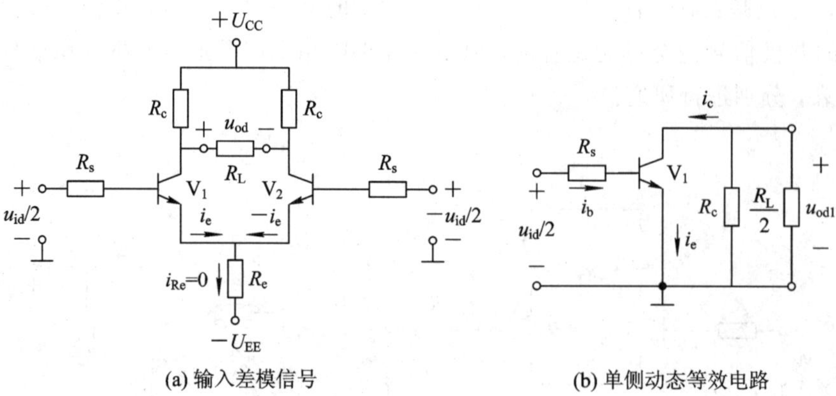

图 5-12　长尾式差动放大电路差模信号分析

由图 5-12(b)可知 V_1的集电极对地的输出电压为

$$\dot{U}_{od1}=-\frac{\beta(R_c\ //\ (R_L/2))}{R_s+r_{be}}\frac{\dot{U}_{id}}{2} \tag{5-23}$$

单侧放大器对差模信号的电压放大倍数为

$$\dot{A}_{ud1}=\frac{\dot{U}_{od1}}{\dot{U}_{id}/2}=-\frac{\beta(R_c//(R_L/2))}{R_s+r_{be}} \tag{5-24}$$

易知 $\dot{A}_{ud1}=\dot{A}_{ud2}$，$\dot{U}_{od1}=-\dot{U}_{od2}$，则双端输出的差模信号为

$$\dot{U}_{od}=\dot{U}_{od1}-\dot{U}_{od2}=2\dot{U}_{od1}$$

双端输出时的电压放大倍数为

$$\dot{A}_{ud}=\frac{\dot{U}_{od}}{\dot{U}_{id}}=-\frac{\beta(R_c//(R_L/2))}{R_s+r_{be}} \tag{5-25}$$

单端输出时的电压放大倍数为

$$\dot{A}_{ud(单端输出)}=\frac{\dot{U}_{od1}}{\dot{U}_{id}}=-\frac{1}{2}\cdot\frac{\beta(R_c//(R_L/2))}{R_s+r_{be}}=\frac{1}{2}\dot{A}_{ud} \tag{5-26}$$

通过式(5-24)和式(5-25)可以看出，长尾式差动放大电路对差模信号的电压放大倍数与单侧放大器对差模信号的放大倍数相同，这与基本基本差动放大电路相似。

综上所述，长尾式差动放大电路不管在单端输出还是双端输出情况下都对共模信号具有抑制能力，同时又具有差模信号的放大能力，与基本差动放大电路相比具有突出的优点。

长尾式差动放大电路为了取得较高的共模抑制能力，希望射极电阻 R_e 尽可能大些，这样共模电压放大倍数就越小，但是如果不断增大 R_e，会使得静态时 R_e 上的压降过大，两个三极管上的管压降降低，信号输入时动态范围减小，因此长尾式差动放大电路不能靠持续增加 R_e 的阻值提高共模信号抑制能力。

5.2.4　恒流源差动放大电路

恒流源差动放大电路是在长尾式差动放大电路的基础之上改进而来，该电路使用恒流源电路代替长尾差动放大电路中的电阻，由于恒流源具有较低的电压占用率，又具有非常高的动态电阻，因此这种差动放大电路既可以取得很高的共模抑制性能，又可以有较高的动态电压范围。

图 5-13(a)所示为恒流源差动放大电路。三极管 V_3 及 R_1、R_2 和 R_3 组成恒流源电路。

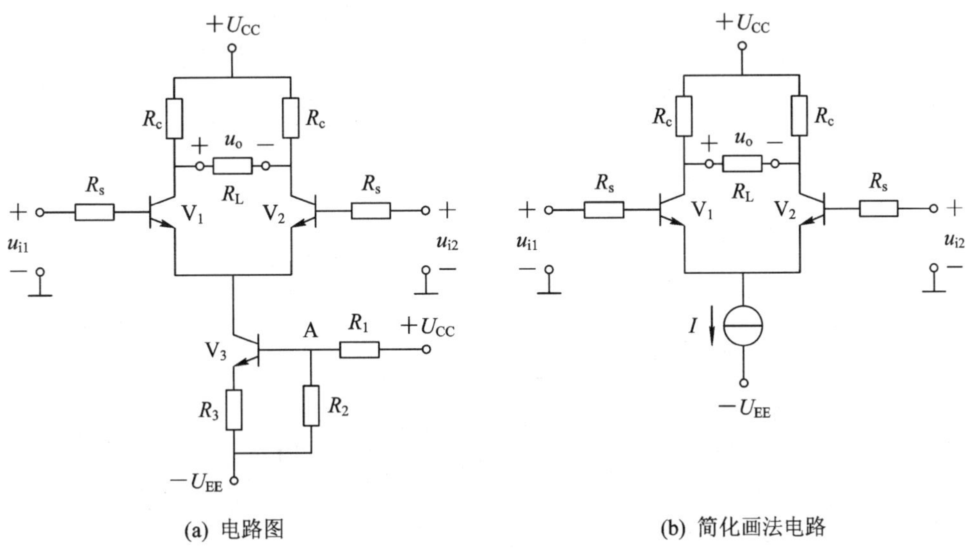

图 5-13　恒流源差动放大电路

在图 5-13(a)中，当电阻 R_1 和 R_2 选定之后，如果忽略 V_3 基极的偏流，则 R_2 上的分压为

$$U_\Delta = \frac{R_2}{R_1 + R_2}(U_{CC} + U_{EE}) \tag{5-27}$$

从 V_3 的基极经过 R_3 到 $-U_{EE}$ 的电压降与 R_2 上的压降相同，于是可以计算出 V_3 管的电流为

$$I_{E3} = \frac{U_\Delta - U_{BE3}}{R_3} \tag{5-28}$$

由式(5-27)和式(5-28)可知：V_3 管的射极电流只与电源电压及 R_1、R_2 和 R_3 有关，与其他因素无关。也就是说，在动态时 V_3 管的射极和集电极的电流基本保持不变，而无论 V_3 管的管压降如何变化。从阻抗的角度分析，从 V_3 的集电极到射极的动态阻抗可以表示为

$$r_d = \frac{\Delta u_{ce}}{\Delta i_c}$$

由于动态时集电极电流基本不变，$\Delta i_c \approx 0$，Δu_{ce} 却可以在较大范围变化，因此动态时等效的动态电阻很高。图 5-13(b)所示为恒流源差动放大电路简化画法电路，由 V_3 所组成

的恒流源可以用恒流源的符号表示。

当共模信号作用于电路输入端时，恒流源可以等效为极高的动态电阻，因此具有非常高的抑制能力；另一方面，当差模信号输入时，流经 V_3 的等效动态电流为零，恒流源并不影响差模信号的放大。这样一来，恒流源差动放大电路既保证了对差模信号具有足够的放大倍数和较宽的动态范围，又取得了对共模信号的更强的抑制能力。

5.2.5 具有调零功能的差动放大电路

差动放大电路为了抑制零漂和共模信号，希望内部左右两侧的放大器参数严格对称，但是实际上，即使采用集成制造工艺也难以完全保证左右电路参数完全对称，当零输入时，并非零输出。为了解决这一问题，出现了可人工调零的差动放大电路，如图 5 - 14 所示。

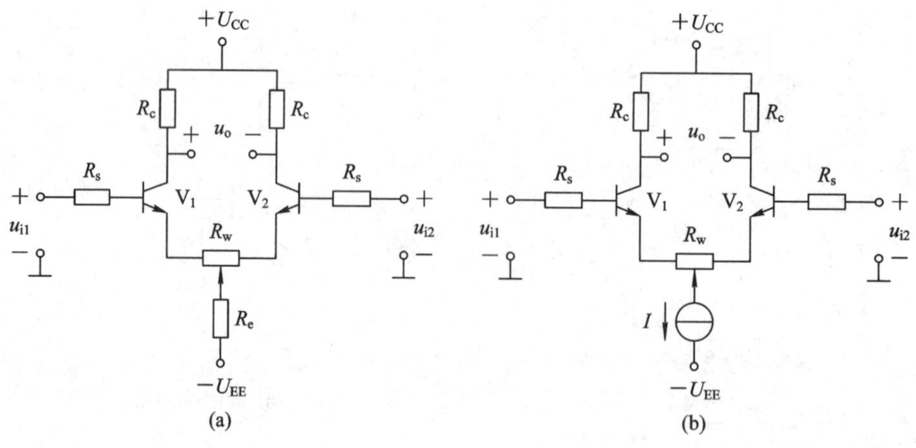

图 5 - 14　可调零差动放大电路

图 5 - 14(a)、(b)分别是在长尾式差动放大电路和恒流源差动放大电路基础上改造得到的可调零差动放大电路，在静态时如果电路的输出不为零，可以通过调整电位器滑动端的位置使电路达到平衡，输出为零。

5.3 差动放大电路的参数

差动放大电路的参数

5.3.1 差动放大电路的主要参数

1. 差模电压放大倍数

差模电压放大倍数 $\dot{A}_{ud}$ 是指在差模输入信号 u_{id} 作用下，差动放大电路的输出 u_{od} 与输入信号 u_{id} 之比，即

$$A_{ud}=\frac{\dot{U}_{od}}{\dot{U}_{id}}$$

由于 $u_{id}=u_{i1}-u_{i2}$，因此采用双端输入和单端输入的差模信号 u_{id} 相同。

双端输出时的差模电压是单端输出时差模电压的两倍，因此双端输出时的差模电压放大倍数是单端输出时差模电压放大倍数的两倍。以长尾式差动放大电路为例，式(5-25)和式(5-26)就说明了这一点。

2. 共模电压放大倍数

共模电压放大倍数 $\dot{A}_{uc}$ 是指在共模信号作用下，差动放大电路的输出电压 u_{oc} 与输入共模信号 u_{ic} 之比，即

$$\dot{A}_{uc}=\frac{\dot{U}_{oc}}{\dot{U}_{ic}}$$

按照理想情况，所有的差动放大电路只要采用双端输出，共模电压放大倍数都为零，但是实际的情况并非如此，采用双端输出时，仍会有共模信号输出，只不过共模电压放大倍数很小而已。如果采用单端输出，不同类型的差动放大电路共模电压放大倍数差别较大。基本差动放大电路单端输出时共模电压放大倍数与差模电压放大倍数相同，不具有共模信号的抑制能力；长尾式差动放大电路由于射极电阻的接入，单端输出时的共模电压放大倍数相较于差模电压放大倍数大幅下降；恒流源差动放大电路由于恒流源的等效电阻很高，进一步降低了单端输出的共模电压放大倍数。

3. 共模抑制比

为了进一步描述差动放大电路的共模抑制能力，引入共模抑制比的概念，它是指差动放大电路差模电压放大倍数和共模电压放大倍数之比的绝对值，即

$$K_{CMR}=\left|\frac{\dot{A}_{ud}}{\dot{A}_{uc}}\right|$$

通常情况下，差动放大电路的共模抑制比数值较大，表示不便，为方便起见常用分贝表示，此时

$$K_{CMR}=20\lg\left|\frac{\dot{A}_{ud}}{\dot{A}_{uc}}\right|(\text{dB})$$

4. 差模输入电阻

差模输入电阻 r_{id} 是指在差模信号 u_{id} 作用下，差模输入电压 u_{id} 与由差模输入电压引起的差模输入电流 i_{id} 之比，即

$$r_{id}=\frac{\dot{U}_{id}}{\dot{I}_{id}}$$

显然，当 u_{id} 和 i_{id} 相位不一致时，r_{id} 为复阻抗。r_{id} 是差模信号作用下的动态等效电阻，应从动态等效电路分析求取。

5. 差模输出电阻

差模输出电阻 r_{od} 是指在差模信号作用下，从差动放大电路的动态等效电路的输出端看进去等效的信号源内阻。

6. 共模输入电阻

共模输入电阻 r_{ic} 是指在共模输入信号 u_{ic} 作用下，u_{ic} 和输入电流 i_{ic} 的比值，即

$$r_{ic}=\frac{\dot{U}_{ic}}{\dot{I}_{ic}}$$

7. 共模输出电阻

共模输出电阻 r_{oc} 是指在共模信号作用下，从放大器的输出端看进去等效的信号源内阻。

5.3.2 差动放大电路参数分析举例

例 5-2 长尾式差动放大电路如图 5-15 所示，分析该电路的 $\dot{A}_{ud}$、$\dot{A}_{uc}$、K_{CMR}、r_{id}、r_{od}、r_{ic} 及 r_{oc} 等参数。

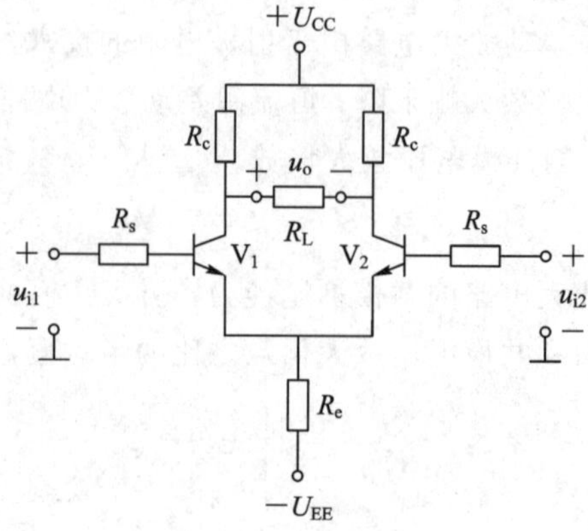

图 5-15 例 5-2 图

解 由式(5-25)可知，双端输出时的差模电压放大倍数为

$$\dot{A}_{ud}=\frac{\dot{U}_{od}}{\dot{U}_{id}}=-\frac{\beta(R_c/\!/(R_L/2))}{R_s+r_{be}}$$

假定图 5-15 中电路参数完全对称，则双端输出的共模信号为零，那么

$$\dot{A}_{uc}=\frac{\dot{U}_{oc}}{\dot{U}_{ic}}=0$$

进而可知共模抑制比为

$$K_{CMR}=\left|\frac{\dot{A}_{ud}}{\dot{A}_{uc}}\right|\to\infty$$

从长尾式差动放大电路差模信号作用时的单侧等效电路，即图 5-12(b)可知

$$\frac{1/2\dot{U}_{id}}{\dot{I}_{id}}=R_s+r_{be}$$

即差模输入电阻为

$$r_{id}=\frac{\dot{U}_{id}}{\dot{I}_{id}}=2(R_s+r_{be})$$

在差模信号作用下，单侧放大器对应的输出电阻为 R_c，双端输出时，左右两侧的输出电阻具有串联关系，因此差模输出电阻为

$$r_{od}=2R_c$$

共模输入电阻可以根据图 5-11(b)所示的等效电路求得，从单侧看进去的等效输入电阻为

$$r'_{ic}=R_s+r_{be}+2(1+\beta)R_e$$

由于共模信号作用下，在左右两侧的输入端产生了相同的电流，因此共模信号产生的总电流为单侧共模的两倍，因此认为共模输入电阻应为单侧输入电阻的一半，即

$$r_{ic}=\frac{1}{2}(R_s+r_{be})+(1+\beta)R_e$$

在共模信号作用下，单侧放大器的输出电阻为 R_c，则双端输出时的共模输出电阻为左右两侧输出电阻的串联，因此

$$r_{oc}=2R_c$$

例 5-3　分析图 5-16 所示电路的 $\dot{A}_{ud}$、$\dot{A}_{uc}$、K_{CMR}、r_{id}、r_{od}、r_{ic}及 r_{oc}等参数。

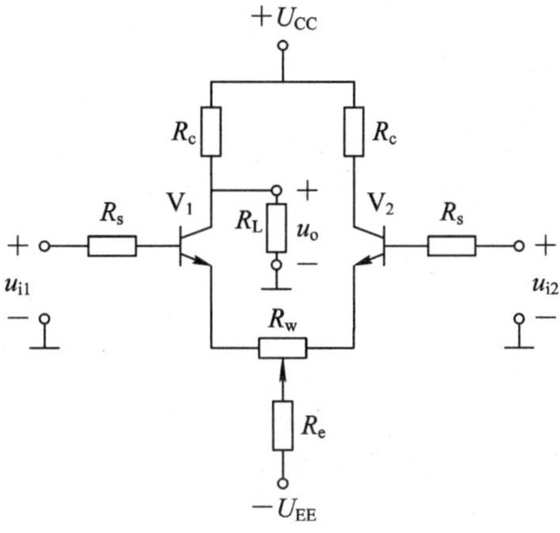

图 5-16　例 5-3 图

解　认为 R_w的中间点为调零的平衡点，那么串入 V_1和 V_2射极的电阻均为 $R_w/2$，由于采用单端输出，差模电压放大倍数为

$$\dot{A}_{ud}=\frac{\dot{U}_{od}}{\dot{U}_{id}}=-\frac{1}{2}\cdot\frac{\beta(R_c/\!/R_L)}{R_s+r_{be}+(1+\beta)R_w/2}=-\frac{\beta(R_c/\!/R_L)}{2(R_s+r_{be})+(1+\beta)R_w}$$

共模电压放大倍数为

$$\dot{A}_{uc}=\frac{\dot{U}_{oc}}{\dot{U}_{ic}}=-\frac{\beta(R_c/\!/R_L)}{R_s+r_{be}+(1+\beta)(R_w/2+2R_e)}\approx-\frac{\beta(R_c/\!/R_L)}{2R_e(1+\beta)}$$

共模电压抑制比为

$$K_{CMR} = \left|\frac{\dot{A}_{ud}}{\dot{A}_{uc}}\right| = \frac{2R_e(1+\beta)}{2(R_s + r_{be}) + (1+\beta)R_w} \approx \frac{2R_e}{R_w}$$

差模输入电阻为

$$r_{id} = \frac{\dot{U}_{id}}{\dot{I}_{id}} = 2(R_s + r_{be}) + (1+\beta)R_w$$

差模输出电阻为

$$r_{od} = R_c$$

共模输入电阻为

$$r_{ic} = \frac{1}{2}(R_s + r_{be}) + (1+\beta)\left(\frac{R_w}{4} + R_e\right)$$

共模输出电阻为

$$r_{oc} = R_c$$

5.4 集成运算放大器

集成运算放大器

集成运算放大器是采用集成制造工艺生产的直接耦合放大器。由于采用了集成技术，可以在很小的半导体晶片面积上集成大量的半导体元件，并且元件参数的一致性好，电路的连接紧凑，电路的面积和尺寸大幅减小，电路性能也大幅提升，因而集成运算放大器一经问世就迅速地被应用和推广开来。今天，在模拟信号处理电路中已经离不开集成运算放大器的应用。

集成运算放大器按照工艺可划分为双极型、单极型及混合型。双极型采用双极型晶体管实现运算放大器的内部电路，单极型工艺也即 MOS 工艺，采用 MOS 管来实现运算放大器的内部电路，混合型把两种工艺结合起来，发挥两种工艺各自的优点。通常双极型运算放大器工作电流大，输出功率较高；MOS 工艺的运算放大器输入阻抗高，功耗较小，工作的电压范围更宽；混合型运算放大器常以 MOS 管作为输入级，可以取得非常高的输入阻抗，中间级和输出级采用双极型器件，以取得较高的电压放大倍数和较大的输出功率。

本节以双极型集成运算放大器为例来介绍运算放大器的结构及原理。

5.4.1 典型集成运算放大器结构原理

1. 集成运算放大器结构

前面介绍了电流源电路和差动放大电路，这些电路是组成集成运算放大电路的要件。由于集成运算放大器是直接耦合的多级放大器，放大器前级的零漂经逐级放大后可能对后级造成严重的影响，因此，在运算放大器的输入级通常都设置差动放大电路，用以抑制电路的零漂；另外，差动放大电路对于输入信号中的共模信号也可以很好地抑制。电流源电路在集成运算放大器中通常为各部分电路提供合适的静态偏置，其次是充当放大电路的有

源负载。

通常，集成运算放大器由**输入级**、**中间级**、**输出级**及**偏置电路**等部分组成。输入级一般采用差动放大电路，以期抑制零漂和共模信号。中间级也称为电压放大级，具有较高的电压放大倍数。输出级主要是实现信号的功率放大，降低输出级的输出阻抗，提高输出功率，多采用互补推挽输出结构。偏置电路主要是为各级提供合适的偏置电流和偏置电压，为放大器的动态工作创造良好的条件。

2. 集成运算放大器内部电路举例

LM741 是通用集成运算放大器，下面以该集成运算放大器为例介绍集成运算放大器的结构原理。图 5－17 所示为 LM741 的内部电路原理图。

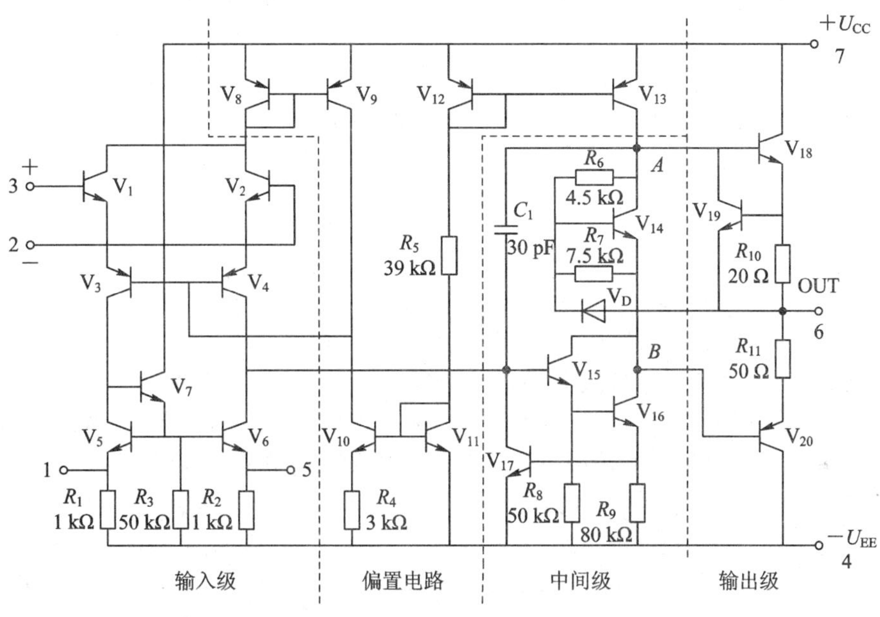

图 5－17 LM741 电路原理图

如图 5－17 所示，LM741 有 7 个引脚，其中 2、3 脚分别为反相输入端和同相输入端，6 脚为输出端，1 脚和 5 脚为调零端，7 脚和 4 脚分别连接正、负电源。

如图 5－17 所示，以虚线分隔开来的四部分分别对应 LM741 的输入级、偏置电路、中间级和输出级。

1）偏置电路

LM741 的偏置电路由 V_8、V_9、V_{10}、V_{11}、V_{12}、V_{13}及 R_5 等组成，其中 V_8 和 V_9、V_{12} 和 V_{13} 分别构成两组镜像电流源，V_{10} 和 V_{11} 构成一组微电流源。

如图 5－18 所示，V_8 和 V_9 构成镜像电流源，$I_{C8}=I_{C9}$，V_8 的集电极电流 I_{C8} 为输入级 V_1、V_2 提供静态偏流。V_{12} 和 V_{13} 构成镜像电流源，$I_{C12}=I_{C13}$，I_{C13} 为中间级提供静态偏流，动态时 V_{13} 充当中间级的恒流源负载。由 V_{12}、R_5 和 V_{11} 组成的通路可知

$$I_{C12}=\frac{U_{CC}+U_{EE}-U_{BE12}-U_{BE11}}{R_5} \tag{5-29}$$

V_{10} 和 V_{11} 组成微电流源，根据式(5－13)可以求得 I_{C10}，并且有 $I_{C10}=I_{34}+I_{C9}$。

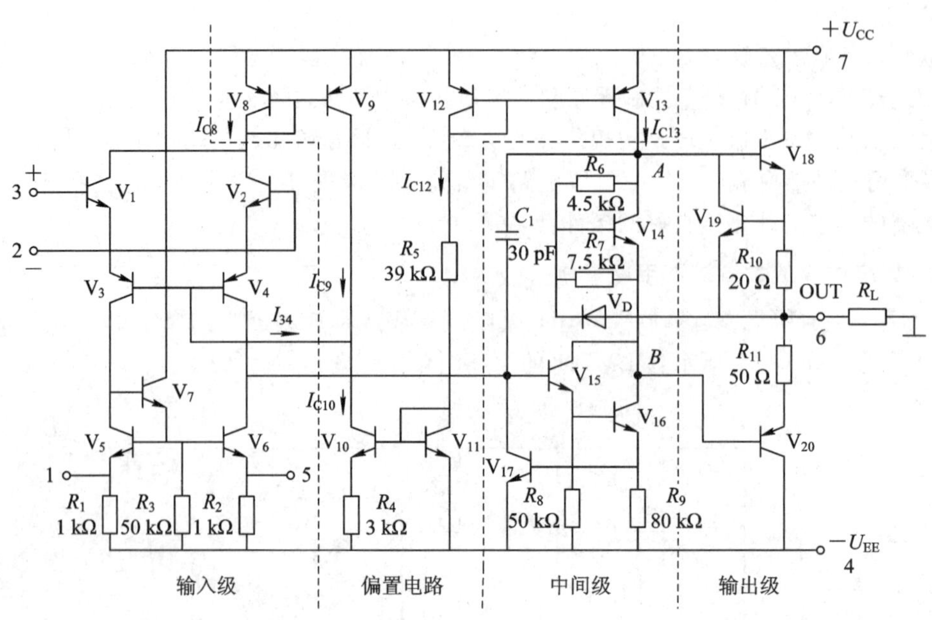

图 5-18　LM741 电路分析

2）输入级

输入级由 V_1、V_2、V_3、V_4、V_5、V_6、V_7、R_1、R_2 及 R_3 组成。V_1 和 V_2 组成共集电极差动输入电路，V_3 和 V_4 组成共基极差动放大电路，V_1 与 V_3 组成共集-共基组合放大电路，V_2 与 V_4 组成共集-共基放大电路，因此输入级是由左右两侧均为共集-共基组合放大器组成的差动放大电路。输出信号采用单端输出的形式，从 V_4 的集电极引出。由 V_5、V_6、V_7、R_1、R_2 及 R_3 组成恒流源电路，V_7 的基极取用的电流很小，可以忽略，因而 V_3、V_4 集电极的电流近似相等。当 3 脚和 2 脚加入共模信号为正时，V_3 和 V_4 的基极电流增加，I_{34} 增加，则根据 $I_{C10}=I_{34}+I_{C9}$ 可知 I_{C9} 减小，又 I_{C8} 与 I_{C9} 具有镜像关系，I_{C8} 也减小，那么 V_1、V_3 及 V_2、V_4 对应的工作电流减小，I_{34} 减小，这样一来，加在 3 脚和 2 脚的正极性共模信号引起的输入级共集-共基放大电路的电流变化很小；同理，当 3 脚和 2 脚加负极性的共模信号时，在输入共集-共基放大电路中引起的电流变化也很小，因此共模信号作用于输入级时，两侧的共集-共基放大电路电流基本保持稳定，在输出端形成的共模输出信号很小，从而达到抑制共模信号的目的。当 3 脚和 2 脚加入差模信号时，差模信号引起 V_3 和 V_4 管的基极电流变化互补，I_{34} 保持不变，此时 V_4 的集电极恒流源负载可以产生较高的电压放大倍数。综上可知，输入级对输入的差模信号具有放大作用，但对共模信号具有很强的抑制作用。

3）中间级

中间级的主要作用是产生较高的电压放大倍数。V_{15} 和 V_{16} 组成达林顿结构，V_{14} 及 R_6、R_7 组成 BE 扩大电路，为输出管 V_{18} 和 V_{20} 提供静态的偏置电压，V_{13} 充当 V_{15} 和 V_{16} 组成的共射极放大器的恒流源负载，由于动态时 V_{13} 体现的动态电阻很高，因此本级的电压放大倍数较高。

4）输出级

输出级主要由 V_{18} 和 V_{20} 构成的互补推挽放大电路构成。首先，在静态时在 BE 扩大电

路的作用下为 V_{18} 和 V_{20} 提供静态导通电流，保证 V_{18} 和 V_{20} 处在微导通状态。BE 扩大电路的基本原理可描述为：V_{18} 和 V_{20} 的基极分别记为 A 点和 B 点，如图 5－18 所示，由于 V_{14} 的基极电流较小可以忽略，因此 A、B 之间的电压可以近似表示为

$$U_{AB}=\left(1+\frac{R_6}{R_7}\right)U_{BE14} \tag{5-30}$$

R_6 和 R_7 的阻值分别为 4.5 kΩ 和 7.5 kΩ，U_{BE14} 为 V_{14} 的发射结压降，这里取 0.7 V，于是可估算出 $U_{AB}=1.12$ V，该电压为 V_{18} 和 V_{20} 提供静态时的微导通电压，用以消除输出级动态信号的交越失真现象。

在动态，当 A、B 两点的电压升高时，V_{18} 的导通程度加强，V_{20} 的导通程度减弱甚至完全截止，此时由 V_{18} 组成射极跟随器，电流从电源 U_{CC} 经 V_{18} 从 6 脚流出向负载提供功率；当 A、B 两点的电压降低时，V_{18} 的导通程度减弱甚至完全截止，V_{20} 的导通程度加强，此时，电流从电源地经负载 R_L 和 V_{20} 流向负电源 U_{EE}，同样，由 PNP 型管 V_{20} 组成射极跟随器。

输出级具有过流保护功能。当 A、B 两点的电压升高时，V_{18} 构成的射随器向负载提供的电流增加，R_{10} 上的压降增加，R_{10} 上的压降高到足以使 V_{19} 导通时，V_{18} 的基极被分流，输出电流被限制。当 V_{15} 的基极电压增大，V_{16} 的电流增加，A、B 点的电压下降，输出管 V_{20} 的导通电流上升，输出的电流会上升，可能造成过流，此时，当 V_{16} 的电流过大时，在电阻 R_9 上形成压降使得 V_{17} 导通，使 V_{15} 的基极电流被分流减小，B 点的电位上升，V_{16} 和 V_{20} 的电流得到限制。另外，当 A、B 点的电压下降造成 V_{20} 管电流上升过大时，二极管 V_D 也会起到限流保护作用。由图 5－18 可知，V_{20} 的电流增大，电阻 R_{11} 上的压降增加，当电流达到一定值时，从输出端 6 脚经 R_{11} 和 V_{20} 的发射极到 B 点的压降足够大，可使得从输出端 6 脚经过 V_D 和 V_{14} 的发射结导通，这样一来 V_{20} 的基极电压上升，基极电流减小，输出电流被限制。通过以上的分析说明输出级具有多种手段限制输出出现过流，从而保证输出级的工作安全。

3. LM741 的封装及符号

图 5－19 所示为 LM741 的封装与符号。

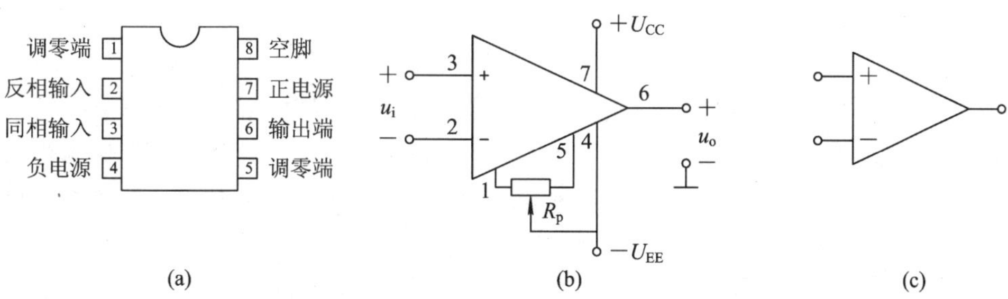

图 5－19　LM741 封装与符号

集成电路的封装形式多样，随着技术的进步封装越来越趋向于小型化，图 5－19(a)为 LM741 常见的双列直插式封装(Dual In－line Package，DIP)顶视图，其中 8 脚为空脚，使用时不连接。图 5－19(b)为 LM741 的电路符号及外接调零电路时的情况，通常用一个三角符号表示运算放大器，3 脚和 2 脚分别为同相输入端和反相输入端，6 脚为输出端，7 脚

和 4 脚分别表示正负电源的连接端，1 脚和 5 脚为外接调零端。图 5-19(c)所示为一般运算放大器的符号，当运算放大器没有调零端时，只标出两个输入端和输出端，电源也可以不画出。

5.4.2 运算放大器指标

集成运算放大器的种类较多，要选用合适的运算放大器，必须熟悉集成运算放大器的性能指标。集成运算放大器的性能指标参数较多，对其主要性能指标介绍如下。

1. 输入偏置电流 I_B

输入偏置电流指运算放大器两个输入端在静态时输入电流的平均值，也即运算放大器的两个输入端接地时输入电流的平均值。用 I_{BP} 和 I_{BN} 分别表示运算放大器同相输入端和反相输入端的静态电流，则输入偏置电流可表示为

$$I_B = \frac{I_{BP} + I_{BN}}{2}$$

输入级为双极型晶体管的运算放大器，其 I_B 约为 10 nA～1 μA；输入级为场效应管的运算放大器，其 I_B 一般小于 1 nA。

2. 输入失调电流 I_{os}

输入失调电流指静态时运算放大器两个输入端电流之差的大小，其范围通常在 1 nA～0.1 μA。输入失调电流反映了运算放大器差动输入级的对称程度，I_{os} 越小性能越好。通常，双极型晶体管输入级偏置电流大，输入失调电流也大，而 MOS 型级输入偏置电流小，输入失调电流也非常小。

3. 输入失调电压 U_{os}

按照理想情况，运算放大器应该零输入零输出，但是实际情况并非如此，当输入置零时输出端并不为零，往往会有一定幅度的输出信号。存在这种现象的原因主要是因为电路参数的对称性不一致，从而导致零点漂移。温度是引起零点漂移的主要原因，温度变化，输出的失调电压亦变化。输入失调电压定义为在 25℃时，把零输入情况下在运算放大器输出端测量到的失调电压折算到输入端所对应的电压值，即

$$U_{os} = \frac{U_{oso}}{A_u} \tag{5-31}$$

式(5-31)中 U_{oso} 表示零输入时在输出端测得的失调电压，A_u 表示运算放大器的开环放大倍数，通常较高。输入失调电压一般为 mV 数量级。对于双极型晶体管作为输入级的运算放大器，其输入失调电压比场效应管作为输入级的小。对于高精度、低漂移类型的运算放大器，U_{os} 可以做到小于 1 μV。

例 5-4 设两个运算放大器 A_1 和 A_2，在室温时测得的输出的失调电压分别为 2 V 和 5 V，A_1 和 A_2 的开环放大倍数分别为 1000 和 5000，求 A_1 和 A_2 的输入失调电压各为多少。

解 输出失调电压分别折算到输入端为

$$U_{os1} = \frac{2000\ \text{mV}}{1000} = 2\ \text{mV}$$

$$U_{os2} = \frac{5000\ \text{mV}}{5000} = 1\ \text{mV}$$

对比可以看出，虽然 A_2 的输出失调电压比 A_1 的大，但 A_2 的输入失调电压却小于 A_1 的输入失调电压，这是由于 A_2 比 A_1 的开环放大倍数更大。

4. 输入失调电压温漂 $\Delta U_{os}/\Delta T$

输入失调电压是随着温度的变化而变化的，在一定的温度范围内，把温度每变化 1℃引起的输入失调电压的变化量定义为输入失调电压温漂，即 $\Delta U_{os}/\Delta T$。对于通用型的运算放大器该参数范围通常为±(10～20)μV/℃。

5. 输入失调电流温漂 $\Delta I_{os}/\Delta T$

在一定的温度范围内，把温度每变化 1℃引起的输入失调电流的变化量定义为输入失调电流温漂，即 $\Delta I_{os}/\Delta T$。输入失调电流温漂和电压温漂都反映运算放大器对温度变化的敏感程度，当然越小越好。

6. 开环差模电压放大倍数 $\dot{A}_{ud}$

开环差模电压放大倍数是指运算放大器处于开环状态下，在输入端加差模信号 u_{id} 时，输出电压 u_{od} 与输入差模信号 u_{id} 之比，即

$$\dot{A}_{ud}=\frac{\dot{U}_{od}}{\dot{U}_{id}}$$

运算放大器的开环差模电压放大倍数较大，为表示方便起见也常用分贝表示，即

$$20\lg|\dot{A}_{ud}|=20\lg\left|\frac{\dot{U}_{od}}{\dot{U}_{id}}\right|(\mathrm{dB})$$

例如运算放大器的开环差模电压放大倍数为 10 000，对应的分贝值为 80 dB。

实际运算放大器的开环差模电压增益是频率的函数，手册中的开环差模电压增益指直流或低频开环电压增益，通常较高，可达到几千以上。

7. 共模电压放大倍数 $\dot{A}_{uc}$

共模电压放大倍数是指输入共模信号 u_{ic} 时，运算放大器输出共模电压信号 u_{oc} 与输入共模电压信号 u_{ic} 的比值，即

$$\dot{A}_{uc}=\frac{\dot{U}_{oc}}{\dot{U}_{ic}}$$

显然，共模电压放大倍数越小，对共模信号的抑制能力越强，性能越好。共模电压放大倍数也随信号频率的变化而变化。

8. 共模抑制比 K_{CMR}

共模抑制比指运算放大器开环差模电压放大倍数与共模电压放大倍数之比，通常以分贝表示，即

$$K_{CMR}=20\lg\left|\frac{\dot{A}_{ud}}{\dot{A}_{uc}}\right|(\mathrm{dB})$$

共模抑制比 K_{CMR} 也是频率的函数，通常数据手册中给出的参数指直流或低频条件下测得的参数。选择运算放大器时总是希望 K_{CMR} 越大越好。

9. 差模输入电阻 r_{id}

差模输入电阻是指运算放大器输入差模信号时，差模输入电压与差模输入电流之比。通常要求运算放大器的差模输入电阻越大越好，输入差模电阻越大，信号源的电压在信号源内阻上的损失越小。

对于双极型晶体管作为输入级的运算放大器，其差模输入电阻约为几十千欧到几兆欧；对于场效应管作为输入级的运算放大器，其差模输入电阻通常大于 10^9 Ω。

10. 输出电阻 r_o

输出电阻是指把运算放大器看成信号源时等效的信号源内阻，通常在低频或直流情况下测定，取值一般为几十至几百欧。输出电阻越小，运算放大器带载的能力越强，当所带负载较大时，可以认为输出电阻为零，即把运算放大器当成理想信号源来处理。

11. 最大差模输入电压 U_{idmax}

最大差模输入电压指运算放大器正常工作时两个输入端所允许加载的最大差模电压，该参数与运放的晶体管的极限工作电压有关，使用运算放大器时必须保证输入的差模电压在最大差模输入电压范围内，否则可能造成运算放大器损坏。

12. 最大共模输入电压 U_{icmax}

最大共模输入电压是指保证运算放大器具有良好共模抑制能力情况下所能够承受的最大输入共模信号。如果输入端所加共模信号高于最大共模输入电压，运算放大器的共模抑制比显著下降，对差模信号的放大效果也会变差。

13. 最大输出电压 U_{omax}

最大输出电压指在额定电源和一定的负载条件下，运放能输出的最大不失真电压幅度。通常最大输出电压低于电源电压，相差 1～2 V，如 LM741 当电源电压为±15 V，负载电阻大于 10 kΩ 时，$\pm U_{omax}=\pm 14$ V；对于轨到轨运算放大器，最大输出电压接近于电源电压，电源的利用率更高。

14. 上限频率 f_H 和单位增益频率 f_T

运算放大器是直接耦合电路，可以方便地放大直流信号，因此它的下限频率认为是 0 Hz，但是当信号频率升高时，由于内部寄生电抗的存在，运算放大器的增益减小，频率特性变差。图 5-20 所示为运算放大器开环对数幅频特性示意图。当运算放大器的增益相

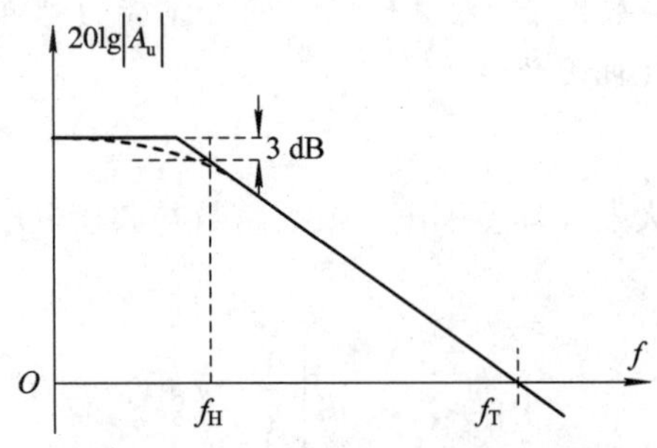

图 5-20　运算放大器开环幅频特性

对于中频增益下降 3 dB 时所对应的频率点称为运算放大器的**开环上限频率**，一般运算放大器的开环上限频率很低，只有几赫兹到几百赫兹。运算放大器的开环带宽为上限频率减去下限频率，由于下限频率为 0 Hz，因此开环带宽就等于 f_H。

当运算放大器的增益下降到 0 dB，即放大倍数为 1 时所对应的频率称为**单位增益频率**或单位增益带宽，用 f_T表示。在运算放大器的手册中该参数常以增益带宽积的形式给出，当放大倍数为 1 时，对应的频率为单位增益带宽 f_T，两者之积就是 f_T。在实际应用中，运算放大器通常用来构成闭环负反馈放大器，此时，如果信号频率高，可取得的增益则小；反之，如果信号的频率低，可取得的增益则高，那么增益带宽积就用来估算所选择的运算放大器在给定的环境下可能取得的频率特性。

15. 转换速率 SR

转换速率也称为压摆率，是指在额定负载条件下，当输入大幅阶跃信号时，运算放大器在线性状态下输出电压 u_o的最大变化速率，即

$$\mathrm{SR} = \left|\frac{\mathrm{d}u_o}{\mathrm{d}t}\right|_{\max}$$

转换速率 SR 反映了运算放大器对输入信号的跟随能力，SR 越大，对输入信号的跟随能力越强。SR 越高，运算放大器的高频特性越好，不过 SR 高运放的稳定性差，对干扰信号更敏感。

16. 静态功耗 P_o

静态功耗定义为运算放大器空载和没有输入信号的情况下，电源供给运算放大器的直流功率，它等于全部电源电压（正电源与负电源绝对值之和）与静态电流的乘积。

5.5　集成电路仿真

电流源电路和差动放大电路是集成运算放大器的基础和重要组成部分，本节通过对这两种电路的仿真加深对电流源电路和差动放大电路的理解。仿真文件可从西安电子科技大学出版社网站“资源中心”下载。

5.5.1　电流源电路仿真

1. 镜像电流源仿真

图 5 - 21 所示为镜像电流源仿真电路，图中 T3 和 T4 采用双极型 NPN 型虚拟三极管，设定其 β 值均为 100，其他参数采用缺省值。为了观察设定电流与负载电流的大小，分别接入 U2 和 U1 两个电流表，通过可变电阻 R7 改变设定电流的大小，通过可变电阻 R9 改变负载阻值的大小。仿真时需保证 R7 的阻值大于 R9 的阻值，这样负载电流才不至于使 T4 管饱和，镜像关系才能保持。

首先，研究负载电流跟随设定电流的准确性。仿真运行，保持 R9 不变，例如 R9 的接入比例调整到 50%并保持，改变 R7 的阻值，调整设定电流的大小，每次改变 R7 的值，分

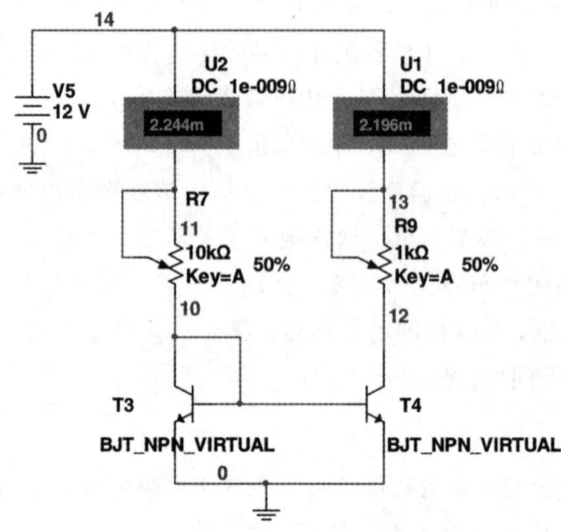

图 5-21　镜像电流源仿真电路

别记录设定电流和负载电流的大小，填入表 5-1 中。

表 5-1　镜像电流源负载电流跟随设定电流变化情况记录表

设定电流/mA	1.121	1.247	1.402	1.600	1.869	2.244	2.800	3.730	5.590
负载电流/mA	1.100	1.220	1.373	1.569	1.830	2.196	2.744	3.656	5.480
误差/μA	21	27	29	31	39	48	56	74	110
相对误差/(%)	1.8	2.2	2.1	1.9	2.1	2.1	2.0	2.0	2.0

根据记录数据计算误差和相对误差，见表 5-1，观察可知，负载电流跟随设定电流的变化而变化，并且设定电流越大误差越大，但是相对误差基本保持不变。

其次，研究设定电流不变，负载变化时负载电流跟随设定电流的情况。仿真运行，调整 R7 的接入比例到某个固定值，例如保持在 50%，此时设定电流为 2.244 mA 不变，然后，改变负载阻值，观察负载电流的变化，记录数据，填入表 5-2 中。

表 5-2　负载变化时负载电流的变化情况记录表

负载接入比例/%	40	50	60	70	80	90	100
负载电流/mA	2.196	2.196	2.197	2.197	2.197	2.199	2.197

表 5-2 表明：当负载变化时，负载电流基本保持稳定，变化很小。

2. 威尔逊电流源仿真

相对于镜像电流源，威尔逊电流源具有更好的稳定性、更好的镜像效果，是改进的镜像电流源。图 5-22 所示为威尔逊电流源仿真电路。

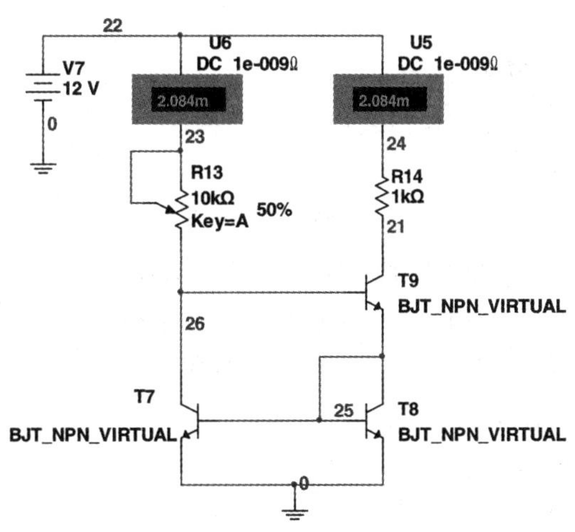

图 5-22　威尔逊电流源仿真电路

T7、T8 和 T9 采用虚拟晶体管，β 值均为 100，负载电阻 R14 为 1 kΩ 固定电阻，通过 R13 改变设定电流的大小。仿真运行，每次改变 R13，记录设定电流和负载电流，填入表 5-3中。

表 5-3　威尔逊电流源负载电流跟随设定电流变化情况表

设定电流/mA	1.045	1.162	1.304	1.489	1.737	2.084	2.601	3.462	5.182
负载电流/mA	1.046	1.162	1.306	1.490	1.737	2.084	2.601	3.462	5.183
误差/μA	−1	0	−2	−1	0	0	0	0	−1
相对误差/%	0.1	0	0.2	0.1	0	0	0	0	0.01

观察表 5-3 可以看出：威尔逊电流源镜像效果明显优于基本镜像电流源，负载电流能够很好地跟踪设定电流，误差可以忽略不计。

3. 比例电流源仿真

图 5-23 所示为比例电流源仿真电路，R11 和 R12 用于设定输出电流与输入电流之间的比例关系，根据 R11、R12 的阻值可知负载电流为

$$I_L = \frac{R11}{R12} I_R = \frac{10\ \text{k}\Omega}{47\ \text{k}\Omega} I_R \approx 0.213 I_R$$

通过 U4 读得设定电流 I_R=1.023 mA，按照上式计算得负载电流应为 I_L=0.218 mA，这与负载电流表显示电流 0.217 mA 基本一致。

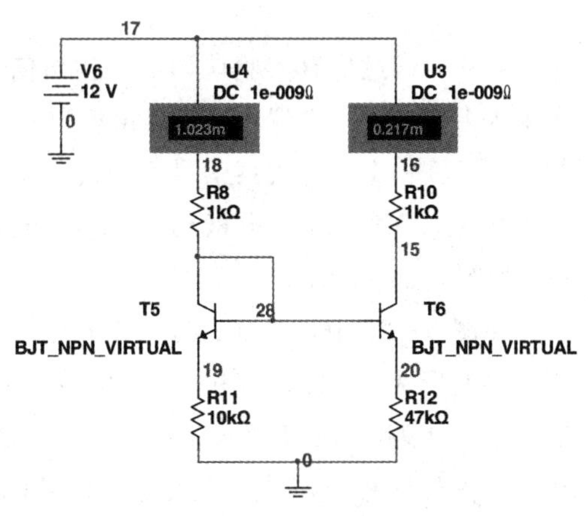

图 5-23　比例电流源仿真电路

5.5.2　差动电路仿真

1. 差动放大电路基本分析

图 5-24 所示为长尾差动放大仿真电路，电路中三极管为 $\beta=100$ 的 NPN 虚拟三极管，电源采用正负电源供电。

首先，分析该差动放大电路的直流工作点。在 T1 和 T2 的三个极分别放置虚拟测试探针，如图 5-24 所示，为了观察方便，通过虚拟测试探针属性设置关闭了直流参数之外的显示项，仅显示测试点的直流电压和直流电流。电路连接完成，仿真运行，各测试探针的窗口显示的直流参数如图所示。由测试探针参数可知 $I_{C1}=I_{C2}=556\ \mu A$，$I_{E1}=I_{E2}=562\ \mu A$，$I_{B1}=I_{B2}=5.56\ \mu A$，$U_{CE1}=U_{CE2}=6.44\ V-(-0.763\ V)=7.2\ V$。由此判断，该差动放大电路的直流工作点合适。

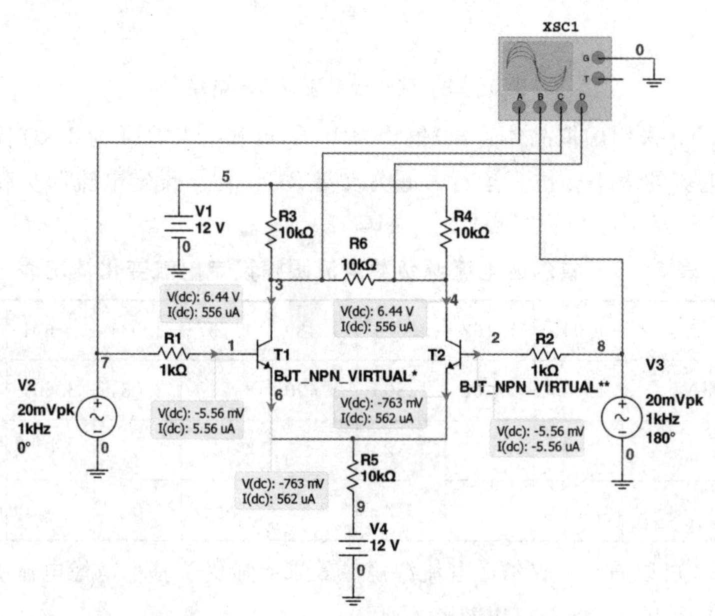

图 5-24　长尾差动放大仿真电路

其次，通过仿真实验认识输入输出信号之间的关系。V2 和 V3 为等幅输入信号源，为了加入差模信号，设置 V2 的初相角为 0°，V3 的初相角为 180°，这样一来 V2 和 V3 幅值相等，相位相反。为观察信号之间的关系，使用了四通道虚拟示波器 XSC1，它的四个通道分别接 V2、V3、T1 集电极和 T2 集电极。运行仿真，双击四通道示波器图标，打开仿真波形，如图 5-25 所示。

在图 5-25 中，上面的两个波形为信号源 V2、V3 的波形，即 A、B 通道的信号波形，下面的波形为 T1 集电极和 T2 集电极信号波形，即 C、D 通道的波形。由图 5-25 可知：V2 和 V3 反相，T1 集电极信号与 T2 集电极信号反相，V2 与 T1 集电极信号反相，与 T2 集电极信号同相，V3 与 T1 集电极信号同相，与 T2 集电极信号反相。此时，差动放大电路的双端输入双端输出信号放大倍数为

$$A_u = \frac{u_{cm1} - u_{cm2}}{u_{m1} - u_{m2}} = \frac{-1.035\ \text{V} - 1.031\ \text{V}}{19.959\ \text{mV} - (-19.959\ \text{mV})} \approx 51.8$$

上式中 u_{cm1} 和 u_{cm2} 分别为 T1 和 T2 集电极交流信号的峰值，u_{m1} 和 u_{m2} 分别为两个信号源的信号峰值。

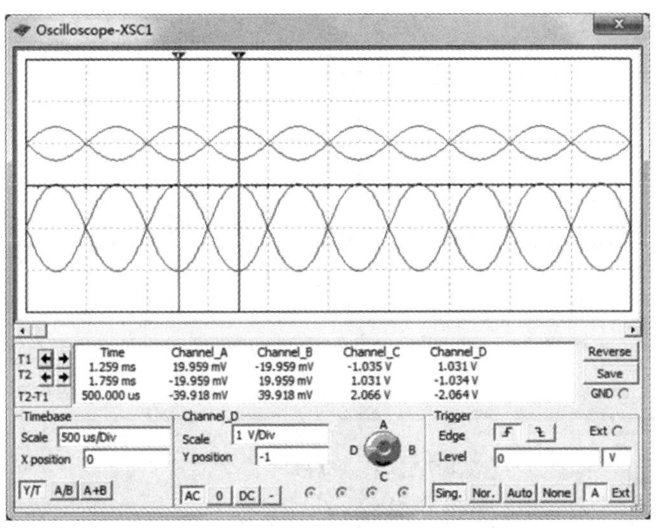

图 5-25　长尾差动放大仿真波形

2. 差动放大电路四种组态

差动放大电路有四种典型接法，下面通过仿真研究每种接法下输入输出信号的关系及放大器的放大倍数。

1）双端输入双端输出

图 5-26 为双端输入双端输出仿真电路，采用双通道示波器进行观测。

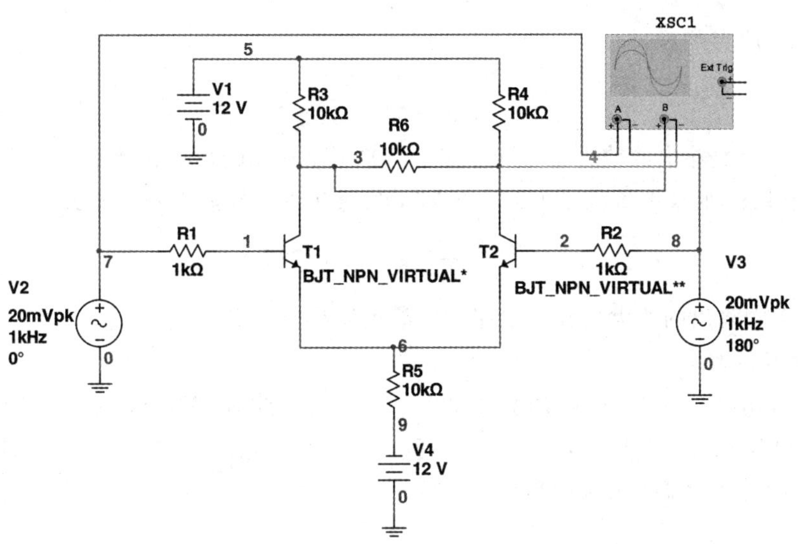

图 5-26　双端输入双端输出动态仿真电路

图 5-27 所示为双端输入双端输出仿真输出波形。该波形表明输出与输入信号反相，通过移动光标读取输入、输出信号的峰值，可计算出放大器的放大倍数为

$$A_u = -\frac{2.067\ \text{V}}{39.974\ \text{mV}} \approx 51.7$$

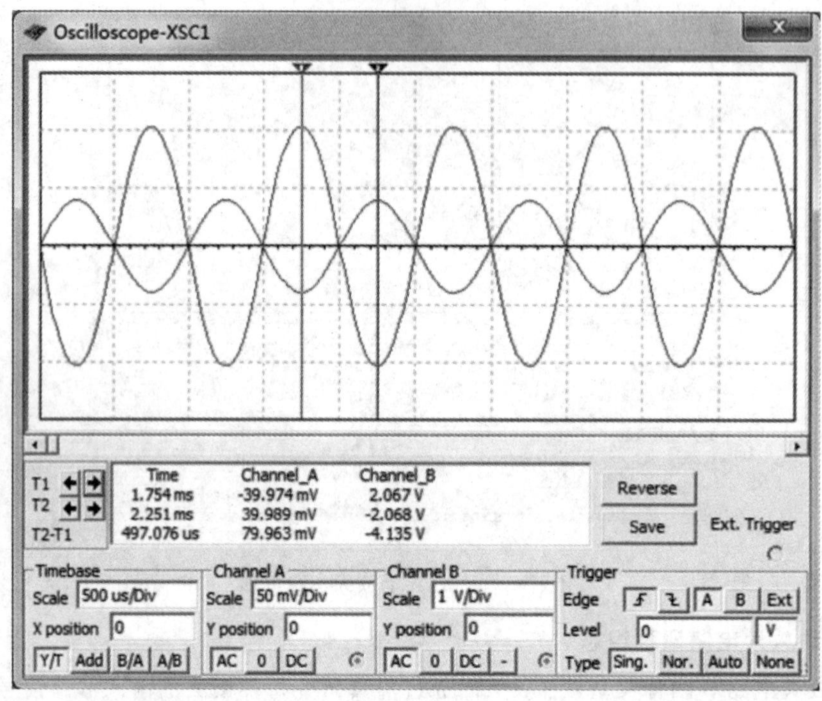

图 5-27　双端输入双端输出仿真波形

2）双端输入单端输出

输入信号不变，输出信号从 T1 的集电极取出，负载连接到 T1 的集电极到地之间，通过仿真测得的放大倍数为

$$A_u = -\frac{1.548\ \text{V}}{39.863\ \text{mV}} \approx 38.8$$

可以看到单端输出的放大倍数减小了，但并不是双端输出放大倍数的一半，原因在于负载仍为 10 kΩ，如果把负载电阻改成 5 kΩ，通过仿真得到放大器的放大倍数为

$$A_u = -\frac{1.033\ \text{V}}{39.986\ \text{mV}} \approx 25.8$$

此时，单端输出的放大倍数为双端输出放大倍数的一半。

3）单端输入双端输出

只连接 V2，另一个输入端接地，如图 5-28 所示，此时即为单端输入双端输出形式。

图 5-29 所示为单端输入双端输出仿真波形，输入、输出的相位反相，测量输入、输出幅值可计算此时放大器的放大倍数为

$$A_u = -\frac{1.11\ \text{V}}{19.987\ \text{mV}} \approx 55.5$$

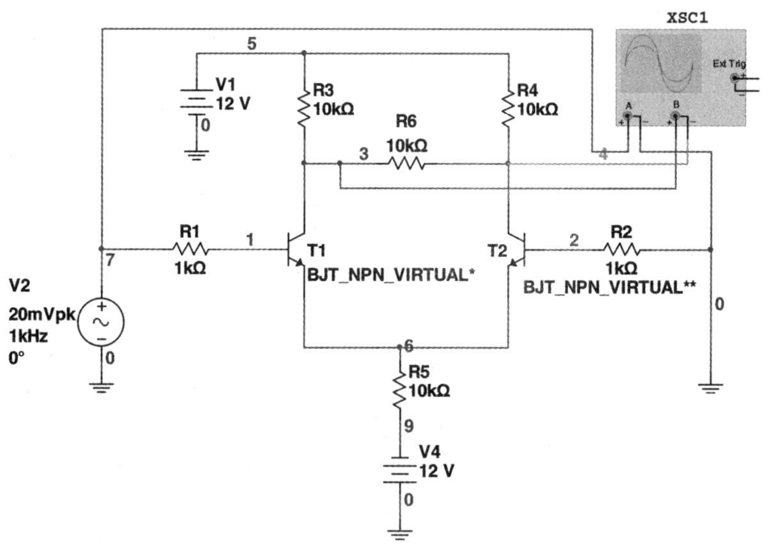

图 5 - 28　单端输入双端输出动态仿真电路

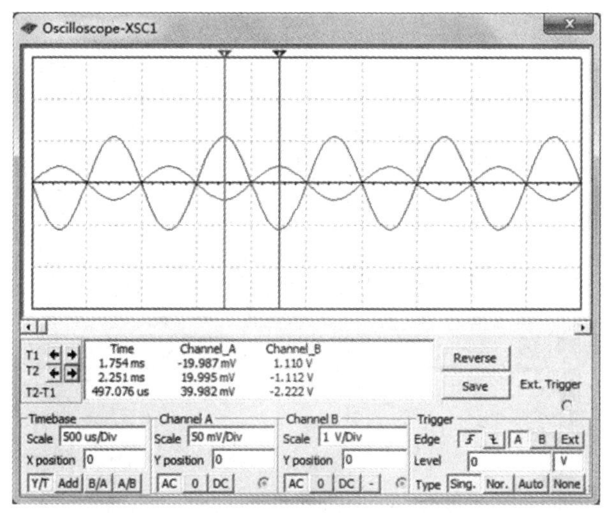

图 5 - 29　单端输入双端输出仿真波形

与双端输入双端输出情况对比可知，在双端输出时，输入信号采用双端或单端形式对放大倍数影响不大。

4) 单端输入单端输出

在图 5 - 28 中，将负载电阻改接成单端输出的形式，即 R6 接在 T1 的集电极与地之间，仿真测得输入输出信号的幅值，可计算得到此时的放大倍数为

$$A_u = -\frac{833.667\ \mathrm{mV}}{19.960\ \mathrm{mV}} \approx 41.8$$

此值与单端输出放大倍数相近，如果负载电阻改成 5 kΩ，经测量放大倍数为

$$A_u = -\frac{555.51\ \mathrm{mV}}{19.951\ \mathrm{mV}} \approx 27.8$$

此时的输出值约为双端输出值的一半。

3. 共模抑制能力分析

图 5-30 所示为共模抑制能力仿真电路，此时 V2 和 V3 为相同的信号源，充当两个输入端的共模信号，输出采用单端输出的形式。值得说明的是：仿真时，由于电路对称性，在双端输出时输出为零，共模抑制比为无穷大，因此，仿真研究双端输出的共模抑制性能意义不大。

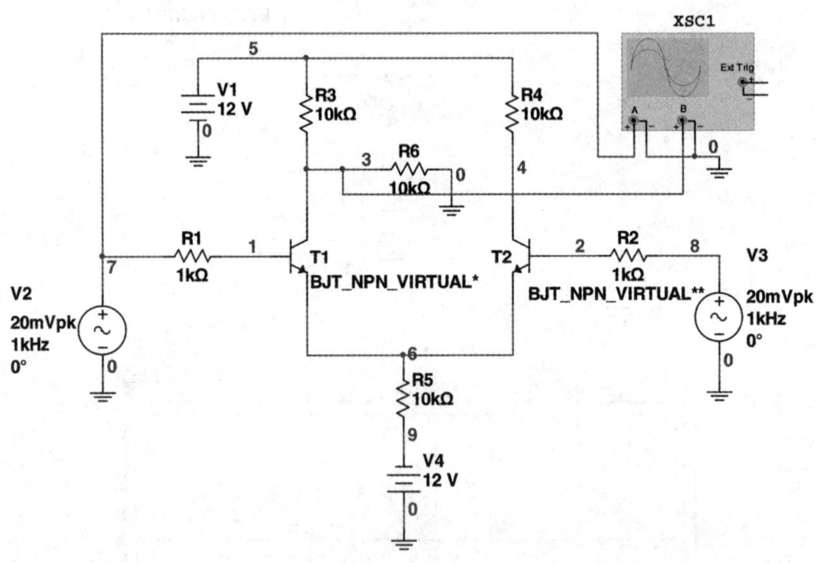

图 5-30　共模信号抑制能力仿真电路

仿真运行，通过示波器观测输入、输出波形，如图 5-31 所示。

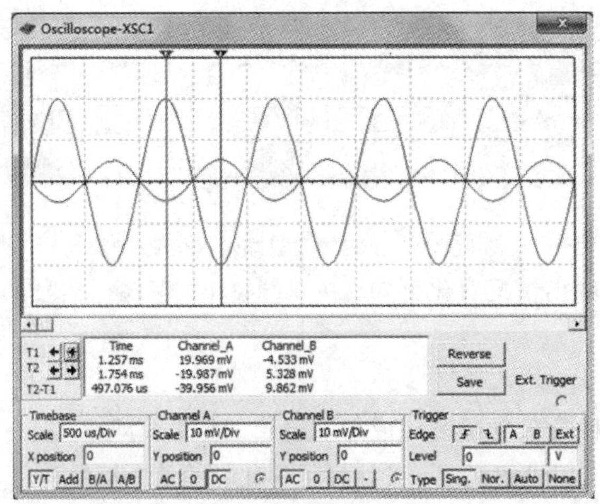

图 5-31　共模信号抑制能力仿真波形

根据波形测量结果可知输出共模信号峰值为 4.921 mV，则共模电压放大倍数为

$$|A_{uc}| = \frac{4.533\ \text{mV}}{19.969\ \text{mV}} \approx 0.23$$

则单端输出的共模抑制比近似为

$$K_{CMR} = 20\lg\left|\frac{A_{ud}}{A_{uc}}\right| = 20\lg\left|\frac{38.8}{0.23}\right| = 44.5\ \text{dB}$$

习 题 五

5-1　电流源电路在集成电路中主要起什么作用？简述常见的电流源电路及特点。

5-2　使用恒流源充当电压放大器的负载有什么作用？与固定电阻做负载相比较有什么特点？

5-3　简述零点漂移现象及产生这一现象的原因。

5-4　对比基本差动放大电路和长尾式差动放大电路在抑制温漂方面的异同。

5-5　对比基本差动放大电路和长尾式差动放大电路在单端输出情况下对共模信号的抑制能力。

5-6　分析长尾式差动放大电路中射极电阻 R_e 对共模信号和差模信号各起什么作用，使用恒流源代替射极电阻 R_e 的原因是什么？

5-7　什么是共模信号？什么是差模信号？如何把差动放大器的输入信号分解为共模信号和差模信号？

5-8　差动放大电路有哪四种基本的工作状态？单端输入和双端输入有何不同？单端输出和双端输出对于共模信号和差模信号分别产生什么样的影响？

5-9　填空题

1. 在零输入情况下，直接耦合放大器输出信号不规则变化的现象称为________，引起这种现象的主要原因是________变化引起静态工作点的变化，因此这种现象也称______。

2. 基本差动放大电路是利用左右两侧对称的单管放大器对共模信号的放大效果相同，采用__________输出电压为零的原理实现抑制共模信号的目的的。

3. 理想情况下，长尾式差动放大电路双端输出共模电压为____，单端输出的共模电压信号放大倍数表达式为____________________，由此可见射极电阻的接入________了共模电压放大倍数，从而抑制了单端输出的共模信号。

4. 使用恒流源代替射极电阻，既提高了差动放大电路的__________能力，又保证了对差模信号放大时有足够大的____________。

5. 用理想的恒流源替代共射极放大器的集电极电阻，则该放大器的动态电压放大倍数可以近似看成________。

6. 差动放大器的两个输入端的对地信号分别为 $u_{i1}=20$ mV，$u_{i2}=30$ mV，则两个输入端的共模信号为 $u_{ic}=$________，差模信号分别为 $u_{id1}=$________，$u_{id2}=$________。

7. 集成运算放大器通常由__________、_________、___________和__________四部分组成。

8. 某集成运算放大器的开环差模电压增益为 80 dB，在 25℃和 35℃时测得的失调电压输出分别为 1 V 和 2 V，则 25℃和 35℃时的输入失调电压分别为____ mV 和____ mV，输入失调电压温漂为______ μV/℃。

9. 集成运算放大电路的中间级为了取得高的电压放大倍数，通常采用________作为放大器的负载，采用___________作为放大管；输出级为提高输出功率通常采用________的结构，这种结构的本质是两个并联在一起的_________。

10. 集成运算放大器的开环差模电压放大倍数通常_________，理想情况下可以近似认为开环差模电压放大倍数为_______，实际应用中集成运算放大器大多工作在________情况下。

5-10　图5-32所示电路为多路电流源，电路参数如图所示，请计算设定电流I_R和各路负载电流的大小。

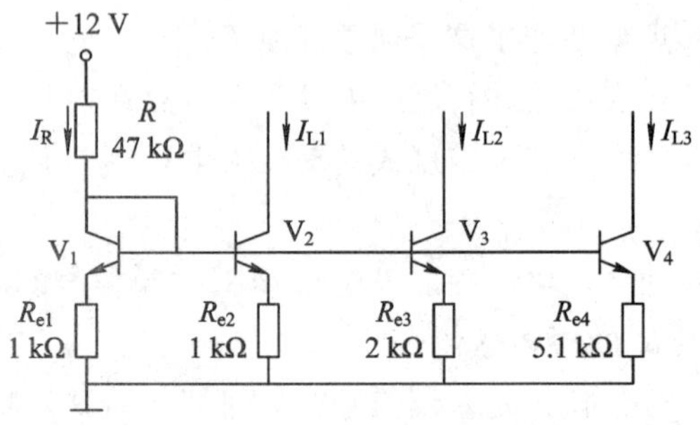

图5-32　题5-10图

5-11　电路如图5-33所示，请分析说明电路的工作原理及三极管V_1和V_2的作用。

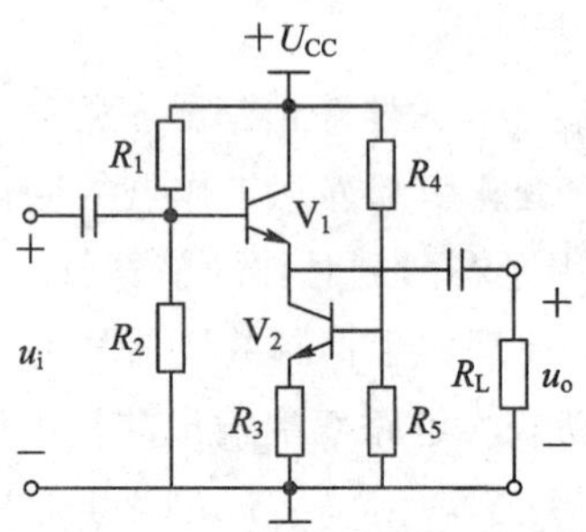

图5-33　题5-11图

5-12　图5-34所示电路中，三极管的$\beta=40$，$r_{be}=8.2\ \text{k}\Omega$，$R_c=75\ \text{k}\Omega$，$R_e=56\ \text{k}\Omega$，$R_s=1.8\ \text{k}\Omega$，$R_w=1\ \text{k}\Omega$，$R_L=1.8\ \text{k}\Omega$，$U_{CC}=U_{EE}=15\ \text{V}$。试求：

(1) 静态工作点；

(2) 差模电压放大倍数；

(3) 差模输入电阻。

5-13　图5-35所示电路中，三极管的$\beta=100$，$r_{be}=10.3\ \text{k}\Omega$，$R_c=36\ \text{k}\Omega$，$R_e=27\ \text{k}\Omega$，$R_s=2.7\ \text{k}\Omega$，$R_w=100\ \Omega$，$R_L=18\ \text{k}\Omega$，$U_{CC}=U_{EE}=15\ \text{V}$。试求：

(1) 静态工作点；

(2) 差模电压放大倍数；

(3) 差模输入电阻。

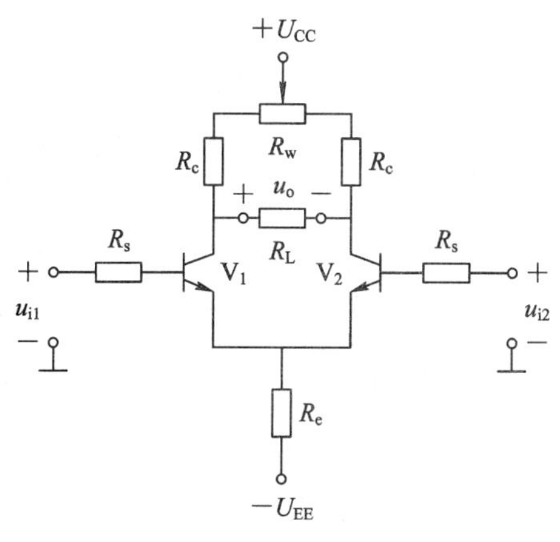

图 5 - 34　题 5 - 12 图

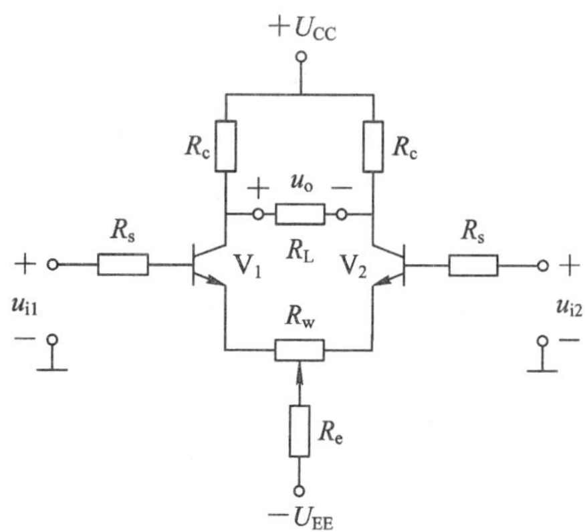

图 5 - 35　题 5 - 13 图

5 - 14　恒流源差动放大电路如图 5 - 36 所示，已知三个管子的 $\beta=30$，$R_c=47\ \text{k}\Omega$，$R_s=10\ \text{k}\Omega$，$R_L=20\ \text{k}\Omega$，$R_1=16\ \text{k}\Omega$，$R_2=3.6\ \text{k}\Omega$，$R_3=13\ \text{k}\Omega$，$U_{CC}=U_{EE}=9\ \text{V}$。试求：

(1) 静态工作点；

(2) 差模电压放大倍数。

5 - 15　恒流源差动放大电路如图 5 - 37 所示，已知差分对管的 $\beta=70$，$r_{be}=12\ \text{k}\Omega$，$R_c=20\ \text{k}\Omega$，$R_s=2\ \text{k}\Omega$，$R_L=20\ \text{k}\Omega$，$R_1=750\ \Omega$，$R_2=11\ \text{k}\Omega$，$U_{CC}=U_{EE}=12\ \text{V}$，稳压管 V_{DZ}的稳定电压值为 4 V。试求：

(1) V_1和 V_2的静态电流 I_{C1}和 I_{C2}；

(2) 差模电压放大倍数；

(3) 分析电源电压变化对差动放大电路的工作状态有何影响。

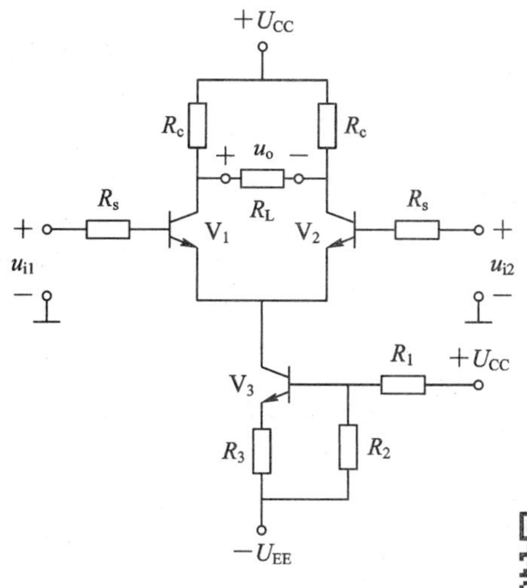

图 5 - 36　题 5 - 14 图

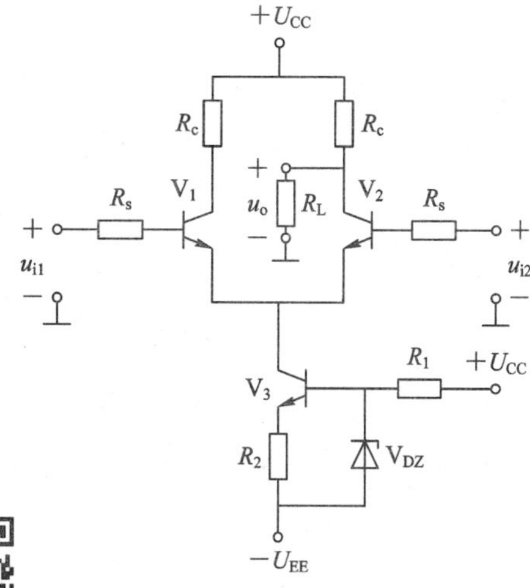

图 5 - 37　题 5 - 15 图

习题五参考答案

第6章 反 馈

反馈是实现自动控制的基础，在放大电路中引入负反馈可以大大改善放大器的性能，特别是对于集成运算放大器，如果离开负反馈控制，几乎无法实现线性应用；另外，应用正反馈可以实现各种振荡电路，正反馈是信号发生电路的基础。本章主要介绍反馈的基本概念、反馈对放大器性能的影响及深度负反馈情况下放大器的分析与计算方法。

6.1 反馈的基本概念

反馈的基本概念

6.1.1 反馈放大器

将基本放大电路输出量的一部分或全部，通过反馈网络反向送回到输入端，来参与放大器的输入控制，称为**反馈**。引入反馈的放大电路称为反馈放大电路，反馈放大电路的结构框图如图6-1所示。

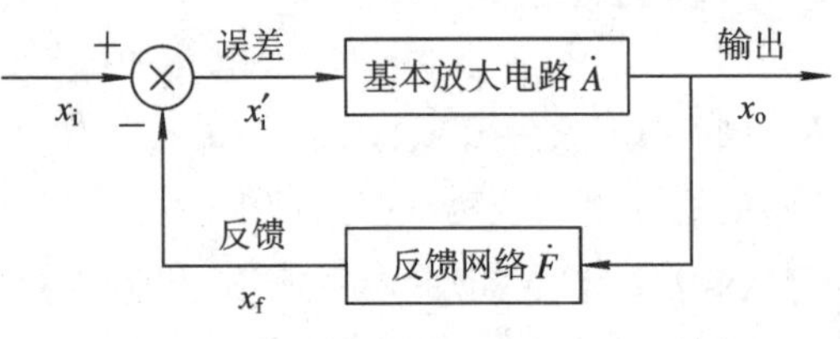

图6-1 反馈放大器结构框图

由图6-1可以看出，反馈放大器由基本放大电路、反馈网络及相加环节组成。图中符号“⊗”表示相加环节，也称比较环节，相加环节实现对输入信号的相加运算，在相加环节的输入信号上标注有输入信号的极性，如果标注为“+”表示输入信号为正极性，标注为“−”表示输入信号为负极性。x_i 为输入信号，x_o 表示输出信号，x_o 经反馈网络取样得到反馈信号 x_f，x_i'是经相加环节运算得到的误差信号，即 $x_i'=x_i-x_f$，x_i'也称为净输入信号。

根据图6-1所示的框图，可知

$$\dot{X}_o=\dot{A}\cdot\dot{X}_i' \tag{6-1}$$

$$\dot{X}_f=\dot{X}_o\cdot\dot{F} \tag{6-2}$$

$$\dot{X}_i'=\dot{X}_i-\dot{X}_f \tag{6-3}$$

式(6-1)到式(6-3)中，$\dot{X}_i$、$\dot{X}_o$、$\dot{X}_f$ 及 $\dot{X}_i'$分别表示 x_i、x_o、x_f 及 x_i'的相量形式，$\dot{A}$、$\dot{F}$ 分别表示基本放大电路的放大倍数和反馈网络的**反馈系数**，$\dot{A}$ 也称为**开环放大倍数**或**开环增益**，将式(6-1)代入式(6-2)可得

$$\dot{X}_f=\dot{A}\dot{F}\cdot\dot{X}_i' \tag{6-4}$$

式(6-4)中，$\dot{A}\dot{F}$ 称为**环路增益**，它反映了反馈量与净输入信号之间的关系。

由式(6-1)到式(6-3)消去 $\dot{X}_f$ 和 $\dot{X}_i'$可得

$$\dot{X}_o=\frac{\dot{A}}{1+\dot{A}\dot{F}}\dot{X}_i$$

即

$$\dot{A}_f=\frac{\dot{X}_o}{\dot{X}_i}=\frac{\dot{A}}{1+\dot{A}\dot{F}} \tag{6-5}$$

式(6-5)反映了输出信号 $\dot{X}_o$ 与输入信号 $\dot{X}_i$ 之间的关系，即整个反馈放大器的放大倍数 $\dot{A}_f$ 为 $\frac{\dot{A}}{1+\dot{A}\dot{F}}$，$\dot{A}_f$ 称为**闭环增益**。

一个具体的反馈放大器中，充当基本放大电路的可能是单级基本放大电路、多级放大电路或者集成运算放大电路，实际上由于运算放大器的特点，更多的情况下是以集成运算放大器作为基本放大电路来使用的。

6.1.2 反馈的分类及判断

1. 正反馈和负反馈

在反馈放大器中，反馈量使基本放大电路净输入量得到增强的反馈称为**正反馈**，使净输入量减弱的反馈称为**负反馈**。在图 6-1 中，基本放大电路的净输入信号为 $\dot{X}_i'=\dot{X}_i-\dot{X}_f$，这并不表示反馈量一定削弱输入信号，此处“－”的作用只表示反馈量反相后再与输入信号相加，反馈量的真正效果要依据反馈量与输入量的实际幅值及相位关系而定。

判断一个反馈是正反馈还是负反馈，通常采用**“瞬时极性法”**，具体步骤如下：

(1) 假定输入信号在某个时刻的瞬时极性，并标注在信号的输入端，以“⊕”表示瞬时正，“⊖”表示瞬时负。通常输入信号极性标注为瞬时正。

(2) 从输入端开始按照实际放大电路的信号传输关系，依次标注信号传输通道上各点的瞬时极性，直到反馈信号的取样点；再从信号的取样点开始沿反馈回路标注信号传输的瞬时极性，直到反馈信号与输入信号的比较环节。

(3) 根据比较环节分析反馈信号对输入信号的影响，判断净输入量的变化，如果反馈信号使净输入量增强，即为正反馈，反之为负反馈。

例 6-1 判断图 6-2 所示电路中的反馈极性。

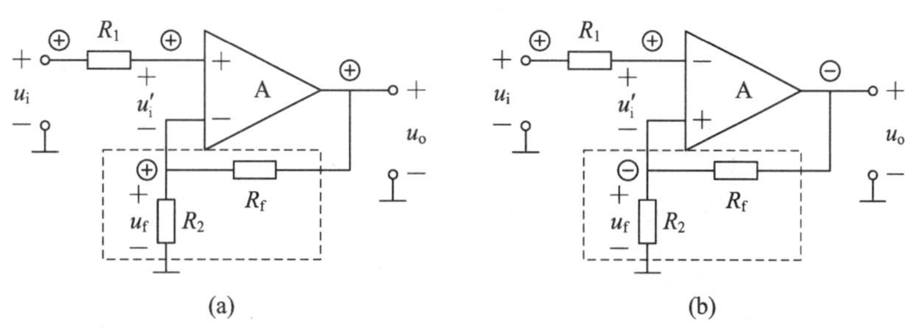

图 6-2 例 6-1 图

解 对于图 6-2(a)：

(1) 首先用瞬时极性法标注沿信号传输路径上各点的瞬时极性。

如图中所示，瞬时正的信号从运算放大器的同相输入端输入，输出必然瞬时增加，标注为瞬时正，R_f 和 R_2 组成反馈网络，如图中虚线框所示，该反馈网络实际上是一个分压

网络，由于运算放大器的输入阻抗较高，可以认为反相输入端的电压仅仅取决于 R_f 和 R_2 的分压，即

$$u_f = \frac{R_2}{R_2 + R_f} u_o$$

由于 u_o 瞬时正，则 u_f 为瞬时正，即运算放大器的反相输入端的电压瞬时增加。

(2) 根据标注的瞬时极性及信号连接关系判断净输入量的变化及反馈极性。

运算放大器的同相输入端信号瞬时增加，经反馈回送到反相输入端的信号也瞬时增加，则同相输入端和反向输入端的电压差，即净输入信号 u_i' 的增加被抑制，或者说反馈是不利于净输入信号的增加的，因此该电路存在的反馈为负反馈。

对于图 6－2(b)：步骤同图 6－2(a)，由于信号从运算放大器的反向输入端输入，输入瞬时正，则输出瞬时负。反馈网络与图 6－2(a)相同，由于输出瞬时负，因此反馈量 u_f 也瞬时负。由于反相输入端信号瞬时增加，同相输入端信号瞬时减小，则净输入信号 u_i' 增加，即反馈的存在使得净输入信号增加，因此该反馈为正反馈。

2. 电压反馈和电流反馈

根据反馈电路在输出端的取样方式不同，可以把反馈划分为电压反馈和电流反馈。

如果反馈信号取自输出电压，称为**电压反馈**；如果反馈信号取自输出电流，则称为**电流反馈**。

可以通过**输出负载短路法**来判断一个反馈是电压反馈还是电流反馈。即假设把输出负载两端短接，此时，判断反馈的采样点是否还有反馈信号存在，如果反馈信号消失，则认为是电压反馈，如果输出短接后反馈信号仍然存在，则为电流反馈。

例 6－2 判断图 6－3 所示电路中反馈为电压反馈还是电流反馈。

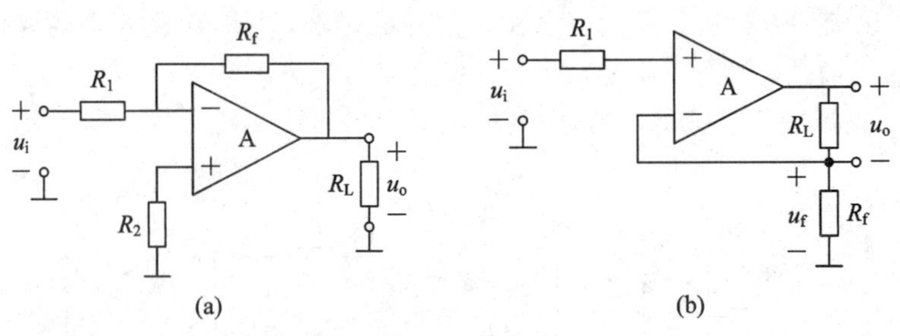

图 6－3　例 6－2 图

解　对于图 6－3(a)，当输出负载 R_L 两端短接时，通过 R_f 在输出端的取样信号始终为零，因此为电压反馈。

对于图 6－3(b)，当输出负载短接时，取样点的信号仍然存在，并且随输入信号的变化而变化，R_f 上的采样电压 u_f 仍等于取样点的电压，因此该反馈为电流反馈。

3. 直流反馈和交流反馈

如果反馈信号是直流信号则称为**直流反馈**，如果反馈信号是交流信号则称为**交流反馈**，如果反馈信号中交、直流信号都有则称为**交直流反馈**。引入反馈的目的是为了改善电路某项性能，有些时候是针对直流量，有些时候是针对交流量，有些时候两者兼而有之。

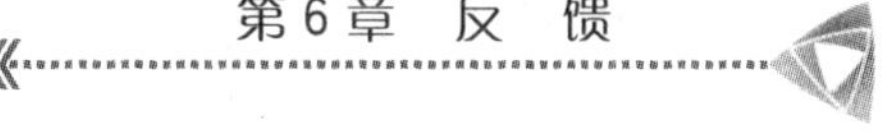

例 6-3　判断图 6-4 所示电路中反馈是直流反馈还是交流反馈。

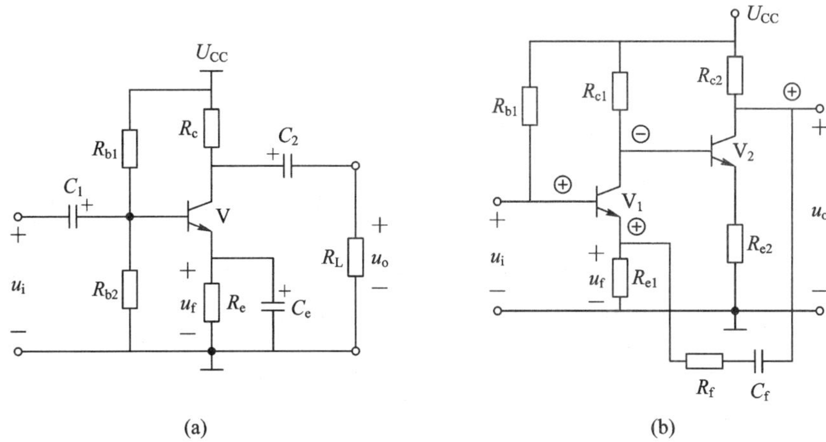

图 6-4　例 6-3 图

解　图 6-4(a)所示电路是前面介绍过的基极分压式静态工作点稳定电路。该电路稳定静态工作点的主要手段就是接入射极电阻，当温度变化引起三极管的静态电流增加时，射极电流在 R_e 上的压降 u_f 也增加，但是由于三极管的基极电位基本保持恒定，u_f 上升必然导致三极管 V 的发射结压降减小，进而导致基极偏流减小，最终使集电极和射极的静态电流降下来。由于射极耦合电容 C_e 的存在，对于交流信号 R_e 被短接，不起作用，因此，由射极电阻 R_e 所引起的反馈是直流反馈。

图 6-4(b)为一个两级放大器，显然由 R_f 和 C_f 组成的支路把输出信号反馈到输入级，由于 C_f 的存在，不难判断该反馈支路只对交流信号起作用，属于交流反馈。进一步，采用瞬时极性法标注信号传输通道上各点信号的瞬时极性，如图所示。分析可知，当输入信号瞬时增加，反馈信号也瞬时增加，使得三极管的发射结净输入信号增加得到抑制，因此该反馈属于负反馈，即交流负反馈，它稳定了交流信号的放大倍数。

4. 串联反馈和并联反馈

根据反馈网络与放大电路在输入端的连接方式不同，可以分为串联反馈和并联反馈，串联反馈和并联反馈实际上反映输入信号与反馈信号以何种形式进行比较。

如果输入信号与反馈信号是以电压的形式进行比较，则称为**串联反馈**，它的表现形式就是输入电压等价于反馈电压与净输入电压相串联，输入电压等于净输入电压与反馈电压之和，而净输入电压是输入电压与反馈电压之差。如果输入信号与反馈信号以电流的形式进行比较，则称为**并联反馈**，它的表现形式就是输入电流与反馈电流并联比较形成净输入电流，三者之间满足节点电流定律。

图 6-5(a)所示电路为串联反馈，输入电压 u_i、反馈电压 u_f 及净输入电压 u_i'形成串联关系，且有

$$u_i = u_i' + u_f \tag{6-6}$$

或

$$u_i' = u_i - u_f \tag{6-7}$$

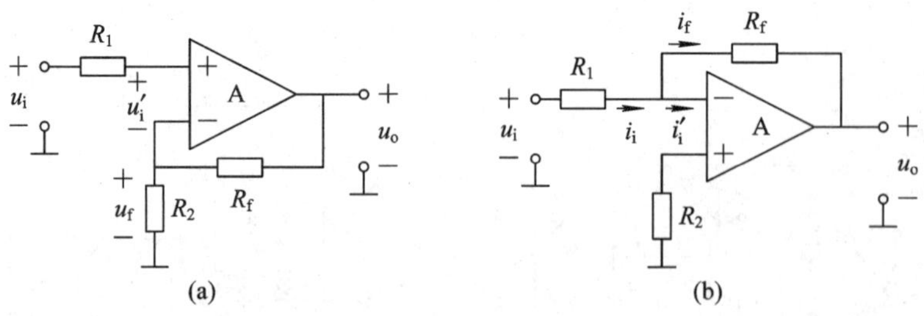

图 6-5　串联反馈与并联反馈

式(6-7)说明净输入电压 u_i'是输入电压 u_i 与反馈电压 u_f 之差。

图 6-5(b)所示电路为并联反馈，反馈支路与输入端直接连接在一起，形成并联关系，并且有

$$i_i = i_i' + i_f \tag{6-8}$$

也就是

$$i_i' = i_i - i_f \tag{6-9}$$

式(6-9)说明净输入电流 i_i'是输入电流 i_i 与反馈电流 i_f 之差。

反馈的分类并不局限于以上所介绍的这些，对于多级放大器可以按照范围把反馈分为本级反馈和级间反馈等，这里不再赘述。

6.1.3　负反馈的四种基本形式

反馈的种类较多，但是应用反馈来改善放大器的性能主要应用负反馈，因此本章主要关注负反馈的四种基本形式，这四种基本形式为电压串联负反馈、电压并联负反馈、电流串联负反馈和电流并联负反馈。这四种形式实际上是按照反馈网络在输入端及输出端的连接方式来划分的。从输出端来看，可以划分为电压反馈和电流反馈，从输入端来看，可以划分为串联反馈和并联反馈，输入输出组合起来就可以得到这四种基本的形式了。

下面分别对这四种基本的负反馈进行讨论，研究每种形式下反馈放大器的增益等参数。

1. 电压串联负反馈

所谓**电压串联负反馈**是指在负反馈放大器中，反馈网络在输出端取样输出的电压信号，在输入端把反馈信号与输入信号以电压的形式进行比较，产生净输入信号的反馈形式。

图 6-6(a)所示为电压串联负反馈放大器电路，从图可以看出输出信号取输出电压 u_o，反馈网络对 u_o 分压得到反馈电压 u_f，输入电压 u_i 接同相输入端，反馈电压 u_f 接反相输入端，同相输入端和反相输入端电压之差作为基本放大器的净输入信号 u_i'。

对于基本放大器，输入信号为 u_i'，输出信号为 u_o，输入输出之间的关系可以表示为

$$\dot{A}_u = \frac{\dot{U}_o}{\dot{U}_i'} \tag{6-10}$$

$\dot{A}_u$ 表示基本放大器的电压放大倍数，无量纲。

反馈网络取样输出电压 u_o，得到反馈电压 u_f，可表示为

$$\dot{F}_u = \frac{\dot{U}_f}{\dot{U}_o} \tag{6-11}$$

$\dot{F}_u$ 为反馈网络电压传输比，无量纲。

净输入信号可表示为

$$\dot{U}_i' = \dot{U}_i - \dot{U}_f \tag{6-12}$$

整个负反馈放大器的电压放大倍数为

$$\dot{A}_{fu} = \frac{\dot{U}_o}{\dot{U}_i} = \frac{\dot{A}_u \cdot \dot{U}_i'}{\dot{U}_i} = \frac{\dot{A}_u \dot{U}_i'}{(1+\dot{A}_u \dot{F}_u)\dot{U}_i'} = \frac{\dot{A}_u}{(1+\dot{A}_u \dot{F}_u)} \tag{6-13}$$

图 6-6(b)所示为电压串联负反馈放大器的一般结构框图。它表明了电压串联负反馈电路中各信号之间的基本关系。

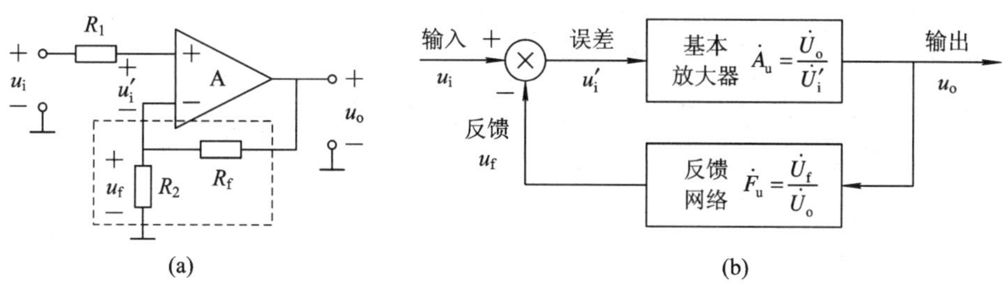

图 6-6 电压串联负反馈放大器

2. 电压并联负反馈

反馈网络在输出端采样输出的电压，在输入端把反馈信号与输入信号以电流的形式进行比较，则构成**电压并联负反馈**。图 6-7(a)所示为一个使用运算放大器作为基本放大器构成的电压并联负反馈放大器，图 6-7(b)为电压并联负反馈放大器的一般结构框图。

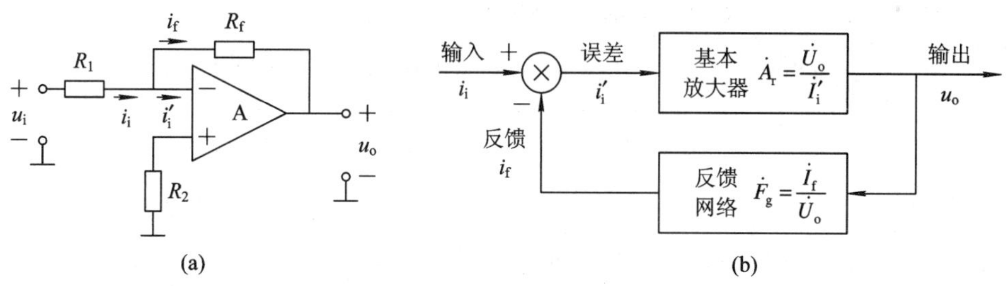

图 6-7 电压并联负反馈放大器

外部输入信号为 u_i，经过输入电阻 R_1 转换为输入电流 i_i，根据输入端电流的关系可得净输入电流 i_i'为

$$\dot{I}_i' = \dot{I}_i - \dot{I}_f \tag{6-14}$$

基本放大器输入为电流 i_i，输出为 u_o，它们之间的关系可表示为

$$\dot{A}_r' = \frac{\dot{U}_o}{\dot{I}_i'} \tag{6-15}$$

$\dot{A}_r$ 表示基本放大器的放大倍数，量纲为电阻，称为互阻放大倍数，它反映了基本放大器把输入电流转换为输出电压的能力。

反馈电路把输出电压 u_o 转换为反馈电流 i_f，反馈电阻就是电阻 R_f，u_o 和 i_f 之间的关

系可表示为

$$\dot{F}_g = \frac{\dot{I}_f}{\dot{U}_o} \tag{6-16}$$

$\dot{F}_g$ 表示反馈电路的反馈系数，量纲为电导，它反映了反馈电路把电压转化为电流的能力。

整个电压并联负反馈电路的放大倍数为

$$\dot{A}_{fr} = \frac{\dot{U}_o}{\dot{I}_i} = \frac{\dot{A}_r \cdot \dot{I}'_i}{\dot{I}_i} = \frac{\dot{A}_r \dot{I}'_i}{(1+\dot{A}_r\dot{F}_g)\dot{I}'_i} = \frac{\dot{A}_r}{1+\dot{A}_r\dot{F}_g} \tag{6-17}$$

$\dot{A}_{fr}$ 为输出电压与输入电流值比，量纲为电阻，因此 $\dot{A}_{fr}$ 为闭环互阻放大倍数。

3. 电流串联负反馈

反馈网络在输出端取样输出电流，在输入端把反馈信号以电压的形式与输入信号进行比较，则构成**电流串联负反馈**。图 6-8(a)为电流串联负反馈电路，图 6-8(b)为电流串联负反馈放大电路的一般结构框图。

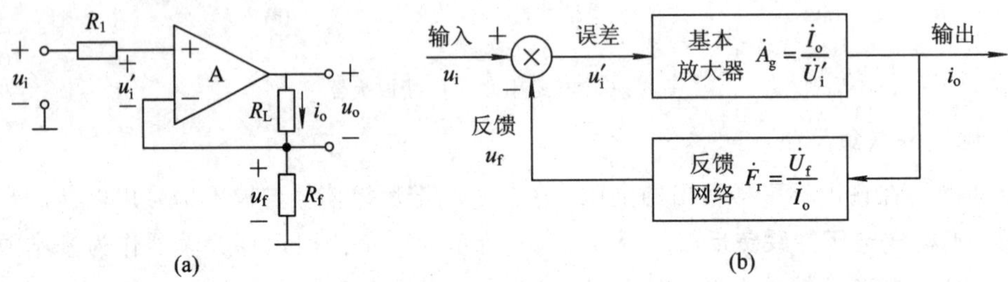

图 6-8 电流串联负反馈放大器

通过图示电路可以看出，输入电压 u_i 与反馈电压 u_f 构成串联关系，净输入电压 u'_i可表示为

$$\dot{U}'_i = \dot{U}_i - \dot{U}_f \tag{6-18}$$

输出电压为 u_o，但是反馈网络取样信号为负载 R_L 上的电流 i_o，这是真正要控制的量，因此这里以 i_o 作为真正的输出。对于基本放大器，输出电流 i_o 与净输入信号 u'_i之间的关系可表示为

$$\dot{A}_g = \frac{\dot{I}_o}{\dot{U}'_i} \tag{6-19}$$

$\dot{A}_g$ 为基本放大器的放大倍数，量纲为电导，称为开环互导放大倍数，它反映基本放大器把输入电压转换为输出电流的能力。

反馈电阻 R_f 把输出电流 i_o 转换为反馈电压 u_f，两者的关系可以表示为

$$\dot{F}_r = \frac{\dot{U}_f}{\dot{I}_o} \tag{6-20}$$

$\dot{F}_r$ 为反馈系数，量纲为电阻，也称为互阻反馈系数。

整个负反馈放大器的放大倍数为

$$\dot{A}_{fg} = \frac{\dot{I}_o}{\dot{U}_i} = \frac{\dot{A}_g \cdot \dot{U}'_i}{\dot{U}_i} = \frac{\dot{A}_g \dot{U}'_i}{(1+\dot{A}_g\dot{F}_r)\dot{U}'_i} = \frac{\dot{A}_g}{1+\dot{A}_g\dot{F}_r} \tag{6-21}$$

$\dot{A}_{fg}$为电流与电压的比值，量纲为电导，因此该负反馈放大器的闭环放大倍数为互导放大倍数。

4. 电流并联负反馈

反馈网络在输出端采样输出电流，在输入端以电流的形式把反馈信号与输入信号进行比较，这样结构的负反馈电路称为**电流并联负反馈**放大电路。图 6-9(a)所示为电流并联负反馈放大器示例电路，图 6-9(b)为电流并联负反馈电路一般结构框图。

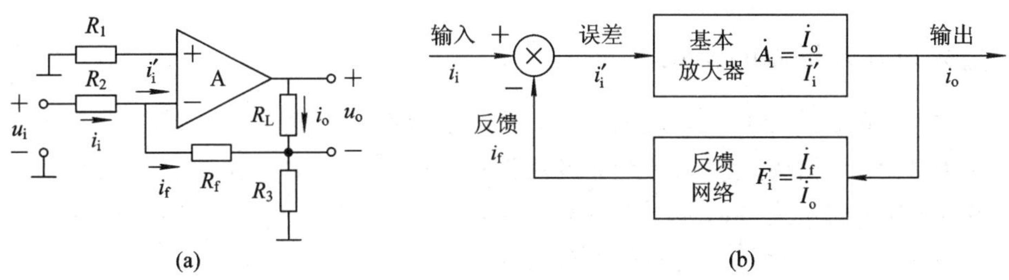

图 6-9 电流并联负反馈放大器

由于输出采样的量为电流，输入端比较的量也为电流，因此，电流并联负反馈实际上反映的是输入、输出电流量之间的关系，所以，选择输入电流和输出电流作为输入输出，而不是 u_i 和 u_o。

根据反馈电流与输入电流之间的关系有

$$\dot{I}'_i = \dot{I}_i - \dot{I}_f$$

净输入电流经过基本放大器转换为输出电流，两者之间的关系可表示为

$$\dot{A}_i = \frac{\dot{I}_o}{\dot{I}'_i} \tag{6-22}$$

$\dot{A}_i$ 为电流放大倍数，无量纲。

反馈网络把输出的电流转换为反馈电流，表示为

$$\dot{F}_i = \frac{\dot{I}_f}{\dot{I}_o} \tag{6-23}$$

$\dot{F}_i$ 为电流反馈系数，无量纲。

根据以上关系可得整个闭环负反馈放大器的放大倍数为

$$\dot{A}_{fi} = \frac{\dot{I}_o}{\dot{I}_i} = \frac{\dot{A}_i \cdot \dot{I}'_i}{\dot{I}_i} = \frac{\dot{A}_i \cdot \dot{I}'_i}{(1+\dot{A}_i\dot{F}_i)\dot{I}'_i} = \frac{\dot{A}_i}{1+\dot{A}_i\dot{F}_i} \tag{6-24}$$

$\dot{A}_{fi}$为电流之比，无量纲。由此可知，电流并联负反馈放大器的闭环放大倍数为电流放大倍数。

综上所述，四种基本的负反馈放大器的闭环放大倍数具有相似的形式，都可以表示为

$$\dot{A}_f = \frac{\dot{A}}{1+\dot{A}\dot{F}}$$

但是对应于每种具体的反馈形式，$\dot{A}$、$\dot{F}$ 及 $\dot{A}_f$ 的含义不同，需要根据具体的情况决定。$\dot{A}_f$ 实际上反映了整个闭环负反馈放大器被采样量(输出量)与控制量(输入量)之间的关系。

6.2 负反馈对放大器性能的影响

负反馈的引入对基本放大器的性能产生了重要的影响，这些影响多是积极的，改善了基本放大器的性能，特别是对于集成运算放大器，正是由于引入了负反馈才使其线性应用范围大大拓展，成为目前模拟信号处理电路应用的重点。

负反馈对放大器性能的影响

6.2.1 提高放大倍数的稳定性

基本放大器的放大倍数通常较高，特别是对于运算放大器而言，其开环放大倍数通常可达到几千甚至上万倍以上，由于受到环境温度和外界干扰的影响，放大器的放大倍数经常发生波动，这种影响有些时候严重损害基本放大器的正常工作。设基本放大电路的放大倍数为 $\dot{A}$，引入负反馈后闭环放大器的放大倍数为

$$\dot{A}_f = \frac{\dot{A}}{1+\dot{A}\dot{F}}$$

上式对 $\dot{A}$ 求导，有

$$\frac{d\dot{A}_f}{d\dot{A}} = \frac{d}{d\dot{A}}\left(\frac{\dot{A}}{1+\dot{A}\dot{F}}\right) = \frac{1}{(1+\dot{A}\dot{F})^2} \tag{6-25}$$

式(6-25)两边同乘以 $d\dot{A}$ 得

$$d\dot{A}_f = \frac{1}{(1+\dot{A}\dot{F})^2}d\dot{A} \tag{6-26}$$

式(6-26)两边同除以 $\dot{A}_f$ 得

$$\frac{d\dot{A}_f}{\dot{A}_f} = \frac{1}{(1+\dot{A}\dot{F})^2}\frac{1}{\dot{A}_f}d\dot{A} = \frac{1}{(1+\dot{A}\dot{F})^2}\cdot\frac{1+\dot{A}\dot{F}}{\dot{A}}d\dot{A} = \frac{1}{1+\dot{A}\dot{F}}\cdot\frac{d\dot{A}}{\dot{A}}$$

即

$$\frac{d\dot{A}_f}{\dot{A}_f} = \frac{1}{1+\dot{A}\dot{F}}\cdot\frac{d\dot{A}}{\dot{A}} \tag{6-27}$$

闭环放大倍数的微分 $d\dot{A}_f$ 相对于闭环放大倍数 $\dot{A}_f$ 之比 $d\dot{A}_f/\dot{A}_f$ 为闭环放大器闭环放大倍数的相对变化量，用来衡量闭环放大器的稳定程度；开环放大器的微分 $d\dot{A}$ 相对于开环放大倍数 $\dot{A}$ 之比 $d\dot{A}/\dot{A}$ 为开环放大倍数相对变化量，用来衡量开环放大器的稳定程度，这两个值越小越好。式(6-27)表明闭环放大器的稳定性大大提高，相同条件下，闭环放大器闭环放大倍数的相对变化量只有开环放大倍数相对变化量的$\dfrac{1}{1+\dot{A}\dot{F}}$倍。

6.2.2 稳定被采样信号

负反馈具有稳定被采样量的基本功能，如果被采样的信号是电压信号则稳定被采样电压，如果被采样的信号是电流信号则稳定被采样的电流，这是开环基本放大电路不具有的。

如果反馈网络采样的信号是电压，就是电压反馈；如果反馈网络采样的信号是电流，则为电流反馈，下面举例说明。

例 6-4 分析图 6-10 所示电路中负载 R_L 变化时反馈对输出量的调整稳定过程。

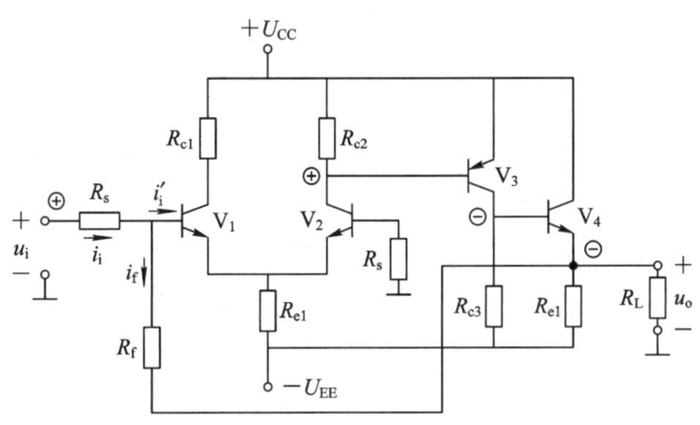

图 6-10 例 6-4 图

解 首先分析图示反馈的性质，采用瞬时极性法标注信号传输通道上各点的瞬时极性，如图 6-10 所示。输入级为差动放大电路，且采用单端输入单端输出，由于输入端与输出端是差动电路的不同侧，因此输出极性与输入相同。V_3 管构成共射极放大器，V_4 管组成射极跟随器，据此可以确定 V_3 和 V_4 输出的瞬时极性如图。总的来看，当输入瞬时正时，输出瞬时负，因此反馈电阻 R_f 上的电流瞬时增加，这对输入信号引起的净输入电流 i_i' 的增加不利，因此为负反馈。再分别观察反馈在输出端的采样信号和输入端的连接形式，可以判定该反馈为电压并联负反馈。

在负载突然变化的情况下，输出的电压也会瞬时变化。假定由于负载的变化引起输出电压瞬时增大，此时 i_f 必定瞬时减小，在输入不变的情况下，净输入电流增加，根据所标注的瞬时极性传递关系可以确定输出电压瞬时减小，这正好抑制了负载电压的瞬时增加。

通过上面的例子可以看出，负反馈对于干扰所引起的被采样的输出量的变化具有抑制作用，这实际上是一个普遍的规律，即负反馈放大器具有抑制干扰和负载变化造成的被采样输出信号的变化的功能。

6.2.3 抑制非线性失真

非线性失真是放大器的常见失真现象之一，开环放大器对于非线性失真无能为力。例如对于基本的共射极放大器，当温度变化时引起静态工作点的漂移，此时可能出现饱和失真或截止失真。为解决这个问题，在共射极放大器中引入了负反馈，前面介绍过的分压式静态工作点稳定电路就是这样的情况，通过在三极管的射极引入射极直流反馈电阻和交流耦合电容，既稳定了静态工作点，又保证了放大器的放大倍数。

基本放大器中半导体元件的非线性往往造成输出波形的畸变。例如，设基本放大器的输入、输出均为电压信号，当输入正弦波信号时，由于基本放大器的非线性，会出现输出信号正、负半周严重失衡的情况，如图 6-11(a)所示。

图 6-11(b)所示为负反馈放大器抑制非线性失真示意图。当引入负反馈后，在基本放大器的输入端输入对称的正弦信号(如②所示)，输出(如③所示)产生畸变，经反馈产生畸变的反馈信号(如④所示)，再与输入信号在比较环节相比较，将会使得输入基本放大器的净输入信号发生与输出相反的畸变(如⑤所示)，这样一来，正半周的输入幅度减小，再经基本放大器后对应的幅度减小(如⑥所示)，失真得到抑制。

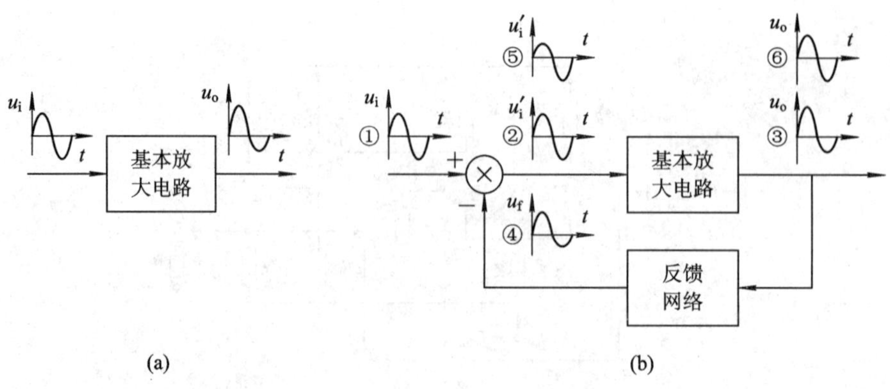

图 6-11　负反馈放大器抑制非线性失真

通过上述的分析可以看出，负反馈对负载的变化、扰动所引起的被采样量的变化，对于基本放大器内部参数的变化所引起的失真均具有抑制作用，实际上负反馈对于来自于反馈环内部的干扰、噪声及基本放大电路参数的变化造成的放大器性能的变化均有抑制作用。值得说明的一点是，如果干扰信号来自负反馈放大器的外部，与输入信号混在一起，负反馈放大器是不能进行抑制的。

6.2.4　展宽通频带

在前面介绍集成运算放大器参数时已经了解到：通常，集成运算放大器中频放大倍数较高，但是上限频率较低，通常只有几赫兹到几百赫兹。应用这样的集成运算放大器在开环状态下放大信号实际上是极难实现的，甚至是无法实现的！只有引入负反馈，降低了放大倍数，展宽了通频带，才真正发挥了集成运算放大器在信号放大上的作用。

下面解释为什么负反馈可以展宽通频带。

设基本放大器的中频放大倍数为 $\dot{A}_m$，上限频率为 f_H，基本放大器的高频特性可表示为

$$\dot{A}_H = \frac{\dot{A}_m}{1+j\left(\dfrac{f}{f_H}\right)} \tag{6-28}$$

式(6-28)中 $\dot{A}_H$ 表示基本放大器的高频放大倍数。如果认为反馈环节的频率特性固定不变，那么引入负反馈后整个闭环负反馈放大器的高频特性可以表示为

$$\dot{A}_{fH} = \frac{\dot{A}_H}{1+\dot{A}_H\dot{F}} = \frac{\dfrac{\dot{A}_m}{1+j\left(\dfrac{f}{f_H}\right)}}{1+\dfrac{\dot{A}_m}{1+j\left(\dfrac{f}{f_H}\right)}\dot{F}} = \frac{\dot{A}_m}{1+\dot{A}_m\dot{F}+j\left(\dfrac{f}{f_H}\right)} = \frac{\dfrac{\dot{A}_m}{1+\dot{A}_m\dot{F}}}{1+j\dfrac{f}{(1+\dot{A}_m\dot{F})f_H}} \tag{6-29}$$

令

$$\dot{A}_{fm} = \frac{\dot{A}_m}{1+\dot{A}_m\dot{F}} \tag{6-30}$$

$$f_{FH} = (1+\dot{A}_m\dot{F})f_H \tag{6-31}$$

代入式(6-29)得

$$\dot{A}_{fH} = \frac{\dot{A}_{fm}}{1 + j\left(\frac{f}{f_{fH}}\right)} \tag{6-32}$$

式(6-32)中 $\dot{A}_{fm}$ 为**闭环中频放大倍数**，f_{fH} 为**闭环放大器上限频率**。显然，闭环负反馈放大器的中频放大倍数降低到基本放大器的中频放大倍数的$\frac{1}{1+\dot{A}_m\dot{F}}$倍，闭环放大器的的上限频率上升到基本放大器的上限频率的 $1+\dot{A}_m\dot{F}$ 倍。

对于基本放大器而言，通常下限频率较低，特别是集成运算放大器，由于采用直接耦合，下限频率为零，因此在计算放大器的通频带时可以忽略下限频率，把下限频率按 0 Hz 计，这样放大器的通频带就是其上限频率。那么根据式(6-31)就可以得到结论：引入负反馈扩展了基本放大器的通频带。图 6-12 所示为闭环负反馈展宽通频带示意图。

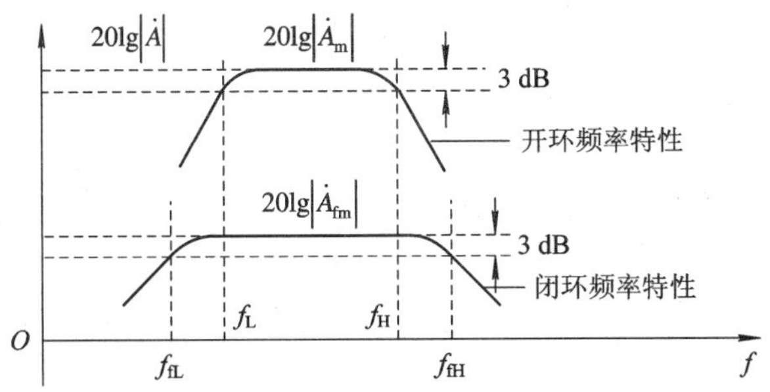

图 6-12　闭环负反馈展宽通频带示意图

6.2.5　改变输入输出电阻

为叙述方便起见，设基本放大器的输入、输出电阻分别表示为 r_i、r_o，引入负反馈后的负反馈放大器的输入、输出电阻分别表示为 r_{if}、r_{of}。

1. 对输入电阻的影响

1) 串联负反馈使输入电阻增大

图 6-13 所示为串联负反馈对输入电阻影响的示意图。由于是串联反馈，因此基本放大器的净输入电压 u_i'与反馈电压 u_f 形成串联关系，即

$$\dot{U}_i = \dot{U}_i' + \dot{U}_f \tag{6-33}$$

由于输出信号的性质和反馈的采样形式未知，设输出信号为 x_o，则有

$$\dot{U}_f = \dot{F}\dot{X}_o = \dot{A}\dot{F}\dot{U}_i' \tag{6-34}$$

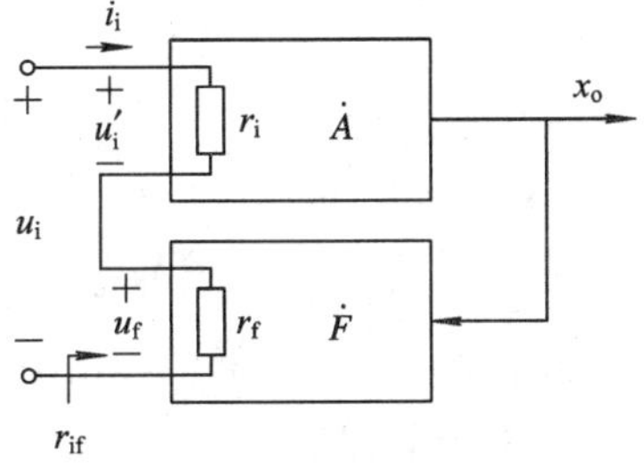

图 6-13　串联负反馈对输入电阻的影响

将式(6-34)代入式(6-33)可得

$$\dot{U}_i = \dot{U}_i' + \dot{A}\dot{F}\dot{U}_i' = (1 + \dot{A}\dot{F})\dot{U}_i'$$

因此输入电阻可表示为

$$r_{if} = \frac{\dot{U}_i}{\dot{I}_i} = \frac{(1 + \dot{A}\dot{F})\dot{U}_i'}{\dot{I}_i} = (1 + \dot{A}\dot{F}) \cdot r_i \tag{6-35}$$

由式(6-35)可见，串联负反馈使得闭环放大器的输入电阻增加到基本放大器输入电

阻的 $1+\dot{A}\dot{F}$ 倍。

2）并联负反馈使输入电阻减小

图 6-14 所示为并联负反馈对输入电阻的影响示意图。由于是并联反馈，在输入端输入电流、净输入电流及反馈电流的关系为

$$\dot{I}_i = \dot{I}'_i + \dot{I}_f \qquad (6-36)$$

反馈电流可表示为

$$\dot{I}_f = \dot{F} \cdot \dot{X}_o = \dot{A}\dot{F} \cdot \dot{I}'_i \qquad (6-37)$$

将式(6-37)代入式(6-36)得

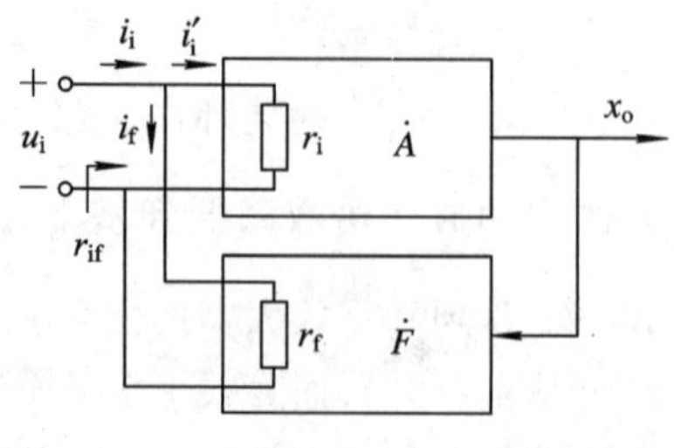

图 6-14　并联负反馈对输入电阻的影响

$$\dot{I}_i = (1+\dot{A}\dot{F}) \cdot \dot{I}'_i$$

闭环放大器的输入电阻可以表示为

$$r_{if} = \frac{\dot{U}_i}{\dot{I}_i} = \frac{\dot{U}_i}{(1+\dot{A}\dot{F})\dot{I}'_i} = \frac{1}{1+\dot{A}\dot{F}} r_i \qquad (6-38)$$

由式(6-38)可以看出，并联负反馈放大器的输入电阻减小到开环基本放大器输入电阻的$\frac{1}{1+\dot{A}\dot{F}}$倍。

2. 对输出电阻的影响

1）电压负反馈使输出电阻减小

图 6-15 所示为电压负反馈对输出电阻的影响示意图。由于是电压反馈，因此反馈网络的输入并联到基本放大器的输出。r_o 为基本放大器输出等效电阻，u_c 表示在净输入信号作用下的开路输出电压。由于输入信号和反馈在输入端的比较形式不确定，因此输入端的信号及信号之间的关系表示为一般形式。

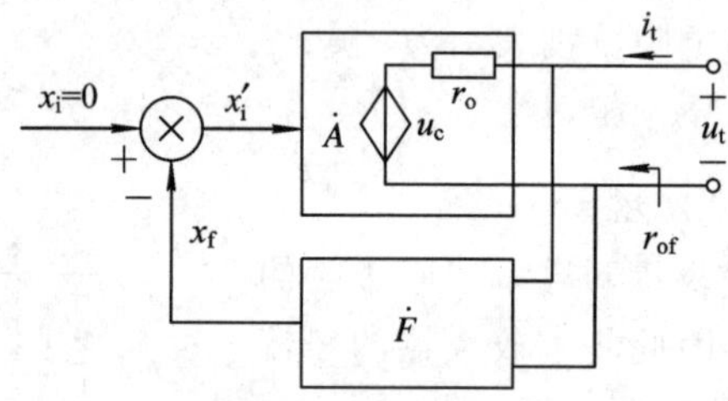

图 6-15　电压负反馈对输出电阻的影响

为测量负反馈放大器的输出电阻，按照输出电阻测量的一般方法，把输入信号置零，即 $x_i=0$，然后，在输出端加测试信号 u_t，研究在 u_t 作用下输入电流 i_t 的大小，则输出等效电阻为

$$r_{of} = \frac{\dot{U}_t}{\dot{I}_t} \qquad (6-39)$$

反馈网络的输入也为 u_t，输出为 x_f，它们之间的关系可表示为

$$\dot{X}_f = \dot{F}\dot{U}_t$$

由于输入信号为零，因此净输入信号可表示为

$$\dot{X}'_i = \dot{X}_i - \dot{X}_f = -\dot{F}\dot{U}_t$$

于是，在净输入信号的作用下，基本放大器产生受控电压源 u_c，即

$$\dot{U}_c = \dot{A}\dot{X}'_i = -\dot{A}\dot{F}\dot{U}_t$$

为简化分析，设反馈网络的输入电阻为无穷大，即反馈网络不取用电流，那么根据输出端的测试回路可知

$$\dot{U}_t = \dot{I}_t \cdot r_o + \dot{U}_c = \dot{I}_t \cdot r_o - \dot{A}\dot{F}\dot{U}_t$$

整理得

$$r_{of} = \frac{\dot{U}_t}{\dot{I}_t} = \frac{1}{1+\dot{A}\dot{F}} r_o \tag{6-40}$$

式(6-40)表明，电压负反馈放大器的输出电阻减小到开环基本放大器输出电阻的 $\dfrac{1}{1+\dot{A}\dot{F}}$ 倍。其实，前面提到电压负反馈放大器具有抑制负载变化造成的输出电压波动的能力，如果从输出电阻的角度来看，电压负反馈放大器相对于基本开环放大器具有更低的输出电阻，因此具有更强的带载的能力和负载适应能力。

2) 电流负反馈使输出电阻增大

图 6-16 所示为电流负反馈对输出电阻的影响示意图。图中基本放大器的输出电阻为 r_o，i_c 表示受净输入信号控制产生的电流源。图中反馈网络的输入电阻设为 r'_f，该电阻通常情况下是电流反馈的取样电阻，它的值一般较小，为分析方便起见可以认为该电阻为零。

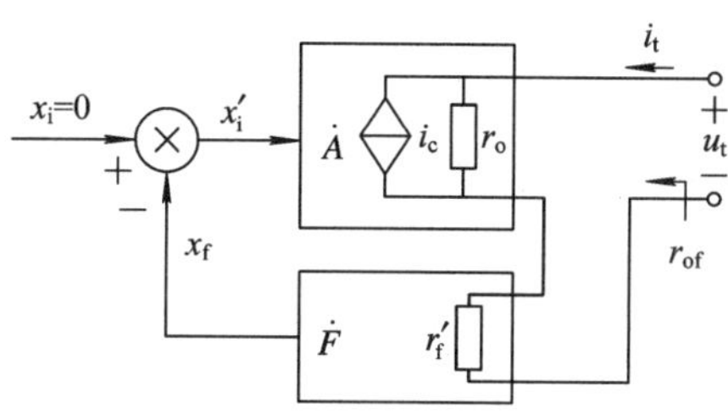

图 6-16　电流负反馈对输出电阻的影响

按照输出电阻的测试方法，设置 $x_i=0$，在负反馈放大器的输出端加测试电压 u_t，产生的测试电流为 i_t，则负反馈放大器的输出电阻可表示为

$$r_{of} = \frac{\dot{U}_t}{\dot{I}_t}$$

反馈网络的输入电流为 i_t，经采样得到的反馈量为

$$\dot{X}_f = \dot{F}\dot{I}_t$$

则基本放大器的净输入量为

$$\dot{X}'_i = -\dot{X}_f = -\dot{F}\dot{I}_t$$

于是可得受控电流源为

$$\dot{I}_c = A\dot{X}'_i = -\dot{A}\dot{F}\dot{I}_t$$

根据输出回路可得

$$\dot{I}_t = -\dot{A}\dot{F}\dot{I}_t + \frac{\dot{U}_t}{r_o}$$

整理得

$$\frac{\dot{U}_t}{\dot{I}_t}=(1+\dot{A}\dot{F})r_o$$

即

$$r_{of}=(1+\dot{A}\dot{F})r_o \tag{6-41}$$

式(6－41)说明，电流负反馈使得反馈放大器的输出电阻增加到基本放大器输出电阻的 $1+\dot{A}\dot{F}$ 倍。从输出电阻的角度看，电流负反馈放大器可以看作输出电阻极大的电流源，由于内阻大，因此电流源的带载能力和负载适应能力强。

6.3 深度负反馈放大电路的分析与计算

深度负反馈放大电路的分析与计算

6.3.1 深度负反馈放大器分析方法

1. 深度负反馈

根据 6.1 节介绍的反馈的概念可知，闭环反馈放大器的增益为

$$\dot{A}_f=\frac{\dot{X}_o}{\dot{X}_i}=\frac{\dot{A}}{1+\dot{A}\dot{F}}$$

上式中当 $|\dot{A}\dot{F}|\gg 1$ 时，$1+\dot{A}\dot{F}$ 中的 1 可以忽略，把满足这样条件的负反馈放大器称为**深度负反馈放大器**，此时

$$\dot{A}_f=\frac{\dot{X}_o}{\dot{X}_i}=\frac{\dot{A}}{1+\dot{A}\dot{F}}\approx\frac{1}{\dot{F}} \tag{6-42}$$

式(6－42)说明，深度负反馈放大电路的增益 $\dot{A}_f$ 仅与反馈系数 $\dot{F}$ 有关，并且

$$\dot{X}_i\approx\dot{F}\dot{X}_o$$

又因为

$$\dot{X}_f=\dot{F}\dot{X}_o$$

因此

$$\dot{X}_i\approx\dot{X}_f \tag{6-43}$$

式(6－43)说明，在深度负反馈情况下，放大器的输入信号近似等于反馈信号。对于串联反馈，输入信号与反馈信号均为电压信号，即

$$\dot{U}_i\approx\dot{U}_f$$

对于并联反馈，输入信号与反馈信号均为电流信号，即

$$\dot{I}_i\approx\dot{I}_f$$

由于 $\dot{X}_i\approx\dot{X}_f$，于是

$$\dot{X}_i'=\dot{X}_i-\dot{X}_f\approx 0 \tag{6-44}$$

式(6－44)说明，在深度负反馈情况下，基本放大器的净输入信号近似为零。

2. 深度负反馈放大器的分析方法

对于负反馈放大器，可以采用微变等效电路法进行分析，但是这样的方法比较繁琐，使用不便，在实际应用中较少采用。对于深度负反馈放大电路，通常采用式(6－42)、式(6－44)的结论进行分析，分析的目标主要包括闭环电压放大倍数、输入电阻及输出电阻等参数。由于反馈的类型不一样，$\dot{A}_f$ 并不一定是闭环电压放大倍数。当反馈类型为电压

串联负反馈时，$\dot{A}_f$ 为闭环电压放大倍数；当反馈类型为电压并联负反馈时，$\dot{A}_f$ 为闭环互阻放大倍数；当反馈类型为电流串联负反馈时，$\dot{A}_f$ 为闭环互导放大倍数；当反馈类型为电流并联负反馈时，$\dot{A}_f$ 为闭环电流放大倍数。如果需要求得除电压串联负反馈以外其他类型负反馈放大器的电压放大倍数，需要进一步折算。

6.3.2 深度负反馈放大器分析举例

下面举例说明深度负反馈放大电路的分析方法。

例 6-5 估算图 6-17 所示电路的闭环电压放大倍数。

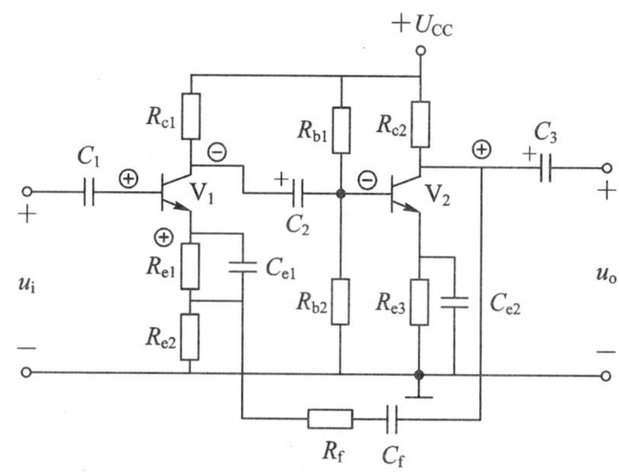

图 6-17 例 6-5 图

解 首先应用瞬时极性法可以判断该反馈为负反馈。瞬时极性如图 6-17 所示，当输入信号瞬时正时，反馈到 V_1 射极的反馈信号也瞬时增加，V_1 管的发射结上的净输入信号的增加被抑制，因此该反馈为负反馈。再由反馈支路在输入输出端的连接关系可以知道，该反馈为电压串联负反馈。由反馈支路中电容 C_f 的存在，可以看出反馈为交流反馈，耦合电容 C_{e1} 把 R_{e1} 在交流情况下短路。

V_1 和 V_2 组成两级放大器，可以取得较高的开环电压放大倍数，因此认为该电路符合深度负反馈的条件，按照深度负反馈电路来进行分析。

图 6-18 所示为例 6-5 等效电路局部。在深度负反馈条件下，净输入信号近似为零，即 $u_i'\approx 0$，因此可以认为反馈电压 u_f 仅由 R_f 和 R_{e2} 组成的串联反馈网络决定，即

$$\dot{U}_f=\frac{R_{e2}}{R_{e2}+R_f}\dot{U}_o$$

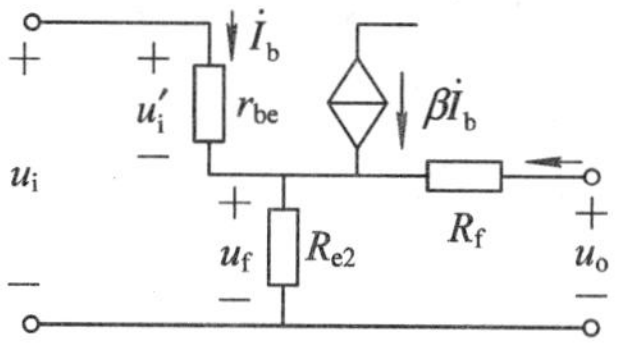

图 6-18 例 6-5 等效电路局部

由于

$$\dot{U}_i = \dot{U}'_i + \dot{U}_f \approx \dot{U}_f = \frac{R_{e2}}{R_{e2}+R_f}\dot{U}_o$$

因此闭环电压放大倍数为

$$\dot{A}_f = \frac{\dot{U}_o}{\dot{U}_i} \approx \frac{R_{e2}+R_f}{R_{e2}} = 1+\frac{R_f}{R_{e2}}$$

例 6-6 求图 6-19 所示电路的电压放大倍数。

解 该电路为由运算放大器构成的电流串联负反馈放大电路。由于运算放大器具有较高的开环电压放大倍数，因此认为该电路满足深度负反馈放大器的条件。

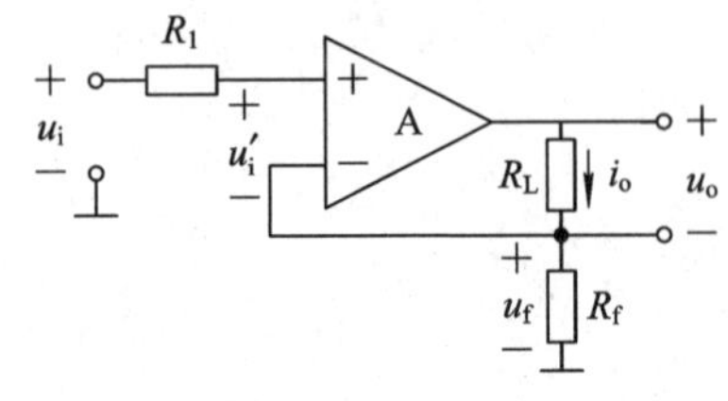

图 6-19 例 6-6 图

对于运算放大器来讲，由于通常情况下具有较高的输入阻抗，又由于在深度负反馈情况下净输入信号近似为零，因此可以认为，在深度负反馈情况下运算放大器的两个输入端取用的电流很小，近似开路(这实际上就是运算放大器应用中常用的**虚断**的概念)。这样一来运算放大器同相输入端的电压就是输入电压 u_i，反馈电压 u_f 仅由 R_L 和 R_f 组成的串联网络决定，即

$$\dot{U}_f = \dot{I}_o R_f = \frac{R_f}{R_L}\dot{U}_o$$

又由于

$$\dot{U}_i = \dot{U}'_i + \dot{U}_f \approx \dot{U}_f$$

所以，闭环电压放大倍数为

$$\dot{A}_f = \frac{\dot{U}_o}{\dot{U}_i} \approx \frac{R_L}{R_f}$$

例 6-7 分析图 6-20 所示电路的闭环电压放大倍数。

解 该电路为电压并联负反馈放大电路。由于运算放大器的存在，类似于例 6-6，认为该电路满足深度负反馈的条件，按照深度负反馈放大电路分析。

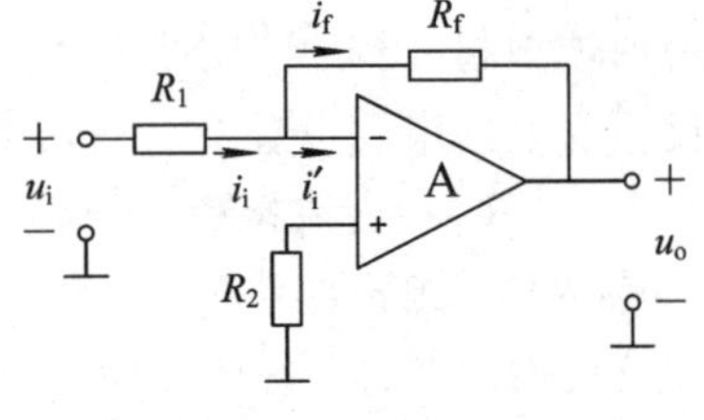

图 6-20 例 6-7 图

由于净输入信号 $i'_i \approx 0$，R_2 上电流近似为零，因此运算放大器的同相输入端相当于接地，电位为零。在深度负反馈情况下，运算放大器两输入端的电压差很小，该电压差就是运算放大器输入的差模电压，近似认为同相输入端与反相输入端的电压相同(这就是所谓的**虚短**的概念)。这样一来反相输入端的电压近似等于同相输入端的电压，等于零，因此输入电流可表示为

$$\dot{I}_i = \frac{\dot{U}_i}{R_1}$$

在深度负反馈情况下

$$\dot{I}_i = \dot{I}_f + \dot{I}'_i \approx \dot{I}_f$$

即

$$\frac{\dot{U}_i}{R_1} = \frac{0-\dot{U}_o}{R_f}$$

整理得

$$\dot{A}_f=\frac{\dot{U}_o}{\dot{U}_i}=-\frac{R_f}{R_1}$$

例 6-8 在深度负反馈条件下分析图 6-21 所示电路的闭环电压放大倍数。

解 首先，结合瞬时极性法可以判定图 6-21 所示电路为电流并联负反馈电路；其次，在图中标注出动态时的各交流量，以便分析。

图 6-22 所示为该电路的等效电路局部。开环放大器的输入电阻设为 r_i，可见

$$r_i=r_{be}//R_{b1}$$

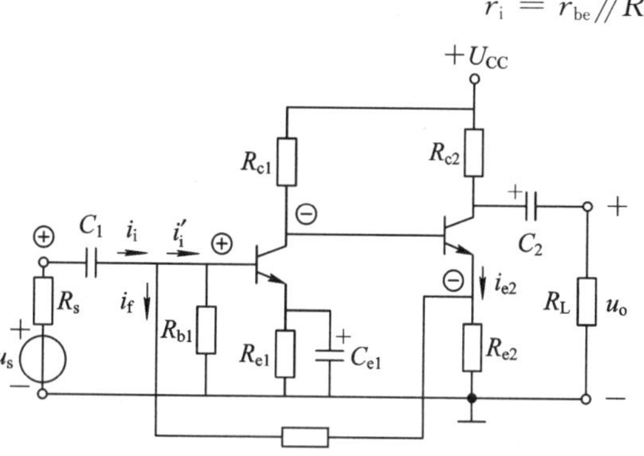

图 6-21 例 6-8 图

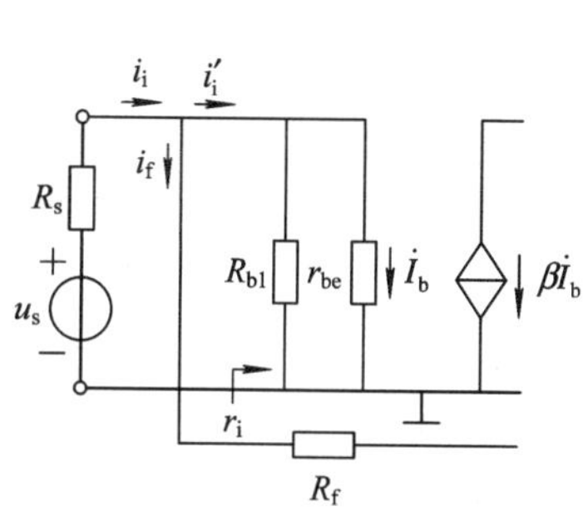

图 6-22 例 6-8 等效电路局部

由于 r_{be} 通常较小，并且在深度负反馈情况下 $i_i'\approx0$，因此输入端的对地电压可以看作近似为零。这样一来，输入电流可以表示为

$$\dot{I}_i=\frac{\dot{U}_s}{R_s}$$

反馈电流可以表示为

$$\dot{I}_f=-\frac{\dot{I}_{e2}R_{e2}}{R_f+R_{e2}}\tag{6-45}$$

根据输出回路可得

$$\dot{I}_{e2}\approx\dot{I}_{c2}=-\frac{\dot{U}_o}{R_{c2}\ //\ R_L}\tag{6-46}$$

将式(6-46)代入式(6-45)得

$$\dot{I}_f=\frac{\dot{U}_o}{R_{c2}\ //\ R_L}\frac{R_{e2}}{R_f+R_{e2}}$$

由 $\dot{I}_i\approx\dot{I}_f$ 可得

$$\frac{\dot{U}_s}{R_s}\approx\frac{\dot{U}_o}{R_{c2}\ //\ R_L}\frac{R_{e2}}{R_f+R_{e2}}$$

于是可得闭环源电压放大倍数为

$$\dot{A}_f=\frac{\dot{U}_o}{\dot{U}_s}=\frac{(R_f+R_{e2})R_L'}{R_{e2}R_s}\tag{6-47}$$

式(6-47)中 $R_L'=R_{c2}//R_L$。

通过这些例子说明：在分析深度负反馈电路时，一定要抓住深度负反馈条件下“净输入信号近似为零”“输入信号近似等于反馈信号”等相关结论的应用，并对具体电路作出合理的近似，这样才能简化分析过程，更好地理解深度负反馈电路的工作原理。

6.4 反馈电路仿真

本节通过对一电压串联负反馈放大电路进行仿真，研究反馈对放大器性能及参数的影响，加深对反馈放大器的认识。仿真文件可从西安电子科技大学出版社网站“资源中心”下载。

6.4.1 反馈放大器矫正波形的畸变

图 6-23 所示为负反馈放大器仿真电路。图中基本放大器由两级共射极放大器组成，反馈支路为 R10 和 C6 组成的支路，为了对比开环和闭环放大器的异同，在反馈支路上设置了开关 J1。

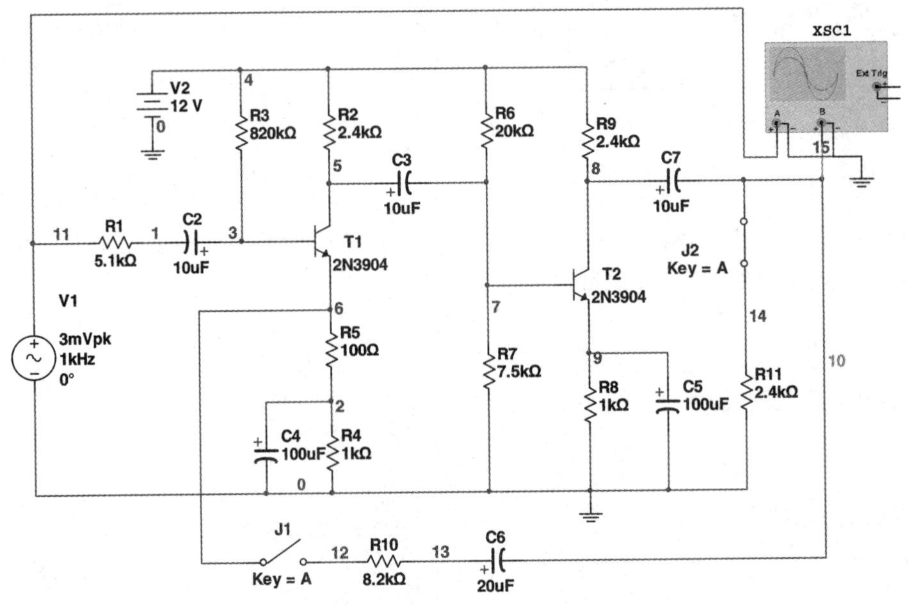

图 6-23 负反馈放大器仿真电路

如图 6-23 所示，通过双通道示波器 XSC1 实现分析测量。

首先，断开 J1，让放大器工作在开环状态下，仿真运行，双击 XSC1，可以观察输入输出信号的波形，如图 6-24 所示。观察输出波形可以看出:输出波形的正负半周是不对称的，通过光标测量可知输出正半周的峰值为 1.655 V，负半周的峰值为 1.942 V，出现了波形失真，这种现象，是由于工作点设置及三极管 β 值的非线性造成的。

接下来，闭合开关 J1，让放大器工作在闭环工作状态，仿真运行，按照同样的方法观察仿真波形，如图 6-25 所示。可以看出输出波形正负半周对称良好，通过光标测量可知正半周输出信号幅值为 215.754 mV，负半周峰值为 214.931 mV，幅值相近。开环与闭环相比较，说明闭环放大器抑制了开环放大器放大信号时出现的波形失真现象，提升了输出信号的性能。

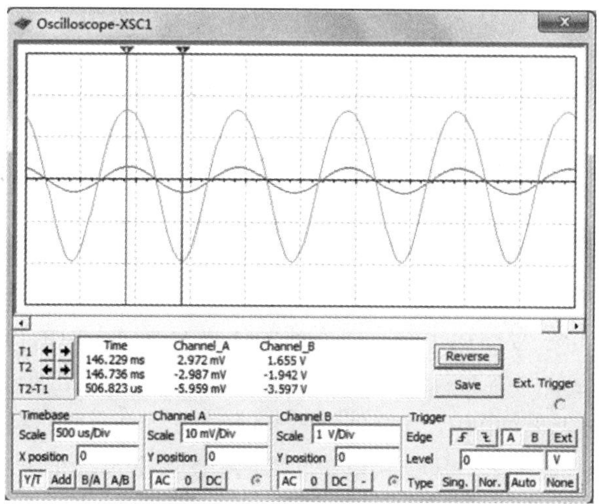

图 6-24 开环放大器仿真波形

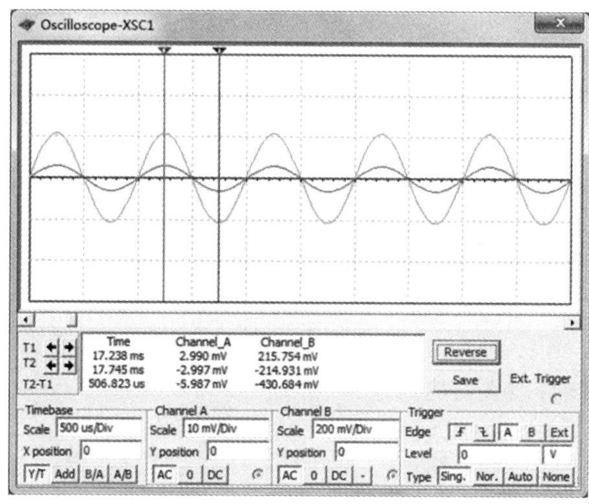

图 6-25 闭环放大器仿真波形

6.4.2 反馈降低放大器的放大倍数

如图 6-24 所示，在开环状态下，输出信号的放大倍数可估算为

$$A_{u}=\frac{1.655\ \mathrm{V}}{2.972\ \mathrm{mV}}\approx 557$$

如图 6-25 所示，在闭环状态下，输出信号的放大倍数可以近似为

$$A_{uf}=\frac{215.754\ \mathrm{mV}}{2.990\ \mathrm{mV}}\approx 72$$

对比开环和闭环的放大倍数可知，闭环反馈使放大器的放大倍数降低，进一步可以研究闭环放大倍数与开环放大倍数之间的关系，根据图 6-23 所示电路可知反馈系数为

$$|\dot{F}|=\frac{R5}{R5+R10}=\frac{0.1\ \mathrm{k\Omega}}{0.1\ \mathrm{k\Omega}+8.2\ \mathrm{k\Omega}}=\frac{1}{83}$$

再根据 $\dot{A}_f=\dfrac{\dot{A}}{1+\dot{A}\dot{F}}$ 可估算出该电路的闭环电压放大倍数为

$$A_{uf}=\frac{557}{1+557/83}\approx 72$$

这与仿真测量的值一致，验证了所学理论。

6.4.3 反馈稳定被采样信号

负反馈可以稳定被采样的信号。在图 6-23 中，被采样的量为输出电压，那么，开环和闭环情况下输出电压信号的稳定性有何不同？让我们通过下面的仿真来做一个对比。

首先，断开 J1，使放大器运行在开环状态下，断开 J2，使输出负载开路，运行仿真，通过示波器测量放大器的输出电压，其峰值为 3.34 V，并且输出波形有失真；然后，闭合 J2，接入负载，重新仿真测量输出电压的幅值，得其幅值为 1.8 V，可以看出，在开环状态负载开路和接入两种情况下，输出电压发生了较大的波动，输出电压受负载变化影响大。

其次，闭合 J1，使放大器运行在闭环状态下，仿照开环的情况，分别在 J2 开路和闭合情况下，测得输出电压峰值分别为 213.8 mV 和 205.9 mV，可以看出在闭环状态下，负载的变化对输出电压的影响很小。

通过开环和闭环的对比说明：闭环负反馈能够稳定被采样量。可以通过开环和闭环输出电阻的变化解释这种现象的合理性。

把负载开路时的放大器看成一个不带负载的信号源，开路输出电压即为信号源电压，负载闭合后的输出电压相当于信号源电压在负载上的分压，由此可以计算出信号源的内阻。在开环状态下，可以估算出开环放大器的内阻为

$$r_o=\frac{2.4\ \text{k}\Omega\times 3.34\ \text{V}}{1.8\ \text{V}}-2.4\ \text{k}\Omega\approx 2.05\ \text{k}\Omega$$

在闭环状态下，闭环放大器的内阻为

$$r_{of}=\frac{2.4\ \text{k}\Omega\times 213.8\ \text{mV}}{205.9\ \text{mV}}-2.4\ \text{k}\Omega\approx 2.05\ \text{k}\Omega\approx 92\ \Omega$$

由于闭环放大器的内阻大大降低，因此输出电压的稳定性大大提高。

6.4.4 反馈展宽放大器的通频带

在图 6-23 中，放置波特图仪 XBP1，把输入信号和输出信号分别连接到波特图仪 XBP1 的输入和输出信号端子上，J1 断开，J2 闭合，仿真运行。双击波特图仪 XBP1，打开波特图仪仿真界面，分析开环放大器的频率特性。图 6-26 所示为开环放大器的幅频特性曲线，由开环幅频特性可得：开环中频增益为 55.988 dB，开环上限频率为 587.8 kHz，下限频率为 75.7 Hz，开环带宽约为 587.7 kHz。

再在闭环状态下重做上述仿真，即 J1 和 J2 均闭合，仿真运行，通过波特图仪观察输出频率特性，图 6-27 所示为闭环放大器的幅频特性曲线。由闭环幅频特性可得：闭环中频增益为 37.122 dB，闭环上限频率为 4.564 MHz，下限频率为 19.3 Hz，闭环带宽约为 4.564 MHz。

对比开环和闭环的频率特性可以看出：引入负反馈展宽了放大器的通频带。

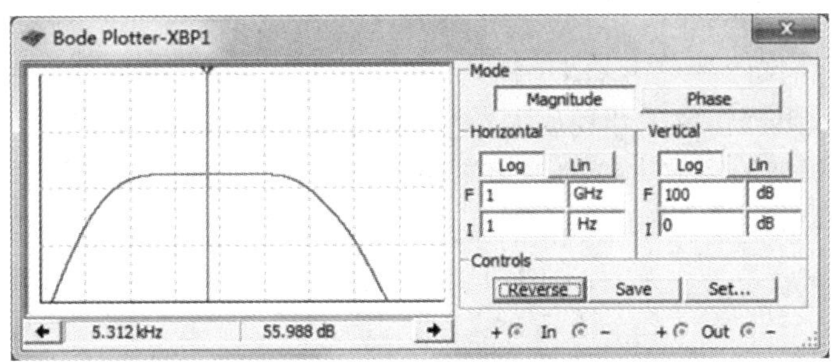

图 6-26　开环幅频特性

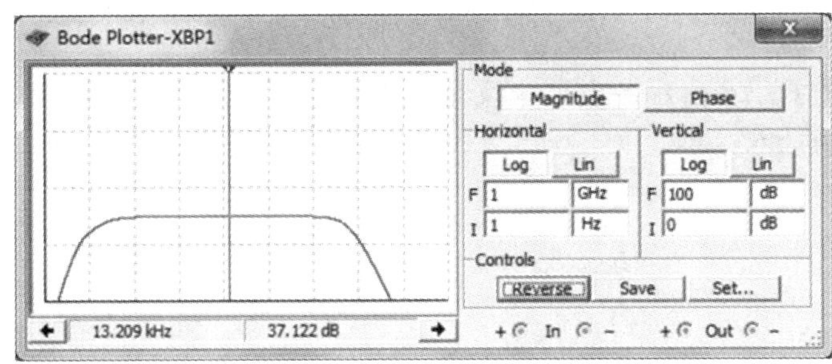

图 6-27　闭环幅频特性

习题六

6-1　什么是反馈放大器？什么是正反馈？什么是负反馈？反馈的极性如何判断？

6-2　负反馈有哪四种基本形式？如何判断？

6-3　简述负反馈放大器是如何提高放大器放大倍数的稳定性的。

6-4　引入负反馈对放大器的输入电阻和输出电阻各有什么影响？

6-5　简述负反馈放大器抑制闭环放大器内部非线性失真和干扰的基本原理。

6-6　什么是深度负反馈？简述深度负反馈条件下反馈放大器的分析方法。

6-7　简述开环放大倍数、反馈系数及闭环放大倍数之间的关系。四种基本负反馈放大器的闭环放大倍数的具体含义各是什么？

6-8　填空题

1. 如果反馈信号使得基本放大器的净输入信号________，则称为正反馈；如果反馈信号使得基本放大器的净输入信号________，则称为负反馈。

2. 按照反馈网络在放大器输出端取样信号的形式不同，可以把反馈划分为________反馈和________反馈。

3. 在反馈放大器输入端，按照反馈信号与输入信号的连接形式不同，可以把反馈划分为________反馈和________反馈。

4. ________负反馈可以稳定被采样的电压，________负反馈可以稳定被采样的电流。

5. 负反馈放大器可以使得放大器的____________增加，但是，这是以牺牲开环放大倍数为代价的。

6. 负反馈放大器能够抑制反馈放大器________的干扰和非线性失真，但是对于来自

于反馈环________的干扰和信号失真无能为力。

7. 串联负反馈使闭环放大器的输入阻抗相较于开环放大器________，并联负反馈使闭环放大器的输入阻抗相较于开环放大器________。

8. 电压负反馈使闭环放大器的输出电阻________，此时，放大器可以看作________；电流负反馈使闭环放大器的输出电阻________，此时，放大器可以看作________。

9. 负反馈可以________放大器的通频带，但这是以牺牲基本放大器的开环放大倍数为代价的。

10. 在深度负反馈条件下，净输入信号近似为零，即 $\dot{X}_i'\approx 0$，输入信号与反馈信号近似相等，即 $\dot{X}_i\approx\dot{X}_f$。当串联负反馈时上述条件可表示为________，________；当并联负反馈时上述条件可表示为________，________。

6－9 判断图 6－28 所示各电路中反馈的极性，如果是负反馈，再判断该负反馈属于四种基本负反馈中的哪一种。

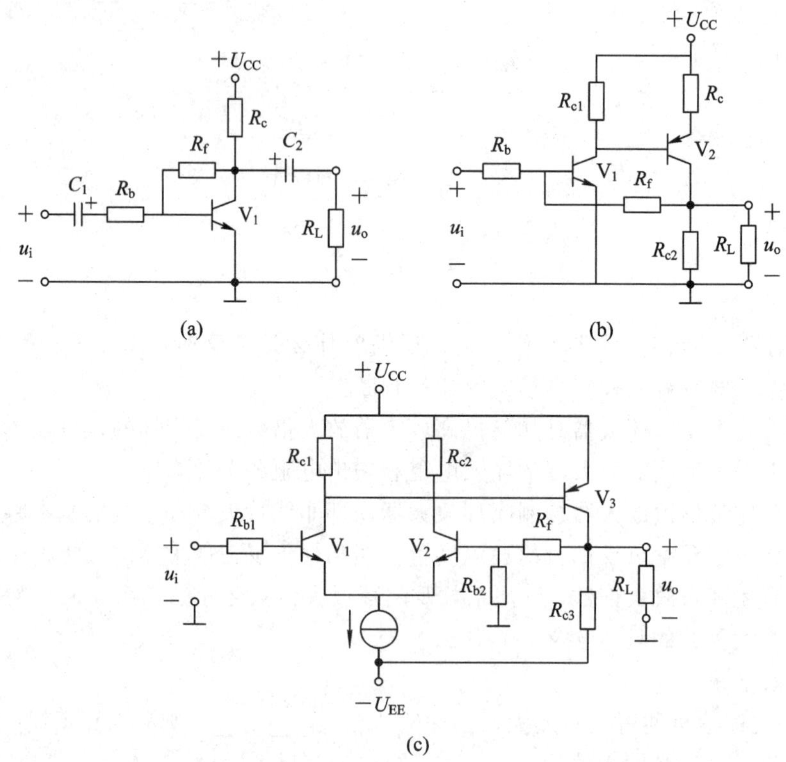

图 6－28 题 6－9 图

6－10 设某放大器的开环电压放大倍数为 10 000，反馈系数为 0.01，试估算其闭环电压放大倍数。如果开环电压放大倍数变化 10%，试估算闭环电压放大倍数的变化率。

6－11 反馈放大器如图 6－29 所示。

(1) 判断反馈的类型；

(2) 说明反馈对输入电阻和输出电阻的影响；

(3) 估算深度负反馈条件下，负反馈放大器输出开路时的电压放大倍数。

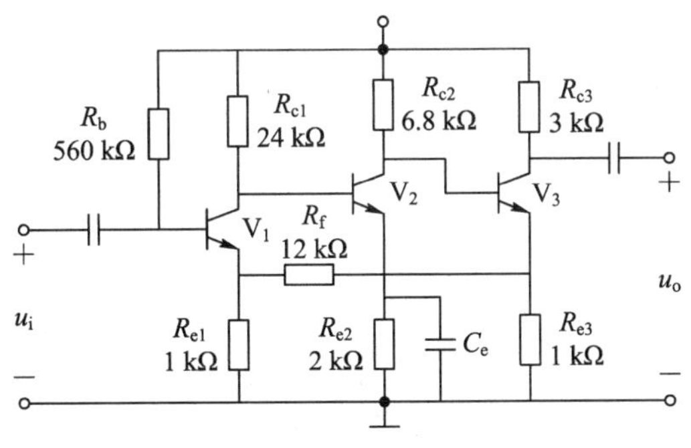

图 6-29 题 6-11 图

6-12 反馈放大器如图 6-30 所示。

(1) 判断反馈的类型；

(2) 说明反馈对输入电阻和输出电阻的影响；

(3) 估算深度负反馈条件下负反馈放大器的源电压放大倍数。

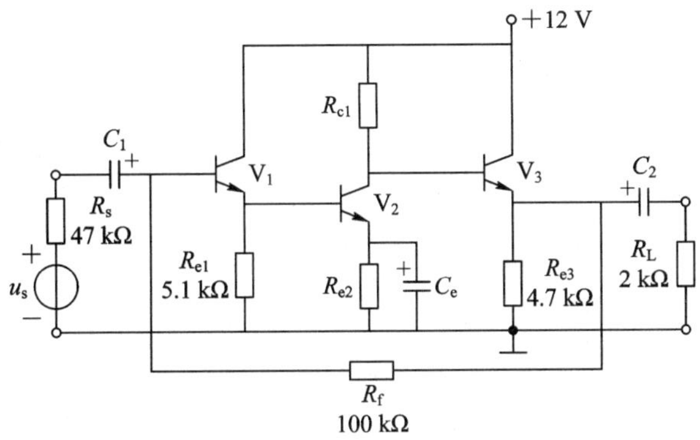

图 6-30 题 6-12 图

6-13 具有差动输入级的负反馈放大器如图 6-31 所示，在深度负反馈条件下估算该放大器的闭环电压放大倍数。

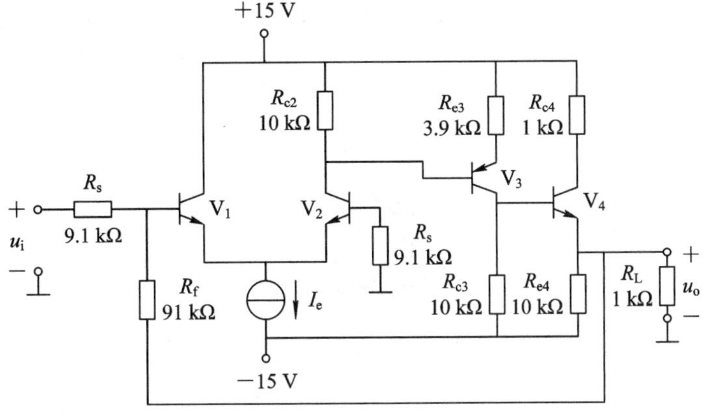

图 6-31 题 6-13 图

6－14　具有差动输入级的负反馈放大器如图 6－32 所示，在深度负反馈条件下估算该放大器的闭环电压放大倍数。

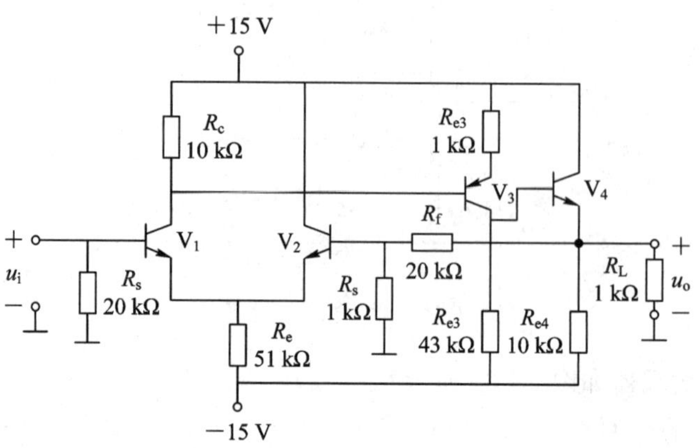

图 6－32　题 6－14 图

6－15　由运算放大器组成的负反馈放大器如图 6－33 所示，请根据图中各电路的参数在深度负反馈条件下计算各电路的闭环电压放大倍数。

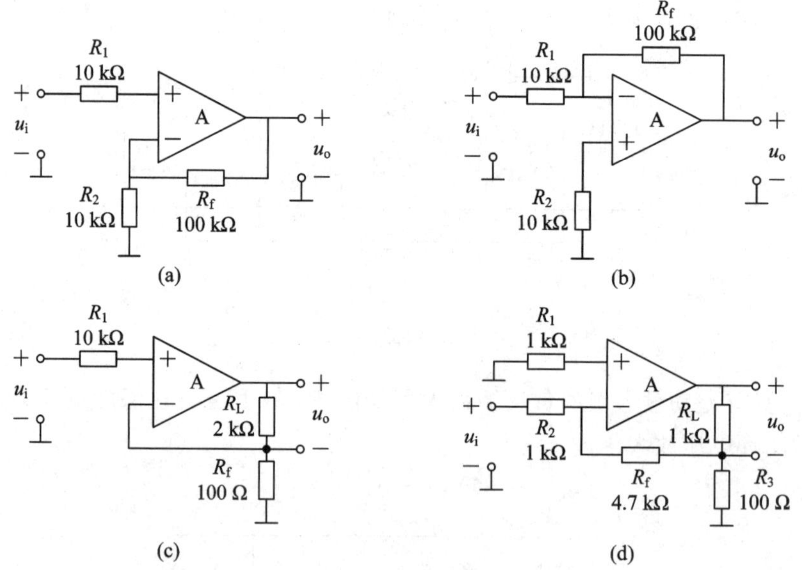

图 6－33　题 6－15 图

习题六参考答案

第 7 章　运算放大器应用

集成运算放大器是一种具有高增益的直接耦合放大器，它在信号的产生、传输、变换及其他处理方面有着广泛的应用，这些应用可以划分为线性应用和非线性应用两个大的方面。本章主要介绍运算放大器在线性应用方面的典型应用电路，包括比例、加法、减法、积分、微分、对数、指数等运算电路及滤波电路等，除此之外，还介绍了运算放大器非线性的典型应用，主要是比较器的原理及其电路。

7.1　运算放大器等效模型

运算放大器等效模型

在实际的应用中，运算放大器通常作为一个基本的电路单元来看待，为此必须抓住主要因素，着重掌握运算放大器的外特性，建立其等效模型，以简化分析。

7.1.1　运算放大器等效电路

在第 5 章已经介绍过运算放大器的内部结构，通常运算放大器由差动输入级、中间放大级、功率输出级及偏置电路组成。运算放大器通过差动输入级主要实现对共模信号和温度漂移的抑制，而差模信号可以通过差动输入级及中间级进行有效的放大，进而通过输出级驱动负载，这样一来，运算放大器实际上主要是对差模信号进行放大，因此，可以把运算放大器看成一个对差模信号进行放大的放大器，其内部等效电路如图 7－1 所示。

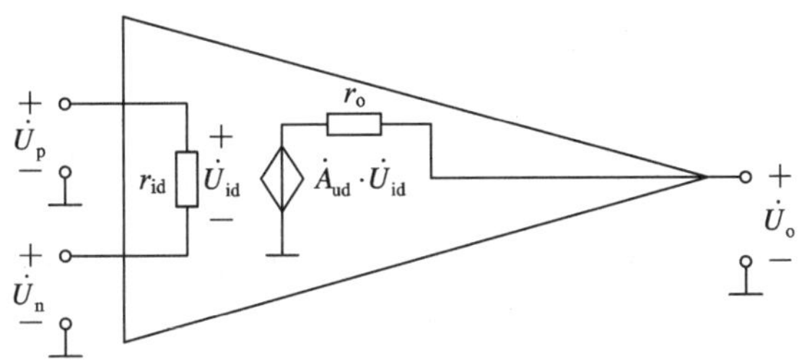

图 7－1　运算放大器等效电路

如图 7－1 所示，$\dot{U}_p$ 和 $\dot{U}_n$ 分别为运算放大器的同相输入端和反相输入端的对地电压的相量，r_{id}表示输入等效电阻，$\dot{U}_{id}$表示 $\dot{U}_p$ 与 $\dot{U}_n$ 之差，即 $\dot{U}_{id}=\dot{U}_p-\dot{U}_n$，电压控制电压源 $\dot{A}_{ud}\cdot\dot{U}_{id}$表示运算放大器对差模信号的放大作用，$r_o$ 表示输出电阻，$\dot{U}_o$ 表示输出对地电压。通常情况下，运算放大器的输入等效电阻很大，因此输入端取用的差模电流很小。差模电压放大倍数通常很高，因此很小的差模输入信号就可以在输出端形成较大的输出信号，由于运放的输出电压通常受电源电压的限制，因此当输入电压稍微增大些就可能使得输出电压达到饱和。运放的输出级通常采用推挽输出的射随器形式，具有较小的输出电阻，以增加输出的带负载能力。综上所述，可以把运算放大器看成一个具有很高输入阻抗、很高差模电压增益及较小输出电阻的有源放大器。

7.1.2 运算放大器传输特性

运算放大器的同相输入端和反相输入端信号分别用 u_p 和 u_n 表示，输入差模电压表示为

$$u_{id} = u_p - u_n$$

运算放大器的输出电压 u_o 与其输入差模电压 u_{id} 的关系称为运算放大器的传输特性。图 7-2 所示为运算放大器的传输特性。

从图 7-2 可以看出：当输入电压在原点附近的一个很小的范围内变化时，输出电压随着输入电压的变化呈现线性关系，把这种工作状态称为运算放大器的**线性工作状态**。此时，过原点的直线的斜率就是运算放大器的开环电压放大倍数 $\dot{A}_{ud}$，由于 $|\dot{A}_{ud}|$ 较大，因此直线很陡峭，对应的输入电压的线性变化范围很小。

当输入电压的幅值较大时，输出电压不再随输入的变化而变化，呈现饱和状态，把这种工作状态称为运算放大器的**非线性工作状态**。此时，当输入电压为正极性电压时，输出为正向饱和电压 U_{omax}，当输入电压为负极性电压时，输出为负的饱和电压 $-U_{omax}$，正、负输出电压的饱和值受电源电压的限制。

由于运算放大器在线性工作状态下对应的输入电压范围非常窄，因此在进行非线性近似计算时常常忽略该输入范围的存在。例如，设某运算放大器的开环电压放大倍数为 10 000，输出饱和电压为 ±12 V，则其工作在线性状态下的输入差模电压范围为 −1.2 mV～+1.2 mV，由此可见在线性状态下输入差模电压确实很小。如果忽略输入线性电压范围的存在，则运算放大器的传输特性如图 7-3 所示。

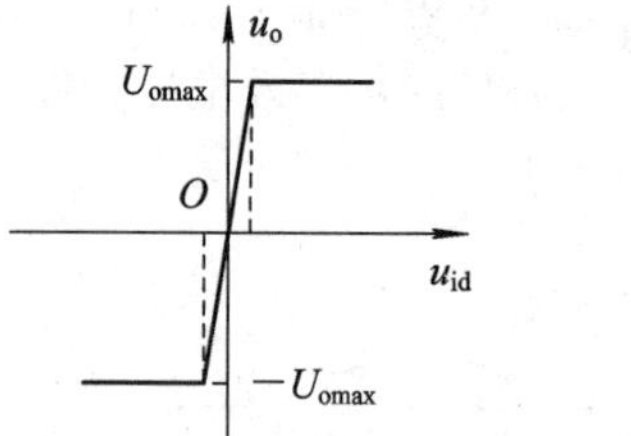

图 7-2 运算放大器的传输特性

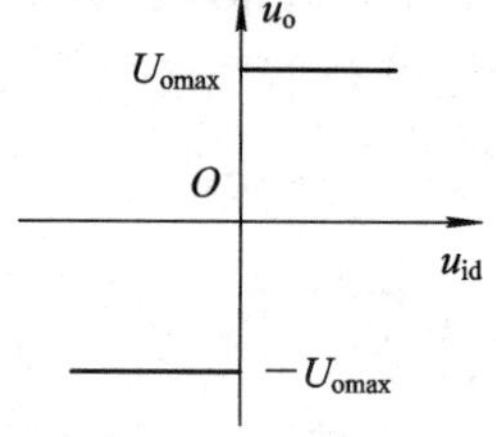

图 7-3 理想运算放大器的传输特性

7.1.3 理想运算放大器

1. 理想运算放大器模型

为简化分析，对运算放大器进行理想化处理，进而建立运放的理想化模型，这种理想化是对实际运放的参数近似处理，并不是凭空想象出来的。具体的，认为理想运算放大器具有如下特性：

▶开环电压放大倍数 $|\dot{A}_{ud}| \to \infty$；

▶差模输入电阻 $r_{id} \to \infty$；

▶共模抑制比 $K_{CMR} \to \infty$；

▶输出电阻 $r_o \to 0$；

▶输入偏置电流 $I_B = 0$；

▶上限频率 $f_H \to \infty$；

▶输入失调电压 $U_{os} = 0$；

▶输入失调电流 $I_{os} = 0$。

除此之外，电流温漂也认为为零。

理想化处理之后，运算放大器的开环差模电压放大倍数为∞，在线性状态下对应的差模输入电压趋近于零，此时，理想运放的传输特性就成为图 7-3 所示的情况了。

实际的运算放大器与理想运算放大器当然有差别，但是随着集成电路技术的进步，运算放大器的性能越来越接近理想运算放大器，在工程实践中应用理想化模型来分析实际运算放大器电路所引起的误差可以忽略。在以后的应用分析中，如果没有特别说明，运算放大器都当作理想运算放大器处理。

2. 运算放大器应用电路的分析方法

运算放大器可能工作在线性状态或非线性状态，这两种状态下分析的方法不同。

1）线性应用分析

在开环状态下很难使运算放大器保持在线性状态下工作，其原因就在于运放极高的电压放大倍数，导致可以加载到输入端的差模电压范围极小。为实现运算放大器的线性应用，必须引入深度负反馈才能实现。

当运算放大器处在线性状态之下，同相输入端和反相输入端的差模电压幅值很小，按照理想运算放大器处理，两个输入端的电压近似相等，差模电压幅值应该为零，即

$$u_p = u_n, \; u_{id} = u_p - u_n = 0$$

由于 $u_p = u_n$，即运算放大器的同相输入端与反相输入端的对地电压相同，就相当于同相输入端和反相输入端短接在一起一样，这种现象称为“**虚短**”。虚短并非真正的短接，实际上此时运放的两个输入端存在很小的电压差。

其次，由于运算放大器的输入电阻很高，同相输入端与反相输入端电压在两个输入端形成的输入电流很小，如果按照理想运算放大器处理，输入电阻趋于无穷大，两输入端上的电流趋于零，即认为

$$i_p = i_n = 0$$

i_p和 i_n分别表示同相输入端和反相输入端的电流。把两输入端电流近似为零的这种现象称为“**虚断**”。虚断并非两个输入端真正断开，实际上运放工作于线性状态时两输入端均有电流，只是电流很小，当作断开去处理罢了。

虚短和虚断的概念是运放线性应用分析的重要工具，简单地讲，只要运算放大器处在线性状态，就可以根据虚短和虚断的概念列写信号之间的关系式，进而求解运放应用电路中输出信号与输入信号之间的关系。本章后续内容关于运放线性应用电路的分析都是基于虚短和虚断的概念分析的。

2）非线性应用分析

运算放大器处于开环或正反馈情况下时，往往是处在非线性工作状态。当运放处在非线性状态时，同相输入端和反相输入端的电压一定不等，按照理想运算放大器处理，则有：

当 $u_p > u_n$ 时，$u_o = U_{omax}$；

当 $u_p < u_n$ 时，$u_o = -U_{omax}$。

此时虚短的概念显然不成立，但是，即使在非线性状态下，由于运放的输入阻抗较高，两个输入端的输入电流仍然很小，与电路中的其他电流相比较可以忽略，因此，虚断的概念仍然成立。

7.2 比例及加减法运算电路

利用运算放大器实现信号的比例放大、积分、微分、指数以及代数求和、乘、除等运算的电路称为运算放大电路，这些电路均属于运算放大器的线性应用。

比例及加减法运算电路

7.2.1 比例运算电路

通过运算放大器实现信号按比例放大的电路称为**比例运算电路**。按照输出信号与输入信号之间的相位关系，比例运算电路又可以分为**同相比例运算电路**和**反相比例运算电路**。

1. 反相比例运算

反相比例运算电路又称反向比例放大器，如图 7－4 所示。

这个电路在第 6 章介绍过，当时我们是按照反馈的理论来分析其工作情况的，现在应用运算放大器线性工作状态下的虚短和虚断的概念来分析该电路。

首先，从反馈知识可知，本电路中引入了电压并联负反馈，运算放大器处于线性工作状态，于是，由虚断的概念可知两输入端上的电流为零，因此，同相输入端的电位 $u_p = 0\ \text{V}$。

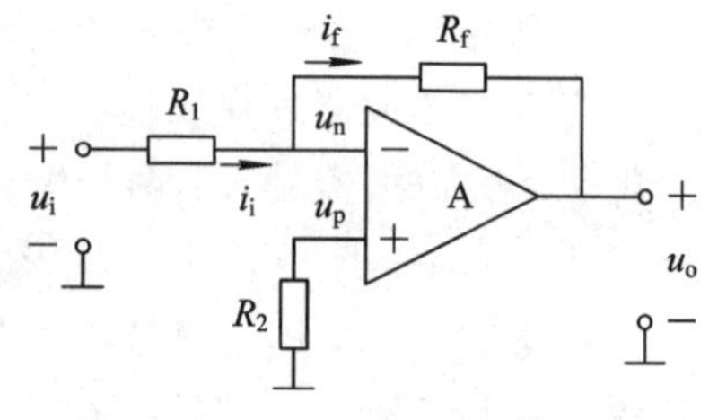

图 7－4　反相比例放大器

再由虚短的概念可知

$$u_n = u_p = 0\ \text{V} \tag{7-1}$$

式(7－1)表明反相输入端相当于接地，把这种现象称为“**虚地**”。

于是，输入信号 u_i 在 R_1 上的电流可以表示为

$$\dot{I}_i = \frac{\dot{U}_i - \dot{U}_n}{R_1} = \frac{\dot{U}_i}{R_1} \tag{7-2}$$

反馈电阻 R_f 上的电流可以表示为

$$\dot{I}_f = \frac{\dot{U}_n - \dot{U}_o}{R_f} = -\frac{\dot{U}_o}{R_f} \tag{7-3}$$

结合虚断的概念可知 $\dot{I}_i = \dot{I}_f$，于是有

$$\frac{\dot{U}_i}{R_1} = -\frac{\dot{U}_o}{R_f}$$

整理得

$$\dot{U}_o = -\frac{R_f}{R_1}\dot{U}_i \tag{7-4}$$

式(7－4)表明输出电压 u_o 的幅值是输入电压 u_i 的 R_f/R_1 倍，即被放大了 R_f/R_1 倍，u_o 和 u_i 相位相反。式(7－4)可表示为

$$\dot{A}_{uf}=\frac{\dot{U}_o}{\dot{U}_i}=-\frac{R_f}{R_1}$$

即说明该反相比例放大器的闭环放大倍数为 $-\frac{R_f}{R_1}$，这与在第 6 章中分析的结果相同。

在图 7－4 中，R_2 看上去似乎没有用，按照虚断的概念，R_2 上的电流为零，R_2 为等势体，接入或者去掉 R_2 似乎没有影响。实际上，虚断只是一种近似处理，R_2 实际上既有电压也有电流，R_2 是作为运算放大器差动输入的平衡电阻存在的，必须接入，它的大小通常按照下述方法求得：将电路中的信号源置零，从反相输入端向外看的等效电阻即为应该接入的平衡电阻值，按照此方法该平衡电阻为

$$R_2=R_1/\!/R_f$$

反相比例放大器的输入电阻 r_i 为从 u_i 的输入端看进去的等效电阻，由于同相输入端虚地，显然

$$r_i=R_1$$

由此可见，虽然运算放大器本身的输入电阻很高，但是其构成的反相比例放大器的放大倍数有限。

由于电压负反馈的引入，反向比例放大器的输出电阻很小，通常在负载电流较小的情况下认为该电阻为零，即

$$r_o=0$$

2. 同相比例运算

同相比例运算电路也称为**同相比例放大器**，如图 7－5 所示。

从图 7－5 可以看出：输入信号加载到同相端，引入的反馈为电压串联负反馈，由此可见运算放大器工作在线性状态。

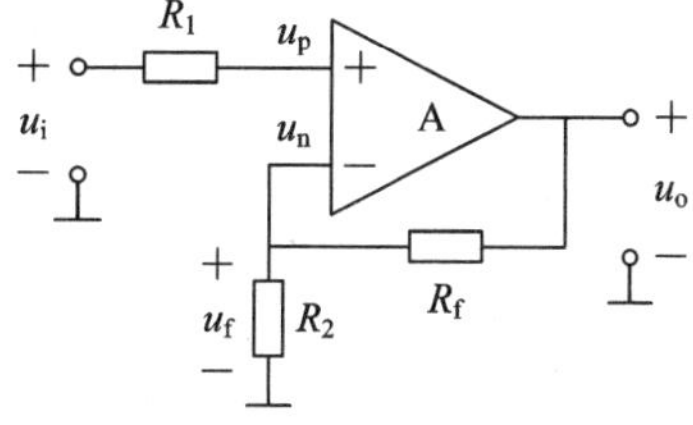

图 7－5　同相比例放大器

首先，由虚断的概念可知同相输入端的电压就是输入信号，即

$$\dot{U}_p=\dot{U}_i$$

反相输入端的电压为输出电压经反馈在 R_2 上形成的分压，即

$$\dot{U}_n=\dot{U}_f=\frac{R_2}{R_f+R_2}\dot{U}_o$$

再由虚短的概念可知同相输入端和反相输入端的电压相同，即

$$\dot{U}_p=\dot{U}_n$$

即

$$\dot{U}_i=\frac{R_2}{R_f+R_2}\dot{U}_o$$

整理得

$$\dot{U}_o=\frac{R_f+R_2}{R_2}\dot{U}_i=\left(1+\frac{R_f}{R_2}\right)\dot{U}_i \tag{7-5}$$

式(7－5)表明输出电压是输入电压的 $1+\frac{R_f}{R_2}$ 倍，并且输出与输入信号相位相同，同相比例放大器由此得名。

电阻 R_1 为平衡电阻，其取值为 $R_1=R_2/\!/R_f$。

同相比例放大器引入了串联反馈，其输入电阻由于运算放大器的输入电阻很高而很大，可以当无穷大处理，这是同相比例放大器的优点。

将图 7－5 中电阻 R_2 无限增大，将输入端电阻 R_1 和反馈电阻 R_f 减小到零，则图 7－5 转化成图 7－6 所示的**电压跟随器**，显然，$u_o=u_i$。电压跟随器可以把高内阻的信号源转换成低输出内阻的信号源，因此有重要的用途。

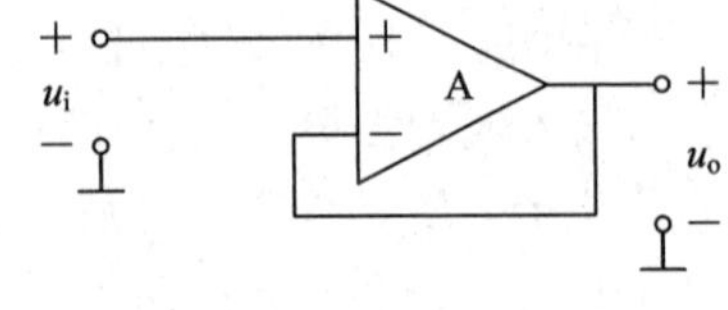

图 7－6　电压跟随器

7.2.2　加减法运算电路

1. 反相求和运算电路

反相求和运算电路首先实现各输入信号的求和运算，然后再把输出信号反相，图 7－7 所示为反相求和运算电路。

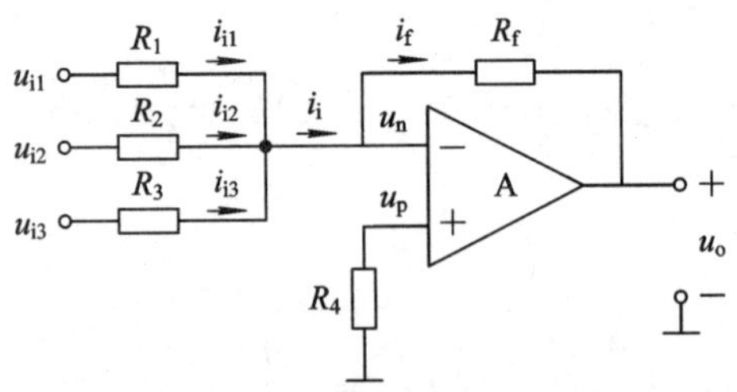

图 7－7　反相求和运算电路

图 7－7 中引入了电压负反馈，运算放大器工作于线性工作状态。首先由虚断的概念可知同相输入端“虚地”，再由虚短的概念可知

$$\dot{U}_n=\dot{U}_p=0\ \text{V}$$

于是，输入电流可表示为

$$\dot{I}_i=\dot{I}_{i1}+\dot{I}_{i2}+\dot{I}_{i3}=\frac{\dot{U}_{i1}}{R_1}+\frac{\dot{U}_{i2}}{R_2}+\frac{\dot{U}_{i3}}{R_3}$$

反馈电流为

$$\dot{I}_f=\frac{\dot{U}_n-\dot{U}_o}{R_f}=-\frac{\dot{U}_o}{R_f}$$

由虚断概念可知

$$\dot{I}_i=\dot{I}_f$$

即

$$\frac{\dot{U}_{i1}}{R_1}+\frac{\dot{U}_{i2}}{R_2}+\frac{\dot{U}_{i3}}{R_3}=-\frac{\dot{U}_o}{R_f}$$

整理得

$$\dot{U}_o=-\left(\frac{R_f}{R_1}\dot{U}_{i1}+\frac{R_f}{R_2}\dot{U}_{i2}+\frac{R_f}{R_3}\dot{U}_{i3}\right) \tag{7-6}$$

式(7－6)表明输出信号为各个输入信号反相比例运算后的分量之和，改变对应输入电阻还可以方便地改变该信号在输出信号中分量的大小，这是反相求和电路的优点。式(7－6)中，当取 $R_1=R_2=R_3$时，输出可表示为

$$\dot{U}_o=-\frac{R_f}{R_1}(\dot{U}_{i1}+\dot{U}_{i2}+\dot{U}_{i3}) \tag{7-7}$$

式(7－7)表明输出信号为各输入信号反相比例运算结果之和。

R_4为同相输入端的平衡电阻，其值为

$$R_4=R_1 /\!/ R_2 /\!/ R_3 /\!/ R_f$$

2. 同相求和运算电路

同相求和运算电路可实现多个信号的同相求和，图7－8所示为具有三个输入信号的同相求和电路。

由图7－8可知，通过 R_f引入了负反馈，运算放大器工作在线性状态下，因此，根据虚断的概念可知运算放大器反相输入端的电压为

$$\dot{U}_n=\frac{R_5}{R_5+R_f}\dot{U}_o$$

对于同相输入端，再根据虚断的概念有

$$\frac{\dot{U}_{i1}-\dot{U}_p}{R_1}+\frac{\dot{U}_{i2}-\dot{U}_p}{R_2}+\frac{\dot{U}_{i3}-\dot{U}_p}{R_3}=\frac{\dot{U}_p}{R_4}$$

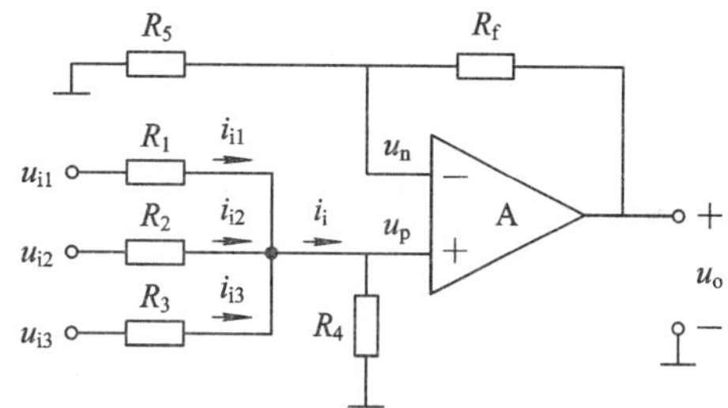

图7－8 同相求和运算电路

即

$$\left(\frac{1}{R_1}+\frac{1}{R_2}+\frac{1}{R_3}+\frac{1}{R_4}\right)\dot{U}_p=\frac{\dot{U}_{i1}}{R_1}+\frac{\dot{U}_{i2}}{R_2}+\frac{\dot{U}_{i3}}{R_3}$$

令$\frac{1}{R'}=\frac{1}{R_1}+\frac{1}{R_2}+\frac{1}{R_3}+\frac{1}{R_4}$，即 $R'=R_1 /\!/ R_2 /\!/ R_3 /\!/ R_4$，则

$$\dot{U}_p=\frac{R'}{R_1}\dot{U}_{i1}+\frac{R'}{R_2}\dot{U}_{i2}+\frac{R'}{R_3}\dot{U}_{i3}$$

又由虚短的概念可知

$$\dot{U}_n=\dot{U}_p$$

即

$$\frac{R_5}{R_5+R_f}\dot{U}_o=\frac{R'}{R_1}\dot{U}_{i1}+\frac{R'}{R_2}\dot{U}_{i2}+\frac{R'}{R_3}\dot{U}_{i3}$$

整理得

$$\dot{U}_o=\left(1+\frac{R_f}{R_5}\right)\left(\frac{R'}{R_1}\dot{U}_{i1}+\frac{R'}{R_2}\dot{U}_{i2}+\frac{R'}{R_3}\dot{U}_{i3}\right) \tag{7-8}$$

式(7－8)表明，输出信号是各输入信号经过比例运算的分量相叠加得到的，由于 R'与 R_1、R_2、R_3及 R_4均相关，因此改变输入通道上 R_1、R_2、R_3中的任何一个参数，都会影响其他输入信号在输出信号中的分量的大小，这一点在应用时需要特别注意。如果令 $R_1=R_2=R_3=R$，则式(7－8)可表示为

$$\dot{U}_o=\left(1+\frac{R_f}{R_5}\right)\frac{R'}{R}(\dot{U}_{i1}+\dot{U}_{i2}+\dot{U}_{i3}) \tag{7-9}$$

式(7－9)表明输出信号是各输入信号之和再乘以固定的比例常数得到的。令 $R''=$

$R_5 /\!/ R_f$，进而式(7－9)可表示为

$$\dot{U}_o = R_f\left(\frac{R_5 + R_f}{R_5 R_f}\right)\frac{R'}{R}(\dot{U}_{i1} + \dot{U}_{i2} + \dot{U}_{i3})$$

$$= \frac{R_f}{R} \cdot \frac{R'}{R''}(\dot{U}_{i1} + \dot{U}_{i2} + \dot{U}_{i3})$$

R'和R''分别为从运算放大器的同相输入端和反相输入端向外看的等效电阻，为保持运放的输入平衡，通常要求$R'=R''$，这样一来，上式可以简化为

$$\dot{U}_o = \frac{R_f}{R}(\dot{U}_{i1} + \dot{U}_{i2} + \dot{U}_{i3}) \tag{7-10}$$

3. 代数求和运算电路

实现两路信号相减的运算电路称为**减法运算电路**，如图7－9所示；实现多路信号之间按照一定的加减规则进行运算的电路称为**代数求和运算电路**。实际上，这两种电路是同种电路，双输入的减法电路只是代数求和电路的特例。

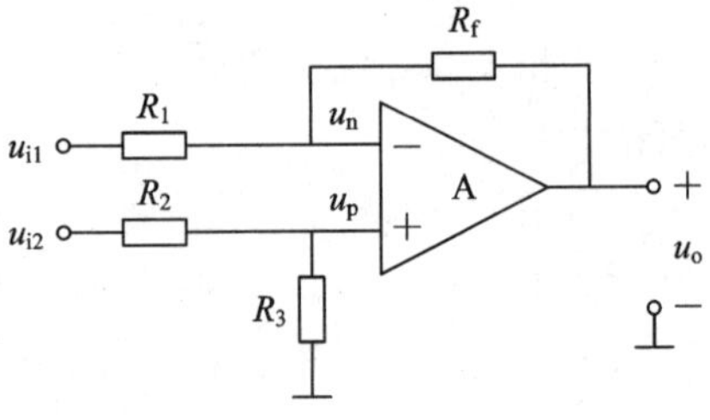

图7－9　减法运算电路

对于图7－9，根据虚断的概念可知

$$\dot{U}_n = \frac{R_1}{R_1 + R_f}(\dot{U}_o - \dot{U}_{i1}) + \dot{U}_{i1}$$

$$= \frac{R_1}{R_1 + R_f}\dot{U}_o + \frac{R_f}{R_1 + R_f}\dot{U}_{i1}$$

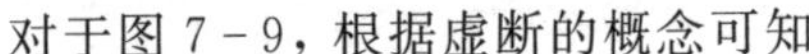

$$\dot{U}_p = \frac{R_3}{R_2 + R_3}\dot{U}_{i2}$$

再根据虚短的概念有$u_n = u_p$，即

$$\frac{R_1}{R_1 + R_f}\dot{U}_o + \frac{R_f}{R_1 + R_f}\dot{U}_{i1} = \frac{R_3}{R_2 + R_3}\dot{U}_{i2}$$

整理得

$$\dot{U}_o = \frac{R_1 + R_f}{R_1}\frac{R_3}{R_2 + R_3}\dot{U}_{i2} - \frac{R_f}{R_1}\dot{U}_{i1} \tag{7-11}$$

令$R_1 = R_2$，$R_3 = R_f$，这样一来，运放的两个输入端对地电阻正好平衡，则式(7－11)可简化为

$$\dot{U}_o = \frac{R_f}{R_1}(\dot{U}_{i2} - \dot{U}_{i1}) \tag{7-12}$$

式(7－12)表明，输出信号是同相输入信号与反相输入端信号之差乘以比例常数得到的，因此该电路也被称为**比例差分运算电路**。当$R_1 = R_f$时，比例系数为1，即

$$\dot{U}_o = \dot{U}_{i2} - \dot{U}_{i1}$$

借助叠加定理来对图7－10所示的代数求和运算电路进行分析。首先，让反相输入端的两个信号u_{i1}、u_{i2}作用，令$u_{i3} = u_{i4} = 0$，此时对应的等效电路如图7－11所示。然后，仅让同相输入端信号作用，反相输入端信号置零，即$u_{i1} = u_{i2} = 0$，此时对应的等效电路

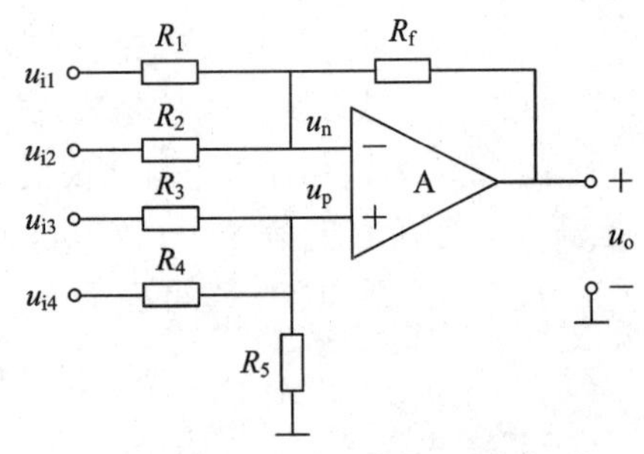

图7－10　代数求和运算电路

如图 7－12 所示。

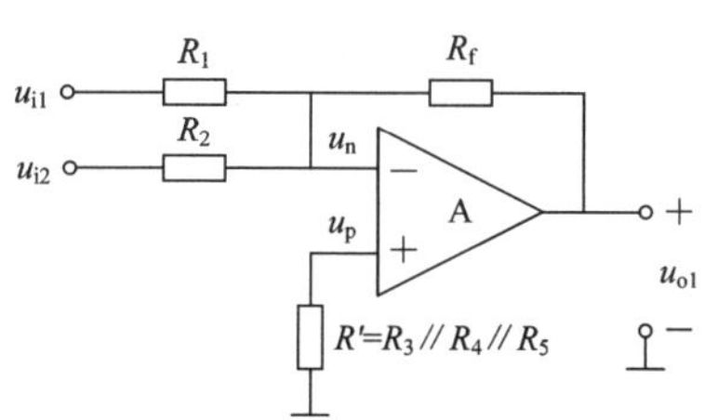

图 7－11　反相输入信号作用等效电路

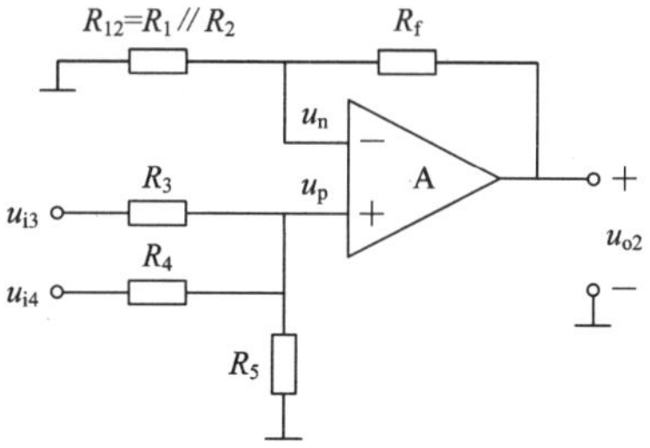

图 7－12　同相输入信号作用等效电路

由图 7－11 可知，当反相输入端信号单独作用时，其等效电路为反相求和运算电路，此时运放的两个输入端虚地，$R'=R_3 // R_4 // R_5$，于是可得此时的输出为

$$\dot{U}_{o1}=-\left(\frac{R_f}{R_1}\dot{U}_{i1}+\frac{R_f}{R_2}\dot{U}_{i2}\right) \tag{7-13}$$

由图 7－12 可知，当同相输入端信号单独作用时，其等效电路为同相求和运算电路，$R_{12}=R_1 // R_2$，此时的输出可表示为

$$\dot{U}_{o2}=R_f\frac{R_{12}+R_f}{R_{12}R_f}\left(\frac{R'}{R_3}\dot{U}_{i3}+\frac{R'}{R_4}\dot{U}_{i4}\right)$$

令 $R''=R_{12} // R_f=R_1 // R_2 // R_f$，为保持运算放大器的输入电阻平衡，再令 $R'=R''$，则上式简化为

$$\dot{U}_{o2}=\frac{R_f}{R_3}\dot{U}_{i3}+\frac{R_f}{R_4}\dot{U}_{i4} \tag{7-14}$$

根据叠加定理，当所有信号同时作用时总的输出信号为 u_{o1} 和 u_{o2} 的叠加，即

$$\dot{U}_o=\dot{U}_{o2}+\dot{U}_{o1}=\left(\frac{R_f}{R_3}\dot{U}_{i3}+\frac{R_f}{R_4}\dot{U}_{i4}\right)-\left(\frac{R_f}{R_1}\dot{U}_{i1}+\frac{R_f}{R_2}\dot{U}_{i2}\right)$$

上式中如果取 $R_1=R_2=R_3=R_4=R$，则可以进一步简化为

$$\dot{U}_o=\frac{R_f}{R}(\dot{U}_{i3}+\dot{U}_{i4}-\dot{U}_{i1}-\dot{U}_{i2}) \tag{7-15}$$

式(7－15)表明，输出信号是对输入信号代数和的比例放大，应用该电路可以实现多路信号的代数求和及比例放大。

在前面的分析中，信号的表示形式都采用了相量，相量的优点是可以方便地表示信号之间的幅值与相位关系，但是书写不太方便，因此在信号的相位关系清楚的情况下，也常采用信号的原变量形式表示信号。

7.2.3　仪用放大器

在实际应用中，经过传感器测量到的信号常常含有较强的共模信号，这些共模信号往往是需要剔除掉的无用信号，而有用的差模信号通常较弱，且信号源的内阻高。对于这类性质的信号进行处理需要一种具有高共模抑制比、高输入阻抗及一定差模电压放大倍数的放大器，这种放大器就是仪用放大器。仪用放大器实际上是加减法运算电路和比例运算电路的应用电路。

1. 双运放仪用放大器

双运放仪用放大器电路如图 7－13 所示，它相当于把两个同相比例运算电路相串联。

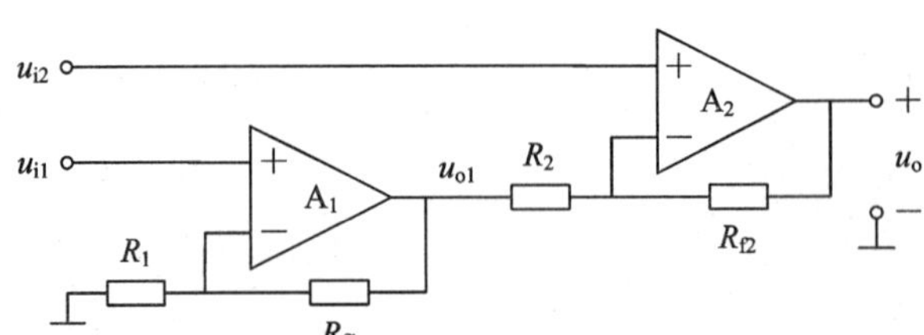

图 7-13 双运放仪用放大器

由图 7-13 可知运算放大器 A_1 的输出为

$$u_{o1}=(1+\frac{R_{f1}}{R_1})u_{i1}$$

对运算放大器 A_2 根据虚断和虚短的概念可知

$$u_{i2}=\frac{R_2}{R_2+R_{f2}}(u_o-u_{o1})+u_{o1}$$

代入 u_{o1} 整理得

$$u_o=\frac{R_2+R_{f2}}{R_2}u_{i2}-\frac{R_{f2}}{R_2}\frac{R_1+R_{f1}}{R_1}u_{i1}$$

令 $R_1=R_{f2}$，$R_2=R_{f1}$，上式可表示为

$$u_o=\frac{R_1+R_{f1}}{R_2}(u_{i2}-u_{i1}) \tag{7-16}$$

式(7-16)表明，输出信号是两输入信号之差的比例放大信号，这与前面介绍的减法运算电路的表达式式(7-12)相似，但是，实际上减法运算电路的两个输入端对应的输入电阻较小，当信号源的内阻较大时，减法运算电路输入端得到的信号幅度较小，内阻上的信号衰减较大，不利于差模信号的提取，而双运放仪用放大器的两个输入信号均通过同相输入端加入，由于运放本身的输入电阻很高，因此放大器的两输入端对应的输入电阻很高，对于高内阻的弱信号源具有较好的处理效果。

例 7-1 某信号处理电路如图 7-14 所示，根据电路所给参数计算输出信号与输入信号的关系。

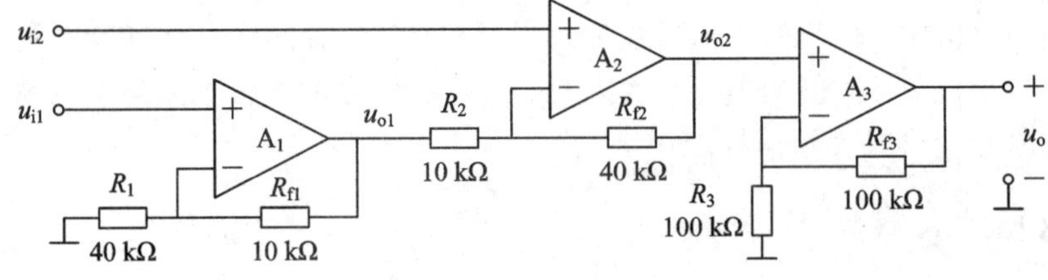

图 7-14 例 7-1 图

解 观察图 7-14，显然 A_1 和 A_2 组成两运放仪用放大器，根据式(7-16)可得 A_2 的输出为

$$u_{o2}=\frac{R_1+R_{f1}}{R_2}(u_{i2}-u_{i1})=\frac{40\ \text{k}\Omega+10\ \text{k}\Omega}{10\ \text{k}\Omega}(u_{i2}-u_{i1})=5(u_{i2}-u_{i1})$$

由 A_3 组成同相比例放大器，其输出为

$$u_o = \left(1+\frac{R_{f3}}{R_3}\right)u_{o2} = \left(1+\frac{100\ \text{k}\Omega}{100\ \text{k}\Omega}\right)\times 5(u_{i2}-u_{i1}) = 10(u_{i2}-u_{i1})$$

2. 三运放仪用放大器

由三个运算放大器组成的仪用放大器如图 7-15 所示。三运放仪用放大器的输入部分由 A_1 和 A_2 组成，具有对称的结构，$R_{f1}=R_{f2}$，均采用同相输入的方式以提高放大器的输入阻抗。由 A_3 组成的减法运算电路是该仪用放大器的输出部分，通过减法电路可以把前级 A_1 和 A_2 输出的共模信号抑制掉，从而达到良好的共模抑制效果。

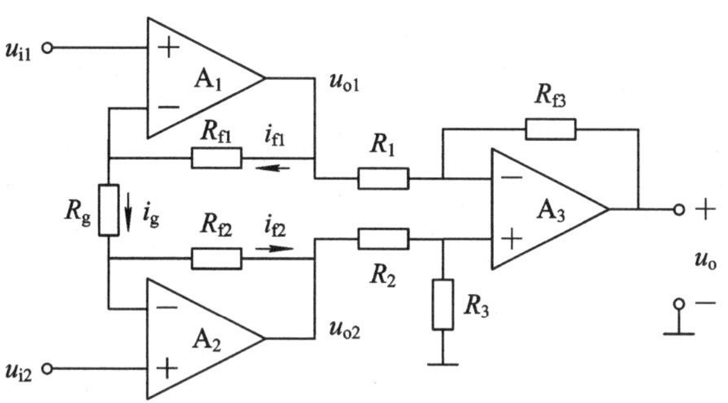

图 7-15　三运放仪用放大器

下面分析三运放仪用放大器的工作原理。首先，根据虚短的概念，A_1 和 A_2 的反相输入端的电压分别为

$$u_{n1} = u_{p1} = u_{i1},\ u_{n2} = u_{p2} = u_{i2}$$

于是可得电阻 R_g 上的电流 i_g 为

$$i_g = \frac{u_{n1}-u_{n2}}{R_g} = \frac{u_{i1}-u_{i2}}{R_g}$$

根据虚断的概念易知

$$i_{f1} = i_{f2} = i_g$$

于是 A_1 和 A_2 的输出电压可分别表示为

$$u_{o1} = u_{i1} + R_{f1}i_{f1} = u_{i1} + \frac{R_{f1}}{R_g}(u_{i1}-u_{i2}) = \left(1+\frac{R_{f1}}{R_g}\right)u_{i1} - \frac{R_{f1}}{R_g}u_{i2}$$

$$u_{o2} = u_{i2} - R_{f2}i_{f2} = u_{i2} - \frac{R_{f2}}{R_g}(u_{i1}-u_{i2}) = -\frac{R_{f2}}{R_g}u_{i1} + \left(1+\frac{R_{f2}}{R_g}\right)u_{i2}$$

由 A_3 组成的减法运算电路中，$R_1=R_2$，$R_3=R_{f3}$，根据式(7-12)可得

$$u_o = \frac{R_{f3}}{R_1}(u_{o2}-u_{o1})$$

上式代入 u_{o1} 和 u_{o2} 并整理得

$$u_o = \frac{R_{f3}}{R_1}\left(1+\frac{2R_{f1}}{R_g}\right)(u_{i2}-u_{i1}) \tag{7-17}$$

式(7-17)中，当满足 $R_1=R_2=R_3=R_{f3}$ 时，输出放大倍数只与 R_{f1} 和 R_g 相关，即

$$u_o = \left(1+\frac{2R_{f1}}{R_g}\right)(u_{i2}-u_{i1})$$

实际上为使用方便起见，常把三运放仪用放大器制造成集成电路，集成电路中的电阻

除 R_g 之外都是通过集成工艺制造的固定电阻，R_g 则需要根据实际放大倍数选取合适的电阻连接在仪用放大器的外部。

除了上面介绍的三运放仪用放大器的分析方法外，还可以采用下面的方法来分析。仪用放大器具有很强的共模抑制能力，理想情况下认为输出的共模信号为零。A_1 和 A_2 输出的共模信号经过减法运算电路能够被完全剔除掉，基于此，在分析的过程中可以不考虑共模信号，只考虑差模信号，从而简化分析过程。

加在两个输入端的总的差模信号可以表示为

$$u_{id} = u_{i1} - u_{i2}$$

则加载到每个输入端的差模信号分别为 $+\frac{1}{2}u_{id}$ 和 $-\frac{1}{2}u_{id}$。另外，由于 A_1 和 A_2 组成的输入电路部分的对称性，R_g 的中间点可以看成输入差模信号的接地点，这样，在差模信号作用下的仪用放大器等效电路如图 7-16 所示。

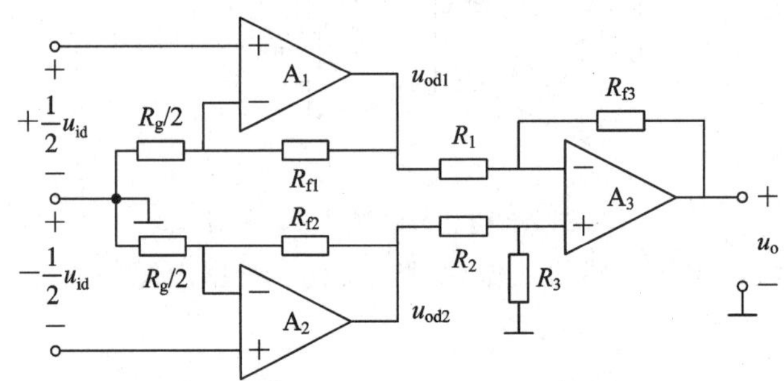

图 7-16 差模信号作用下仪用放大器等效电路

A_1 和 A_2 输出的差模信号分别为

$$u_{od1} = \left(1 + \frac{R_{f1}}{R_g/2}\right) \times \frac{1}{2}u_{id}$$

$$u_{od2} = \left(1 + \frac{R_{f2}}{R_g/2}\right) \times \left(-\frac{1}{2}u_{id}\right)$$

再经过 A_3 构成的减法运算电路后，输出信号可表示为

$$\begin{aligned} u_o &= \frac{R_{f3}}{R_1}(u_{od2} - u_{od1}) \\ &= \frac{R_{f3}}{R_1}\left[\left(1 + \frac{R_{f2}}{R_g/2}\right) \times \left(-\frac{1}{2}u_{id}\right) - \left(1 + \frac{R_{f1}}{R_g/2}\right) \times \left(\frac{1}{2}u_{id}\right)\right] \\ &= -\frac{R_{f3}}{R_1}\left(1 + \frac{2R_{f1}}{R_g}\right)u_{id} \end{aligned}$$

即

$$u_o = \frac{R_{f3}}{R_1}\left(1 + \frac{2R_{f1}}{R_g}\right)(u_{i2} - u_{i1})$$

上式即式(7-17)，与前面分析的结果完全相同。

例 7-2 图 7-17 所示的电路为通过仪用放大器处理测温电桥信号的电路，已知电桥输出信号在 ±50 mV 范围内，现在希望仪用放大器的对应输出在 ±5 V 范围内，仪用放大器中的参数如图所示，请问增益调整电位器 R_g 应该调整到多大才可以满足要求。

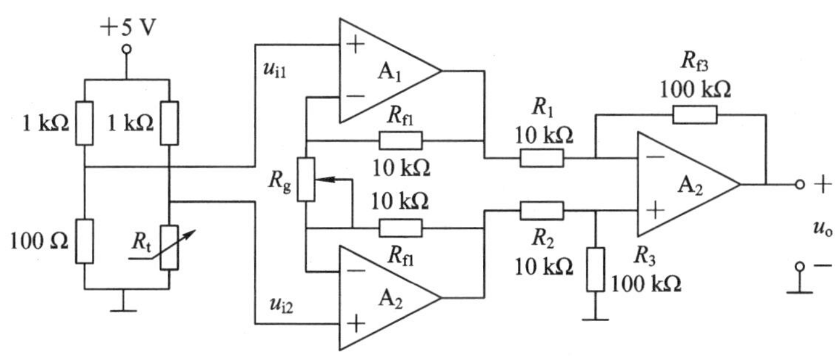

图 7-17 例 7-2 图

解 根据式(7-17)可知，仪用放大器的电压放大倍数为

$$A_{uf}=\frac{u_o}{u_{i2}-u_{i1}}=\frac{R_{f3}}{R_1}\left(1+\frac{2R_{f1}}{R_g}\right)=\frac{100\ \text{k}\Omega}{10\ \text{k}\Omega}\left(1+\frac{2\times 10\ \text{k}\Omega}{R_g}\right)=10\left(1+\frac{20\ \text{k}\Omega}{R_g}\right)$$

按照实际要求，仪用放大器的放大倍数应该为

$$A_{uf}=\frac{|\pm 5\ \text{V}|}{|\pm 50\ \text{mV}|}=\frac{5000\ \text{mV}}{50\ \text{mV}}=100$$

所以

$$10\left(1+\frac{20\ \text{k}\Omega}{R_g}\right)=100$$

解得

$$R_g=2.222\ \text{k}\Omega$$

7.3 其他运算放大电路

其他运算放大电路

本节介绍积分、微分、对数、指数及乘除法运算电路。

7.3.1 积分和微分运算电路

1. 积分运算电路

图 7-18 所示为**积分运算电路**，该电路相当于把反相比例运算电路的反馈电阻换成电容构成的。反馈电容引入的反馈仍为负反馈，运算放大器仍工作在线性状态，应按照线性分析方法研究运放输出与输入之间的关系。

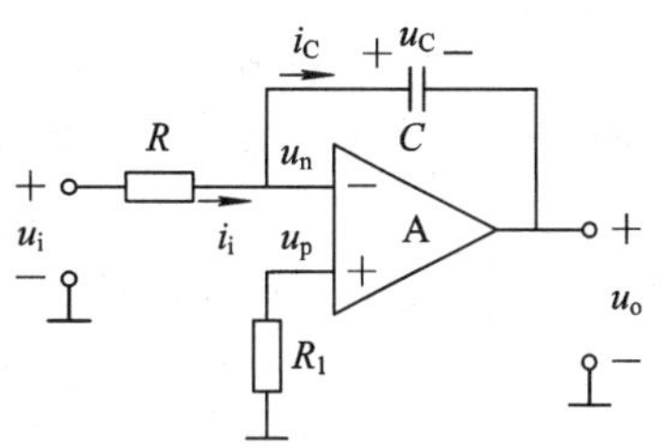

图 7-18 积分运算电路

根据虚短和虚地的概念可知，输入信号在 R 上形成的电流为

$$i_i=\frac{u_i}{R}$$

再根据虚断的概念可知，电容的充电电流 $i_C=i_i$，在零初始条件下电容两端的电压为

$$u_C = \frac{1}{C}\int i_C \mathrm{d}t = \frac{1}{C}\int \frac{u_i}{R}\mathrm{d}t$$

输出信号可表示为

$$u_o = 0 - u_C = -\frac{1}{RC}\int u_i \mathrm{d}t \tag{7-18}$$

式(7－18)表明输出信号是输入信号的积分，积分电路由此得名。RC 称为积分时常数，该值的大小影响积分的快慢。

当输入信号为直流信号时，设 $u_i = E$，则根据式(7－18)可得

$$u_o = -\frac{1}{RC}\int E\mathrm{d}t = -\frac{E}{RC}t$$

即在直流信号作用下，输出信号将按照线性规律反向增加，理论上只要输入信号保持，电容上的积分就一直持续，但是，由于电路的电源电压的限制，电容反向积分到最大值时将停止积分。图 7－19 所示为零初始条件下在直流信号作用下积分电路的输入、输出波形。

给积分电路输入交替变化的方波信号，在零初始条件下，积分电路的输出信号也随着电容的充放电交替变化，如图 7－20 所示。图中方波信号的幅值为 E，周期为 T，在从零开始的半个周期内输出信号线性减小，幅值达到

$$u_{om} = \frac{E}{2RC}T$$

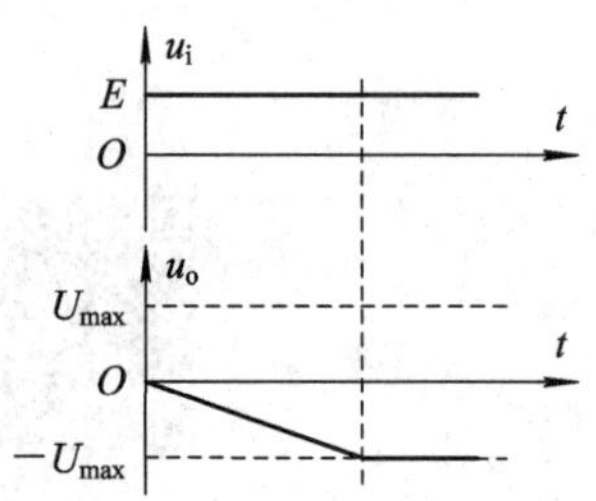

图 7－19　直流信号积分运算波形

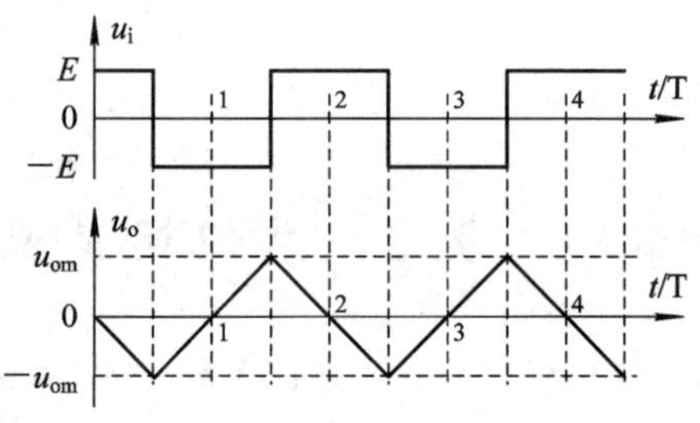

图 7－20　方波信号作用下积分运算波形

然后在接下来的一个周期内，输入信号反相，电容反向充电，随之输出电压上升，输出电压上升到零后，输出电压正向增加，最终幅值达到 u_{om} 之后，输出电压跟随输入不断地交替变化，最终产生三角波输出。

当输入信号为正弦信号时，输出信号将按照余弦规律变化。设输入信号为

$$u_i = U_m \sin\omega t$$

经过积分电路后的输出信号为

$$u_o = -\frac{1}{RC}\int U_m \sin\omega t\, \mathrm{d}t = \frac{U_m}{\omega RC}\cos\omega t$$

图 7－21 所示为在正弦波信号作用下输入、输出信号的波形，可以看出输出信号超前输入 $\pi/2$。

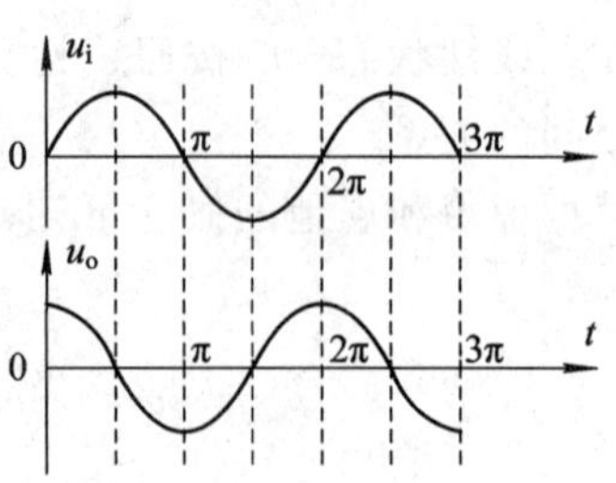

图 7－21　正弦波信号作用下积分运算波形

2. 微分运算电路

将积分电路中的电阻、电容互换就可得到**微分运算电路**，如图7-22所示。电阻R引入负反馈，运算放大器A工作在线性状态。根据虚短和虚地的概念，可知电容的充电电流为

$$i_C = C\frac{d(u_i - u_n)}{dt} = C\frac{du_i}{dt}$$

根据虚断的概念可知$i_R = i_C$，于是输出电压可表示为

$$u_o = -i_R R = -RC\frac{du_i}{dt} \tag{7-19}$$

式(7-19)表明输出信号是输入信号的微分。当输入信号为方波信号时，输出为微分脉冲信号，如图7-23所示。

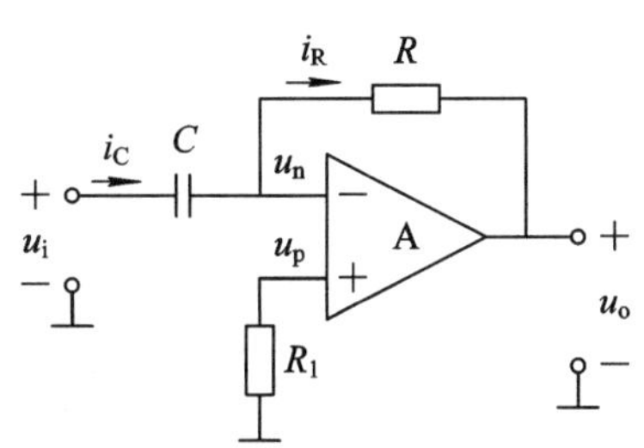

图7-22　微分运算电路

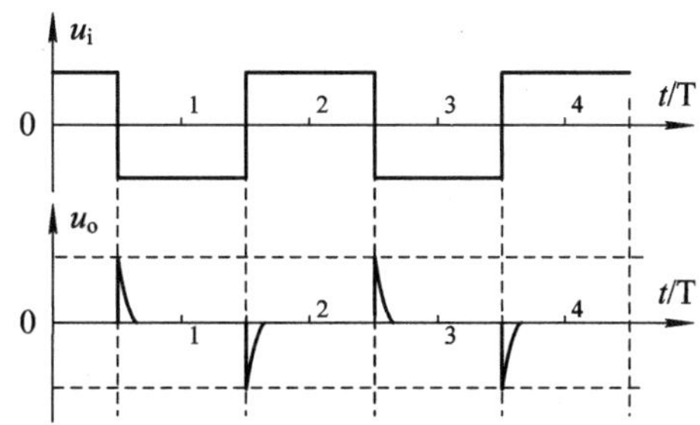

图7-23　方波信号作用下微分运算波形

图7-22所示的微分电路存在以下两个问题：其一，当外加信号的频率升高时，电容的容抗$1/\omega C$减小，放大倍数高，因此该微分电路对高频干扰信号敏感；其二，微分电路中的阻容元件对输入信号有相位滞后作用，如果与运放内部电路的电抗元件耦合形成正反馈，极易引起电路的自激振荡，影响电路的稳定性。

实际使用中常使用如图7-24所示的改进电路。在输入信号正常的工作频率范围内，使得$R_2 \ll 1/\omega C$，$R \ll 1/\omega C_1$，此时R_2和C_1对电路的影响很小，但是当输入中串入高频干扰信号时，输入通道上的R_2和并联在反馈支路上的C_1都可以抑制高频干扰信号的放大倍数，从而减小输出中的干扰。C_1的接入引入了超前环节，对C所引起的相位滞后具有一定的补偿，提高了电路的稳定性。稳压管V_{DZ}用于限制输出信号的幅值。电容C_2也用于相位补偿。

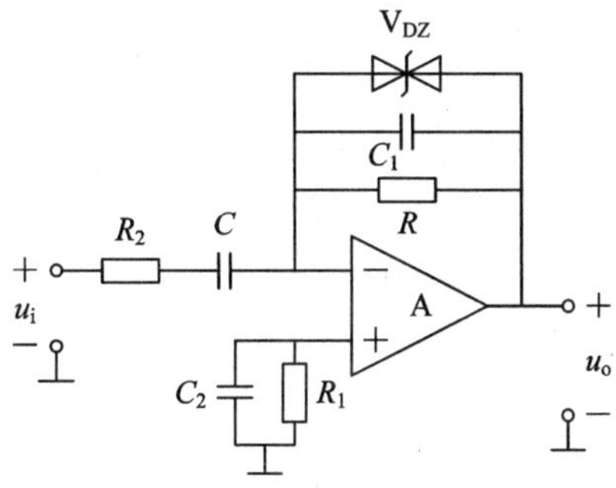

图7-24　改进微分运算电路

7.3.2 对数和指数运算电路

1. 对数运算电路

对数运算电路是利用半导体 PN 结电流与电压之间存在的近似指数关系工作的。图 7-25所示为二极管对数运算电路，该电路相当于反相比例运算电路的反馈电阻被二极管取代得到的。

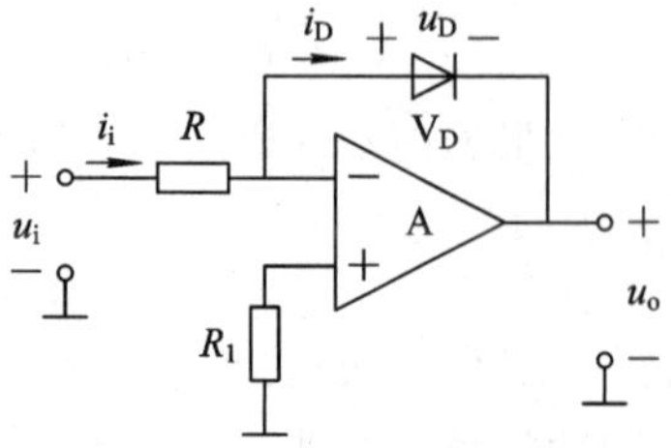

图 7-25 二极管对数运算电路

根据前述二极管知识可知，二极管电流 i_D和管压降 u_D之间的关系为

$$i_D = I_S(e^{\frac{u_D}{u_T}} - 1)$$

式中：I_S 为二极管的反向饱和电流，u_T 为温度电压当量，在 $T=300$ K 时，$u_T=26$ mV。当二极管正偏导通时，认为 $u_D \gg u_T$，于是有

$$i_D = I_S(e^{\frac{u_D}{u_T}} - 1) \approx I_S \cdot e^{\frac{u_D}{u_T}}$$

该式表明，二极管正偏导通后 i_D 与 u_D 之间近似呈指数规律变化，对数运算电路实际上就是利用此原理工作的。

首先，根据虚地的概念可知输入电流为

$$i_i = \frac{u_i}{R}$$

根据虚断的概念可知 $i_i=i_D$，代入 i_i 和 i_D，即

$$\frac{u_i}{R} \approx I_S \cdot e^{\frac{u_D}{u_T}}$$

于是可以解得

$$u_D \approx u_T \ln \frac{u_i}{I_S R}$$

则输出信号为

$$u_o = 0 - u_D \approx - u_T \ln \frac{u_i}{I_S R} \qquad (7-20)$$

式(7-20)表明，输出信号与输入信号为对数关系。二极管对数电路存在以下问题：其一，当输入信号较小时，二极管的管压降很小，误差较大；其二，当温度变化时，二极管的参数 I_S 和 u_T 均有较大的变化，也对对数关系造成影响。二极管对数运算电路只能在 u_i为正极性信号时工作，当 u_i为负极性信号时运放相当于工作在开环状态，无法实现对数运算功能。

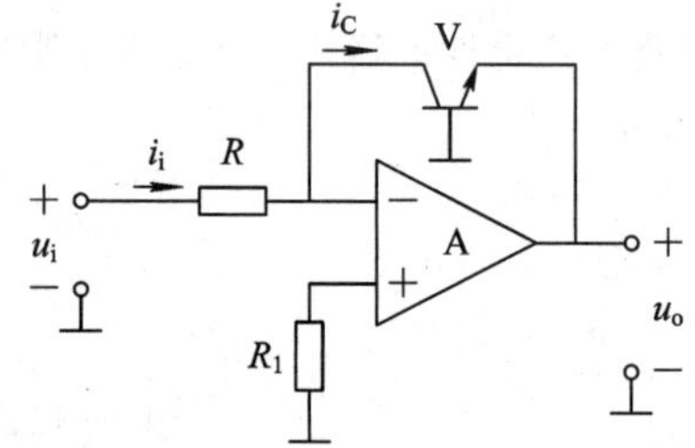

图 7-26 三极管对数运算电路

图 7-26 所示为三极管对数运算电路。三极管 V 的基极接地，运算放大器的反相输入端虚地，即 V 的集电极虚地，这样一来，三极管的集电极与基极相当于并接在一起，此时

的 V 就相当于一只二极管。三极管对数运算电路可以获得更大的动态范围，但是仍无法克服温度对管子参数的影响，要克服温度的影响必须通过温度补偿措施来实现。

2. 指数运算电路

指数运算与对数运算互为逆运算。图 7－27 所示为指数运算电路，它相当于把对数运算电路中的三极管与输入电阻互换位置得到的。

根据虚地的概念可知输入电流为

$$i_i \approx I_S \cdot e^{\frac{u_{BE}}{u_T}} = I_S \cdot e^{\frac{u_i}{u_T}}$$

根据虚断概念可知 $i_i = i_R$，于是输出信号可以表示为

$$u_o = -i_R R \approx -I_S R \cdot e^{\frac{u_i}{u_T}} \tag{7-21}$$

式(7－21)表明输出与输入之间为指数关系。上述指数运算电路同样受到温度变化的影响，如果要得到满意的指数关系，必须通过温度补偿措施去实现。

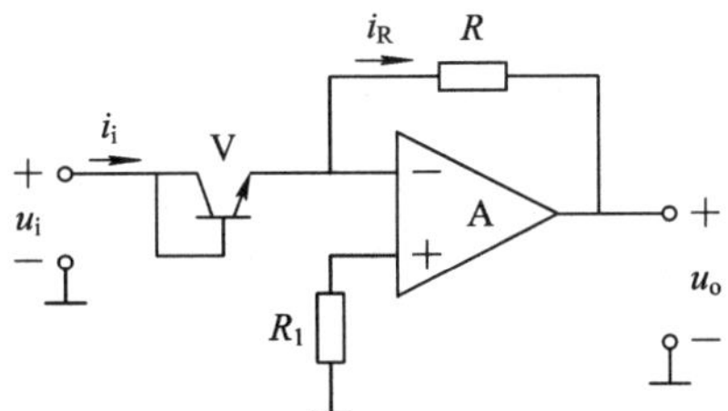

图 7－27　指数运算电路

7.3.3　乘除法运算电路

1. 乘法运算电路

可以实现乘法运算的方法较多，这里介绍的乘法运算电路是基于运算放大器的应用实现的。图 7－28 所示的电路为**乘法运算电路**。

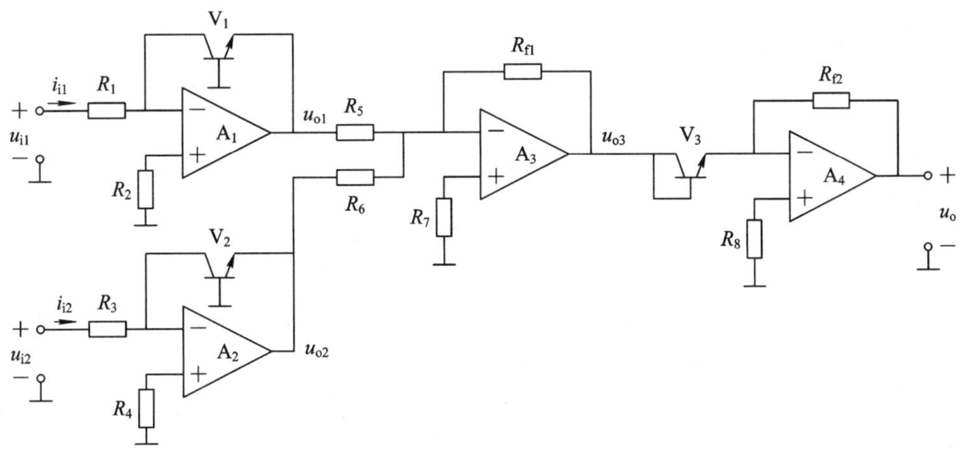

图 7－28　乘法运算电路

该电路通过对两路输入信号进行对数运算，再对对数运算的结果求和后进行指数运算来达到乘法运算的目的。图中 $R_1=R_3$，可知输入信号经对数运算后输出为

$$u_{o1}\approx -u_T\ln\frac{u_{i1}}{I_{S1}R_1}$$

$$u_{o2}\approx -u_T\ln\frac{u_{i2}}{I_{S2}R_3}$$

I_{S1} 和 I_{S2} 分别为 V_1 和 V_2 的反向饱和漏电流。求和运算电路中令 $R_5=R_6=R_7=R_{f1}$，则求和电路的输出为

$$u_{o3}=-(u_{o1}+u_{o2})=u_T\ln\frac{u_{i1}}{I_{S1}R_1}+u_T\ln\frac{u_{i2}}{I_{S2}R_3}=u_T\ln\frac{u_{i1}u_{i2}}{I_{S1}R_1I_{S2}R_3}$$

最后，可得输出信号为

$$u_o\approx -I_{S3}R_{f2}\cdot e^{\frac{u_{o3}}{u_T}}=-I_{S3}R_{f2}\frac{u_{i1}u_{i2}}{I_{S1}R_1I_{S2}R_3}=-\frac{I_{S3}R_{f2}}{I_{S1}I_{S2}R_1^2}u_{i1}u_{i2}$$

令 $k=-\dfrac{I_{S3}R_{f2}}{I_{S1}I_{S2}R_1^2}$，$k$ 为常数，则

$$u_o=k\cdot u_{i1}u_{i2} \tag{7-22}$$

式(7-22)表明输出信号为两输入信号的乘积。不过，这里应该说明的是，两个输入信号必须为正极性信号，才能应用该电路实现相乘。

2. 除法运算电路

将乘法运算电路中的加法器改成减法器，就可以实现除法运算了，如图 7-29 所示。

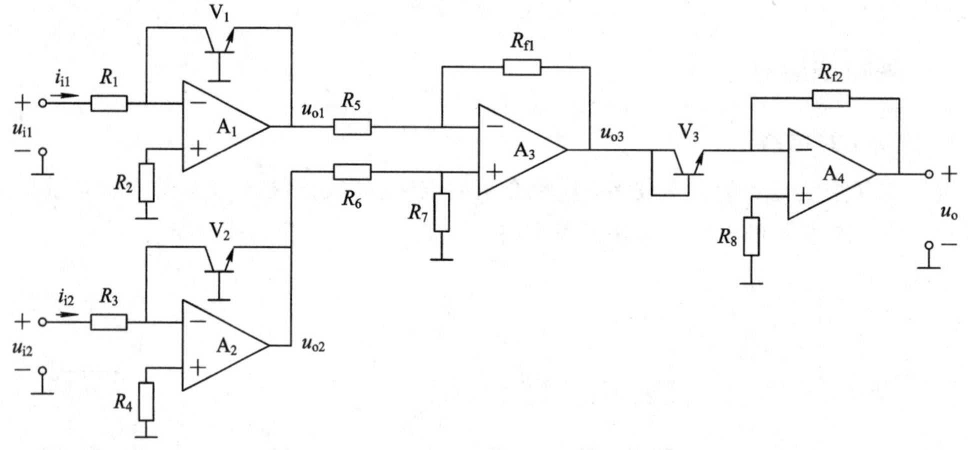

图 7-29 除法运算电路

据图可知

$$u_{o1}\approx -u_T\ln\frac{u_{i1}}{I_{S1}R_1}$$

$$u_{o2}\approx -u_T\ln\frac{u_{i2}}{I_{S2}R_3}$$

减法电路中 $R_5=R_6=R_7=R_{f1}$，它的输出为

$$u_{o3}=u_{o2}-u_{o1}=-u_{T}\left(\ln\frac{u_{i2}}{I_{S2}R_{3}}-\ln\frac{u_{i1}}{I_{S1}R_{1}}\right)=-u_{T}\ln\frac{u_{i2}I_{S1}}{u_{i1}I_{S2}}$$

于是可得输出信号为

$$u_{o}\approx -I_{S3}R_{f2}\cdot e^{\frac{u_{o3}}{u_{T}}}=-I_{S3}R_{f2}\frac{u_{i1}I_{S2}}{u_{i2}I_{S1}}=-\frac{I_{S3}R_{f2}}{I_{S1}}\frac{u_{i1}}{u_{i2}} \tag{7-23}$$

式(7－23)表明，输出信号与两个输入信号之商呈线性关系。与乘法电路类似，该除法运算电路只能在两个输入信号均为正极性信号时工作。

7.4　有源滤波器

有源滤波器

在信号的处理通道中，滤波器起着非常重要的作用。本节主要介绍应用运算放大器构成各种用途的滤波器的基本原理。

7.4.1　滤波器概述

什么是滤波器？**滤波器**实际上是一种具有频率选择作用的电路。在一个实际的电路中有些频率的信号是有用的信号，有些频率的信号是无用的信号，这些无用的信号就是电路中的干扰信号，这些干扰信号可能是外部串入的，也可能是电路内部自激产生的，为了保障我们所需信号的正常处理，必须通过滤波电路滤除这些干扰信号，或者抑制干扰信号到足够小的范围内，这就必须通过滤波电路来实现。

按照滤波电路的频率特性来划分，滤波电路可分为**低通滤波电路**、**高通滤波电路**、**带通滤波电路**和**带阻滤波电路**等。图 7－30 所示为不同滤波器的理想幅频特性。

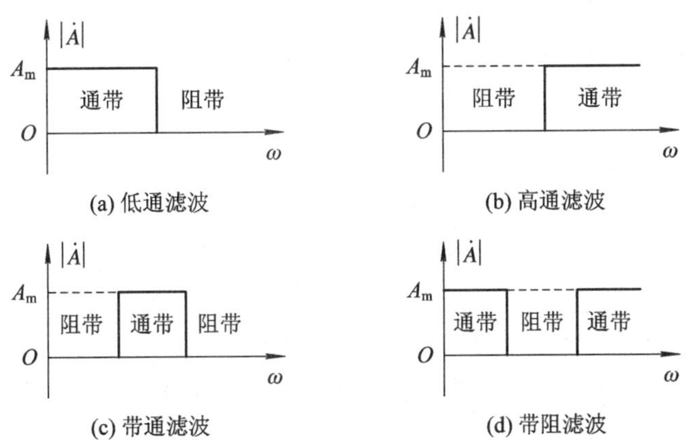

图 7－30　不同滤波器的幅频特性

按照滤波电路中是否含有受控源，滤波电路又可以划分**无源滤波电路**和**有源滤波电路**。无源滤波电路主要由电阻、电容及电感等无源器件组成，无源滤波电路在滤除干扰信号的同时，会对干扰信号造成衰减，通常滤波效果较差。有源滤波器在滤波电路中引入三极管、运算放大器等有源元件，可以使滤波器在滤除干扰信号的同时对有用的信号进行放大，从而大大改善滤波特性。

7.4.2 低通滤波器

1. 一阶低通有源滤波器

在第4章曾经介绍过 RC 无源滤波电路，图7-31是 RC 低通滤波电路及其对数幅频特性。

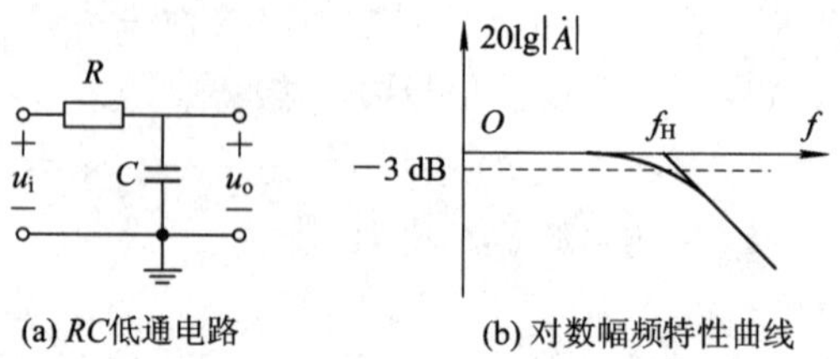

图7-31 RC 低通滤波电路及其对数幅频特性

现在将 RC 低通滤波器与一同相比例运算放大器相结合，就可以构成一阶低通有源滤波器了，如图7-32所示。显然，该电路仍为负反馈电路，要按照线性状态分析该电路。

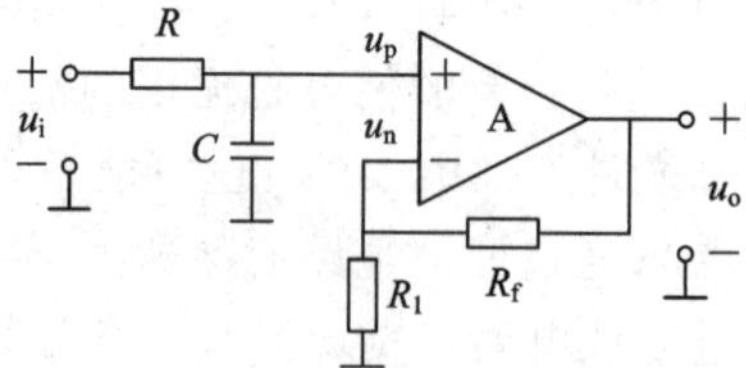

图7-32 一阶低通有源滤波器

根据虚断概念可知

$$\dot{U}_p=\frac{1}{1+j\omega RC}\dot{U}_i$$

$$\dot{U}_n=\frac{R_1}{R_1+R_f}\dot{U}_o$$

根据虚短概念可知 $\dot{U}_p=\dot{U}_n$，即

$$\frac{1}{1+j\omega RC}\dot{U}_i=\frac{R_1}{R_1+R_f}\dot{U}_o$$

整理得

$$\dot{A}_u=\frac{\dot{U}_o}{\dot{U}_i}=\left(1+\frac{R_f}{R_1}\right)\frac{1}{1+j\omega RC}=\left(1+\frac{R_f}{R_1}\right)\frac{1}{1+j\,\dfrac{\omega}{\omega_H}}=\left(1+\frac{R_f}{R_1}\right)\frac{1}{1+j\,\dfrac{f}{f_H}}$$

上式中 $\omega_H=\dfrac{1}{RC}$，$f_H=\dfrac{1}{2\pi RC}$，$f=\dfrac{\omega}{2\pi}$，再令 $A_{um}=1+\dfrac{R_f}{R_1}$，则

$$\dot{A}_u=\frac{\dot{U}_o}{\dot{U}_i}=\frac{A_{um}}{1+j\,\dfrac{f}{f_H}} \tag{7-24}$$

式(7-24)即为一阶低通 RC 有源滤波器的电压放大倍数，显然，当 $f\ll f_H$ 时，$|\dot{A}_u|\approx A_{um}>1$，即说明当频率较低时，输入信号不但可以顺利通过，而且还被放大；当 $f\gg f_H$ 时，$|\dot{A}_u|\approx A_{um}f_H/f$，显然频率越高，信号的放大倍数越小，信号衰减越厉害，这样一来，频率高于 f_H 的信号就被抑制，达到滤波的效果。根据式(7-24)求取其对数幅频特性，可得

$$20\lg|\dot{A}_u| = \begin{cases} 20\lg A_{um} > 0 & f \ll f_H \\ 20\lg A_{um} - 3\ \text{dB} & f = f_H \\ 20\lg A_{um} + 20\lg f_H - 20\lg f & f \gg f_H \end{cases}$$

根据上式可画出一阶低通 RC 滤波器的对数幅频特性曲线，如图 7-33 所示。当 $f \ll f_H$ 时，滤波器的增益为 $20\lg A_{um}$，与无源滤波器比较具有更高的增益；当 $f \gg f_H$ 时，幅频特性曲线以 20 dB/十倍频程下降。

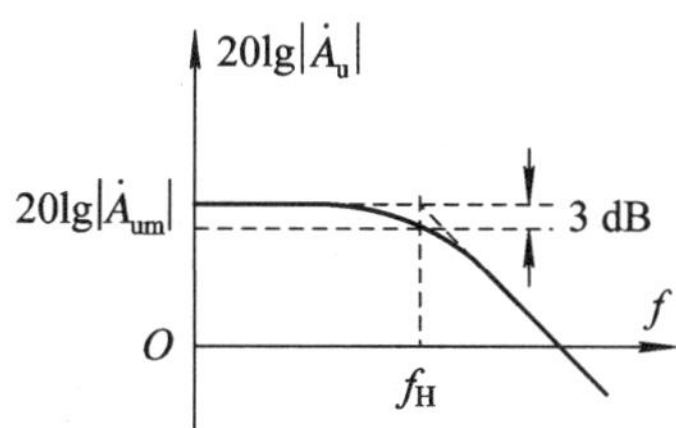

图 7-33　一阶低通有源滤波器对数幅频特性曲线

一阶低通有源滤波器在通带以外，即 $f \gg f_H$ 时，以 20 dB/十倍频程衰减，衰减速度较慢，与理想低通滤波器特性相距较大，滤波特性不佳，为了获得更陡峭的滤波特性，就需要使用二阶及以上的滤波器来实现。

2. 二阶低通有源滤波器

将两级 RC 低通滤波器相串联，再与同相比例运算电路相连，就可以构成二阶低通有源滤波器了，如图 7-34 所示。

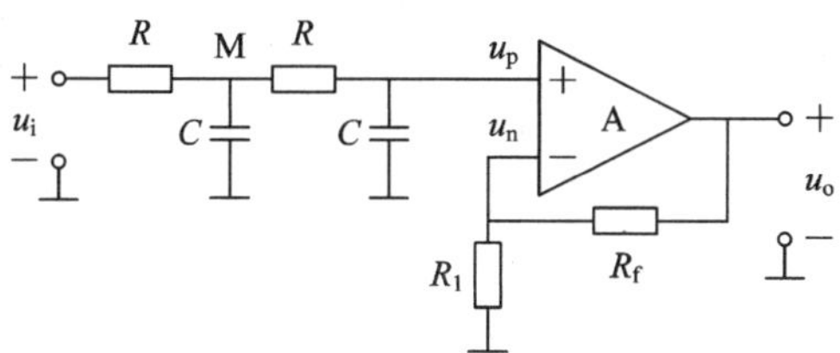

图 7-34　二阶低通有源滤波器

首先，对于二阶低通 RC 环节，根据电路图及运放虚断的概念可列写方程组：

$$\begin{cases} \dfrac{\dot{U}_i - \dot{U}_M}{R} - \dfrac{\dot{U}_M}{1/j\omega C} - \dfrac{\dot{U}_M - \dot{U}_p}{R} = 0 \\ \dot{U}_p = \dfrac{1/j\omega C}{R + 1/j\omega C}\dot{U}_M \end{cases}$$

求解可得二阶低通 RC 环节的输入、输出关系为

$$\dot{A}_1 = \frac{\dot{U}_p}{\dot{U}_i} = \frac{1}{3 - (\omega RC)^2 + 3j\omega RC}$$

令 $\omega_H = \dfrac{1}{RC}$，则上式可表示为

$$\dot{A}_1 = \frac{\dot{U}_p}{\dot{U}_i} = \frac{1}{3 - \left(\dfrac{\omega}{\omega_H}\right)^2 + 3j\dfrac{\omega}{\omega_H}} \tag{7-25}$$

通过式(7-25)可以看出，当 $\omega \ll \omega_H$ 时，二阶低通 RC 滤波器的电压传输比 $|\dot{A}_1| \approx 1/3$；当 $\omega \gg \omega_H$ 时，其电压传输比近似为 $|\dot{A}_1| \approx \left(\frac{\omega_H}{\omega}\right)^2$，即随着 ω 的增大，$|\dot{A}_1|$ 按照 ω^2 减小。这说明二阶低通 RC 环节在通带内对信号具有较大的衰减，阻带内随着频率的增加，信号按照频率的平方衰减，具有更陡峭的阻带内衰减特性。

$\dot{U}_p$ 信号再经过运放放大后，可得

$$\dot{A}_u = \frac{\dot{U}_o}{\dot{U}_p}\frac{\dot{U}_p}{\dot{U}_i} = \frac{1+R_f/R_1}{3-\left(\frac{\omega}{\omega_H}\right)^2+3j\frac{\omega}{\omega_H}} = \frac{(1+R_f/R_1)/3}{1-\frac{1}{3}\left(\frac{\omega}{\omega_H}\right)^2+j\frac{\omega}{\omega_H}}$$

令 $A_{um}=(1+R_f/R_1)/3$，上式可表示为

$$\dot{A}_u = \frac{\dot{U}_o}{\dot{U}_i} = \frac{A_{um}}{1-\frac{1}{3}\left(\frac{\omega}{\omega_H}\right)^2+j\frac{\omega}{\omega_H}} = \frac{A_{um}}{1-\frac{1}{3}\left(\frac{f}{f_H}\right)^2+j\frac{f}{f_H}} \tag{7-26}$$

式(7-26)中，$\omega=2\pi f$，$\omega_H=2\pi f_H$，该式说明，运算放大器的接入使得滤波器的通带增益提高，阻带内的衰减特性与二阶无源 RC 滤波器相似。进而可得该二阶有源滤波器的对数幅频特性为

$$20\lg|\dot{A}_u| \approx \begin{cases} 20\lg A_{um} > 0 & f \ll f_H \\ 20\lg(3A_{um}) + 40\lg f_H - 40\lg f & f \gg f_H \end{cases}$$

由上式可见，当 $f \gg f_H$ 时，滤波器的对数幅频特性按照 40 dB/十倍频程衰减，更接近理想滤波特性。

由前述分析可知，图 7-34 所示二阶低通滤波器在通带内的放大倍数只有放大器放大放大倍数的 1/3，比较低，为了克服这一不足，可以采用图 7-35 所示的**改进型二阶低通有源滤波器**，该电路也称为**赛伦-凯电路**。该电路提升通带内增益的基本思想是：在通带内二阶低通 RC 环节的总滞后角小于 90°，通过第一级的电容 C 引入的反馈为正反馈，因而对通带内的信号增益有提升；而对于阻带内的信号，由于二阶低通 RC 环节的总滞后角大于 90°，接近 180°，电容引入反馈为负反馈，因此对阻带内的信号具有衰减作用，对阻带内的幅频衰减特性影响不大。改进电路既在通带内具有较高的增益，又在阻带内有着较好的衰减特性，因而实际使用的二阶低通有源滤波器多采用此电路实现。

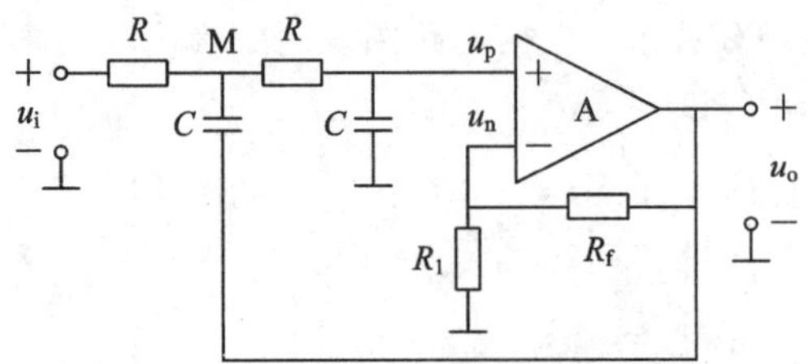

图 7-35　改进型二阶低通有源滤波器

7.4.3 高通滤波器

1. 一阶高通有源滤波器

图 7-36 所示为 RC 高通滤波电路及其对数幅频特性，在通带内信号的增益为 0 dB，

阻带内的增益按照 20 dB/十倍频程衰减，滤波性能较差。

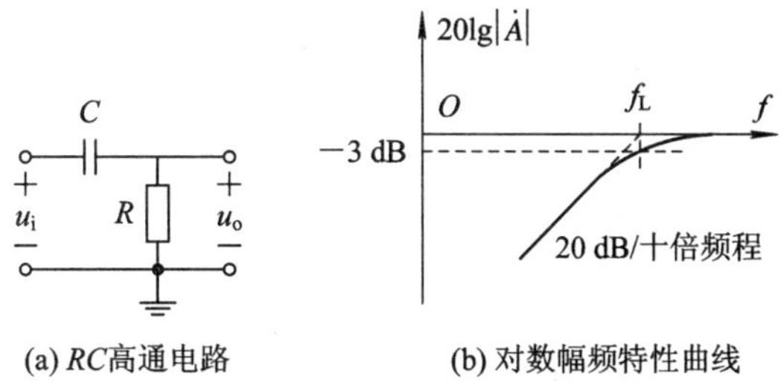

图 7－36　RC 高通滤波电路及其对数幅频特性

将 RC 高通环节与同相比例放大器相串联，即可得到一阶高通有源滤波器，如图 7－37 所示。

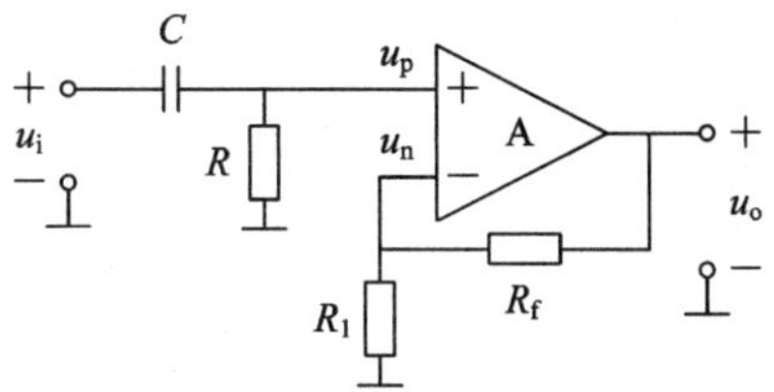

图 7－37　一阶高通有源滤波器

类似于一阶低通有源滤波器的分析方法，易得输出与输入信号之间的关系为

$$\dot{A}_u=\frac{\dot{U}_o}{\dot{U}_i}=\left(1+\frac{R_f}{R_1}\right)\frac{1}{1-j\,\dfrac{\omega_L}{\omega}}=\left(1+\frac{R_f}{R_1}\right)\frac{1}{1-j\,\dfrac{f_L}{f}}$$

上式中 $\omega_L=1/RC$，$f_L=\omega_L/2\pi$，令 $A_{um}=1+\dfrac{R_f}{R_1}$，则可得

$$\dot{A}_u=\frac{\dot{U}_o}{\dot{U}_i}=\frac{A_{um}}{1-j\,\dfrac{f_L}{f}} \tag{7-27}$$

由式(7－27)可以看出，一阶有源高通滤波器的增益较无源滤波器高，进而可得其对数幅频特性为

$$20\lg|\dot{A}_u|=\begin{cases}20\lg A_{um}-20\lg f_L+20\lg f & f\ll f_L\\ 20\lg A_{um}-3\ \text{dB} & f=f_L\\ 20\lg A_{um} & f\gg f_L\end{cases}$$

根据上式画出一阶有源高通滤波器的对数幅频特性曲线如图 7－38 所示。

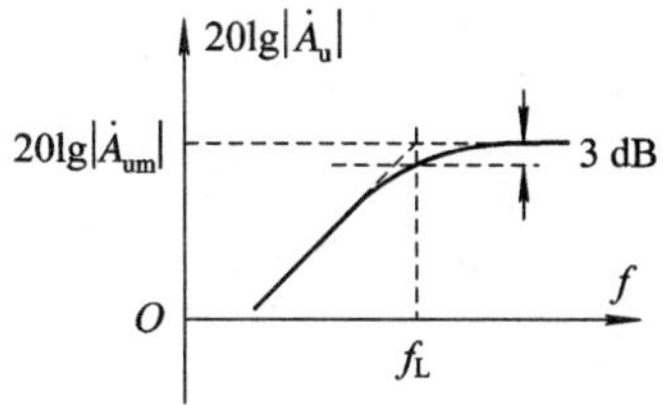

图 7－38　一阶高通有源滤波器对数幅频特性曲线

2. 二阶高通有源滤波器

一阶高通有源滤波器在阻带内随着频率偏移的增加，信号的幅度按照 20 dB/十倍频程衰减，与理想高通滤波器差距较大，可以通过二阶或更高阶的滤波器来改善其特性，图 7-39所示为二阶高通滤波器的电路。

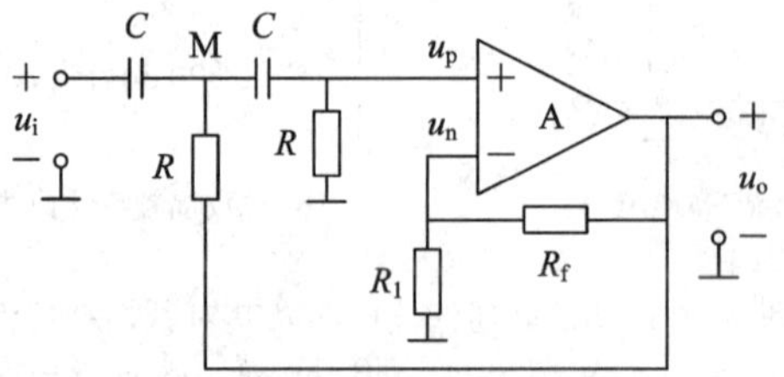

图 7-39 二阶高通有源滤波器

在图 7-39 中，将两级基本的 RC 高通环节相串联作为同相比例放大器的输入通道，通过电阻 R 引入反馈以提高通带内的增益。根据电路及运算放大器虚短和虚断的概念，可以列写以下方程组：

$$
\begin{cases}
\dfrac{\dot{U}_i-\dot{U}_M}{1/j\omega C}+\dfrac{\dot{U}_o-\dot{U}_M}{R}+\dfrac{\dot{U}_p-\dot{U}_M}{1/j\omega C}=0 \\
\dot{U}_p=\dot{U}_n=\dfrac{R_1}{R_1+R_f}\dot{U}_o \\
\dot{U}_p=\dfrac{R}{R+1/j\omega C}\dot{U}_M
\end{cases}
$$

由上面方程组可得

$$
\dot{A}_u=\frac{\dot{U}_o}{\dot{U}_i}=\frac{\dfrac{R_1+R_f}{R_1}(j\omega RC)^2}{1+\left(3-\dfrac{R_1+R_f}{R_1}\right)j\omega RC+(j\omega RC)^2}
$$

上式中令 $\omega_L=1/RC$，$f_L=\omega_L/2\pi$，$A_{um}=1+\dfrac{R_f}{R_1}$，上式可进一步表示为

$$
\dot{A}_u=\frac{\dot{U}_o}{\dot{U}_i}=\frac{A_{um}}{1-\left(\dfrac{\omega_L}{\omega}\right)^2-j(3-A_{um})\dfrac{\omega_L}{\omega}}=\frac{A_{um}}{1-\left(\dfrac{f_L}{f}\right)^2-j(3-A_{um})\dfrac{f_L}{f}} \tag{7-28}
$$

当 $f\ll f_L$ 时，$\dot{A}_u\approx A_{um}/\left(\dfrac{f_L}{f}\right)^2$，$|\dot{A}_u|$ 随 f 降低很快衰减；当 $f\gg f_L$ 时，$f_L/f\to 0$，$\dot{A}_u\approx A_{um}$，因此，该滤波器在通带内可以取得较高的增益。

令 $Q=3-A_{um}$，Q 称为二阶滤波电路的等效品质因数，当 $f=f_L$ 时，$\dot{A}_u\approx -A_{um}/jQ$，显然，此时 Q 越小放大倍数越大。根据式(7-28)可得该二阶高通滤波器的对数幅频特性为

$$
20\lg|\dot{A}_u|=\begin{cases}
20\lg A_{um}-40\lg f_L+40\lg f & f\ll f_L \\
20\lg A_{um}-20\lg Q & f=f_L \\
20\lg A_{um} & f\gg f_L
\end{cases}
$$

根据上式画出二阶高通有源滤波器的对数幅频特性曲线如图 7-40 所示，可以看出，该滤波器在阻带内具有 40 dB/十倍频程的衰减率，在通带内具有较高的增益，在下限频率点，Q 越小增益越大，整体性能较一阶有源滤波器有较大提升。

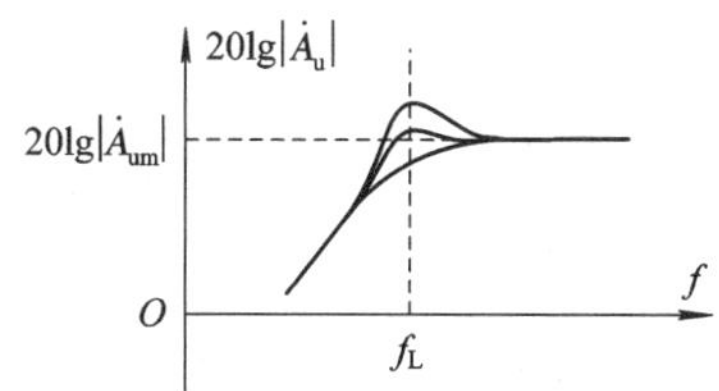

图 7-40 二阶高通有源滤波器对数幅频特性曲线

7.4.4 带通和带阻滤波器

将低通滤波器和高通滤波器适当地组合在一起可以实现带通和带阻滤波功能。

要实现**带通滤波器**，可以将一个低通滤波器和一个高通滤波器相串联，设低通滤波器的上限频率为 f_1，高通滤波器的下限频率为 f_2，并且满足 $f_1>f_2$，经过低通滤波器后 $f>f_1$ 的信号被滤除掉，再经过高通滤波器后 $f<f_2$ 的信号被滤除掉，最后只留下 $f_2<f<f_1$ 范围内的信号，从而实现该频率范围内信号的带通滤波，如图 7-41(a)所示。

要实现**带阻滤波器**，可以将一个低通滤波器和一个高通滤波器相并联，设低通滤波器的上限频率为 f_1，高通滤波器的下限频率为 f_2，并且满足 $f_1<f_2$，于是，信号中频率满足 $f<f_1$ 的信号可以通过低通滤波器，频率满足 $f>f_2$ 的信号可以通过高通滤波器，而 $f_1<f<f_2$ 的信号既不能通过低通滤波器，也不能通过高通滤波器，从而实现带阻滤波，如图7-41(b)所示。

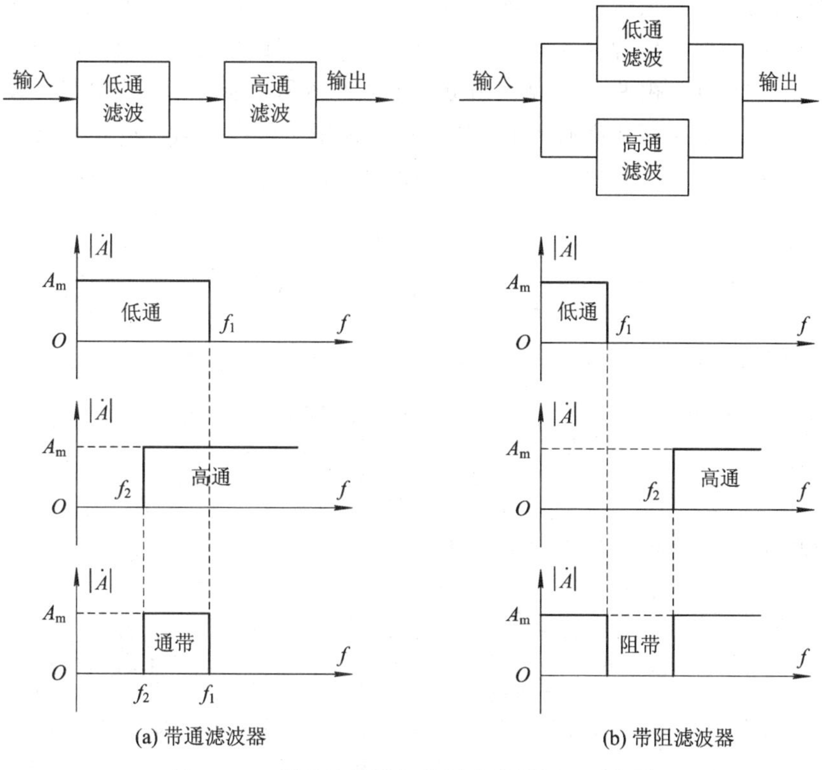

(a) 带通滤波器 (b) 带阻滤波器

图 7-41 带通滤波器与带阻滤波器原理示意图

图 7-42 所示为根据上述思想设计的典型带通和带阻滤波电路。

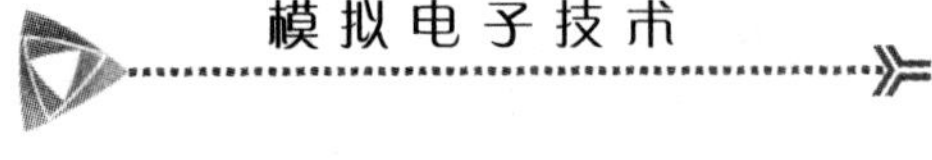

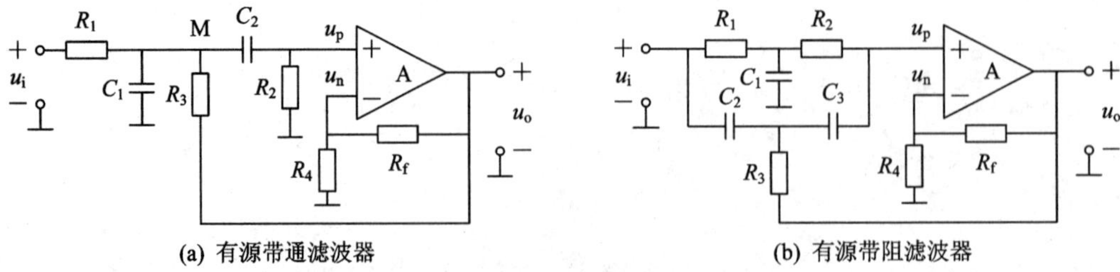

(a) 有源带通滤波器　　(b) 有源带阻滤波器

图 7-42　带通滤波器与带阻滤波器电路图

在图 7-42(a)中，R_1、C_1组成低通滤波环节，R_2、C_2组成高通滤波环节，低通和高通环节相串联，R_3引入反馈用于通带内的增益控制。取 $R_1=R_3=R$，$R_2=2R$，$C_1=C_2=C$，则根据电路分析可得该带通滤波器的电压放大倍数为

$$\dot{A}_u=\frac{\dot{U}_o}{\dot{U}_i}=\frac{(R_4+R_f)/R_4}{\left(3-\dfrac{R_4+R_f}{R_4}\right)+j\left(\dfrac{\omega}{\omega_0}-\dfrac{\omega_0}{\omega}\right)}=\frac{(R_4+R_f)/R_4}{\left(3-\dfrac{R_4+R_f}{R_4}\right)+j\left(\dfrac{f}{f_0}-\dfrac{f_0}{f}\right)}$$

上式中 $\omega_0=1/RC$，$f_0=1/(2\pi RC)$，令 $A_{um}=1+R_f/R_4$，$Q=3-A_{um}$，则上式可表示为

$$\dot{A}_u=\frac{\dot{U}_o}{\dot{U}_i}=\frac{A_{um}}{(3-A_{um})+j\left(\dfrac{f}{f_0}-\dfrac{f_0}{f}\right)}=\frac{A_{um}/Q}{1+j\dfrac{1}{Q}\left(\dfrac{f}{f_0}-\dfrac{f_0}{f}\right)}\tag{7-29}$$

式(7-29)表明，当 $f=f_0$ 时，滤波器的电压放大倍数取得最大值 A_{um}/Q，当频率偏离 f_0 时，滤波器的电压放大倍数都会减小，因此该滤波器是以 f_0 为中心频率的带通滤波器，其在中心频率点的增益与 Q 相关。图 7-43(a)所示为带通滤波器的对数幅频特性示意图。

在图 7-42(b)中，由两个 T 型网络分别组成低通和高通环节，其中 R_1、R_2及 C_1组成低通环节，C_2、C_3及 R_3组成高通环节，R_3引入反馈用于通带的增益控制。取 $R_1=R_2=R$，$R_3=R/2$，$C_2=C_3=C$，$C_1=2C$，根据电路分析可得该带阻滤波器的电压放大倍数为

$$\dot{A}_u=\frac{\dot{U}_o}{\dot{U}_i}=\frac{[1+(j\omega RC)^2]\dfrac{R_4+R_f}{R_4}}{1+2j\omega RC\left(2-\dfrac{R_4+R_f}{R_4}\right)+(j\omega RC)^2}$$

令 $\omega_0=1/RC$，$f_0=1/2\pi RC$，$A_{um}=1+R_f/R_4$，上式可变形为

$$\dot{A}_u=\frac{\dot{U}_o}{\dot{U}_i}=\frac{\left[1+\left(j\dfrac{\omega}{\omega_0}\right)^2\right]A_{um}}{1+j2(2-A_{um})\dfrac{\omega}{\omega_0}+\left(j\dfrac{\omega}{\omega_0}\right)^2}$$

再令 $Q=1/[2(2-A_{um})]$，代入上式得

$$\dot{A}_u=\frac{\dot{U}_o}{\dot{U}_i}=\frac{\left[1+\left(j\dfrac{\omega}{\omega_0}\right)^2\right]A_{um}}{1+j\dfrac{1}{Q}\dfrac{\omega}{\omega_0}+\left(j\dfrac{\omega}{\omega_0}\right)^2}=\frac{A_{um}}{1+j\dfrac{1}{Q}\dfrac{\omega_0\omega}{\omega_0^2-\omega^2}}=\frac{A_{um}}{1+j\dfrac{1}{Q}\dfrac{f_0f}{f_0^2-f^2}}\tag{7-30}$$

式(7-30)中，当 $f\to0$ 或 $f\to\infty$时，$|\dot{A}_u|\to A_{um}$，而当 $f=f_0$ 时，$|\dot{A}_u|$取得最小值，因此该滤波器是以 $f=f_0$ 为中心频率的带阻滤波器，$f=f_0$ 处的增益与 Q 的取值有关。图 7-43(b)所示为带阻滤波器的对数幅频特性示意图。

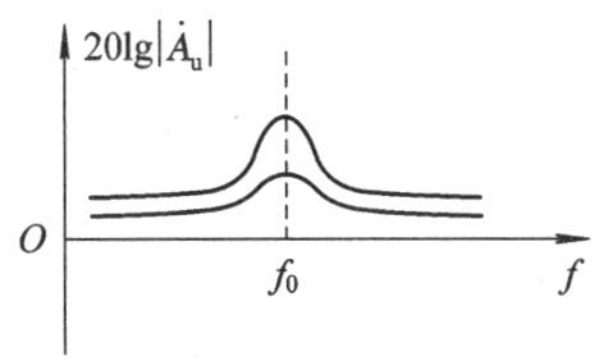

(a) 带通滤波器幅频特性

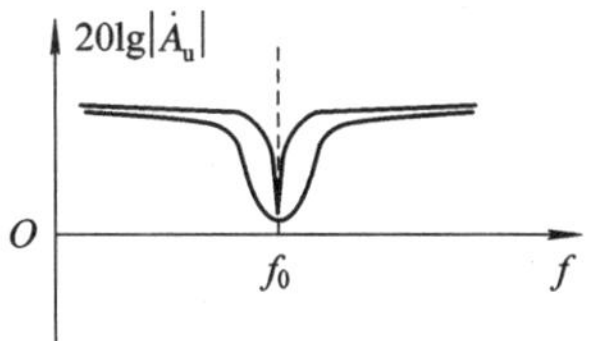

(b) 带阻滤波器幅频特性

图 7-43 带通滤波器与带阻滤波器对数幅频特性

7.5 电压比较器

电压比较器

电压比较器是一种模拟信号处理的常用电路，是运算放大器非线性典型应用电路。电压比较器的输出通常只有两种情况，要么输出正极性最大值 U_{om}，要么输出负极性最大值 $-U_{om}$，把运算放大器的这种状态常称为开关状态或数字状态。根据电压比较器状态翻转的条件和传输特性，可以把电压比较器分为**单门限电压比较器**、**滞回比较器**及**窗口比较器**等。

7.5.1 单门限电压比较器

在应用运放构成比较器的时候，通常将运放的一个输入端接比较的基准电压，另外一个输入端加载输入信号，输入信号与基准电压进行比较，从而决定运放的输出状态。我们将接入的比较基准电压称为**门限电压**或**阈值电压**，当比较器的输入跨越门限电压时，比较器的输出状态一定发生翻转。

将比较器的门限电压固定接某个基准电压，输入信号只与该单一的门限电压进行比较，这样的比较器称为**单门限电压比较器**。

1. 过零比较器

在单门限比较器中，如果门限电压为零则称为**过零比较器**，过零比较器又可以分为**反相过零比较器**和**同相过零比较器**，如图 7-44(a)、(b)所示。

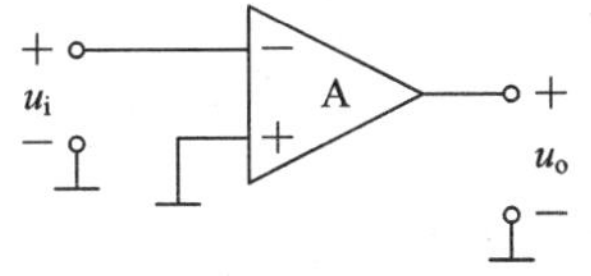

(a) 反相过零电压比较器

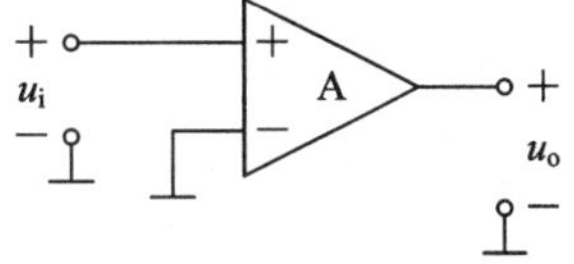

(b) 同相过零电压比较器

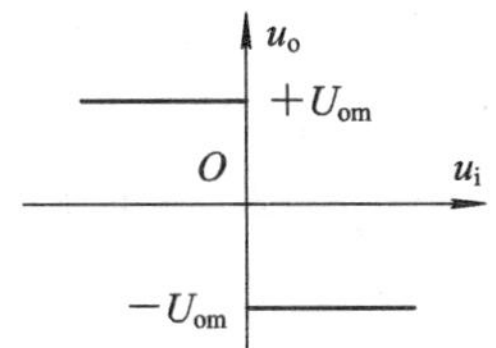

(c) 反相过零电压比较器传输特性

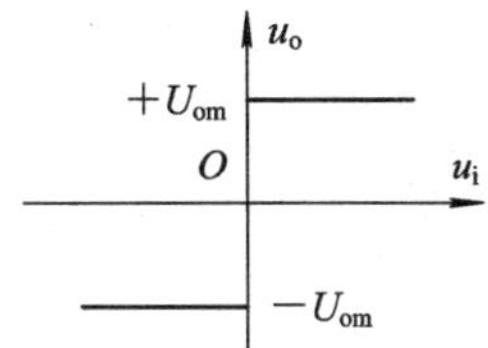

(d) 同相过零电压比较器传输特性

图 7-44 过零电压比较器及其传输特性

对于反相过零比较器，运放的同相输入端接地，反相输入端接输入信号。当输入信号$u_i>0$ V时，输出$u_o=-U_{om}$；当输入信号$u_i<0$ V时，$u_o=+U_{om}$。$+U_{om}$和$-U_{om}$分别为运放输出电压最大值与最小值，它们与运放的电源电压相关。将比较器的输入电压与输出电压之间的关系称为比较器的传输特性，图7-44(c)所示为反相电压比较器的传输特性。

同相电压比较器输入信号从同相输入端加入，反相输入端接地。当输入信号$u_i>0$ V时，输出$u_o=+U_{om}$；当输入信号$u_i<0$ V时，$u_o=-U_{om}$。图7-44(d)所示为同相过零电压比较器的传输特性。

为防止比较器的输出电压过高，可以通过稳压管来对输出电压进行限幅，图7-45所示为具有限幅功能的过零比较器电路。

双向稳压管V_{DZ}用于输出稳压，当比较器的输出电压幅值大于稳压管的稳定电压U_Z时，V_{DZ}击穿导通，输出电压幅值被限制在$\pm U_Z$。

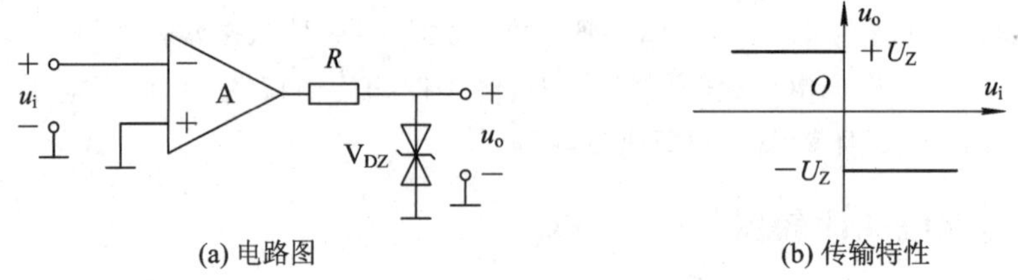

图7-45　具有输出稳压的电压比较器及其传输特性

2. 非过零单门限比较器

如果比较器的门限电压不为零，则为非过零单门限比较器。图7-46所示为非过零单门限电压比较器及其传输特性。

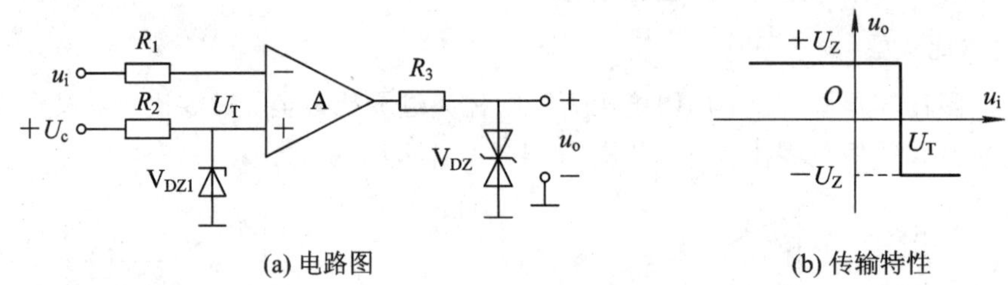

图7-46　非过零单门限电压比较器及其传输特性

在图7-46(a)中，R_2和稳压管V_{DZ1}串联构成二极管稳压电路，稳压管向同相输入端提供稳定电压U_T。输入信号通过反相输入端加入，当输入信号$u_i>U_T$时，输出$u_o=-U_Z$；当输入信号$u_i<U_T$时，输出$u_o=+U_Z$。图7-46(b)为其传输特性。

单门限电压比较器可以用来实现状态检测、波形变换等应用。下面通过一个例子来认识其在波形变换方面的应用。

例7-3　某电压比较器的传输特性如图7-47(a)所示，在其输入端加载输入信号$u_i=10\sin\omega t$，如图7-47(b)所示，请根据输入信号画出输出信号的波形。

解　由图7-47(a)可知，该比较器的门限电压为−4 V，输出电压为±6 V，并由图可以判断出该比较器为反相比较器。输入信号是幅值为10 V的正弦波信号，当输入信号

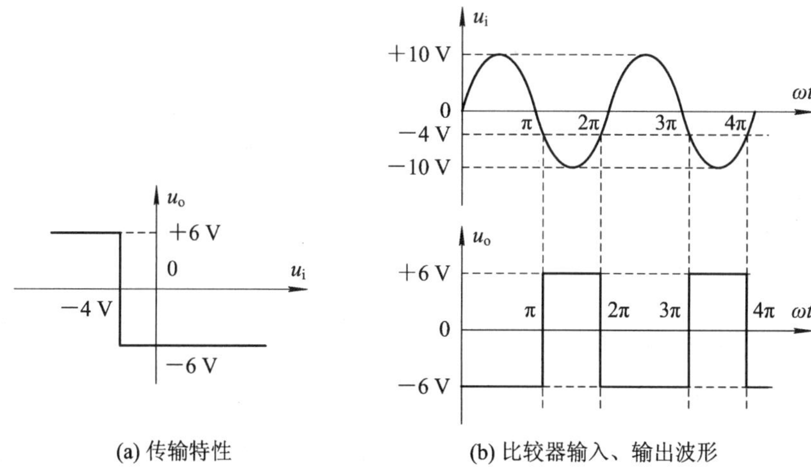

(a) 传输特性　　(b) 比较器输入、输出波形

图 7－47　例 7－3 图

$u_i > -4$ V时，输出 $u_o = -6$ V，当输入信号 $u_i < -4$ V 时，输出 $u_o = +6$ V。根据以上分析画出比较器的输出波形如图 7－47(b)所示。

当输入信号在门限电压附近上下波动时，单门限电压比较器的输出也会跟随输入的波动在最大的正负输出电压之间跳动，如果输入信号的波动是由于干扰信号引起的，就可能造成输出信号的频繁动作甚至错误，因此单门限电压比较器存在着抗干扰能力较弱的缺点。

7.5.2　滞回比较器

与单门限比较器只有一个门限电压不同，滞回比较器具有两个门限电压，比较器输出状态不同，对应的门限电压也不同。滞回比较器是通过正反馈来实现在不同输出状态下门限电压的改变的。图 7－48 所示为滞回比较器及其传输特性。

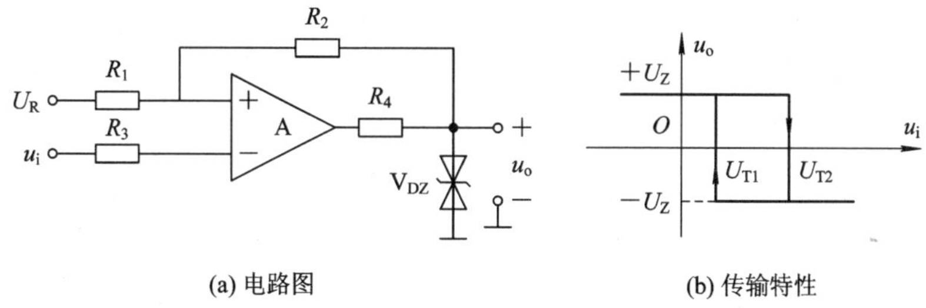

(a) 电路图　　(b) 传输特性

图 7－48　滞回比较器及其传输特性

图 7－48(a)中 R_2引入了正反馈，该电路工作于非线性状态，输出要么为$+U_Z$，要么为$-U_Z$，U_R为一固定的参考电压。

如果当前输出为$-U_Z$，则根据电路可知此时同相输入端的电压为

$$u_p = \frac{R_2}{R_1 + R_2}U_R - \frac{R_1}{R_1 + R_2}U_Z$$

令 $U_{T1}=\frac{R_2}{R_1+R_2}U_R-\frac{R_1}{R_1+R_2}U_Z$，称为第一门限电压。

那么，此时只要输入端的电压满足 $u_i>U_{T1}$，则输出为 $-U_Z$ 的状态维持；而当输入电压满足 $u_i<U_{T1}$ 时，输出状态翻转，输出变为 $+U_Z$。

当输出为 $+U_Z$ 时，则根据电路可知此时同相输入端的电压为

$$u_p=\frac{R_2}{R_1+R_2}U_R+\frac{R_1}{R_1+R_2}U_Z$$

令 $U_{T2}=\frac{R_2}{R_1+R_2}U_R+\frac{R_1}{R_1+R_2}U_Z$，称为第二门限电压。

那么只要输入端的电压满足 $u_i<U_{T2}$，则输出为 $+U_Z$ 的状态维持；而当输入电压满足 $u_i>U_{T2}$ 时，输出状态翻转，回到输出为 $-U_Z$ 的状态。

由以上的分析可以看出：当比较器的输出为 $-U_Z$ 时，比较器对应的门限电压为 U_{T1}，只有当输入满足 $u_i<U_{T1}$ 时，输出才能翻转成 $+U_Z$；而当比较器的输出为 $+U_Z$ 时，比较器对应的门限电压为 U_{T2}，只有当输入电压达到 $u_i>U_{T2}$ 时，输出才能翻转成 $-U_Z$。也就是说滞回比较器两种状态的翻转是在不同门限电压下完成的。图 7-48(b)所示为滞回比较器的传输特性。

滞回比较器具有较强的抗干扰能力，这是滞回比较器相对于单门限比较器的优点。我们通过图 7-49 所示的波形图对单门限比较器和滞回比较器的抗干扰能力进行对比。

在图 7-49(a)中，应用单门限电压比较器对输入信号的波形进行整形，输入信号为含有干扰信号的矩形波信号，从图可以看出：由于干扰信号的存在，使得输出信号中出现窄的脉冲干扰，这些信号可能造成控制的错误。

在图 7-49(b)中，应用滞回比较器对同样的输入信号进行整形，由于滞回比较器的特性，一旦输出发生翻转，其对应的门限电压随之改变，干扰信号的变化量不足以引起输出状态的翻转，从而大大提高了比较器的抗干扰能力，其输出波形中干扰得到很好的抑制，整形效果良好。

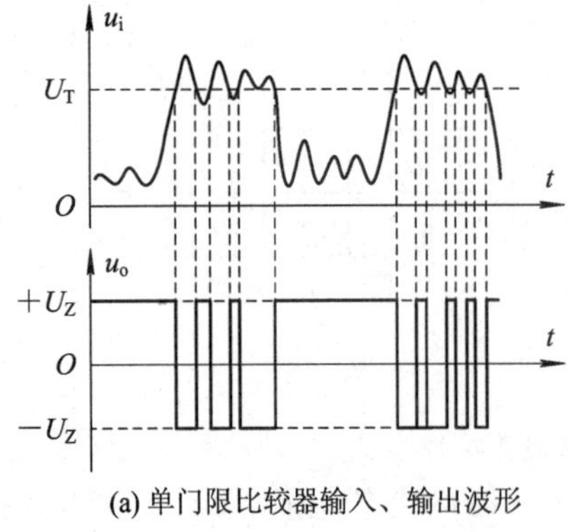

(a) 单门限比较器输入、输出波形

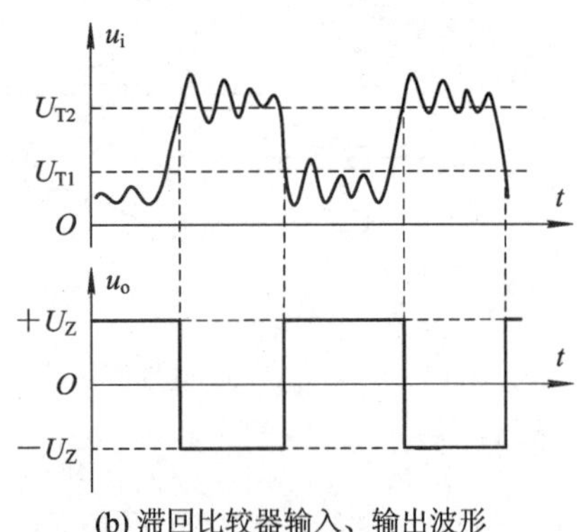

(b) 滞回比较器输入、输出波形

图 7-49　滞回比较器与单门限比较器抗干扰性能对比

例 7-4　设图 7-48(a)图所示的滞回比较器中，$R_1=R_2=10\ \text{k}\Omega$，$U_R=0\ \text{V}$，稳压管的稳定电压为±6 V。请计算该滞回比较器的门限电压，并画出其传输特性。

解　首先，计算比较器的两个门限电压，第一门限电压与第二门限电压分别为

$$U_{T1}=\frac{R_2}{R_1+R_2}U_R-\frac{R_1}{R_1+R_2}U_Z=-\frac{10\ \text{k}\Omega}{10\ \text{k}\Omega+10\ \text{k}\Omega}\times 6\ \text{V}=-3\ \text{V}$$

$$U_{T2}=\frac{R_2}{R_1+R_2}U_R+\frac{R_1}{R_1+R_2}U_Z=\frac{10\ \text{k}\Omega}{10\ \text{k}\Omega+10\ \text{k}\Omega}\times 6\ \text{V}=3\ \text{V}$$

可以看出，$U_{T2}=-U_{T1}$，再结合比较器的输出稳定电压，可以画出其传输特性如图 7－50所示。

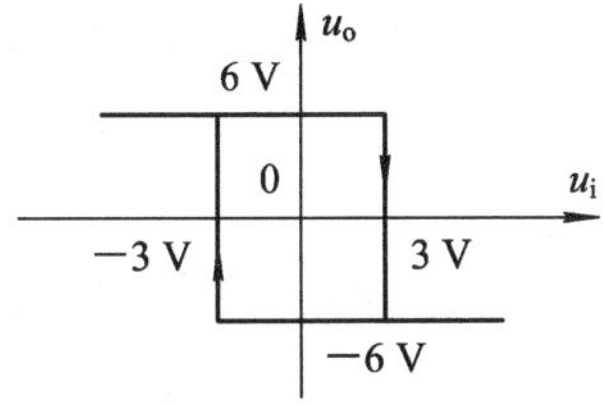

图 7－50　例 7－4 图

7.5.3　窗口比较器

窗口比较器是用来检测输入信号是否处于某一设定区间的电路。图 7－51 所示为窗口比较器及其传输特性。

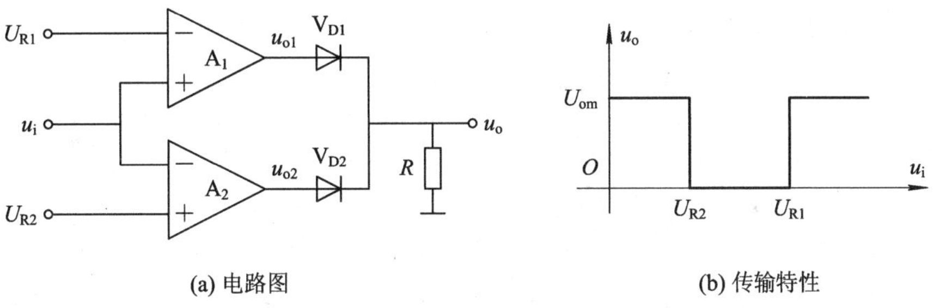

图 7－51　窗口比较器及其传输特性

如图 7－51(a)所示，A_1的反相输入端接 U_{R1}，A_2的同相输入端接 U_{R2}，U_{R1} 和 U_{R2} 称为该窗口比较器的门限电压，并且满足 $U_{R2}<U_{R1}$。

根据电路可知，

当 $u_i<U_{R2}<U_{R1}$ 时，$u_{o1}=-U_{om}$，$u_{o2}=+U_{om}$，V_{D1} 截止，V_{D2} 导通，输出 $u_o=+U_{om}$；

当 $U_{R2}<U_{R1}<u_i$ 时，$u_{o1}=+U_{om}$，$u_{o2}=-U_{om}$，V_{D1} 导通，V_{D2} 截止，输出 $u_o=+U_{om}$；

当 $U_{R2}<u_i<U_{R1}$ 时，$u_{o1}=-U_{om}$，$u_{o2}=-U_{om}$，V_{D1} 截止，V_{D2} 截止，输出通过电阻 R 下拉到地，因此 $u_o=0$ V。

图 7－51(b)所示为窗口比较器的传输特性。

7.5.4　集成比较器电路

前面介绍的比较器电路是以运算放大器为基础建立的，运算放大器主要是按照线性应用的要求设计的，通常情况下速度较慢，共模抑制能力有限，工作电压较高。为了更好地满足比较器的非线性应用需求，专门用于电压比较的集成电压比较器被设计出来。集成电压比较器内部结构与集成运算放大器类似，只是为满足电压比较的非线性应用要求，它被设计成为具有更快响应速度、更高开环增益、更高的共模抑制比、更小的失调电压、更小的失调电流及更小的温漂的专用集成电路。有些集成电压比较器可以提供与数字电路直接相连的数字逻辑接口，方便了应用。

在实际应用中，如果要构成比较器电路，应该选用集成比较器而非运算放大器，虽然运算放大器在有些场合也可以实现比较器的功能，但是性能较差。

目前，集成比较器产品较多，例如 LM311 系列具有较高的电压增益，LM319 系列具有较高的响应速度，LM339 系列可实现单电源、宽电压范围供电等，用户可以根据自己的需求选择合适的集成比较器。

7.6 运算放大器应用仿真

目前，运算放大器是进行模拟信号处理的主要手段，在实际应用之前，可以通过仿真的手段验证设计的正确性。作为学习，也可以通过仿真认识相关电路及其性能，从而更加深入地掌握所学内容，达到巩固基础、拓展视野的目的。本节选取积分电路、精密整流电路、仪用放大器电路、滤波电路等来进行仿真，以增进对这些电路的认识。仿真文件可从西安电子科技大学出版社网站“资源中心”下载。

7.6.1 积分运算电路仿真

图 7－52 所示为积分运算仿真电路。

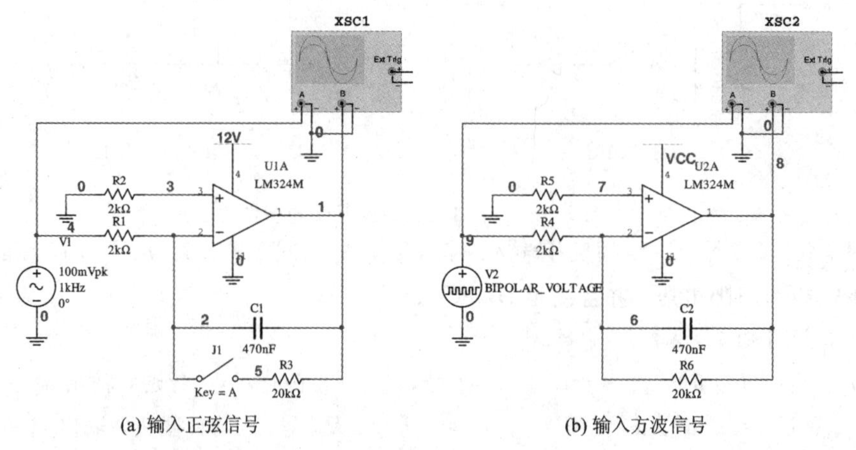

(a) 输入正弦信号　　(b) 输入方波信号

图 7－52　积分运算仿真电路

在图 7－52(a)中，开关 J1 与电阻 R3 串联后并接在电容 C1 的两端，先断开 J1，在电路的输入端加入正弦波信号源 V1，运行仿真，打开示波器 XSC1 观察信号波形。示波器的 B 通道用来观察输出信号波形，但是当设置 B 通道为直流耦合时很难捕捉到输出信号的波形，只有当切换到交流耦合状态下才能观察到输出波形。为什么会出现这种现象呢？究其原因，主要是在通过电容 C1 形成负反馈的情况下，输出的直流电平是不受控制的，因此仿真开始后其输出的直流电位可能为某个随机值，因此在直流耦合情况下捕捉不到输出信号也就正常了。实际应用中如果积分电路是通过直接耦合的方式输出，其直流电位显然不能随机处理，而必须采取措施控制输出的直流电位。通常情况在反馈电容上并接一个较大的

电阻形成直流负反馈，不但可以使直流工作点稳定下来，还可以增加积分电路工作的稳定性，在反馈电阻足够大的情况下，其对积分运算的影响较小，可以忽略不计。在图 7-52(a)中，当 J1 闭合时，R3 接入，形成直流负反馈。闭合 J1，重新运行仿真，在直流耦合的情况下观察输入及输出波形，如图 7-53 所示。

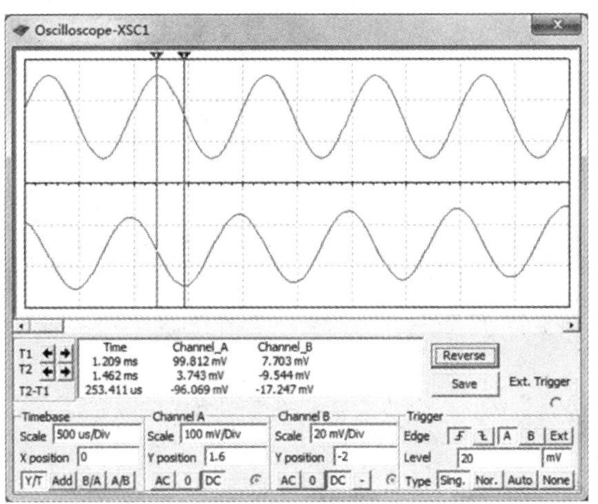

图 7-53　积分电路输入正弦信号仿真波形

观察图 7-53 可以看出，输出信号超前输入信号近似 $\pi/2$，满足积分运算的规律，输出信号中直流分量很小，只有几毫伏。

如图 7-52(b)所示，把输入信号源换成双极性方波信号源，运行仿真，通过示波器 XSC2 观察到如图 7-54 所示的三角波输出波形。该三角波稍微有些失真，就是反馈电阻的接入造成的。

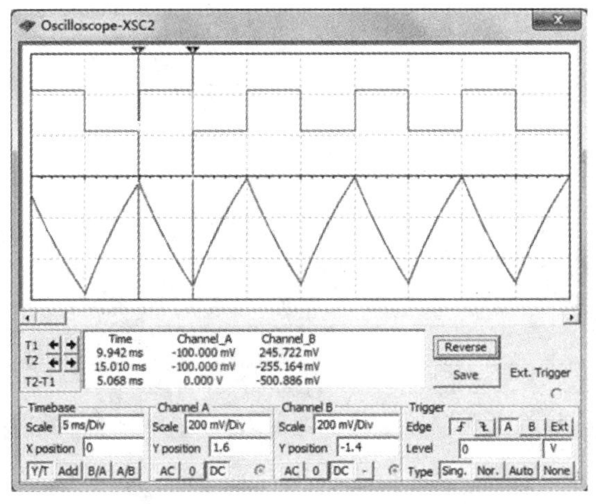

图 7-54　积分电路输入方波信号仿真波形

7.6.2　精密整流电路仿真

前面介绍过二极管整流电路，由于二极管死区电压的存在，在被整流信号幅值较低的情况下，整流误差较大，甚至无法实现整流，应用运算放大器构成精密整流电路却可以很好地实现小信号的精确整流，克服二极管整流电路的缺点。

图 7-55 所示为精密全波整流仿真电路，它由两个运算放大器组成，其中 U1、R1、R2、R3、D1 及 D2 组成精密半波整流电路，U2、R4、R5、R6 及 R7 组成一个反相比例加法运算电路，这两部分共同完成精密全波整流功能。

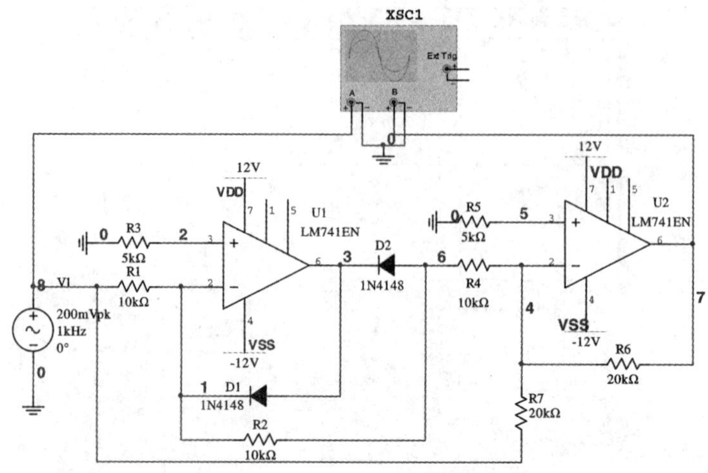

图 7-55　精密全波整流仿真电路

输入端加载幅值为 200 mV，频率 1 kHz 的正弦信号，运行仿真，通过 XSC1 观察到的整流波形如图 7-56 所示。

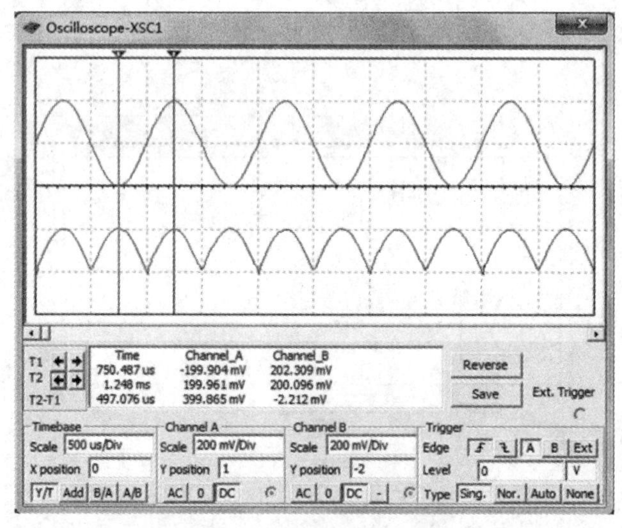

图 7-56　精密全波整流仿真波形

通过测量，可以看出整流输出信号幅值与整流输入信号幅值基本相等，实现了精密全波整流，这是传统整流电路无法实现的。

7.6.3　仪用放大器仿真

仪用放大器具有高输入阻抗、高共模抑制比，适合处理与共模信号伴生的弱差模信号源。图7-57为仪用放大器仿真电路。

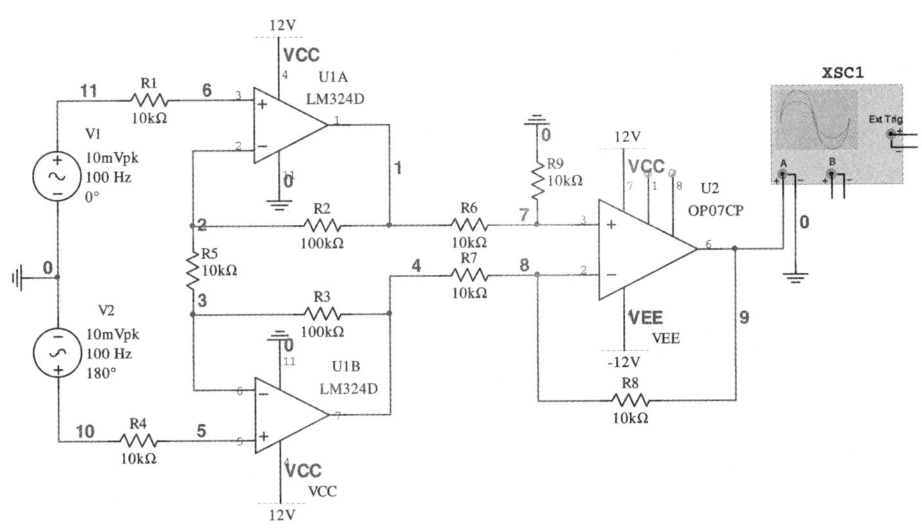

图7-57 仪用放大器仿真电路

该电路的输入级由两个单电源供电的LM324构成，输出级由OP07构成，双电源供电。输入信号源为V1和V2，两个输入信号幅值相等、相差180°，用于模拟两个输入端的差模信号源，并且设置两个信号源的直流偏置电压均为6 V，用于模拟两个输入端的共模信号。

运行仿真，通过虚拟示波器观察仿真输出波形，如图7-58所示。根据图7-57所示参数计算的仪用放大器的放大倍数为

$$A_u = 1 + \frac{2R_2}{R_5} = 1 + \frac{2 \times 100}{10} = 21$$

测量仿真波形的输出峰值约为420 mV，输入差模信号为20mV，由此可得仿真测量到的放大倍数也为21，与理论计算结果相符。

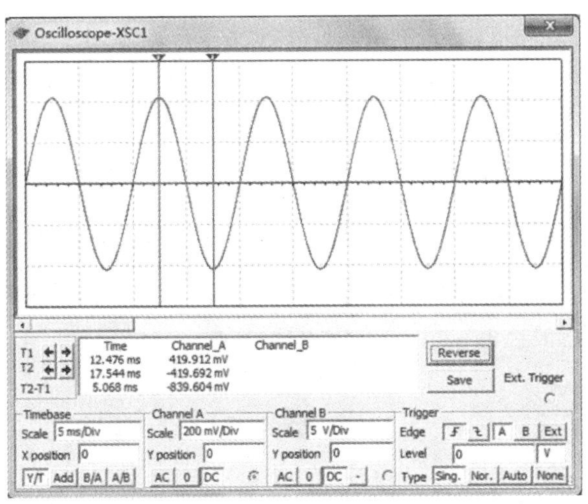

图7-58 仪用放大器仿真输出波形

7.6.4 滤波电路仿真

通过仿真的方法对滤波电路进行设计与验证是滤波器应用的重要手段。下面通过对比两个上限频率皆为 10 kHz 的一阶和二阶滤波器的仿真结果，研究二者之间的异同。图 7－59所示为滤波器仿真电路，其中图 7－59(a)为一阶有源滤波器，图 7－59(b)为二阶有源滤波器。

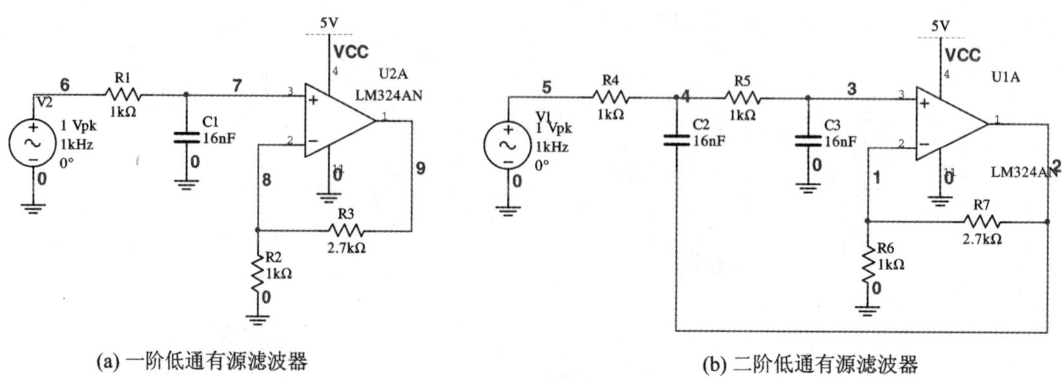

图 7－59　低通滤波器仿真电路

利用 Multisim 的交流分析功能分析两个电路的频率特性，分析结果如图 7－60 所示。

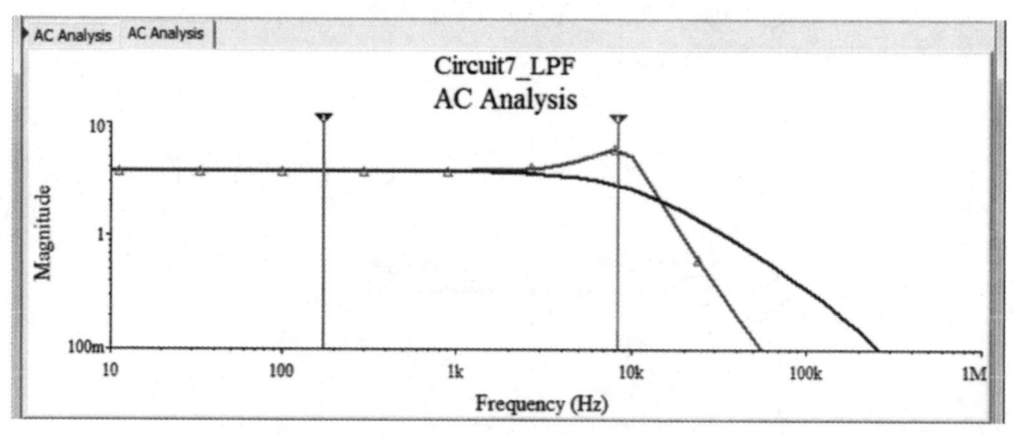

图 7－60　一阶、二阶低通滤波器幅频特性仿真结果

观察结果可知，一阶滤波器在上限频率以外衰减较慢，二阶滤波器衰减较快，显然二阶滤波器有着更好的滤波性能。

习题七

7－1　填空题

1. 设运算放大器的开环放大倍数为 A，当其工作于线性状态时输入信号 u_{id} 与 u_o 之间的关系为________；由于通常情况下开环增益 A 很高及电源电压有限，因此运放工作于线

性状态时对应的输入信号的范围________。

2. 要使运算放大器在线性状态下应用，通常情况下需要引入________来实现。

3. 运算放大器在非线性状态下应用时，当 $u_p > u_n$ 时，输出 $u_o=$________；当 $u_p < u_n$ 时，输出 $u_o=$________。

4. 在运算放大器线性应用时，由于两个输入端的电压差很小，近似地有 $u_p=u_n$，这种现象称为________；又由于运放的输入电阻很高，两个输入端的电流可以近似为零，即 $i_p=i_n=0$，这种现象称为________。

5. 在理想运算放大器模型中，认为开环电压放大倍数________，差模输入电阻________，共模抑制比________，输出电阻________。

7-2　在图7-61中，已知 $u_{i1}=0.3$ V、$u_{i2}=0.4$ V，试求输出电压 u_o 的值。

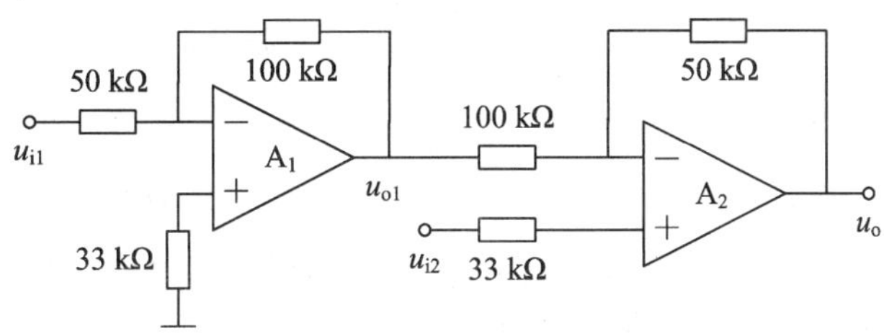

图7-61　题7-2图

7-3　图7-62是利用两个运算放大器组成的高输入电阻的差动放大电路。试求 u_o 与 u_{i1}、u_{i2} 的关系。

7-4　在图7-63中，试求 u_o 与 u_i 的关系。

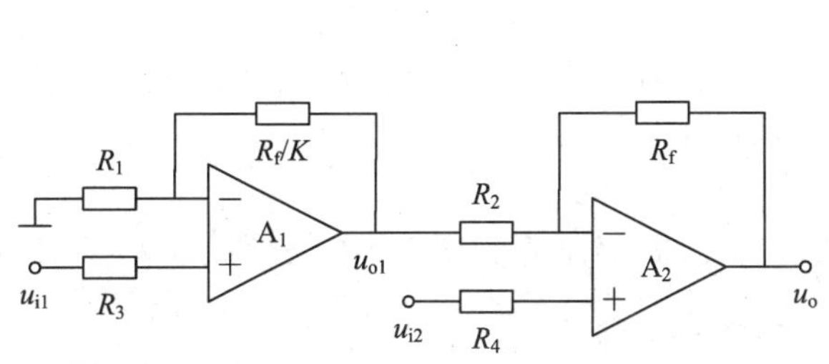

图7-62　题7-3图

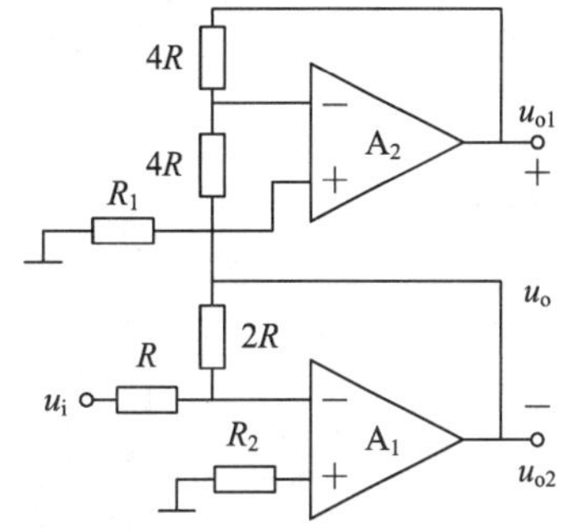

图7-63　题7-4图

7-5　为了获得较高的电压放大倍数，而又可避免采用高值电阻 R_f，将反相比例放大器改为图7-64所示的电路，并设 $R_f \gg R_3$。试求证：$A_u=\dfrac{u_o}{u_i}=-\dfrac{R_f}{R_1}\left(1+\dfrac{R_3}{R_4}\right)$。

7-6　在图7-65中，已知电阻 $R_1=10$ kΩ，$R_2=R_3=R_5=20$ kΩ，$R_4=0.5$ kΩ。试求输出电压 $u_o=f(u_i)$ 的近似表达式。

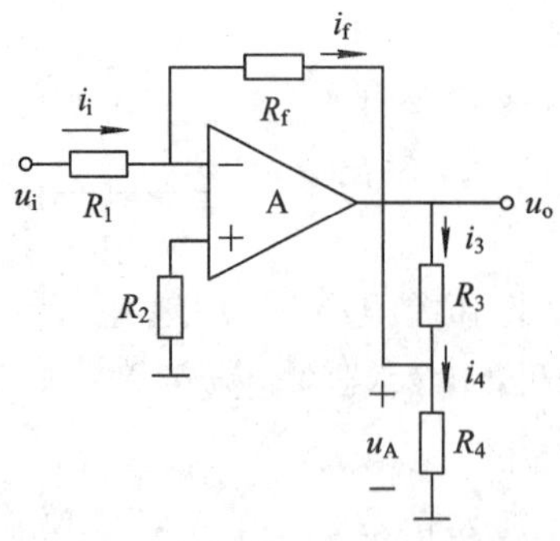

图 7-64　题 7-5 图

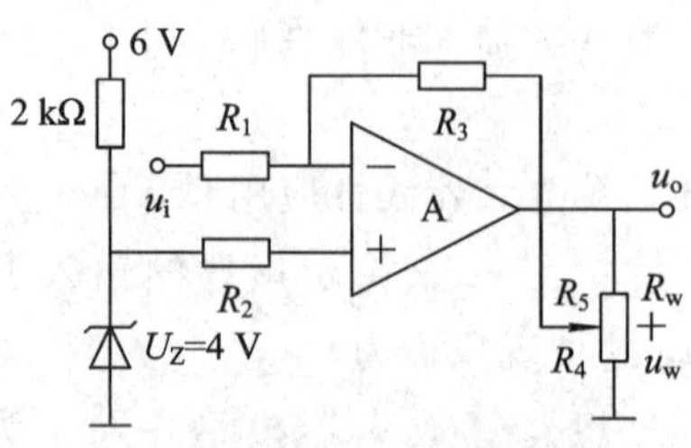

图 7-65　题 7-6 图

7-7　按下列各运算关系式画出由运放构成的运算电路，并计算各电阻的阻值(括号中的反馈电阻和电容是给定的)。

(1) $u_o=-3u_i(R_f=100\ \text{k}\Omega)$　　(2) $u_o=-(u_{i1}+0.4u_{i2})(R_f=100\ \text{k}\Omega)$

(3) $u_o=10u_i(R_f=50\ \text{k}\Omega)$　　(4) $u_o=3u_{i1}-2u_{i2}(R_f=10\ \text{k}\Omega)$

(5) $u_o=-200\int u_i\,\text{d}t(C_f=0.1\ \mu\text{F})$　　(6) $u_o=-10\int u_{i1}\,\text{d}t-5\int u_{i2}\,\text{d}t(C_f=1\ \mu\text{F})$

7-8　图 7-66 为运算放大器测量电压的电路，试确定不同量程时电阻 R_{11}、R_{12}、R_{13} 的阻值(已知电压表的量程为 0～5 V)。

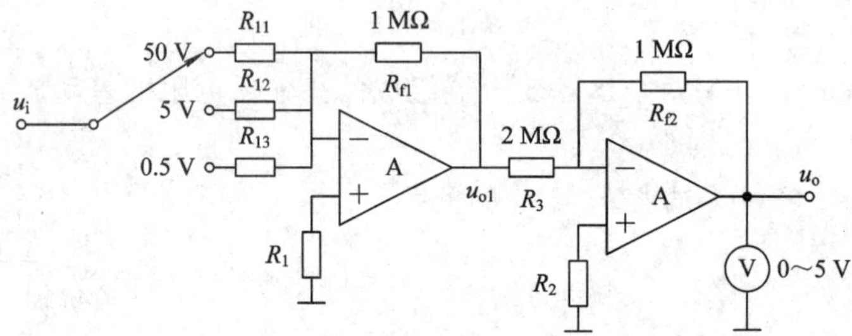

图 7-66　题 7-8 图

7-9　在图 7-67(a)所示电路中，A 为理想运算放大器。

(1) 求 u_o 对 u_{i1}、u_{i2} 的运算关系式。

(2) 若 $R_{11}=1\ \text{k}\Omega$，$R_{12}=2\ \text{k}\Omega$，$C=1\ \mu\text{F}$，u_{i1}、u_{i2} 的波形如图 7-67(b)所示，$t=0$ 时，$u_c=0$，试画出 u_o 的波形图，并标明电压数值。

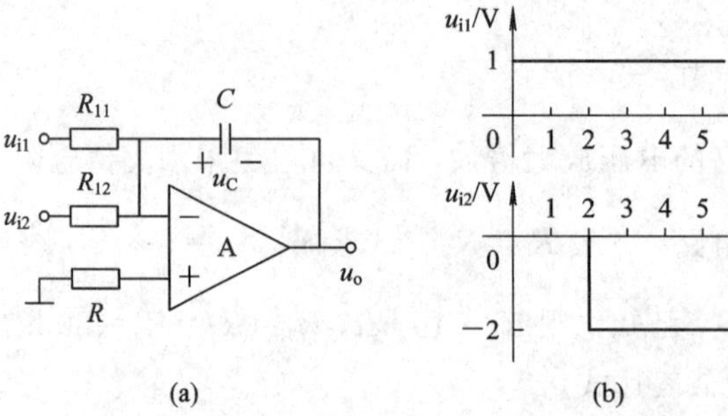

图 7-67　题 7-9 图

7-10　将正弦信号 $u_i=15\sin\omega t$ V 分别加到图 7-68(a)、(b)、(c)所示三个电路的输入端，试分别画出它们的输出电压 u_o 的波形，并在波形图上标出各处电压值。图中 $R_1=R_2=10$ kΩ、$R_3=8.2$ kΩ、$R_4=50$ kΩ、$R_f=10$ kΩ、$U_{REF}=6$ V、双向稳压管的稳压值 $U_Z=\pm7$ V。

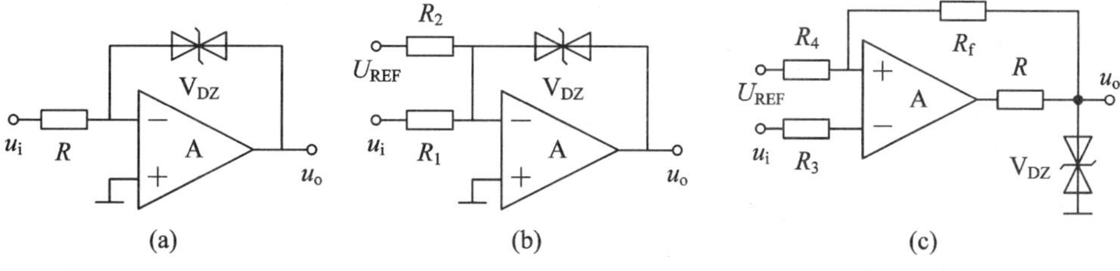

图 7-68　题 7-10 图

7-11　在图 7-69 所示电路中：$R_1=R_2=100$ kΩ、$R_3=R_4=10$ kΩ、$R_5=2$ kΩ、$C=1$ μF。

(1) 分析电路由哪些基本单元组成；

(2) 设 $u_{i1}=u_{i2}=0$ 时，电容上的电压 $u_C=0$，$u_o=12$ V。求当 $u_{i1}=-10$ V、$u_{i2}=0$ 时，经过多少时间 u_o 由 $+12$ V 变 -12 V；

(3) u_o 变成 -12 V 后，u_{i2} 由 0 变为 $+15$ V，求再经过多少时间 u_o 由 -12 V 变为 $+12$ V；

(4) 画出 u_{o1} 和 u_o 的波形。

7-12　图 7-70 是一个多变量的运算电路，试求出输出电压与输入电压的函数关系。

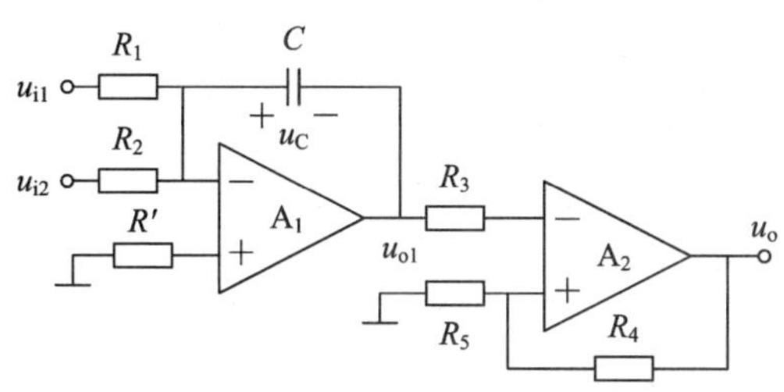

图 7-69　题 7-11 图

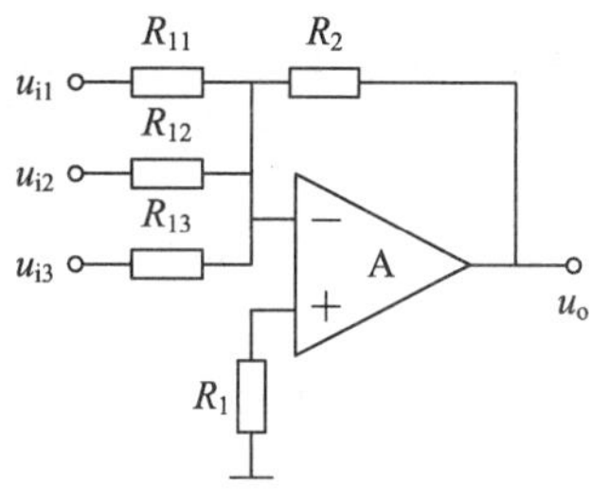

图 7-70　题 7-12 图

7-13　如图 7-71 所示的一阶低通滤波器电路，已知 $R=10$ kΩ、$C=0.015$ μF。试推导电压增益的频率特性，并求 -3 dB 上限频率 f_H。

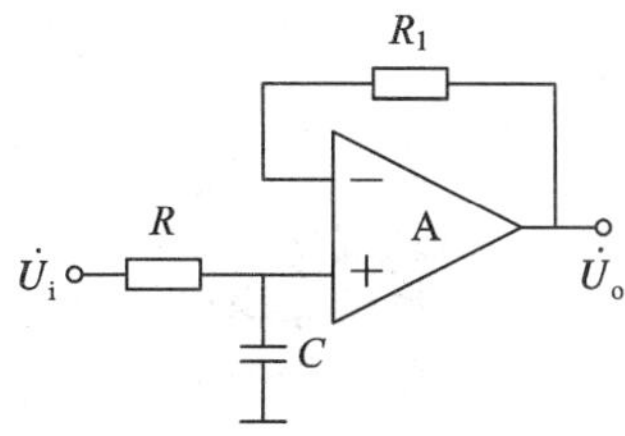

图 7-71　题 7-13 图

7-14　某滞回比较器及其传输特性如图 7-72 所示，请根据图示参数确定电阻 R_2 和

参考电压 U_R 的值。

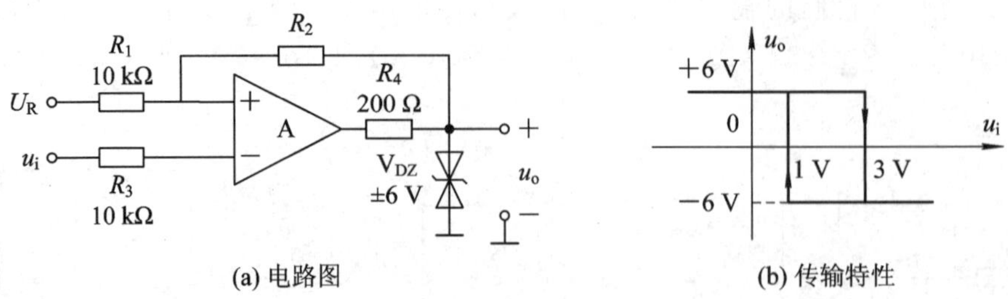

(a) 电路图　　(b) 传输特性

图 7-72　题 7-14 图

7-15　请根据图 7-73(a)所示电路，在 7-73(b)所示的坐标系中画出其输出与输入之间的传递关系，并说明电路的功能。

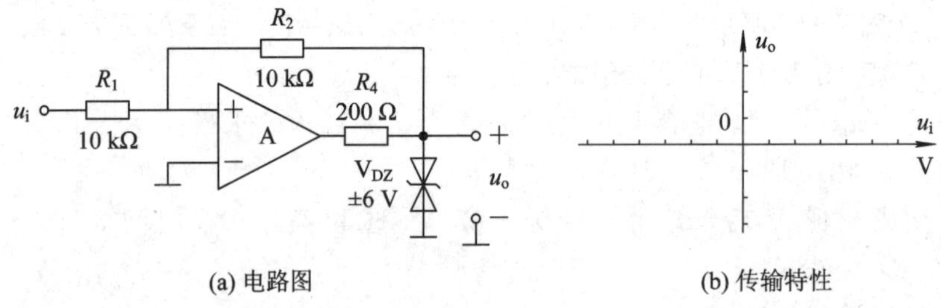

(a) 电路图　　(b) 传输特性

图 7-73　题 7-15 图

7-16　图 7-74(a)所示为某比较器的滞回特性，请根据该特性在图 7-74(b)中画出输入信号对应的输出信号的波形。

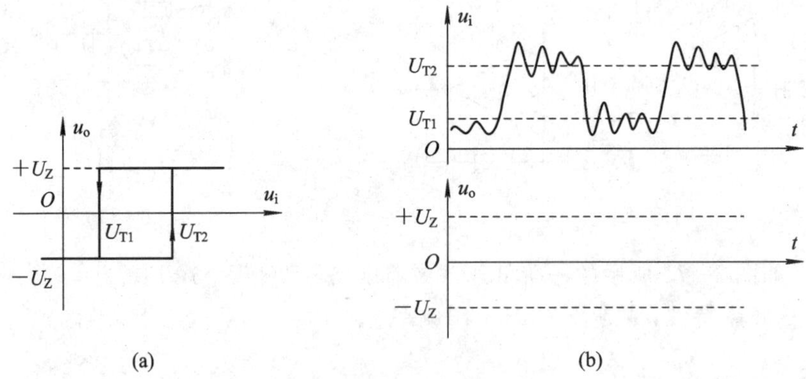

(a)　　(b)

图 7-74　题 7-16 图

习题七参考答案

第 8 章　功率放大电路

在多级放大电路中，要求放大电路的输出级能够输出一定的功率去驱动负载，使负载获得足够高的功率。通常将能够向负载提供足够高信号功率的电路称为功率放大电路，简称功放。本章主要讲述功率放大电路的分类，互补对称型功率放大电路的组成、工作原理及主要性能指标的估算方法，最后介绍集成功率放大电路的应用。

8.1　功率放大电路概述

功率放大电路概述

对于放大电路而言，其实质都是能量转换电路。从能量控制和转换的角度来看，电压放大电路、电流放大电路和功率放大电路没有本质区别，但是从电路追求的目标来看却不相同。电压、电流放大电路主要要求在输出端得到放大的不失真的电压、电流信号，分析时主要关注电路的电压、电流放大倍数，输入、输出电阻等参数，输出的功率不一定大；但是，对于功率放大电路而言，主要要求在放大器的输出端要获得一定的不失真的功率，分析时主要关注的是放大器的最大不失真功率及转换效率等参数。因此对于功率放大电路而言，其电路的组成和分析方法，甚至元器件的选择都与前面所讲的小信号放大电路有着明显的区别。

8.1.1　功率放大电路的特点

功率放大电路的主要任务是向负载提供足够高的功率。正如前面所讲，功率放大电路与一般的电压、电流放大电路的追求目标是不相同的，通常功率放大电路具有如下特点。

1. 输出功率大

输出功率指的是功率放大电路提供给负载的信号功率。功率放大电路通常都具有较高的输出功率，以满足负载的功率要求。若输入信号是某一频率的正弦信号，其输出功率是交流功率，其值为 $P_o=U_oI_o$，式中的 U_o 和 I_o 均为输出交流信号的有效值。若用幅值表示，$I_o=I_{om}/\sqrt{2}$、$U_o=U_{om}/\sqrt{2}$，则 $P_o=U_oI_o=U_{om}I_{om}/2$，式中 I_{om}、U_{om} 分别为输出交流信号的电压、电流幅值。

2. 转换效率要尽量高

转换效率指的是功率放大电路的最大输出功率与电源所提供功率的比值，用 η 表示，即

$$\eta=\frac{P_o}{P_E}\times 100\% \tag{8-1}$$

式(8-1)中 P_E 表示电源供给的总功率。转换效率反映功率放大电路能够把电源提

供的总功率的多大比例转换为负载的有用功率。从能量转化和利用的角度看，当然希望功率放大电路的效率越高越好。另外，通常在一个系统中功率放大电路消耗的总功率较大，其能量转换效率往往严重影响整个系统的效能，因此功率放大电路转换效率要尽量高些。

3. 非线性失真要小

由于半导体器件本身的非线性，当放大电路工作时会造成信号的非线性失真。在小信号情况下我们把这种非线性失真忽略，当成线性进行处理，但是，在功率放大电路中，由于半导体器件工作在大信号状态下，非线性失真不能简单地忽略了事，必须认真考虑它对放大信号造成的严重影响，在取得尽可能大的输出功率的同时，充分保障信号的本来面目，减小非线性失真的影响。

4. 功率放大电路中晶体管的工作状态及其散热问题

在功率放大电路中，为了使输出功率足够大，一般要求晶体管尽量工作在极限状态，即晶体管的集电极电流要接近于最大集电极电流 I_{CM}，集电极的耗散功率接近于集电极最大耗散功率 P_{CM}，管压降接近于能承受的最大管压降 $U_{(BR)CEO}$。因此，为了保证功率放大电路中晶体管安全工作，在选择晶体管时，一定要注意极限参数的选择。

应当指出，功率放大电路中的晶体管常常采用大功率管，而且直流电流提供的直流功率大部分消耗在放大器晶体管上，使放大器的结温和管壳温度升高。如果放大器件的散热条件不好，则极易被烧坏。因此，需采取散热或者冷却措施，例如给放大器件加散热片或采用风扇冷却。

5. 功率放大电路的分析方法

功率放大电路的输出功率要足够大，这就要求电路的输出电压和输出电流幅值均要很大，功率放大电路中晶体管的非线性不可忽略，故在分析电路时，就不能采用适合小信号的交流等效电路分析法，而应采用图解法来分析。

8.1.2 功率放大电路的分类

功率放大电路按放大信号的频率来划分，可分为**低频功率放大电路和高频功率放大电路**。低频功率放大电路主要用于放大音频信号，应用广泛，这也是本章主要研究的内容；对于高频功率放大电路，由于信号的频率较高，其结构和原理与低频功率放大器有着较大的差别，将在高频电子线路等课程中讲解，本书不作具体介绍。

在功率放大电路中，把一个信号周期内晶体管导通期间对应的电角度称为**导通角**。按照功率放大电路中晶体管在信号一个周波内导通角的不同，可把功率放大电路分为甲类、乙类、甲乙类和丙类等四种。

如果一个功率放大电路在输入信号的一个完整的周期内，起放大作用的晶体管始终处在导通状态，始终有电流流过，这样的功率放大电路称为**甲类功率放大电路**。图 8－1(a) 所示为甲类功率放大器中晶体管的导通状态示意图，由图可以看出晶体管的导通角(360°)。甲类功率放大电路又称为 A 类功率放大电路，这种状态的放大器由于具有较大的直流偏置电流，因而效率很低，但非线性失真相对较小，主要用于小功率及对失真比较敏感的场合。

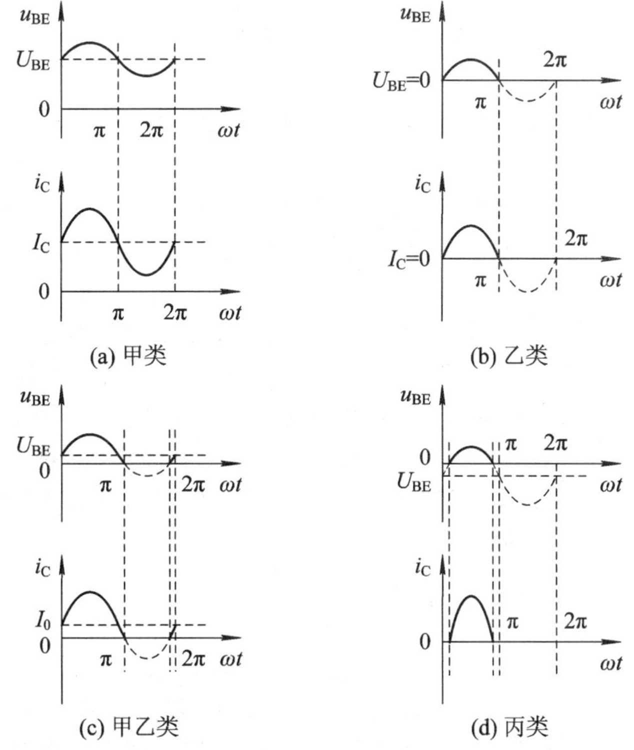

图 8-1　功率放大器中晶体管的工作状态

如果在输入信号一个信号周期内，放大电路的晶体管只在半个周期内导通，另半个周期截止，即导通角为 180°，这样的功率放大电路称为**乙类功率放大电路**。图 8-1(b)所示为乙类功率放大器中晶体管的工作状态。乙类功率放大电路又称为 B 类功率放大电路，这种放大器一般由两只互补的晶体管组成推挽结构，对于每只管子由于静态偏置电流为零，因而工作效率比甲类功放有很大提升，应用较广泛；但是，乙类功率放大器存在着交越失真的问题，这影响了输出信号的质量，也限制了乙类功放的应用。

如果功率放大电路中晶体管的导通角大于 180°，但又小于 360°，则称该功率放大电路为**甲乙类功率放大电路**。图 8-1(c)所示为甲乙类功率放大器中晶体管的导通状态示意图。甲乙类功率放大电路也称为 AB 类功率放大电路，是为了抑制乙类功率放大电路存在的交越失真而产生的一种改进的功率放大电路，这种功率放大电路既具有乙类功率放大电路较高的效率，又有较好的输出信号波形，是低频功率放大器的主要实现形式，也是本章所要重点介绍的内容。

晶体管导通角小于 180°的功率放大电路称为**丙类功率放大电路**。图 8-1(d)所示为丙类功率放大电路中晶体管的导通状态示意图。丙类功率放大电路又称为 C 类功率放大电路，主要用于高频谐振功率放大电路。

除了以上四种功率放大电路外还有一种丁类功率放大电路，也称 D 类功率放大电路。在这种放大电路中，晶体管工作在开关状态，当晶体管导通时进行能量的转换，在晶体管关断时不消耗电源功率，因此效率较高，可以达到 80%以上。这种功率放大电路的输入信号通常为数字化的脉宽调制(PWM)信号，输出经过滤波得到连续的模拟信号，是数字化的功率放大电路，主要用于小型化、电池供电以及要求高效率的场合。

8.2 双电源互补对称功率放大电路

双电源互补对称功率放大电路

乙类功率放大电路在静态时 $I_{CQ}=0$，这样晶体管在静态时不消耗功率，故转换效率将提高。但是，在乙类状态下，晶体管只在半个周期是导通的，而另外半个周期是截止的，用单只晶体管构成的乙类功率放大电路只能实现信号的正半周或负半周的放大，这样将造成输出信号的严重失真。为了实现在乙类状态下对一个交流信号的正负半周信号都能够进行放大，引入了**互补对称功率放大电路**，它的基本思想是：采用两只导电性能相反的晶体管分别实现信号正半周和负半周信号的放大，各自产生半个周期的输出信号波形，在负载上合成一个完整的输出波形。互补对称功率放大电路又可以分为**双电源互补对称功率放大电路**和**单电源互补对称功率放大电路**。本节介绍双电源互补对称功率放大电路。

8.2.1 电路的组成及工作原理

双电源互补对称功率放大电路又称为无输出电容(Output Capacitor Less，OCL)功率放大电路，简称 OCL 电路。图 8-2(b)所示为 OCL 电路的原理图。V_1是 NPN 型晶体管，V_2是 PNP 型晶体管，为保证工作状态良好，要求 V_1、V_2晶体管的特性对称，并且正负电源$+U_{CC}$和$-U_{EE}$对称。输入信号直接加载到两个晶体管并接的基极上，输出信号直接从 V_1 和 V_2 的射极并接点引出接负载，负载的另一端接地。

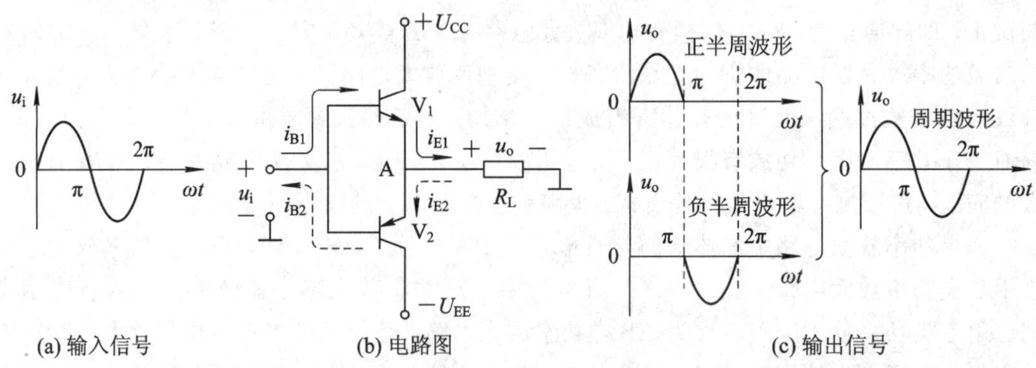

图 8-2 OCL 电路结构与工作原理

在静态，也就是输入信号 $u_i=0$ 时，由于 V_1、V_2 晶体管的偏置电流均为零，因此 V_1、V_2 均处在截止状态，这样一来负载与电源之间处在断开的状态，负载上的输出电压为零，即 $u_o=0$，当然负载也不消耗功率。

为研究问题方便，首先假设 V_1、V_2 发射极导通所需的正偏电压为零，即 V_1、V_2 只要承受正偏电压就导通。动态时，$u_i\neq0$，在信号的正半周，$u_i>0$ V，V_1 发射结承受正偏电压，V_2 发射结承受反偏电压，因此 V_1 导通，V_2 管截止，在 V_1 的基极形成基极电流 i_{B1}，i_{B1}经过 V_1 放大得到射极电流 i_{E1}，i_{E1}流过负载，在负载上得到正半周的输出电压波形，如

图 8－2(c)所示，显然，此时的输出电压 u_o 为正极性电压。实际上，此时由 V_1 管、正电源 $+U_{CC}$ 和负载 R_L 组成一个射极跟随器，忽略发射结压降的情况下，输出电压 u_o 与输入 u_i 正半周相同。

在输入信号的负半周，$u_i<0$，此时 V_1 发射结反偏，V_2 发射结正偏，因此 V_1 截止，V_2 导通，V_2 的基极电流为 i_{B2}，i_{B2} 经过放大在 V_2 的射极形成电流 i_{E2}，i_{E2} 就是此时的负载电流，显然 i_{E2} 与 i_{E1} 反向，负载上的输出电压也反向，为负极性电压，如图 8－2(c)所示。此时，V_2、负电源 $-U_{EE}$ 和负载 R_L 也组成射极跟随器，与正半周的射随器相比较，只是输出电压为负极性而已。这样一来，当输入信号交替变化时，V_1、V_2 交替导通、截止，输出负载上就可以得到完整的交流功率信号了。

8.2.2　电路参数的计算

功率放大电路最重要的技术参数是电路的最大输出功率 P_{om} 及转换效率 η。为了求解 P_{om}，需求出负载上能够得到的最大输出电压幅值 U_{om}。由于 OCL 电路具有对称性，只要研究 V_1 在信号正半周的工作情况，V_2 在负半周的工作情况也就可以得到。图 8－3 所示为信号正半周 V_1 管的工作波形。$i_{C1}-u_{CE1}$ 表示 V_1 管的输出特性，Q 点为静态工作点，静态时 V_1 管的管压降为 $+U_{CC}$；当信号正半周时，在基极偏置电流 i_B 的作用下，V_1 管的管压降 u_{CE1} 的波形如图 8－3 所示。现在，假定输入信号达到最大值时，V_1 管正好临界饱和，集电极电流达到最大值 I_{Cm}，V_1 管压降为饱和管压降 U_{CES}，此时，在负载上得到正极性电压的最大值 U_{om}，显然，$U_{om}=U_{CC}-U_{CES}$。由以上的分析可见，信号正半周时，在负载上能够得到的最大不失真输出电压幅度为 $U_{CC}-U_{CES}$。

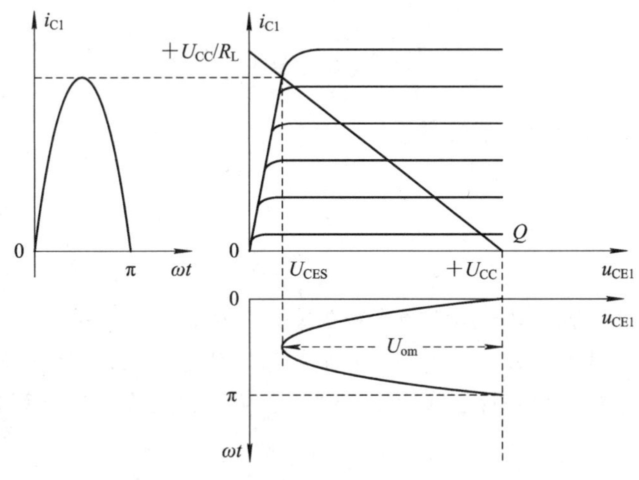

图 8－3　信号正半周 V_1 管工作波形

由于电路的对称性，在信号的负半周负载上能够得到的输出电压的最大幅值也应该为 U_{om}，于是可知，负载上能够得到的输出电压的最大不失真电压幅值 U_{om} 为 $U_{CC}-U_{CES}$，据此可以估算 OCL 电路的参数。

1) 最大输出功率 P_{om}

正弦交流信号的功率为

$$P_o = I_o U_o = \frac{1}{2} I_{om} U_{om} = \frac{1}{2} \frac{U_{om}^2}{R_L} \tag{8-2}$$

当输出电压达到最大不失真输出电压时，负载上的功率也达到最大值，由上述分析知

$$U_{om} = U_{CC} - U_{CES} \tag{8-3}$$

将式(8-3)代入式(8-2)得对应的最大输出功率为

$$P_{om} = \frac{1}{2R_L}(U_{CC} - U_{CES})^2$$

当忽略饱和压降U_{CES}时，上式简化为

$$P_{om} = \frac{1}{2} \frac{U_{CC}^2}{R_L} \tag{8-4}$$

2) 转换效率 η

由于转换效率η的表达式为$\eta = \frac{P_o}{P_E} \times 100\%$，故想求$\eta$，必先求电源功率$P_E$。在忽略基极回路电流的情况下，电源$U_{CC}$提供的电流为

$$i_C = I_{om}\sin\omega t = \frac{U_{CC} - U_{CES}}{R_L}\sin\omega t$$

电源所提供功率的值等于电源输出电流的平均值与其电压值的乘积，即

$$P_E = \frac{1}{\pi}\int_0^{\pi} \frac{U_{CC} - U_{CES}}{R_L}\sin\omega t \cdot U_{CC}\,d\omega t$$

整理后可得

$$P_E = \frac{2}{\pi} \cdot \frac{U_{CC} - U_{CES}}{R_L} \cdot U_{CC} \tag{8-5}$$

因此，转换效率为

$$\eta = \frac{P_{om}}{P_E} = \frac{\pi}{4} \cdot \frac{U_{CC} - U_{CES}}{U_{CC}} \tag{8-6}$$

在忽略饱和管压降的情况下可得

$$P_E = \frac{2}{\pi} \cdot \frac{U_{CC}^2}{R_L} \tag{8-7}$$

$$\eta = \frac{\pi}{4} \approx 78.5\% \tag{8-8}$$

78.5%是 OCL 电路输出电压为最大不失真电压时的效率，是 OCL 电路的最高效率。实际上，不是每个信号周期输出电压都达到最大值，因此，OCL 电路的实际工作效率要小一些。另外，大功率管的饱和管压降为 2～3 V，因此一般情况下在计算时不能忽略饱和管压降。

8.2.3 功率放大电路中晶体管的选择

1. 晶体管最大损耗

在功率放大电路中，电源提供的功率除了转换成输出功率外，其余部分主要消耗在晶体管上，故可认为晶体管消耗的功率$P_C = P_E - P_o$。在静态时，晶体管几乎不索取电流，其管耗接近于零，因此，当输入信号很小时，即输出功率很小时，由于集电极电流很小，所以晶体管的管耗很小；当输入信号最大时，即输出功率很大时，由于管压降很小，所以晶体

管的管耗也很小。由此可见，管耗的最大值既不会发生在输入信号最小时，也不会发生在输入信号最大时。这里利用求极值的方法来求解晶体管的最大损耗。

由于 OCL 电路的对称性，为方便起见，先研究 V_1 管的损耗。设输出电压为 $u_o = U_{om}\sin\omega t$，信号正半周，V_1 晶体管的管压降和集电极电流的瞬时值可分别表示为

$$u_{CE} = U_{CC} - U_{om}\sin\omega t$$

$$i_C = \frac{U_{om}}{R_L}\sin\omega t$$

晶体管损耗功率 P_C 是功放晶体管所消耗的平均功率，V_1 管的损耗功率为

$$\begin{aligned} P_C &= \frac{1}{2\pi}\int_0^{\pi}(U_{CC} - u_o)\frac{u_o}{R_L}\mathrm{d}\omega t = \frac{1}{2\pi}\int_0^{\pi}(U_{CC} - U_{om}\sin\omega t)\frac{U_{om}}{R_L}\sin\omega t\,\mathrm{d}\omega t \\ &= \frac{1}{2\pi}\int_0^{\pi}\left(\frac{U_{CC}U_{om}}{R_L}\sin\omega t - \frac{U_{om}^2}{R_L}\sin^2\omega t\right)\mathrm{d}\omega t \\ &= \frac{1}{R_L}\left(\frac{U_{CC}U_{om}}{\pi} - \frac{U_{om}^2}{4}\right) \end{aligned}$$

即

$$P_C = \frac{1}{R_L}\left(\frac{U_{CC}U_{om}}{\pi} - \frac{U_{om}^2}{4}\right) \tag{8-9}$$

式(8－9)对 U_{om} 求导，并令 $\frac{\mathrm{d}P_C}{\mathrm{d}U_{om}}=0$，则可得

$$\frac{U_{CC}}{\pi} - \frac{U_{om}}{2} = 0$$

即

$$U_{om} = \frac{2U_{CC}}{\pi} \approx 0.6U_{CC} \tag{8-10}$$

式(8－10)表明，当 $U_{om}\approx 0.6U_{CC}$ 时，V_1 管的损耗达到最大值，$P_C = P_{CM}$。将 U_{om} 代入式(8－9)可得

$$P_{CM} = \frac{1}{R_L}\left[\frac{\frac{2U_{CC}^2}{\pi}}{\pi} - \frac{\left(\frac{2U_{CC}}{\pi}\right)^2}{4}\right] = \frac{1}{R_L}\left(\frac{2U_{CC}^2}{\pi^2} - \frac{U_{CC}^2}{\pi^2}\right) = \frac{1}{\pi^2}\frac{U_{CC}^2}{R_L}$$

即

$$P_{CM} = \frac{1}{\pi^2}\frac{U_{CC}^2}{R_L} \tag{8-11}$$

根据式(8－4)可知输出功率的最大值为

$$P_{om} = \frac{1}{2}\frac{U_{CC}^2}{R_L}$$

式(8－11)又可以表示为

$$P_{CM} = \frac{1}{\pi^2}\frac{U_{CC}^2}{R_L} = \frac{2}{\pi^2}\cdot\frac{1}{2}\frac{U_{CC}^2}{R_L} = \frac{2}{\pi^2}P_{om} \approx 0.2P_{om} \tag{8-12}$$

由式(8－12)可见，V_1 管的最大损耗约为 OCL 电路最大输出功率的五分之一。由于电路的对称性，V_2 管的最大损耗也应该按照式(8－12)核定。例如要求输出功率为 10 W，则只需要选取两个额定功耗大于 2 W 的晶体管即可。其实，上面的计算是在理想情况下进行的，在实际应用中选择管子的额定功耗时，应留有一定的余量。

2. 晶体管的选择

根据上面的分析可知，若想得到最大的输出功率，在选择晶体管时，晶体管的参数应满足下列条件：

(1) 每只晶体管的最大允许损耗功率 P_{CM} 必须大于 $P_{CM}\approx 0.2P_{om}$；

(2) 考虑到当 V_1 截止、V_2 导通时，$-u_{CE2}\approx 0$，此时 V_1 要承受最大管压降 u_{CE1}，u_{CE1} 最大值约为 $2U_{CC}$，因此选用晶体管的耐压值应满足 $U_{(BR)CEO}>2U_{CC}$；

(3) 通过晶体管的最大集电极电流为 U_{CC}/R_L，选取的晶体管集电极最大电流 I_{CM} 应大于此值。

综上，在查阅手册选择晶体管时，应使其参数满足

$$\begin{cases} P_{CM} > 0.2P_{om} \\ U_{(BR)CEO} > 2U_{CC} \\ I_{CM} > U_{CC}/R_L \end{cases}$$

例 8-1 在图 8-2 中，已知 $U_{CC}=15$ V，输入电压为正弦波，晶体管的饱和管压降为 $|U_{CES}|=3$ V，电压放大倍数约为 1，负载电阻 $R_L=8\ \Omega$。

(1) 求负载上可能获得的最大功率和效率；

(2) 若输入电压最大有效值为 8 V，则负载上获得的最大功率为多少？

解 (1) 根据最大功率表达式得

$$P_{om}=\frac{1}{2R_L}(U_{CC}-U_{CES})^2=\frac{(15\ \text{V}-3\ \text{V})^2}{2\times 8\ \Omega}=9\ \text{W}$$

效率为

$$\eta=\frac{\pi}{4}\cdot\frac{U_{CC}-U_{CES}}{U_{CC}}=\frac{\pi}{4}\cdot\frac{15\ \text{V}-3\ \text{V}}{15\ \text{V}}=62.8\%$$

(2) 因电压放大倍数约为 1，故 $u_i=u_o$。负载上的最大功率为

$$P_{om}=\frac{1}{2}\frac{U_{om}^2}{R_L}=\frac{1}{2}\frac{(\sqrt{2}\times 8\ \text{V})^2}{8\ \Omega}=8\ \text{W}$$

由此可见，功放电路的最大输出功率除了与功放自身的参数有关外，还取决于输入电压是否足够大。

例 8-2 图 8-2 所示电路中，已知负载电阻为 4 Ω，晶体管的饱和管压降 U_{CES} 为 2 V。

(1) 若输出最大功率为 8 W，则电源电压应取多少伏？

(2) 若电源电压为 15 V，则晶体管的最大集电极电流、最大管压降及集电极最大功耗各为多少？

解 (1) 最大输出功率为

$$P_{om}=\frac{1}{2}\cdot\frac{U_{om}^2}{R_L}=\frac{1}{2}\cdot\frac{(U_{CC}-U_{CES})^2}{R_L}$$

代入已知条件 $P_{om}=8$ W 得

$$\frac{1}{2}\cdot\frac{(U_{CC}-2\ \text{V})^2}{4\ \Omega}=8\ \text{W}$$

解得

$$U_{CC}=11\ \text{V}$$

(2) 最大不失真输出电压的峰值为

$$U_{om} = U_{CC} - U_{CES} = 15\ V - 2\ V = 13\ V$$

因而晶体管集电极最大电流为

$$I_{CM} = \frac{U_{om}}{R_L} = \frac{13\ V}{4\ \Omega} = 3.25\ A$$

最大管压降为

$$U_{CEmax} = 2U_{CC} - U_{CES} = 2 \times 15\ V - 2\ V = 28\ V$$

晶体管最大损耗功率为

$$P_{CM} = \frac{1}{\pi^2}\frac{U_{CC}^2}{R_L} = \frac{(15\ V)^2}{\pi^2 \times 4\ \Omega} \approx 5.7\ W$$

8.2.4　交越失真现象及改进措施

在前面的分析中，我们假设 OCL 电路中晶体管的开启电压为零，在负载上得到无失真的完整的信号波形。实际上，晶体管的开启电压并不为零，在输入信号每个周期，当输入电压较小，达不到三极管的开启电压时，晶体管处于截止状态，输入基极电流几乎为零，输出电压、电流也为零，即输出电压信号存在一小段死区，使输出信号产生波形失真。由于这种失真出现在零点附近，是在两个晶体管状态切换的过程中发生的，故称为**交越失真**。图 8-4 所示为交越失真现象。

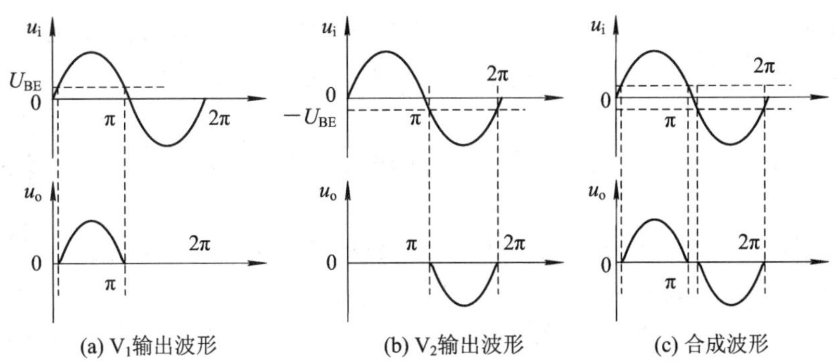

图 8-4　交越失真现象

为了在输出端得到没有失真的完整的信号波形，应想办法克服交越失真。要想消除交越失真，就要避开电压死区，即应当设置合适的静态工作点 Q，使两只晶体管均工作在临界导通或者微导通状态(即此时功率放大电路处于甲乙类工作状态)。能够消除交越失真的 OCL 电路如图 8-5 所示。

在图 8-5(a)中，静态时，从 $+U_{CC}$ 开始经过 R_1、R_2、V_{D1}、V_{D2}、R_3 到 $-U_{EE}$ 形成直流通路，它在 V_1、V_2 晶体管的两个基极之间所产生的电压为

$$U_{B1B2} = U_{R2} + U_{D1} + U_{D2} = U_{BE1} + U_{BE2}$$

这样在加输入信号之前 V_1、V_2 两晶体管均处于微导通状态，即都有一个微小的基极电流 I_{B1} 和 I_{B2}，调节 R_2，使发射极静态电压 U_E 为 0 V，即输出电压为 0 V。

在图 8-5(b)中，V_3 晶体管是前置放大级，V_1、V_2 晶体管组成互补对称输出级。静态时，在 V_{D1} 和 V_{D2} 上产生的压降为 V_1、V_2 晶体管提供了一个合适的偏压，使得 V_1、V_2 晶体

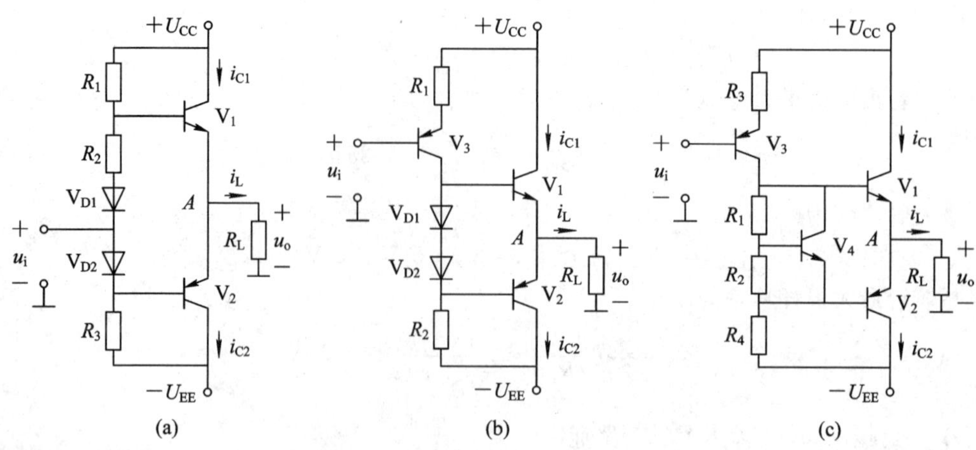

图 8-5　能够克服交越失真的 OCL 电路

管处于微导通状态。由于电路对称，静态时 $I_{C1}=I_{C2}$，$I_L=0$，$U_o=0$ V。这种电路的缺点是偏置电压不易调整。

在图 8-5(c)中，由 V_4、R_1和 R_2组成 BE 扩大电路。静态时，V_4的基极电流远小于R_1、R_2的电流，由图可求出

$$U_{CE4}=\frac{U_{BE4}(R_1+R_2)}{R_2}$$

因此，V_4晶体管的U_{BE4}基本为一个固定值，只要适当调节R_1、R_2的比值，就可改变V_1、V_2晶体管的偏置电压，这样也可以使V_1和V_2静态时为微导通状态。

8.3　单电源互补对称功率放大电路

单电源互补对称功率放大电路

OCL 电路由于静态时输出端电位为零，负载可以直接连接，不需要耦合电容，因而它具有低频响应好、输出功率大、便于集成等优点，但由于需要双电源供电，在一些只有单一电源供电的场合给使用带来不便。仅由一路电源供电的互补对称功率放大电路称为**单电源供电互补对称功率放大电路**，这种电路由 OCL 电路改造而来，需要通过耦合电容连接负载，但无需使用变压器实现输出耦合，也称无输出变压器(OTL - Output Transformerless)功率放大电路，简称 OTL 电路。

8.3.1　单电源互补对称功率放大电路简介

图 8-6 所示为 OTL 电路。图中 V_1、V_2组成互补对称功率放大器，两管的发射极并接，再通过一个大电容C_2接到负载R_L上。二极管V_{D1}、V_{D2}用来消除交越失真，向V_1、V_2提供一个偏置电压。静态时，调整偏置电路的参数，使 A 点的直流电位为$U_{CC}/2$，即C_2上的直流电压为$U_{CC}/2$，此时，输出负载R_L上的电压为零。

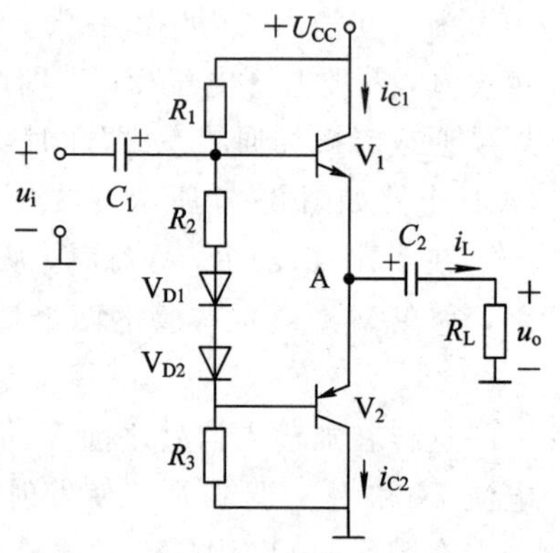

图 8-6　OTL 电路

动态时，在 u_i 正半周，V_1 管由于基极电位抬高导通程度加强，而 V_2 管由于基极电位上升而截止，此时由 V_1 射极提供的电流向 C_2 充电，在负载上形成电流 i_L，由于 C_2 的容量很大，其充放电的时常数相对于输入信号的周期而言很大，因此可以认为在信号的正半周内电容 C_2 上的电压改变很小，这样一来，可以认为输出 u_o 随着 A 点电压变化而变化，输出正极性电压。当 u_i 负半周时，V_1 管由于其基极电位下降而截止，V_2 管由于基极电位下降导通程度加强，此时电容 C_2 放电，放电电流形成负载电流 i_L，极性与正半周正好相反，在负载上形成负极性电压。当 u_i 周期性变化时，C_2 周期性地充放电，在负载上产生周期性的输出电流与电压。

8.3.2　达林顿晶体管在放大电路中的应用

达林顿晶体管(Darlington Transistor)也称复合晶体管，简称复合管，它是把两只或多只晶体管按照一定的规则组合在一起，并封装而形成的一个完整的器件。达林顿晶体管是一个完整的器件，如果利用多只独立的晶体管连接成为达林顿管其内部的结构则称为达林顿结构，其本质与达林顿管相同。达林顿晶体管或达林顿结构的晶体管组合相对于普通晶体管具有电流增益高的突出特点，在许多要求高电流增益的场合应用广泛。

1. 达林顿晶体管及其电流放大系数

图 8-7 所示为常见达林顿管的结构。图 8-7(a)、(b)为由两只同类型(NPN 或 PNP)的晶体管组成的复合管，它们可等效成与组成它们的晶体管相同类型的管子；图 8-7(c)、(d)为由不同类型晶体管组成的复合管，它们可等效成与结构中第一只晶体管 V_1 相同类型的管子。纵观这四种结构，复合管的等效管总和结构中第一只晶体管的结构相同。

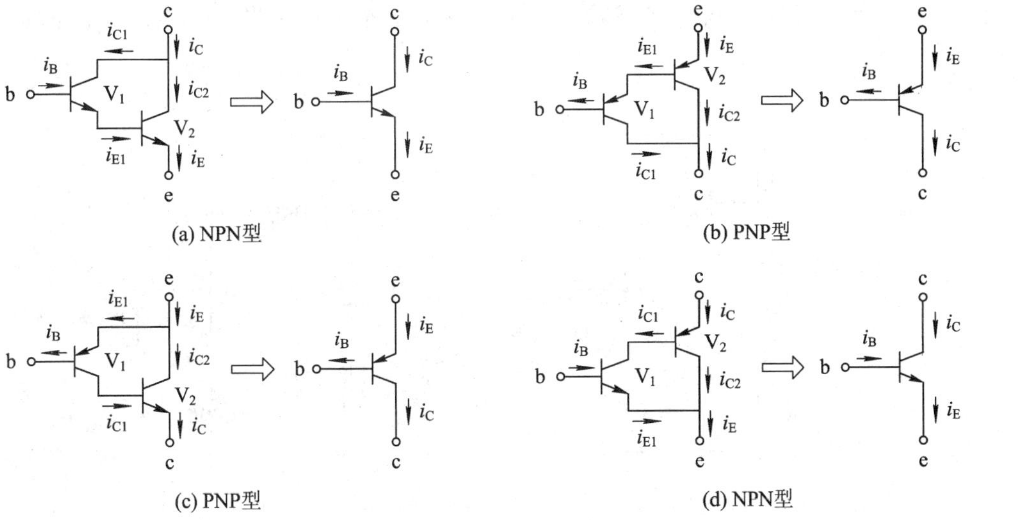

(a) NPN型　　(b) PNP型

(c) PNP型　　(d) NPN型

图 8-7　常见达林顿管的结构

设 V_1 和 V_2 的电流放大倍数分别为 β_1 和 β_2，下面以图 8-7(a)为例来分析说明复合管的电流放大倍数 β 与构成复合管的各个晶体管电流放大倍数之间的关系。

由图 8-7(a)可见，当 V_1、V_2 均正偏导通时，根据两管的连接关系有

$$i_{E1} = (\beta_1 + 1) i_B$$

$$i_{C2} = \beta_2 i_{E1} = \beta_2 (\beta_1 + 1) i_B$$

$$i_C = i_{C1} + i_{C2} = \beta_1 i_B + \beta_2 (\beta_1 + 1) i_B = (\beta_1 + \beta_2) i_B + \beta_1 \beta_2 i_B$$

通常β_1、β_2的值在几十到几百之间，$\beta_1\beta_2 >> \beta_1 + \beta_2$，$i_C$表达式中的$(\beta_1+\beta_2)i_B$项可以忽略，于是

$$i_C \approx \beta_1 \beta_2 i_B$$

由此可见复合管的电流放大倍数

$$\beta \approx \beta_1 \beta_2 \tag{8-13}$$

其他复合管的电流放大倍数也可以按照式(8-13)估算。由于$\beta_1\beta_2$较大，因此复合管可以取得较高的电流放大倍数。

复合管可以由双极型晶体管组成，也可以由双极型晶体管和场效应管组成。这样的器件有着更多的优点，不但可以实现大的电流放大倍数，还更容易控制，在大电流控制方面应用广泛。

2. 用复合管组成互补对称功率放大器

功率放大器的输出电流一般要求很大，而一般功率管的β值都不大，若要由前级提供大电流是十分困难的，通常利用复合管起到放大电流的作用。图 8-8 所示为由复合管构成的 OCL 电路。在图 8-8(a)图中，由 V_1、V_2 组成的复合管与由 V_3、V_4 组成的复合管构成互补推挽结构，在静态时，为了使复合结构中的各个管子均处于微导通状态，则从 V_1 的基极到 V_3 的基极之间的偏压应该能够使 4 个 PN 结正偏，因此偏置电路中 R_2 的压降要足够高，才能提供足够的直流偏置电压。在图 8-8(b)中，V_1、V_2 组成的复合管与 V_3、V_4 组成的复合管构成互补推挽输出结构，在静态时，直流偏置回路提供的偏压只需满足 V_1 和 V_3 的发射结正偏，就可以实现输出管的微导通状态了，因此，R_2 上的直流偏置电压很小。

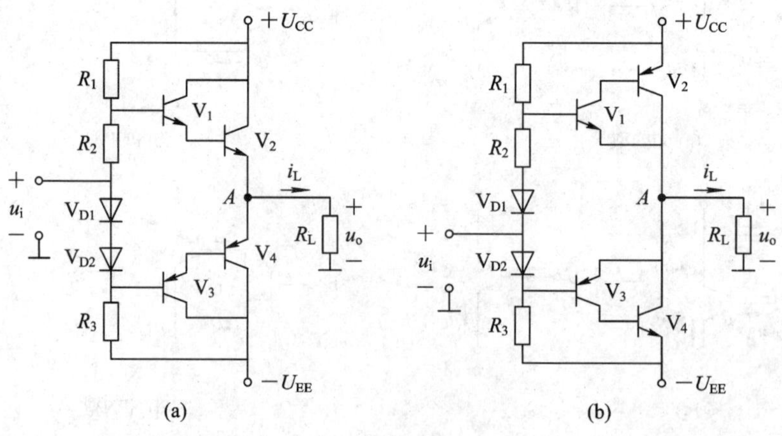

图 8-8　复合管构成的功率放大电路

从 8-8 所示的两个电路可以看出，它们的输出管即 V_2 和 V_4 为不同类型的晶体管，由于类型不同，结构不同，生产工艺不同，因此参数很难做到完全对称，这样会引起输出功率信号的失真。为此，用两只输出管类型相同的复合管组成互补推挽输出结构，可以取

得较好的参数一致性和对称性，把这样的功率放大电路称为**准互补对称功率放大电路**。图 8－9 所示为准互补对称功率放大电路。

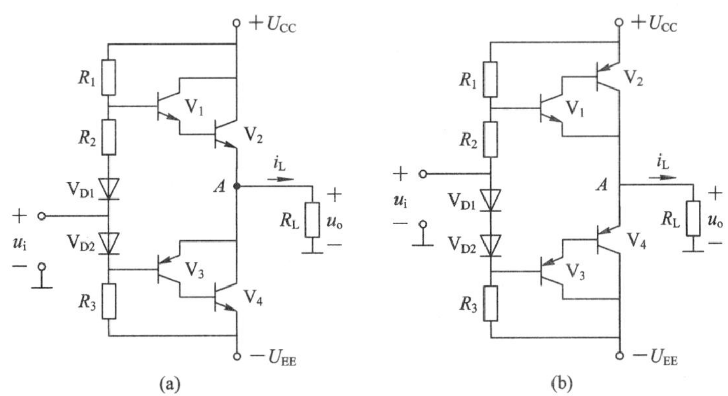

图 8－9 准互补对称功率放大电路

综上可知，上述由复合管组成的功率放大电路具有较高的电流增益，可以提供较高的输出功率，在实际中有广泛的应用。

8.4 集成功率放大电路

集成功率放大电路

随着线性集成电路的发展，集成功率放大器的应用日益广泛。集成功率放大电路是把功率放大电路中包括功率管在内的大部分元件集成在一块芯片上而制造出来的集成电路，它为使用带来便利性。通常，在集成功率放大电路内部还设有过流、过压及过热等保护电路，提高了功率放大电路的安全性和可靠性。

8.4.1 集成功率放大器结构

集成功率放大器种类较多，这里以 LM386 为例介绍其基本原理。

1. LM386 的内部结构

LM386 是美国国家半导体公司生产的小功率集成音频功率放大器，具有自身功耗低、增益可调整、电源电压范围大、外接元件少和总谐波失真小等优点，广泛应用于录音机、收音机等低电压消费类产品中。LM386 内部电路结构如图 8－10 所示，它是一个三级放大电路。

第一级输入级为差动放大电路，V_1 和 V_3、V_2 和 V_4 分别构成复合管，作为差分放大电路的放大晶体管；V_5 和 V_6 组成镜像电流源，作为 V_1 和 V_2 的恒流源负载；信号从 V_3 和 V_4 晶体管的基极输入，从 V_2 晶体管的集电极输出，构成双端输入、单端输出的差动放大电路。

第二级中间级为共射放大电路，其中 V_7 为放大晶体管，恒流源作为该管的有源负载，以增大放大倍数。

第三级为输出级，由 V_8～V_{10} 构成准互补功率放大电路，其中 V_8 和 V_9 构成 PNP 型复合管，二极管 V_{D1} 和 V_{D2} 为输出级提供合适的偏置电压，并可以消除交越失真。R_7 引入负反馈，用来稳定静态工作点。

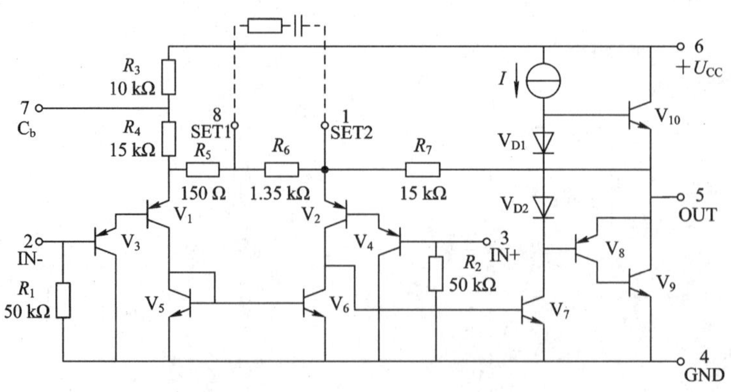

图 8-10 LM386 内部电路结构

由于此功放电路由单电源供电，故 LM386 集成功率放大器为 OTL 电路。

2. LM386 的引脚功能及特性参数

LM386 常见的封装为双列直插式封装(DIP)，它的外形及引脚排列如图 8-11 所示。其中：引脚 2 为反相输入端；引脚 3 为同相输入端；引脚 5 为输出端；引脚 4 和 6 分别为地和电源；引脚 1 和 8 为电压增益设定端，如果在这两脚之间接一个足够大的耦合电容，电压增益达到最大值，约为 200 倍，如果在这两脚之间串接电阻和耦合电容，根据接入电阻值的大小可以调整电压增益在 20～200 之间变化，如果 1、8 两脚之间开路，电压放大倍数最小，约为 20 倍；使用时一般在引脚 7 和地之间接旁路电容，通常取 10μF。

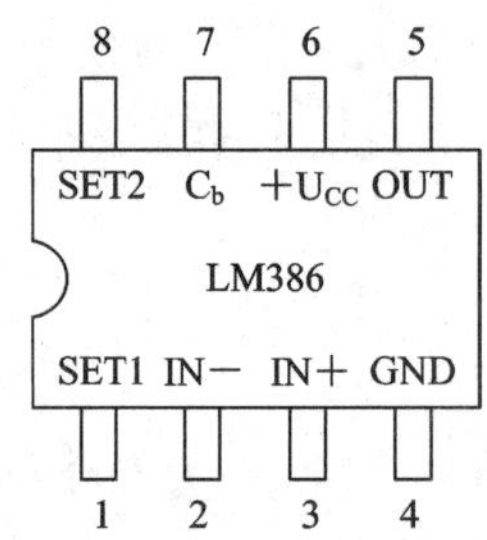

图 8-11 LM386 的外形及引脚排列

LM386 的额定工作电压范围为 4～16 V，最大允许功耗为 660 mW(25℃)，使用时不需散热片。当引脚 1 和 8 之间外接电阻、电容时可以调整电路的电压增益在 20～200 内变化，电路的频响范围可达数百千赫兹。当工作电压为 6 V，负载阻抗为 8 Ω 时，输出功率约为 325 mW；当工作电压为 9 V，负载阻抗为 8 Ω 时，输出功率约为 1.3 W。LM386 两个输入端的输入阻抗均为 50 kΩ，而且输入端对地的直流电位接近为 0，即使与地短路，输出直流电平也不会产生大的偏离。

8.4.2 集成功率放大器应用

1. 集成功率放大器 LM386 的应用

图 8-12 所示是用 LM386 组成的 OTL 电路。图中 7 脚接去耦电容 C_2，5 脚输出端所

接 10 Ω 电阻和 0.1 μF 电容串联网络都是为防止电路自激而设置的。1、8 脚所接阻容电路可调整电路的电压增益，通常电容 C_1 的取值为 10 μF，R_1 约为 20 kΩ，R_1 的值越小，增益越大。

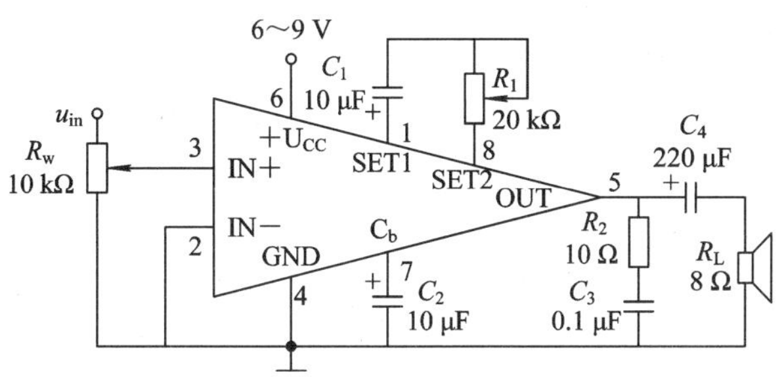

图 8－12　LM386 典型应用电路

2. 集成功率放大器 TDA2030 及其应用

TDA2030 是一款高性能集成功率放大器，它的内部结构包括差动输入级、直流偏置电路、中间放大级及准互补对称输出级，并且内置有短路及过热保护电路，具有较高的输出功率，采用 5 脚的封装形式，可以方便地组成 OCL 或 OTL 电路，常用于有源音箱等设备作为功率放大用。

图 8－13 所示为 TDA2030 的封装及引脚信号。这种封装称为 Pentawatt 封装，在高功率情况下需要加装散热片，改善散热条件，保障达到所需功率。输入信号从 1、2 脚输入，从 4 脚输出。在双电源下工作时，正、负电源从 5 脚和 3 脚加入；在单电源下工作时，5 脚接正电源，3 脚接电源地。在双电源情况下，输入的正负电源电压最大可达到±18 V，在单电源情况下，5 脚最高电压不超过 36 V。典型的，在±14 V 供电，负载 4 Ω 时，可以输出 14 W 的负载功率。

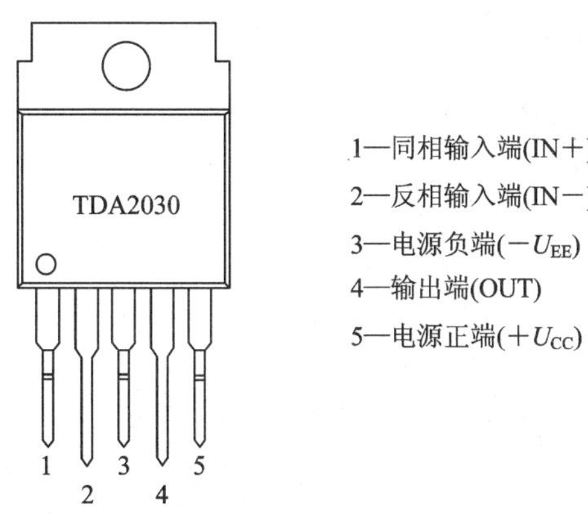

图 8－13　TDA2030 封装及引脚信号

图 8－14 所示为 TDA2030 的典型应用电路。

图 8－14(a)所示为 TDA2030 构成的 OTL 电路，这样就可以在单电源情况下使用了。由 R_1、R_2 及 R_3 组成的分压网络为 TDA2030 的同相输入端提供静态偏置电压，该电压为 $U_{CC}/2$；R_5、R_4 及 C_4 组成反馈网络，静态时，通过反馈网络使输出直流电位为 $U_{CC}/2$，动态

时，反馈网络控制 TDA2030 的电压增益；V_{D1} 和 V_{D2} 用于防止输出电压的毛刺和过压；R_6 和 C_6 用于补偿感性负载造成的输出电压相位漂移。

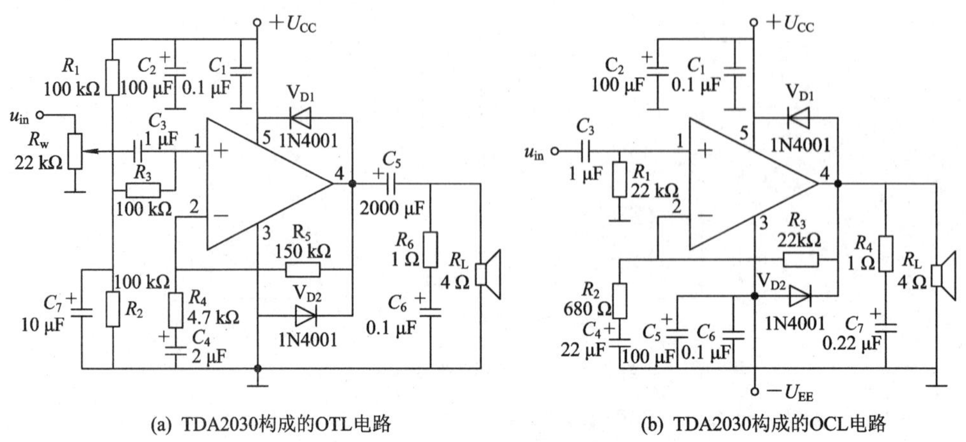

(a) TDA2030构成的OTL电路　　(b) TDA2030构成的OCL电路

图 8－14　TDA2030 典型应用电路

图 8－14(b)所示为 TDA2030 构成的 OCL 电路，采用正负电源供电。通过 R_1 提供静态的直流偏置，使同相输入端静态电位为 0 V；R_3、R_2 及 C_4 组成反馈网络，用于静态输出电位的设置和动态时电压增益的控制。

从图 8－14 的应用电路可以看出，此时的功率放大器与运放相当，只不过功率放大器的输出级为互补对称功率输出级而已，因此，关于运算放大器的分析方法也可以在此应用。

8.5　功率放大电路仿真

本节通过对常见功率放大电路的仿真，加深对功率放大电路的认识。仿真文件可从西安电子科技大学出版社网站“资源中心”下载。

8.5.1　乙类 OCL 电路仿真

乙类 OCL 仿真电路如图 8－15 所示。在互补对称功率放大电路中应该尽量保证两个晶体管的参数及电源的对称性。在图 8－15 所示电路中，V1 和 V2 两管参数对称，称为对管，其中 V1 为 NPN 型三极管 2SC1815，V2 为 PNP 型三极管 2SA733，两管的耐压值均为 60 V，电流放大倍数均为 200 多，均为小功率管。

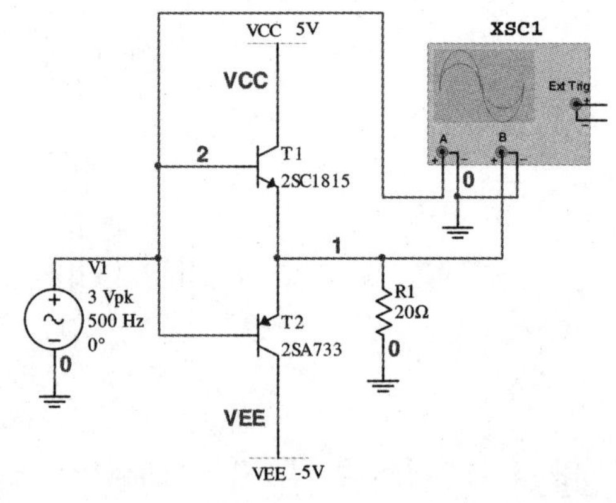

图 8－15　乙类 OCL 仿真电路

对该电路仿真的主要目的是观察交越失真现象。如图使用双通道示波器观察仿真实验现象，连接好电路后，仿真运行，双击示波器打开示波器窗口，可以观察到如图 8－16 所示波形。从图 8－16 中可以看出明显的交越失

真现象，通过光标可以读到死区电压，正半周死区电压约为 0.63 V，负半周约为 0.64 V。

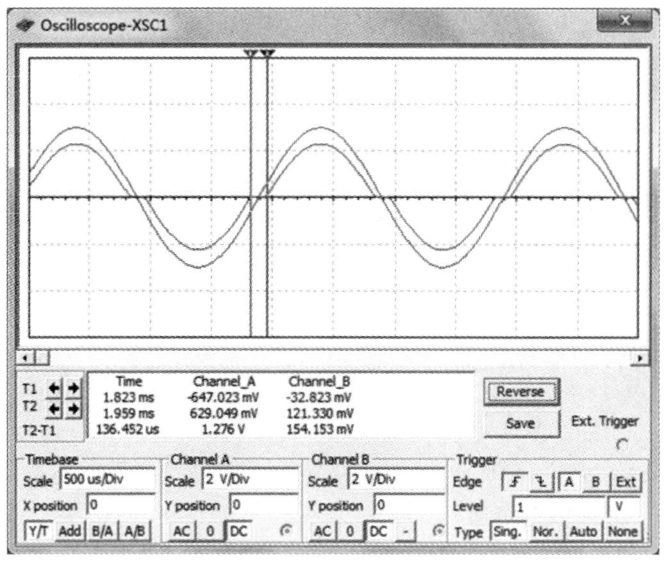

图 8-16　乙类 OCL 电路交越失真现象

8.5.2　甲乙类 OCL 电路仿真

甲乙类 OCL 电路可以较好地抑制交越失真，现在通过仿真观察甲乙类 OCL 电路对交越失真的抑制；另外，通过仿真研究甲乙类 OCL 电路的功率及效率。

图 8-17 所示为甲乙类 OCL 仿真电路，通过 D1、D2 提供 T1 和 T2 发射结的微导通电压。

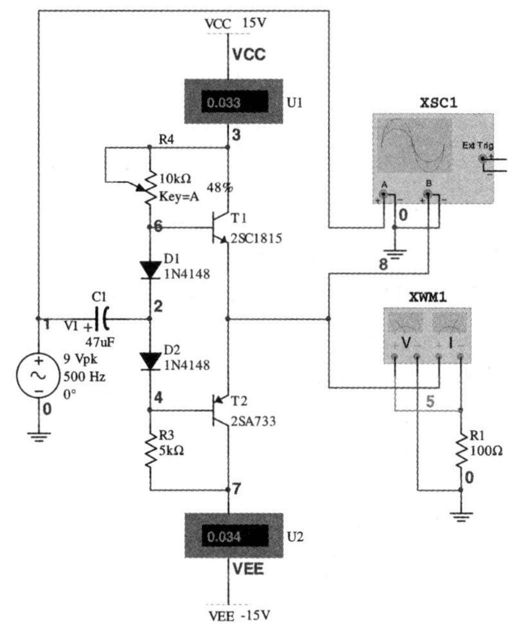

图 8-17　甲乙类 OCL 仿真电路

首先对图 8－17 所示电路进行静态分析。点击 Simulate/Analyses/DC Operating Point，打开直流仿真窗口，设置仿真变量并仿真，得到仿真结果如图 8－18 所示。由图可见，静态时负载上的输出电压为 17.8 mV，T1 管的发射结压降为 V(6)－V(8) ≈0.56 V，T2 管的发射结压降为 V(8)－V(4) ≈0.67 V，T1 和 T2 均处于微导通状态。

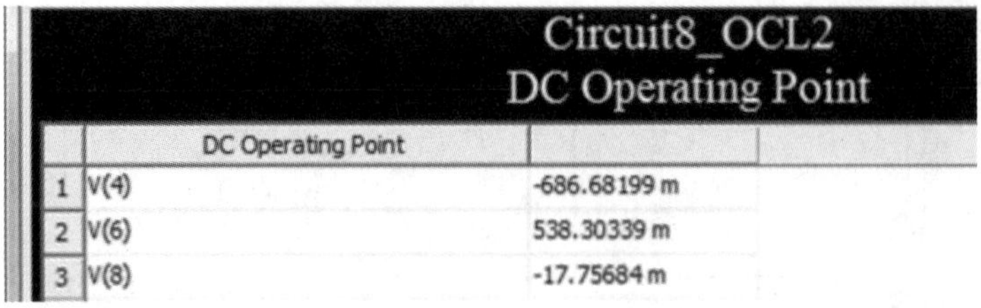

Circuit8_OCL2
DC Operating Point

	DC Operating Point	
1	V(4)	-686.68199 m
2	V(6)	538.30339 m
3	V(8)	-17.75684 m

图 8－18　甲乙类 OCL 电路直流仿真结果

对电路进行动态分析，仿真运行，双击双通道示波器观察输出信号，可以看到输出信号交越失真现象消失(波形图略)。

下面设置输入信号为不同的幅值，测定对应的输出功率、电源功率及效率。

每次仿真前，先设置输入信号的峰值，然后仿真运行。通过电流表 U1 和 U2 分别读取直流电源提供的电流平均值 I_1 和 I_2，计算电源输入总功率 $P_E=U_{CC}\times I_1+U_{EE}\times I_2$；再通过功率表读取输出负载上的功率 P_o，把测得的数据填入表 8－1，并计算效率。

表 8－1　输出功率及效率记录表

V_1 信号峰值/V	I_1/A	I_2/A	P_E/W	P_o/W	$\eta=P_o/P_E$
6	0.033	0.034	1	0.175	17.5%
9	0.037	0.040	1.16	0.393	33.9%
12	0.041	0.046	1.31	0.615	46.9%

根据表 8－1 记录数据及计算所得效率可见，随着输入信号幅值增加，输出功率和电源功率上升，效率也不断提高，但在输入信号幅值达到 12 V 时，效率也只有 46.9%。实际上当输入信号幅值达到 12 V 时，通过虚拟示波器观察输出信号出现削顶失真，其原因为三极管的驱动不足，可以通过减小偏置回路电阻或增加输出负载的阻值改善输出削顶失真。

8.5.3　达林顿管构成的 OTL 电路仿真

图 8－19 所示为达林顿管构成的 OTL 仿真电路。

电路中选用 MJ122 和 MJD127 作为对称的达林顿管，它们是耐压 100 V、集电极电流 8 A、耗散功率 20 W 的对管，具有较好的参数对称性。电路中通过 R4、D1 及 D2 的分压为 T1 和 T2 提供微导通偏置电压，R4 的阻值不能太大，否则会增加静态电流及功耗。

首先，分析电路的静态。图 8－20 所示为直流分析结果。通过直流分析结果得到 T1 的发射结偏置电压为 V(1)－V(5)≈1.1 V，T2 的发射结偏置电压为 V(5)－V(4)≈1.1 V，

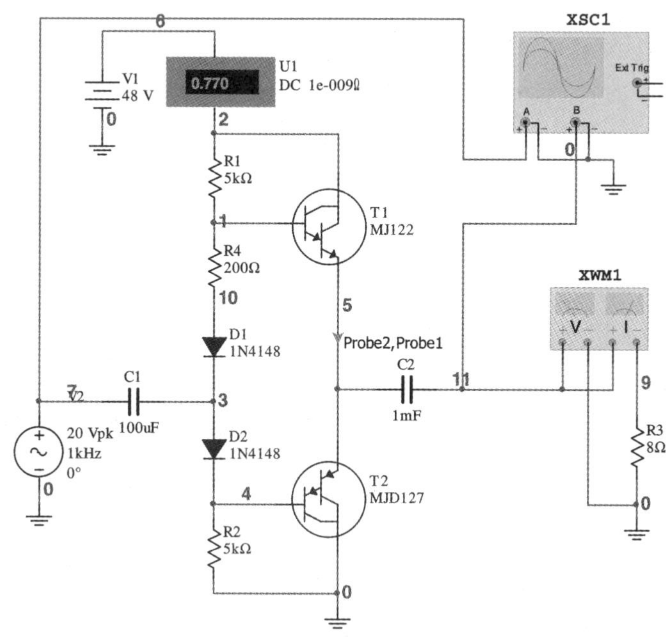

图 8-19　达林顿管构成的 OTL 仿真电路

T1、T2 的射极静态偏置电流为 5.1 mA。

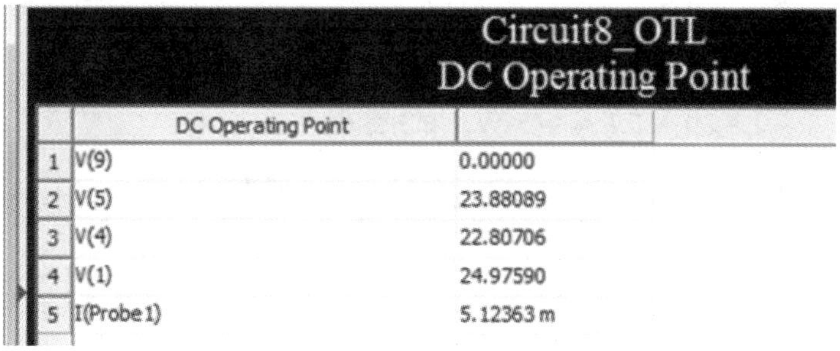

Circuit8_OTL
DC Operating Point

	DC Operating Point	
1	V(9)	0.00000
2	V(5)	23.88089
3	V(4)	22.80706
4	V(1)	24.97590
5	I(Probe1)	5.12363 m

图 8-20　OTL 电路直流仿真结果

其次，加载不同幅度的输入信号，观察输出信号的波形。通过电流表 U1 测量直流电源提供的平均电流 I_1，计算电源总功率 P_E，通过功率表测量输出负载上的功率 P_o，把测量数据记录在表 8-2 中，根据记录数据计算效率 η。

表 8-2　OTL 电路功率及效率测量记录表

V2 信号峰值/V	I_1/A	P_E/W	P_o/W	$\eta=P_o/P_E$
6	0.223	10.7	1.9	17.8%
12	0.452	21.7	7.9	36.4%
20	0.786	37.7	22.1	58.6%
22	0.822	39.5	26.2	66.7%

同样可以看到，随着输入信号的幅值不断增大，输出功率增加，转换效率提高，当输入电压峰值达接近电源电压 22 V 时，输出波形开始出现削顶失真，效率只到达 66.7%，因此，前面理论推导的78.5%的最高效率值实际中是不可能实现的。

习题八

8-1　什么是功率放大器？与一般的电压、电流放大器相比较，有什么基本要求？

8-2　什么是甲类、乙类及甲乙类功率放大器？画出三种工作状态下三极管静态工作点所处的位置。

8-3　什么是交越失真？产生的原因是什么？如何克服？

8-4　在功率放大电路中为什么有时用复合管替代普通三极管？说明复合管组成的原则是什么。

8-5　指出图 8-21 所示的晶体管组合形式哪些是正确的，哪些是错误的。如果是正确的，那么组成的复合管是 NPN 型还是 PNP 型？

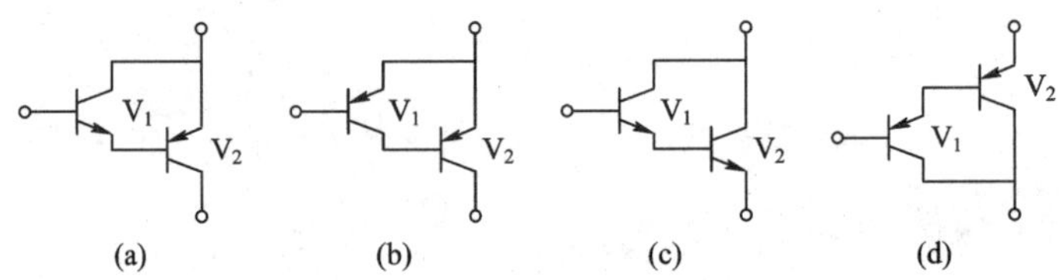

图 8-21　题 8-5 图

8-6　功放电路如图 8-2 所示，已知 $U_{CC}=12$ V，$R_L=8$ Ω，晶体管的极限参数为 $I_{CM}=2$ A，$|U_{(BR)CEO}|=30$ V，$P_{CM}=5$ W。试求：

(1) 最大输出功率 P_{om}，并指出晶体管是否安全工作；

(2) 功率放大电路在 $\eta=0.6$ 时的输出功率 P_o。

8-7　在图 8-2 中，已知 $U_{CC}=15$ V，输入电压为正弦波，晶体管的饱和管压降 $|U_{CES}|=3$ V，电压放大倍数约为 1，负载电阻 $R_L=4$ Ω。试求：

(1) 负载上可能获得的最大功率和效率；

(2) 若 V_1 管子的集电极和发射极短路，则会产生什么现象？

8-8　在图 8-22 中，已知 $U_{CC}=U_{EE}=15$ V，$R_L=8$ Ω，晶体管 V_1、V_2 的饱和管压降 $|U_{CES}|=3$ V。设输入信号足够大，试问：

(1) V_{D1}、V_{D2}的作用是什么？

(2) 静态时，晶体管的发射极电位 U_A 是多少？

(3) 电路的最大输出功率 P_{om}和效率 η 各是多少？

(4) 每只晶体管的最大管耗是多少？

8-9　一单电源互补对称功放电路如图 8-23 所示，设晶体管 V_1、V_2 的特性完全对称，输入为正弦波，$U_{CC}=12$ V，$R_L=8$ Ω。晶体管的饱和管压降忽略不计，试问：

(1) 静态时，电容 C_2 两端的电压应为多少？调整哪个电阻能满足这一要求？

(2) 电路的最大输出功率 P_{om}和效率 η 各是多少？

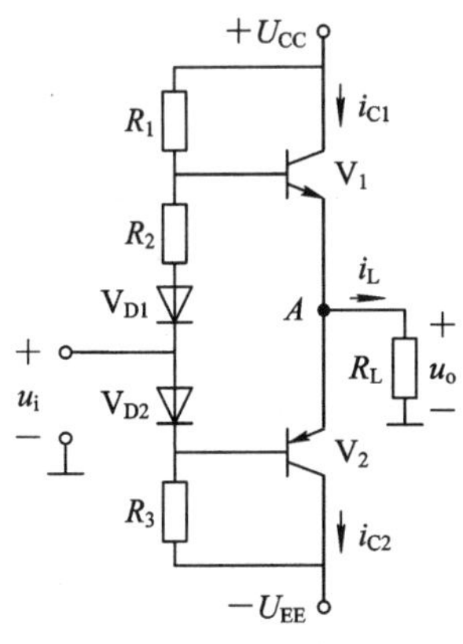

图 8-22　题 8-8 图

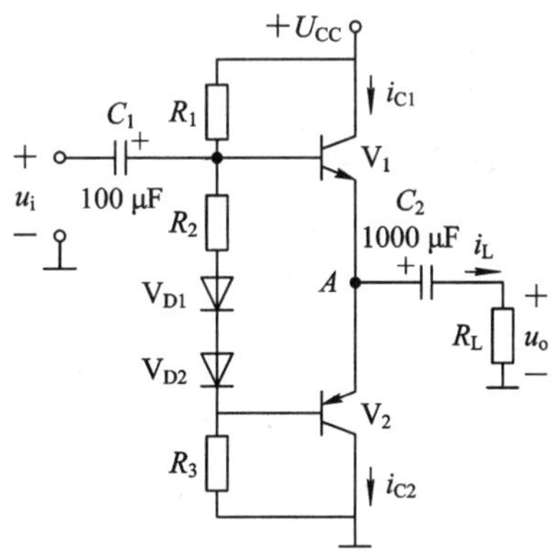

图 8-23　题 8-9 图

8-10　图 8-24 所示为某扩音机的简化电路，请问：

(1) 根据电路的输出级估算输出能够达到的最大功率为多少？假设输出管的饱和管压降 $U_{CES}=2$ V。

(2) 在负载不变的情况下，要使输出的功率达到 8 W，可以采取什么措施？

(3) 电路中反馈电阻 R_f 的作用是什么？

(4) 设输入信号 u_i 的幅值为 2 V，该如何配置 R_f 才能够得到最大输出功率？

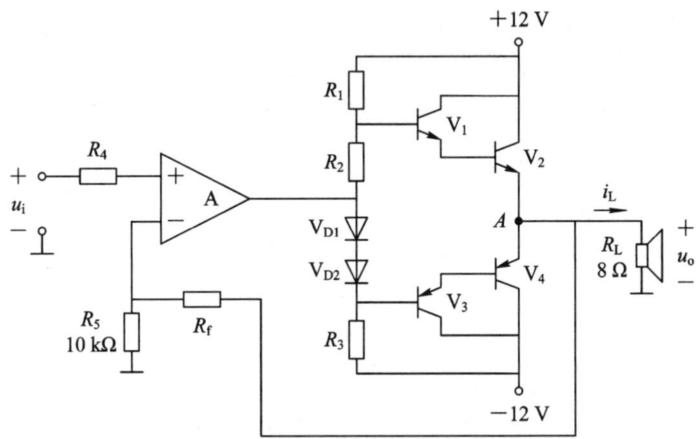

图 8-24　题 8-10 图

习题八参考答案

第9章 信号的产生与变换电路

信号源是许多电子系统不可或缺的重要组成部分，可分为正弦波信号源和非正弦波信号源。本章首先主要介绍正弦波信号产生的条件和电路的工作原理，其次介绍典型非正弦波信号产生与变换的原理与方法。

9.1 正弦振荡产生的条件

正弦振荡产生的条件

用来产生正弦波信号的电路称为正弦波振荡器，它是基于正反馈的原理工作的。下面首先从前面介绍的反馈放大器入手来分析正弦振荡产生的条件。

9.1.1 反馈放大器的自激现象

图9-1所示为反馈放大器的典型结构框图。通常情况下，在反馈放大器的输入端输入信号，在输出端输出信号，当输入信号有，则输出信号有，当输入信号为零，则输出信号也随之为零；但是，在有些情况下，输入信号已经为零，输出却一直有信号输出，这种现象称为**自激振荡**。那么自激振荡产生的原因什么呢？这还需从图9-1说起。

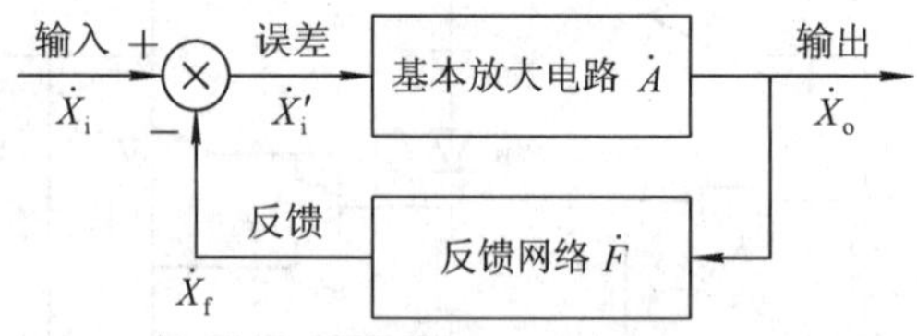

图9-1 反馈放大器结构框图

首先，令 $\dot{X}_i=0$，以此来模拟输入为零的情况。假定此时电路稳定、连续地输出一个一定频率和一定幅值的交流信号 $\dot{X}_o$，则根据图9-1所示结构应该有

$$\dot{X}_f = \dot{F}\dot{X}_o$$

$$\dot{X}_i' = \dot{X}_i - \dot{X}_f = 0 - \dot{X}_f = -\dot{F}\dot{X}_o$$

$$\dot{X}_o = \dot{A}\dot{X}_i' = -\dot{A}\dot{F}\dot{X}_o \tag{9-1}$$

式(9-1)表明，如果输出有稳定的交流信号输出，则必有 $\dot{A}\dot{F}=-1$ 成立，即反馈放大器的环路增益为-1。此时，假定在基本放大器的输入端加净输入信号 $\dot{X}_i'$，该信号经过基本放大器和反馈网络后为 $\dot{X}_f=-\dot{X}_i'$，再经过比较环节又重新得到 $\dot{X}_i'$，这样一来，电路就形成了稳定的输出，这种稳定的振荡输出即为自激振荡。自激振荡对于放大器是有害的，它的本质是电路对于特定的频率信号所产生的正反馈现象，即对于图9-1所示结构的反馈放大器而言，当某个频率信号的环路增益为-1时，该信号就可能引起自激振荡。

9.1.2　正弦波振荡的条件

1. 正弦波振荡的平衡条件

自激振荡对于反馈放大器来说是不利的，但是人们利用自激振荡的原理却成就了正弦波振荡器。图 9-2 所示为正弦波振荡器产生条件示意图。

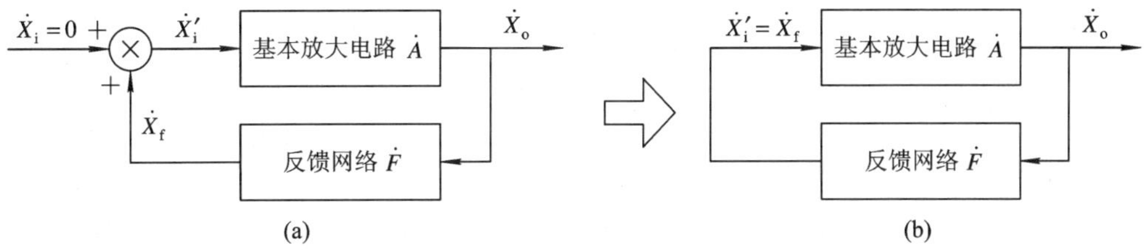

图 9-2　正弦波振荡产生的条件

在图 9-2(a)中反馈信号与输入信号同号叠加，当输入信号为零时，比较环节相当于一个传输比为 1 的环节，可以用传输线代替，于是就得到如图 9-2(b)所示的框图。对于图 9-2(b)，如果能够产生稳定的振荡，则输出信号经过环路一周后应该与原输出信号相同，即

$$\dot{X}_o = \dot{A}\dot{F}\dot{X}_o$$

于是可得

$$\dot{A}\dot{F} = 1 \tag{9-2}$$

式(9-2)称为正弦波振荡的平衡条件，它所表示的含义是该环路内部某处的信号经过环路一周后的反馈信号与原来的初始信号相同，本质就是正反馈。式(9-2)与式(9-1)相差一个负号，原因就在反馈信号输入到比较环节的极性上，其本质显然是一致的。

$\dot{A}$ 和 $\dot{F}$ 可以分别表示为 $\dot{A}=|\dot{A}|\angle\varphi_A$ 和 $\dot{F}=|\dot{F}|\angle\varphi_F$，于是式(9-2)可以分解开来表示为

$$\begin{cases} |\dot{A}\dot{F}| = 1 & (9-3) \\ \varphi_A + \varphi_F = 2n\pi \quad (n=0,1,2\cdots) & (9-4) \end{cases}$$

式(9-3)称为正弦波振荡的**幅值平衡条件**，它表示的意义是环路增益的幅值为 1，即信号沿环路传递一周得到的反馈信号的幅值与原信号幅值相等。

式(9-4)称为正弦波振荡的**相位平衡条件**，它表示的含义是信号沿环路传递一周得到的反馈信号与原信号相位差为 2π 的整数倍。只有反馈信号与原信号相位相同才能够形成稳定的正反馈。

由于基本放大器和反馈环节构成的环路的频率特性对于不同频率信号体现出的差异，不同频率的信号经过环路可能具有不同的幅值增益和相移，只有能够同时满足幅值平衡条件和相位平衡条件的频率信号才可能形成稳定的正弦波振荡，两者缺一不可。

2. 正弦波振荡的起振条件

一个正弦波振荡电路中刚开始的信号是如何来的呢？实际上任何电路中都含有各种频率的噪声信号，这些信号在开始时都是非常微弱的，但是如果某个频率的信号在图 9-2(b)所示的结构中能够不断增强的话，那么，对于该频率的信号必定满足

$$|\dot{A}\dot{F}|>1 \tag{9-5}$$

式(9－5)表示，特定频率的信号经过环路一周，其反馈信号幅值增加，相位与原信号相位相同，反馈信号使得原信号增强，随后增强了的信号再经过环路一周进一步被放大，依次类推，原本很弱的噪声信号被放大形成振荡信号，因此，式(9－5)被称为正弦波振荡的**起振条件**。

那么，振荡信号的幅值会一直增加下去吗？首先，电路的电源电压是有限的，振幅不可能持续地增加下去；另外，由于振荡电路中放大元件的非线性，随着振荡信号的增强环路增益会不断下降，当环路增益下降到$|\dot{A}\dot{F}|=1$时，就形成了稳定的正弦波振荡；最后，在许多实际振荡电路中还设置有专门的稳幅电路，当电路起振且振幅达到一定要求时，环路增益会在稳幅电路的作用下降下来，使得$|\dot{A}\dot{F}|=1$，从而满足振荡的平衡条件，形成稳定振荡。如果环路增益不能在输出信号幅度失真之前达到$|\dot{A}\dot{F}|=1$，则输出信号必定由于振幅太大而出现削顶失真，此时输出信号的最大值达到放大器输出的物理极限值，这是不希望出现的，必须采取前述的措施把环路增益降下来。

9.1.3 正弦波振荡电路基本组成

如前所述，正弦波振荡电路包含基本的放大电路和反馈网络，但这只是对正弦波振荡电路的一个粗略的结构描述，如果按照电路中各部分的功能，正弦波振荡器通常可被划分为**基本放大电路、反馈网络、选频网络及稳幅环节**四部分。

基本放大电路通常由晶体管放大器、运算放大器等组成，在振荡电路中提供足够的环路增益，为振荡器的起振提供足够高的放大倍数，保证起振后有足够的增益建立振荡平衡条件。

反馈网络为正反馈提供信号通道，将输出信号的一部分反馈到输入端，维持持续的振荡。

选频网络用来从众多信号中选出满足正反馈的频率信号，从而建立所需频率的稳定振荡。在实际应用中，反馈网络与选频网络往往紧密地结合在一起，共同完成正反馈和选频的功能。典型的选频网络有 *RC* 选频网络、*LC* 选频网络及石英晶体选频网络等，按照选频网络的不同正弦波振荡器可分为 *RC* 正弦波振荡器、*LC* 正弦波振荡器及石英晶体振荡器等。

稳幅环节用来限制输出波形的幅度，以免输出幅度太大而出现输出波形失真的现象。在具体的电路中，稳幅环节可能是通过独立设置的电路环节来实现的，有些时候可能仅仅是利用了基本放大器的增益非线性特性来实现的，并不能在实际的电路中看到该部分的存在。

9.2 *RC* 正弦波振荡器

RC 正弦波振荡器

利用 *RC* 网络作为选频网络的正弦波振荡器称为 *RC* 正弦波振荡器。常见 *RC* 选频网络又可以分为 *RC* 串并联选频网络和 *RC* 移相式选频网络等。

9.2.1　*RC* 串并联网络的选频特性

图 9-3 所示为 *RC* 串并联网络。首先，R_1 和 C_1 相串联，R_2 和 C_2 相并联，然后再把两部分串联起来就构成了 *RC* 串并联网络。从整个网络的两端输入信号 u_i，从 R_2、C_2 并联网络的两端输出信号 u_o，研究输出信号 u_o 和输入信号 u_i 之间的关系，就可以得到 *RC* 串并联网络的频率特性了。

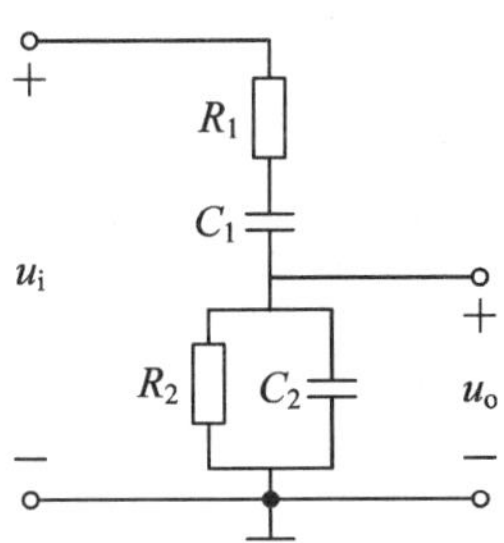

图 9-3　*RC* 串并联网络

根据图 9-3 可得输出、输入电压之比为

$$\dot{F}=\frac{\dot{U}_o}{\dot{U}_i}=\frac{R_2/\!/\frac{1}{\mathrm{j}\omega C_2}}{R_1+\frac{1}{\mathrm{j}\omega C_1}+R_2/\!/\frac{1}{\mathrm{j}\omega C_2}}$$

整理可得

$$\dot{F}=\frac{\dot{U}_o}{\dot{U}_i}=\frac{1}{\left(1+\frac{R_1}{R_2}+\frac{C_2}{C_1}\right)+\mathrm{j}\left(\omega R_1C_2-\frac{1}{\omega R_2C_1}\right)}$$

通常取 $R_1=R_2=R$，$C_1=C_2=C$，并令 $\omega_0=\frac{1}{RC}$，$f_0=\frac{1}{2\pi RC}$，并代入 $f=\frac{\omega}{2\pi}$，则上式可进一步简化为

$$\dot{F}=\frac{\dot{U}_o}{\dot{U}_i}=\frac{1}{3+\mathrm{j}\left(\frac{\omega}{\omega_0}-\frac{\omega_0}{\omega}\right)}=\frac{1}{3+\mathrm{j}\left(\frac{f}{f_0}-\frac{f_0}{f}\right)}\tag{9-6}$$

由式(9-6)可知，当 $f=f_0$ 时，$|\dot{F}|=1/3$，该值是 $|\dot{F}|$ 的最大值，并且此时输出信号与输入信号之间相角之差为零。

当 $f\ll f_0$ 时，$\dot{F}\approx\frac{1}{3-\mathrm{j}(f_0/f)}$，随着信号频率的减小，$f_0/f\to\infty$，因此 $|\dot{F}|\to 0$；此时，随着 f 的下降 $\dot{F}$ 的相角 $\varphi_F\to 90°$，也即输出超前输入趋近于 90°。

当 $f\gg f_0$ 时，$\dot{F}\approx\frac{1}{3+\mathrm{j}(f/f_0)}$，随着信号频率的增加，$f/f_0\to\infty$，因此 $|\dot{F}|\to 0$；此时，随着 f 的上升 $\dot{F}$ 的相角 $\varphi_F\to -90°$，也就是输出滞后输入趋近于 90°。图 9-4 所示为 *RC* 串并联网络的频率特性。

综上可见，当信号的频率 $f=f_0$ 时，$|\dot{F}|=1/3$ 取得最大值，$\varphi_F=0$；当输入信号的频

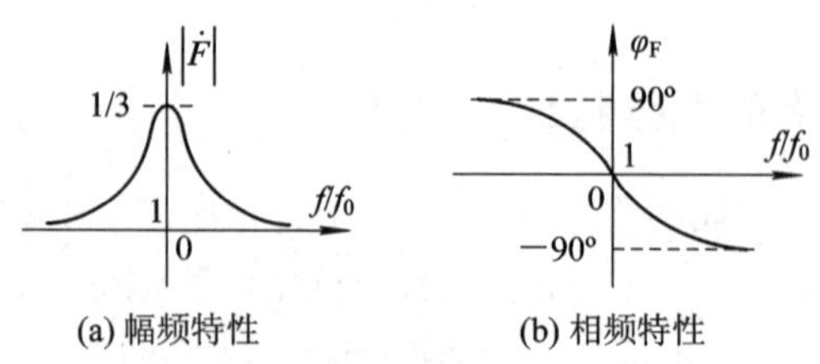

(a) 幅频特性　　(b) 相频特性

图 9-4　RC 串并联网络频率特性

率偏离 f_0 时，$|\dot{F}|\to 0$，即 RC 串并联网络的电压传输比越来越小，并趋近于 0，$|\varphi_F|$ 增大，并趋近于 90°。实际上，人们就是利用 RC 串并联网络的这一特点实现选频的。

9.2.2　RC 串并联网络正弦波振荡器

1. 电路基本结构分析

利用 RC 串并联网络构成的正弦波振荡器如图 9-5 所示。由运放 A、电阻 R_1 和 R_f 组成基本放大器，由 RC 串并联网络组成选频网络，也是正反馈网络。输出信号经过 RC 选频/反馈网络后回送到基本放大器的同相输入端，只要经过 RC 网络反馈的信号不发生相移，则被反馈的信号在电路中形成正反馈。

显然，当信号的频率为 $f_0=\dfrac{1}{2\pi RC}$时，反馈参数 $|\dot{F}|=1/3$，此时，只要基本放大器的电压放大倍数 $A=3$，就可以满足振荡的平衡条件了。由此可见 RC 串并联网络正弦波振荡电路的输出信号频率为 f_0。

RC 串并联网络正弦波振荡器也称为 RC 文氏桥正弦波振荡电路，对图 9-5 所示电路进行变形即可得到图 9-6 所示电路，显然，这两个电路的本质是相同的，只是画法不同而已。在图 9-6 中，RC 串并联网络和 R_f、R_1 组成文氏桥，P 点和 N 点分别为两侧桥臂的中点，分别向运放反馈正、负反馈信号。

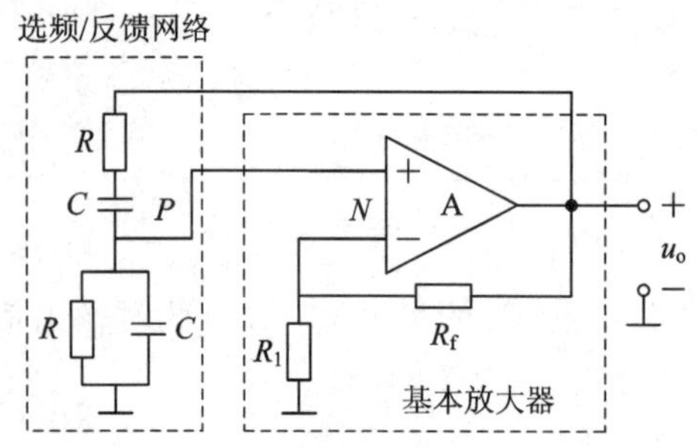

图 9-5　RC 串并联网络正弦波振荡器

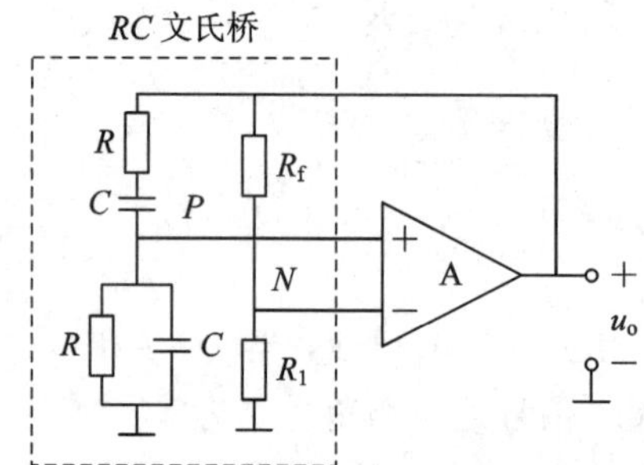

图 9-6　RC 文氏桥正弦波振荡器

2. 起振与稳幅

振荡器起振需要满足条件 $\dot{A}\dot{F}>1$，在频率 $f=f_0$ 时，$\dot{F}=1/3$，那么要使电路实现起振，必须满足 $\dot{A}>3$，通过设置合适的 R_1 和 R_f 就可以达到要求。

随着振荡的建立，输出信号的幅值会越来越大，如果不加以限制，输出信号将可能出现失真，因此可以引入必要的措施实现稳幅。这些稳幅措施常常通过基本放大器的增益自

动控制来实现。例如，将 R_f 用具有负温系数的热敏电阻来代替，在起振的过程中，随着输出信号幅度的增大，R_f 上的电流也增大，温度上升，R_f 阻值下降，运放构成的基本放大器的电压放大倍数下降，当输出信号幅度达到一定值时，就可以达到 $|\dot{A}\dot{F}|=1$ 的平衡状态，从而实现稳幅的目的。

RC 串并联网络正弦波振荡器电路的特点是电路结构简单，起振容易，但是频率调节不便，振荡频率通常较低。

例 9－1　根据图 9－7 所示电路的参数计算其输出信号的频率，并说明该电路是如何实现稳幅输出的。

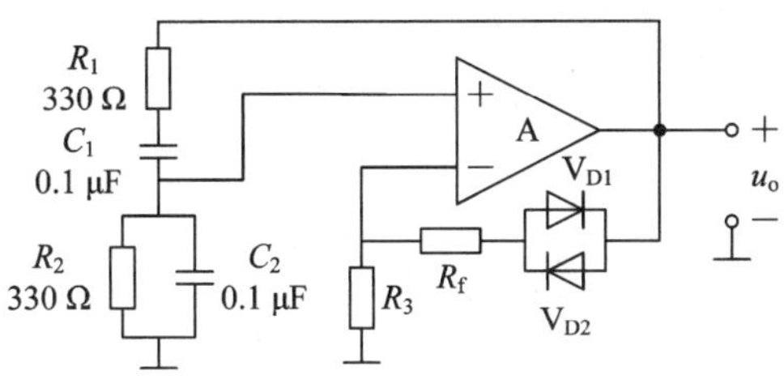

图 9－7　例 9－1 图

解　图 9－7 所示电路为 *RC* 串并联正弦波振荡电路，输出信号的频率即为 *RC* 选频网络的中心频率，因此

$$f_0=\frac{1}{2\pi RC}=\frac{1}{2\times 3.14\times 330\ \Omega\times 0.1\times 10^{-6}\text{F}}\approx 4825.3\ \text{Hz}$$

负反馈支路中接入的 V_{D1} 和 V_{D2} 实现稳幅功能，其原理是：在起振的过程中，输出信号小，V_{D1} 或 V_{D2} 上的电流小，此时 V_{D1}、V_{D2} 的等效电阻大，R_f 和 V_{D1}、V_{D2} 所在支路的电阻高，基本放大器的放大倍数高，有利于振荡的建立；随着输出信号幅度增大，流经 V_{D1}、V_{D2} 的电流增加，等效电阻下降，基本放大器的放大倍数下降，当振荡建立时，放大倍数降到足够低，振荡器达到平衡，输出幅值稳定。

9.2.3　*RC* 移相式正弦波振荡器

前面介绍过一阶 *RC* 环节，当不同频率特性的信号通过这些环节时，可能产生不同的相移。对于一阶低通环节，随着频率增加，输出的滞后相角增大，但不会超过 90°；对于一阶高通环节，随着信号频率的减小，输出的超前相角增加，但超前相角也不会超过 90°，因此对于单级的一阶环节输出信号，所能够产生的最大相移不超过 90°。把三个相同性质的一阶环节相串联，对于特定频率的信号，其通过三个环节产生的总相移可以达到 180°，把这样的网络称为 *RC* 移相网络。这里之所以使用三级 *RC* 环节相串联，主要是三级 *RC* 环节既可以满足移相 180°的要求，又不至于使整个移相网络的输出信号的幅值衰减太多。

把 *RC* 移相网络与反相比例运算电路相结合就可以构成 *RC* 移相式正弦波振荡器了，如 9－8 所示为采用三级高通 *RC* 环节构成移相网络的 *RC* 移相式正弦波振荡器电路。

在图 9－8 中，取 $R_1=R_2=R_3=R$，$C_1=C_2=C_3=C$，放大器的输出信号从移相网络 *M* 点输入，从 *N* 点输出，对于特定频率的信号可产生 180°的相移。移相网络输出的信号从 *N* 点输入反相比例放大电路，经反相比例放大器反相，又移相 180°，从整体上看就相当于信号经过环路一周移相 360°，形成正反馈。*RC* 移相网络对经过的信号有衰减，其电压传输

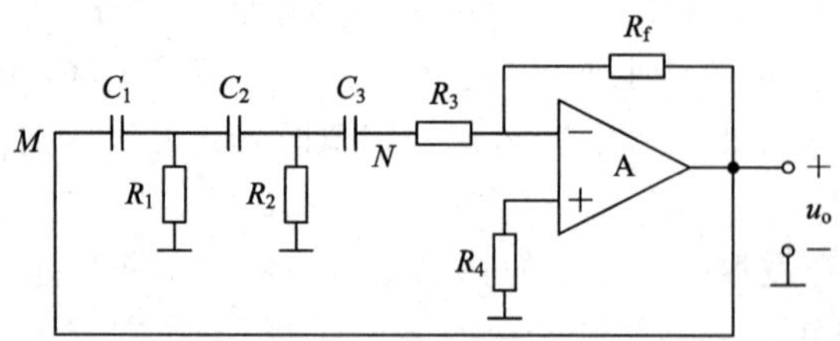

图 9-8　RC 移相式正弦波振荡器

比小于 1，但是，只要反相比例放大器的放大倍数足够高，就可以满足产生振荡的条件。对于图 9-8 所示电路，可以计算出其振荡时的信号频率 f_0 为

$$f_0 = \frac{1}{2\pi\sqrt{6}RC}$$

9.3　LC 正弦波振荡电路

LC 正弦波振荡电路

利用电感与电容构成谐振选频网络实现的正弦波振荡器称为 LC 正弦波振荡器。按照结构不同，LC 正弦波振荡器又可以分为变压器反馈式 LC 正弦波振荡器和三点式 LC 正弦波振荡器两大类。下面首先介绍 LC 谐振网络的选频特性。

9.3.1　LC 网络选频特性

图 9-9 所示为 LC 并联谐振网络及其等效电路图。在图 9-9(a)中，电容 C 和电感 L 相并联即构成 LC 并联谐振网络，由于绕制电感的导线都有电阻，因此图 9-9(a)可等效为图 9-9(b)，通常 R 的阻值很小，此时的电感看成是纯电感。

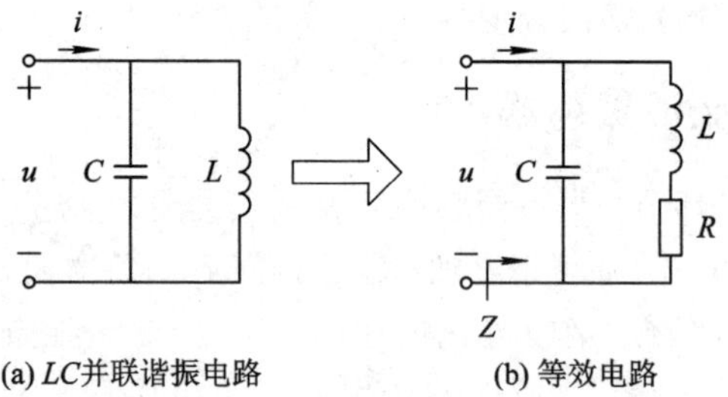

图 9-9　LC 并联谐振网络及其等效电路

现在研究从 LC 并联网络的两端看进去的等效阻抗 Z，可得

$$Z = \frac{1}{\mathrm{j}\omega C} /\!/ (R + \mathrm{j}\omega L) = \frac{\frac{1}{\mathrm{j}\omega C}(R + \mathrm{j}\omega L)}{\frac{1}{\mathrm{j}\omega C} + (R + \mathrm{j}\omega L)}$$

上式中由于 R 很小，因此可以忽略分子中的 R，于是

$$Z \approx \frac{L/C}{R + \mathrm{j}\left(\omega L - \frac{1}{\omega C}\right)} \tag{9-7}$$

式(9－7)中，令 $\omega L=\frac{1}{\omega C}$，则可以求得此时的角频率为 $\omega=\frac{1}{\sqrt{LC}}$，把这个频率用 ω_0 表示，称为 LC 并联网络的谐振角频率，即

$$\omega_0=\frac{1}{\sqrt{LC}}$$

谐振角频率对应的谐振频率为

$$f_0=\frac{1}{2\pi\sqrt{LC}}$$

谐振时的阻抗称为谐振阻抗，用 Z_0 表示，即

$$Z_0=\frac{L}{RC}$$

显然，当电路谐振时，$\omega_0 L=\frac{1}{\omega_0 C}$，即此时的容抗和感抗正好相等，把谐振时的容抗或感抗的大小与 R 的比值定义为谐振电路的品质因数，用 Q 表示，即

$$Q=\frac{1}{\omega_0 RC}=\frac{\omega_0 L}{R}=\frac{1}{R}\sqrt{\frac{L}{C}}$$

由式(9－7)可以求得 Z 的幅值为

$$|Z|=\frac{L/C}{\sqrt{R^2+\left(\omega L-\frac{1}{\omega C}\right)^2}} \tag{9-8}$$

式(9－8)表明：当 $\omega=\omega_0$ 时，$Z=Z_0$，为纯电阻，且该电阻值为 Z 模值的最大值，称此时 LC 网络发生谐振；当 ω 偏离 ω_0 时，$|Z|$ 下降，且 ω 偏离 ω_0 越多，$|Z|$ 下降得越厉害。将 ω 换成 f 画出 Z 的幅频特性如图 9－10(a)所示。在 L 和 C 值固定的情况下，Q 越大，谐振阻抗 Z_0 越大，LC 并联网络的选频特性越好。

再来看看 Z 的相角 φ 与角频率 ω 的关系。由式(9－7)可求得 Z 的相角为

$$\varphi=-\arctan\frac{\left(\omega L-\frac{1}{\omega C}\right)}{R} \tag{9-9}$$

式(9－9)表明：当 $\omega=\omega_0$ 时，Z 为纯电阻，$\varphi=0$；当 $\omega<\omega_0$ 时，$\omega L-\frac{1}{\omega C}<0$，$\varphi>0$，$LC$ 网络整体上呈现感性；当 $\omega>\omega_0$ 时，$\omega L-\frac{1}{\omega C}>0$，$\varphi<0$，$LC$ 网络整体上呈现容性；且 ω 偏离 ω_0 越多，体现的感性和容性越强，超前和滞后的相角越大。同样将 ω 换成 f 画出 Z 的相频特性如图 9－10(b)所示。

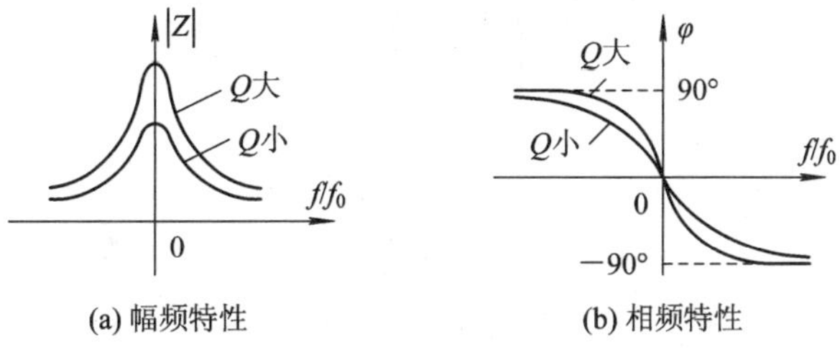

(a) 幅频特性　　(b) 相频特性

图 9－10　LC 并联网络频率特性

综上所述，LC 并联网络具有在谐振时呈现纯阻性，且阻值最大的特性，人们正是利用它的这一特性实现选频的。

9.3.2 变压器反馈式 LC 正弦波振荡电路

变压器反馈式正弦波振荡电路是在 LC 谐振放大器的基础之上建立起来的，如图9－11所示。V_1 的集电极、变压器 T_r 的原边、L_1 和电容 C 组成 LC 并联网络，使用此并联网络替代集电极电阻，C_b 和 C_e 为耦合电容，其阻抗可以忽略，此时，该共射极放大器的放大倍数为

$$\dot{A}=-\frac{\beta Z}{R_{b1}\ /\!/\ R_{b2}\ /\!/\ r_{be}}\approx-\frac{\beta Z}{r_{be}}$$

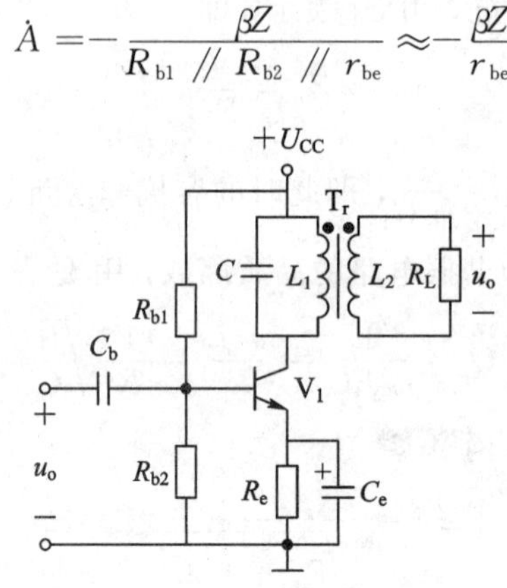

图 9－11 LC 谐振放大器

当输入信号的频率与集电极 LC 网络的谐振频率相同时，$|Z|$ 取得最大值，放大电路的放大倍数最大，集电极信号相移正好为 180°；而当输入信号的频率偏离谐振频率时，LC 网络阻抗下降，放大倍数降低，且集电极信号与输入信号相差不等于 180°；因此该电路对谐振信号和非谐振信号具有不同的放大特性，被称作**选频放大器**。输出信号通过变压器的副边绕组输出。

图 9－12 为变压器反馈式正弦波振荡器。在变压器 T_r 的副边增加反馈绕组 L_3，通过 L_3 把输出信号反馈到放大器的输入端。通过瞬时极性法可以判断该电路是否满足正弦波

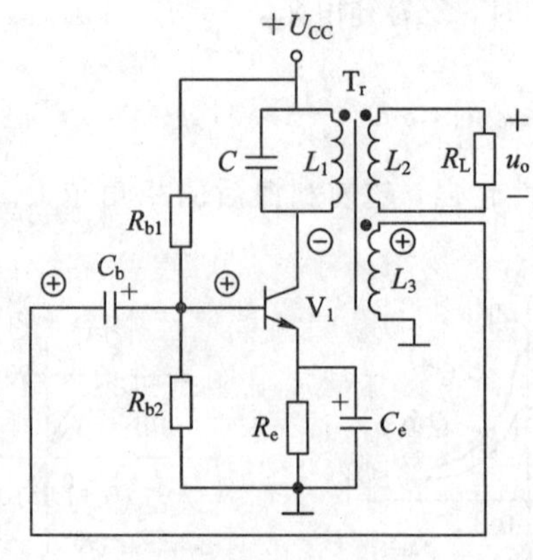

图 9－12 变压器反馈式 LC 正弦波振荡器

振荡产生的条件。如图在 V_1 管的基极输入瞬时正的信号，在集电极得到瞬时负的信号，按照变压器的同名端关系可知 L_3 的输出端的信号为瞬时正，由于基极电容 C_b 为耦合电容，其阻抗可以忽略，因此反馈信号与注入 V_1 基极的输入信号同相，满足正反馈的要求。由于信号谐振时放大器的放大倍数高，因此只要变压器的反馈系数设置合适，振荡的起振条件和平衡条件都可以满足。非谐振信号由于放大倍数低，再加之谐振网络产生的相移，起振及振荡的平衡条件均难满足，因此最终可以形成稳定振荡的信号只有谐振信号。

负载绕组 L_2 和反馈绕组 L_3 的接入，会对 L_1 和电容 C 构成的谐振回路的品质因数 Q 造成影响，使谐振回路的损耗电阻增加，品质因数下降，设计振荡器时必须考虑这些因素的影响。

变压器反馈式 LC 振荡电路的起振容易，采用可调电容可以实现振荡频率的调节，这种电路的振荡频率一般在十几兆赫兹以下。

9.3.3 三点式 LC 正弦波振荡电路

三点式 LC 正弦波振荡电路可分为电感三点式正弦波振荡电路和电容三点式振荡电路，它们也都是通过 LC 并联网络实现正反馈及选频功能的。

1. 电感三点式正弦波振荡电路

电感三点式正弦波振荡电路又称为**哈特莱振荡电路**，图 9-13(a)所示为电感三点式正弦波振荡电路。

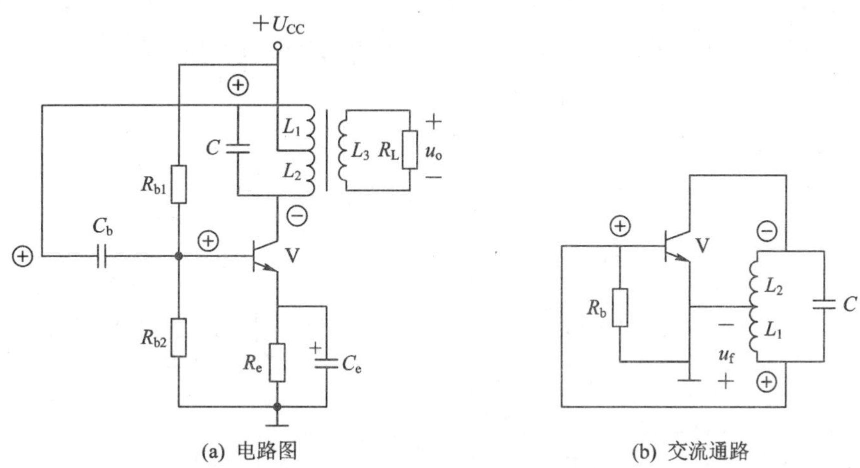

图 9-13 电感三点式 LC 正弦波振荡器

在图 9-13(a)中，LC 并联网络中的电感 L 从抽头处被分为两部分，分别用 L_1 和 L_2 表示，直流电源从抽头处加入，为电路提供直流偏置及振荡时的能量。输出信号通过 L_3 耦合输出。C_b 和 C_e 为耦合电容，相对于谐振频率其阻抗可以忽略不计。根据图 9-13(a)可以画出图 9-13(b)所示的交流通路，其中 $R_b=R_{b1}/\!/R_{b2}$。由交流通路可见，电感中心抽头连接 V 管的射极，电感与电容的两个并接点分别连接基极与集电极，简单讲就是谐振网络上三点对应地接三极管的三个极，三点式振荡电路也由此得名。

用瞬时极性法来判断该电路能否满足振荡的条件。在图 9-13(a)中在 V 管的基极注入瞬时正的信号，集电极输出瞬时负的信号，电感的中心抽头处接电源，交流情况下当作参考地，当电感 L_2 下端瞬时负时，则 L_1 的上端必定瞬时正，该瞬时正信号经过 C_b 反馈到基极形成正反馈。在 LC 网络的谐振频率上，放大器的放大倍数最大，建立的正反馈最强，只要设置合适的参数就可以满足起振及振荡建立后的平衡条件。在图 9-13(b)中利用瞬时极性法进行分析显然可以得到同样的结论，并且反馈电压就是 L_1 两侧的电压，调整中心抽头的位置就可以改变反馈的强弱。

电感三点式 LC 正弦波振荡器的振荡频率为

$$f=\frac{1}{2\pi\sqrt{LC}}=\frac{1}{2\pi\sqrt{(L_1+L_2+2M)C}} \tag{9-10}$$

式(9-10)中 L 为整个电感的电感量，M 为 L_1 和 L_2 之间的互感。

电感三点式 LC 正弦波振荡电路反馈信号直接取自 LC 网络，信号耦合紧密，起振容易，通过电容 C 可以较方便地实现频率的调节。由于反馈信号取自电感 L_1，它对高次谐波具有较高的阻抗，因此 L_1 对于高次谐波也具有较强的反馈，造成输出信号中含有较多的高次谐波成分。

2. 电容三点式正弦波振荡电路

1) 基本电容三点式 LC 正弦波振荡电路

图 9-14(a)所示为基本电容三点式 LC 正弦波振荡电路，也称**考毕兹振荡电路**，图 9-14(b)为其交流等效电路。LC 谐振网络由 L、C_1 和 C_2 组成，LC 谐振电容为 C_1 和 C_2 串联电容。在图 9-14(b)中，V 管的射极接 C_1、C_2 的连接点，谐振网络的两端分别接 V 管的集电极与基极，与电感三点式结构相似，相当于把电感与电容互换了一下。

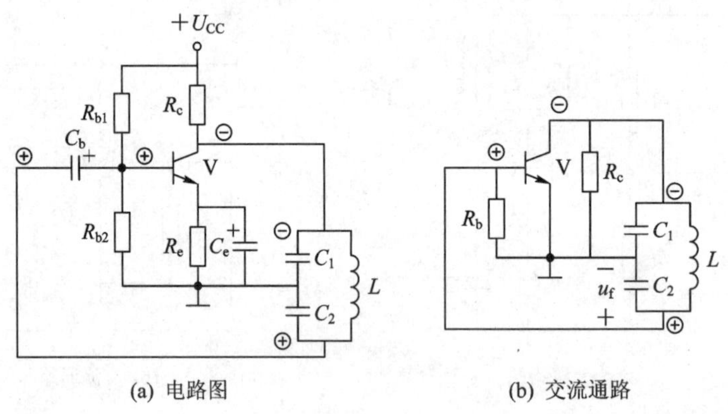

图 9-14　电容三点式 LC 正弦波振荡器

按照瞬时极性法判断电路的反馈极性。在 V 管的基极注入瞬时正信号，集电极输出瞬时负信号，根据 C_1、C_2 的连接点接地及电容 C_1、C_2 串联关系可知，C_2 的下端信号为瞬时正，该信号反馈到基极的信号也为瞬时正，满足正反馈。电容 C_2 上的信号即为反馈信号，调整 C_1 与 C_2 的比值可以改变反馈系数的大小，只要参数设置合适，电路就可以在谐振频率起振并建立稳定的振荡。

电容三点式 LC 正弦波振荡器的振荡频率为

$$f=\frac{1}{2\pi\sqrt{LC}}=\frac{1}{2\pi\sqrt{L\frac{C_1C_2}{C_1+C_2}}} \tag{9-11}$$

式(9-11)中，$C=\left(\frac{1}{C_1}+\frac{1}{C_2}\right)^{-1}=\frac{C_1C_2}{C_1+C_2}$。

通过电容实现反馈可以有效地抑制高次谐波，因此，电容三点式电路输出波形质量好。另外，电容三点式电路还可以取得较高的振荡频率，在高频振荡时V管的结电容也被利用来实现振荡，振荡的频率可以达到100 MHz以上，不过由于结电容受温度的影响较大，会影响振荡频率的稳定性。该电路的不足在于频率调节不便，如果通过 C_1 和 C_2 调频往往会影响到反馈系数，从而影响起振及振荡的平衡条件，因此，该电路较多地用于固定频率信号的产生。

2）改进的电容三点式 *LC* 正弦波振荡电路

基本型的 *LC* 振荡器在产生高频振荡时，C_1 和 C_2 的取值很小，此时三极管的结电容由于受温度的影响较大，会对振荡频率产生较大的影响。为了克服这一缺点，对电容三点式振荡电路进行改进，改进电路如图9-15所示，这样的电路也称为**克拉泼振荡电路**。

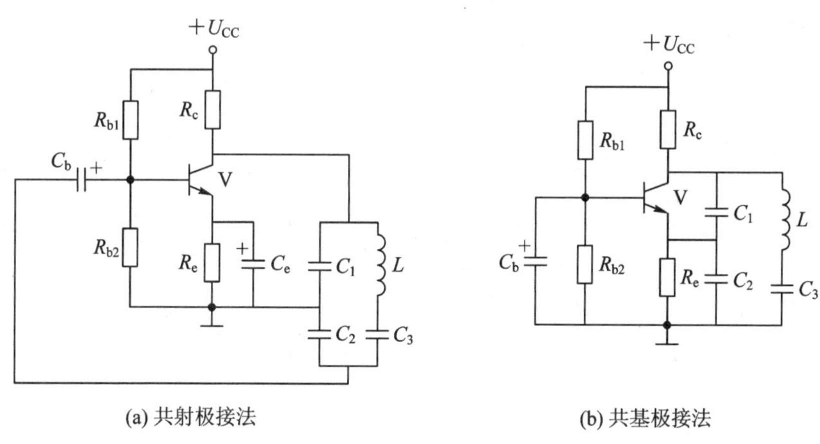

图9-15 改进的电容三点式 *LC* 正弦波振荡器

图9-15(a)所示为共射极接法的改进型电容三点式振荡电路，为了减小结电容的影响，采用较大的 C_1 和 C_2，这样整个 *LC* 网络的谐振频率就会下降，为了保证整个 *LC* 网络的谐振频率不下降，在电感支路中串入小电容 C_3，此时，*LC* 网络的谐振电容量为

$$C=\left(\frac{1}{C_1}+\frac{1}{C_2}+\frac{1}{C_3}\right)^{-1}$$

当 $C_1 \gg C_3$，$C_2 \gg C_3$ 时

$$C=\left(\frac{1}{C_1}+\frac{1}{C_2}+\frac{1}{C_3}\right)^{-1}\approx C_3$$

对应的谐振频率为

$$f=\frac{1}{2\pi\sqrt{LC}}=\frac{1}{2\pi\sqrt{LC_3}} \tag{9-12}$$

改进后的电容三点式振荡电路可以通过电容 C_3 实现频率调整，由于调整 C_3 时不会再

对 C_1 和 C_2 的分压产生影响，因而不会影响振荡的稳定性，当然，频率调整也可以通过电感来实现。

图 9－15(b)所示为共基极接法的改进型电容三点式振荡电路，共基极电路的输入电阻低，具有更好的高频稳定性，更利于产生高频振荡信号。该电路的其他情况与共射极电路类似，不再赘述。

9.4　石英晶体振荡电路

石英晶体振荡电路

频率稳定性是振荡电路的重要性能指标之一，通常用频率稳定度来衡量，它是指振荡器工作时频率的变化量 Δf 与设定振荡频率 f_0 的比值，即 $\Delta f/f_0$。由于电阻、电容及电感受温度及环境的影响较大，因此前面介绍的几种正弦波振荡电路频率稳定性均不是很高，以具有高品质因数的 LC 振荡器为例，其频率稳定度通常不低于 10^{-5} 数量级，在许多要求高频率稳定性的应用场合难以满足要求。石英晶体振荡电路具有突出的频率稳定性高的特点，其频率稳定度可以达到 $10^{-9}\sim10^{-11}$ 数量级，因此在许多要求高频率稳定性的场合得到广泛的应用。

9.4.1　石英晶体的选频特性

1. 石英晶体及其压电效应现象

将石英晶体按照一定的工艺切割成特定的几何形状，然后，在切割后的晶体表面(通常是相对的两个表面)上涂敷导电层，引出电极，并进行封装就可以制成石英晶体元件了，它是构成石英晶体振荡器的核心元件。

石英晶体的应用是基于它所具有的压电效应现象实现的。物理学的研究表明：当在石英晶体的相对面上施加一定的外力时，在石英晶体的两受力表面会产生相反性质的电荷，这些电荷在晶体的受力面之间形成电场；另一方面，如果在晶体的两个相对表面之间施加一个外电场，石英晶体会发生一定的几何变形，这种现象称为**压电效应**。如果通过电极给石英晶体施加一个交替变化的电场，石英晶体的机械变形也呈现周期变化的现象，进一步的研究发现，当外加电场的频率为某个特定的频率时，石英晶体的机械振荡幅度显著增强，把这种现象称为**压电谐振**，此时的频率称为该石英晶体的固有频率，该频率由晶体的形状尺寸决定，受其他因素的影响微乎其微。

2. 石英晶体的频率特性

石英晶体发生谐振时会体现出独特的频率特性，人们正是应用这一点实现选频功能的。图 9－16 所示为石英晶体的符号、等效电路及频率特性。

图 9－16(b)所示为石英晶体的等效电路，其中 C_0 用来表示晶体的表面电极极板的等效电容，它与晶体的几何形状及介电常数有关，通常在几皮法到几十皮法之间。L 和 C 分别模拟晶体的惯性与弹性，L 通常较大，在几毫亨到几百亨之间，而电容 C 通常很小，通常在 0.1 pF 以下。电阻 R 用来模拟石英晶体振荡时的损耗，通常较小，只有几欧姆到几百欧姆。

图 9－16(c)为石英晶体的电抗频率特性，从图可以看出石英晶体具有两个谐振频率，

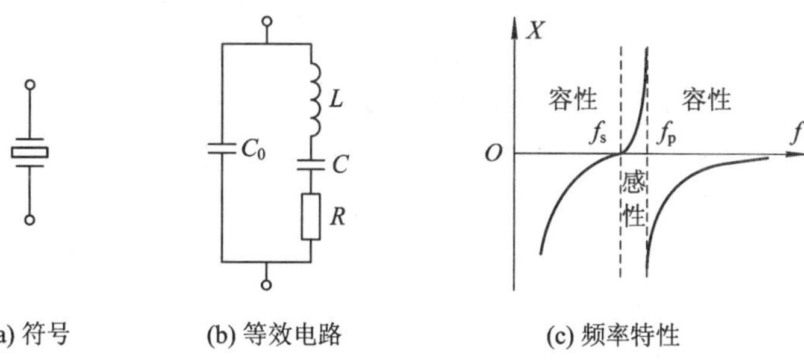

(a) 符号　(b) 等效电路　(c) 频率特性

图 9-16　石英晶体的符号、等效电路及频率特性

一个为串联谐振频率 f_s，一个为并联谐振频率 f_p。当 L、C 发生串联谐振时，晶振的阻抗很小，且为纯电阻；而当 L 与 C_0 和 C 共同发生并联谐振时，石英晶体体现出非常高的阻抗，也为纯阻性。串联谐振时的频率为

$$f_s = \frac{1}{2\pi\sqrt{LC}}$$

并联谐振时的频率为

$$f_p = \frac{1}{2\pi\sqrt{L\dfrac{CC_0}{C+C_0}}} = \frac{1}{2\pi\sqrt{LC}}\sqrt{1+\frac{C}{C_0}} = f_s\sqrt{1+\frac{C}{C_0}} \tag{9-13}$$

在式(9-13)中，由于 $C_0 \gg C$，因此并联谐振频率近似等于串联谐振频率。只有在 f_s 与 f_p 之间的很窄的频率区间内，晶体呈现感性，其他区域都呈现容性。

9.4.2　石英晶体振荡电路

石英晶体振荡电路可以分为串联型和并联型两种。在串联型振荡电路中，石英晶体工作在串联谐振状态，谐振频率接近 f_s；在并联型振荡电路中，石英晶体与外接电容共同构成并联谐振网络，此时石英晶体充当 LC 谐振中的电感角色。

图 9-17 所示为石英晶体振荡电路，其中图 9-17(a)为串联型，图 9-17(b)为并联型。

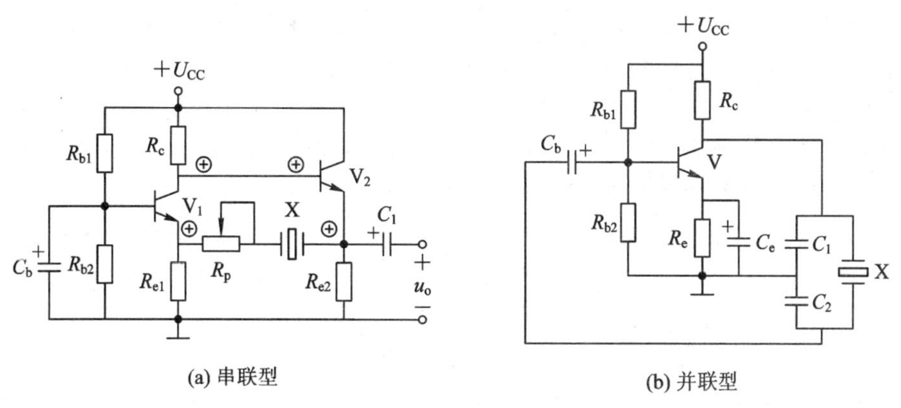

(a) 串联型　(b) 并联型

图 9-17　石英晶体振荡电路

在图 9-17(a)中，振荡器由两级组成，第一级为共基极放大器，第二级为射随器。假定在 V_1 的发射极注入瞬时正信号，集电极输出也为瞬时正，经第二级射随器在 V_2 的射极输出瞬时正信号，当石英晶体发生串联谐振时，其呈现纯阻性，且阻抗最小，V_2 射极的信号经过 X 及 R_p 可以形成正反馈，调整 R_p 可以调整反馈的强度，从而使电路满足振荡的条件。显然，振荡时谐振的频率与晶体的串联谐振频率 f_s 相同。

在图 9-17(b)中，石英晶体 X 与 C_1、C_2 组成电容三点式振荡电路，晶振 X 相当于一个电感。此时，C_1、C_2 相串联，再与石英晶振等效电路中 C_0 相并联，由于并联后的总电容比 C_0 更大(相当于石英晶体等效电路中的 C_0 增大)，因此根据式(9-13)可知谐振频率小于 f_p，靠近 f_s，但是由于 f_s 与 f_p 之间的频率区间很小，振荡的频率并不会发生显著的变化，其值仍由石英晶体决定。

石英晶体振荡器具有很高的频率稳定性，具有非常广泛的应用。利用石英晶体振荡器作为时基振荡信号可以实现高精度的计时，现在大量使用的石英钟、石英表就是典型的应用。在计算机系统中都需要时钟脉冲源，它是计算机程序执行、定时及任务协调的基础，这样的脉冲源必须稳定可靠，通常都是通过石英晶体振荡电路实现的。

9.5 非正弦波振荡电路

非正弦波振荡电路

在实际应用中，我们除了需要正弦波信号源外，还常常需要许多的非正弦波信号源，常见的非正弦波信号源包括矩形波信号源、三角波信号源及锯齿波信号源等。目前，随着数字电子技术及计算机技术的发展，基于开关脉冲方式工作的矩形波信号源已经成为这些系统中不可或缺的重要组成部分。

9.5.1 矩形波发生电路

矩形波信号具有低电平和高电平两个典型状态，在一个周期内，高电平所占时间与周期时间之比称为矩形信号的占空比。如果在一个周期内高、低电平状态持续的时间相同，即占空比为 50%，则这样的矩形波信号称为方波。

矩形波信号可以通过正弦波信号变换得到，例如，将正弦波信号输入到单门限电压比较器，通过设置不同的门限电压就可以得到不同占空比的矩形波信号；矩形波信号也可以通过多谐振荡器产生，这些振荡电路中的放大器通常工作在非线性的开关状态，这不同于正弦波振荡器中的线性放大状态。图 9-18 所示为一种由滞回比较器与 RC 充放电环节组成的方波产生电路及其波形。

如图 9-18(a)所示，如果断开反馈电阻 R 和电容 C，从运放的反相输入端输入信号，则运放 A 与其他元件组成滞回比较器，当比较器输出为高电平 $+U_Z$ 时，对应的门限电压为

$$U_{T1}=\frac{R_2}{R_1+R_2}U_Z$$

当比较器的输出电压为低电平时，对应的门限电压为

$$U_{T2}=-\frac{R_2}{R_1+R_2}U_Z$$

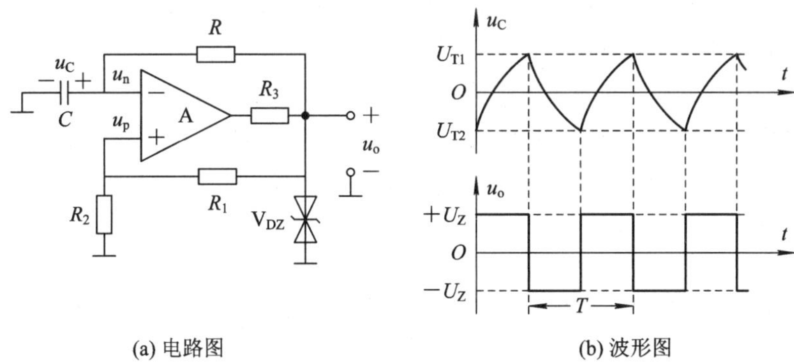

(a) 电路图　　(b) 波形图

图 9－18　方波产生电路及其波形

现在连接 RC 环节，电阻 R 引入了负反馈，通过 RC 网络的充放电可以实现比较器状态的周期性切换，RC 环节的时间常数决定充放电的快慢，最终决定比较器状态变化的周期。假定当前输出为高电平，从零初始条件开始，电容 C 上的电压 $u_C=0$，即 $u_n=0$，由于 $u_n<U_{T1}$，因此该状态能够在一段时间内稳定存在，在这一段时间内，输出高电平 $+U_Z$ 通过 R 向电容 C 充电，当电容上的电压达到 U_{T1} 时，比较器发生翻转，输出变低；输出变低之后，比较器的门限电压随之变为 U_{T2}，此时，由于电容上的电压 $u_C>U_{T2}$，输出为低电平的状态也会维持一段时间，在这段时间内，电容通过 R 先放电，当放电到零时，再反向充电，当电容 C 上的电压降低到 U_{T2} 时，输出又翻转为高电平，电容将经过 R 再次实现放电、充电的过程，以后的过程可以依此类推。当振荡器正常工作之后，电容 C 上的电压 u_C 将在 U_{T1} 与 U_{T2} 之间变化，输出信号为占空比为 50％的矩形波，即方波。图 9－18(b)为该方波发生器中电容 C 上的电压变化和输出方波信号的波形图。

输出方波的周期可以根据 RC 电路的瞬态响应过程计算得

$$T = 2RC\ln\left(1+\frac{2R_2}{R_1}\right) \tag{9-14}$$

式(9－14)表明，输出方波信号的周期与阻容环节的时常数成正比，通过改变时常数可以改变输出信号的周期和频率。

对图 9－18 所示的方波电路进行改造，可以得到如图 9－19 所示的占空比可调的矩形波产生电路。

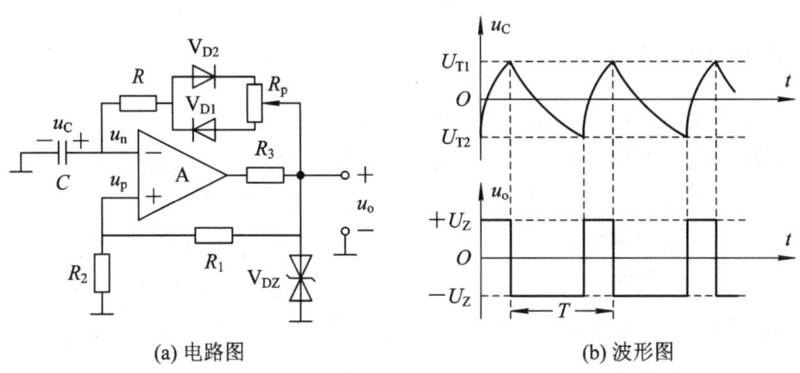

(a) 电路图　　(b) 波形图

图 9－19　占空比可调矩形波产生电路及其波形

在图 9-19(a)中，在反馈通道中接入反向并接的二极管 V_{D1}、V_{D2}和可调电位器 R_p，当输出为高电平时，电容 C 经过 V_{D1} 实现充放电，此时的充电电阻由 R、R_p 的滑动端以下部分阻值(用 R_{p1} 表示)及 V_{D1} 的导通电阻充当；当输出为低电平时，电容 C 经过 V_{D2} 实现充放电，充电电阻由 R、R_p 滑动端以上部分阻值(用 R_{p2} 表示)及 V_{D2} 的导通电阻充当。当调整滑动电阻 R_p 的滑动端的位置时，V_{D1} 导通和 V_{D2} 导通时对应的 RC 回路的时常数不同，从而可以改变输出信号的占空比。图 9-19(b)所示为该电路的电容 C 上的电压与输出矩形波信号的波形。

当输出为高电平时，V_{D1} 导通，忽略 V_{D1} 的导通电阻，此时的充放电时常数为

$$\tau_1 \approx (R + R_{p1})C$$

可以计算出高电平的持续时间为

$$T_1 = \tau_1 \ln\left(1 + \frac{2R_2}{R_1}\right) \tag{9-15}$$

当输出为低电平时，V_{D2} 导通，忽略 V_{D2} 的导通电阻，此时的充放电时常数为

$$\tau_2 \approx (R + R_{p2})C$$

可以计算出低电平的持续时间为

$$T_2 = \tau_2 \ln\left(1 + \frac{2R_2}{R_1}\right) \tag{9-16}$$

则整个矩形波信号的周期为

$$\begin{aligned} T = T_1 + T_2 &= (\tau_1 + \tau_2)\ln\left(1 + \frac{2R_2}{R_1}\right) \\ &= (R + R_{p1} + R + R_{p2})C\ln\left(1 + \frac{2R_2}{R_1}\right) \\ &= (2R + R_p)C\ln\left(1 + \frac{2R_2}{R_1}\right) \end{aligned}$$

即

$$T = (2R + R_p)C\ln\left(1 + \frac{2R_2}{R_1}\right) \tag{9-17}$$

由式(9-15)～式(9-17)可知，改变 R_p 的滑动端可以改变输出信号的占空比，但是并不改变输出信号的周期，如果需要改变输出信号的周期或频率，可以通过改变电阻 R 或电容 C 的方法来实现。

9.5.2 三角波产生电路

三角波是按照线性规律增加和减小的周期性斜坡信号，并且在一个周期内信号上升与下降的斜率相等。将方波信号积分可以得到三角波信号，可参见第 7 章图 7-20，该图就是通过方波变换得到三角波信号的，但是这种方法存在一定的缺陷，由于积分器每次上电时输出具有不确定性，致使输出三角波直流电平不稳，甚至出现饱和现象，影响正常工作。

图 9-20 所示为另一种三角波产生电路，该电路直接把滞回比较器与积分电路相结合，实现多谐振荡产生三角波，由于积分器的输出作为比较器的输入信号，在比较器与积分器之间具有直接的信号耦合关系，因此避免了输出信号可能出现的不确定性。

由运放 A_1 构成滞回比较器，当比较器的输出为低电平时，$u_{o1} = -U_Z$，此时的门限电

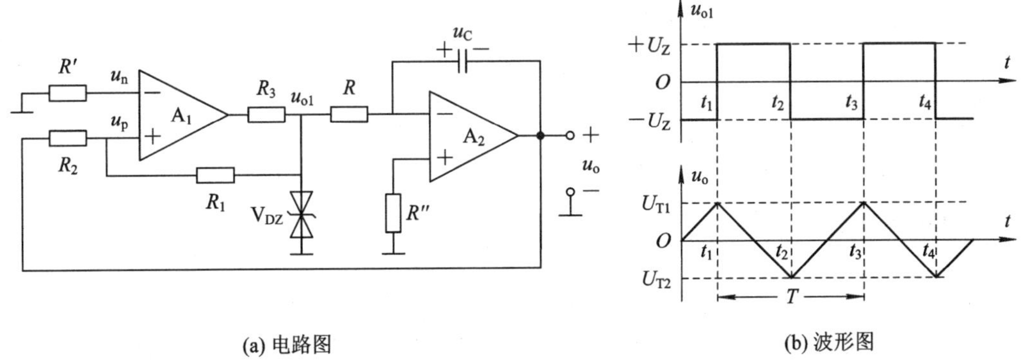

(a) 电路图　　(b) 波形图

图 9-20　三角波产生电路及其波形

压为 U_{T1}，并且满足

$$\frac{R_2}{R_1+R_2}\cdot(-U_Z)+\frac{R_1}{R_1+R_2}U_{T1}=0$$

即

$$U_{T1}=\frac{R_2}{R_1}U_Z$$

当比较器的输出为高电平时，$u_{o1}=+U_Z$，此时的门限电压 U_{T2} 满足

$$\frac{R_2}{R_1+R_2}U_Z+\frac{R_1}{R_1+R_2}U_{T2}=0$$

即

$$U_{T2}=-\frac{R_2}{R_1}U_Z$$

下面分析三角波的产生过程。上电瞬间比较器的输出可能为高电平，也可能为低电平，现在假定为低电平，并且设电容为零初始状态，那么，此时比较器的门限电压为 U_{T1}，由于电容为零初始状态，$u_o=0$，$u_o<U_{T1}$，因此该状态可以在一段时间内保持。对于 A_2 组成的积分电路，此时在 $u_{o1}=-U_Z$ 的作用下，电容 C 被反向充电，输出电压 u_o 不断上升，当输出电压上升到 $u_o=U_{T1}$ 时，比较器发生翻转。比较器发生翻转后，其门限电压也随之切换为 U_{T2}，由于积分电容上的电压不能突变，此时，$u_o>U_{T2}$，因此该状态也能够保持一段时间，随后在输出 $u_o=+U_Z$ 的作用下，电容正向充电，输出电压降低，当输出电压减小到 $u_o=U_{T2}$ 时，比较器重新翻转，$u_{o1}=-U_Z$，随后电容又反向充电，输出信号上升……，以后的过程可以类推，这样 u_{o1} 不断地在 $-U_Z$ 和 $+U_Z$ 之间切换，呈现方波变化，u_o 不断增加，然后减小，呈现三角波输出。图 9-20(b)所示为比较器输出 u_{o1} 和三角波输出 u_o 的波形。

电路正常工作后，三角波的周期可以通过计算一个周期内上升时间或下降时间得到。如图 9-20(b)中，取 t_1 与 t_2 之间的下降时间计算半个周期的时间。在此时间段内，积分器的输出信号可表示为

$$u_o(t)=-\int_{t_1}^{t}\frac{U_Z}{RC}\mathrm{d}\tau+u_o(t_1)=-\frac{U_Z}{RC}(t-t_1)+u_o(t_1)$$

已知 $u_o(t_1)=U_{T1}$，当 $t=t_2$ 时，$u_o(t_2)=U_{T2}$，于是有

$$u_o(t_2)=-\frac{U_Z}{RC}(t_2-t_1)+u_o(t_1)$$

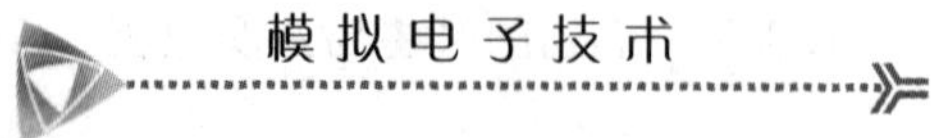

即

$$U_{T2}=-\frac{U_Z}{RC}(t_2-t_1)+U_{T1}$$

整理得

$$t_2-t_1=\frac{RC}{U_Z}(U_{T1}-U_{T2})=\frac{RC}{U_Z}\left[\frac{R_2}{R_1}U_Z-\left(-\frac{R_2}{R_1}U_Z\right)\right]=\frac{2R_2}{R_1}RC$$

则三角波的周期为

$$T=2(t_2-t_1)=\frac{4R_2}{R_1}RC \tag{9-18}$$

式(9-18)表明，输出三角波的周期与积分电路的时常数成正比，改变该时常数可以调整输出的周期与频率。三角波的输出幅值即为比较器的两个门限电压值，通常通过R_1和R_2来调整输出三角波的幅值。

9.5.3 锯齿波产生电路

锯齿波是上升斜率和下降斜率不相等的三角波信号，对三角波产生电路稍作改造就可以实现锯齿波的产生。图 9-21 所示为锯齿波产生电路及其信号波形。

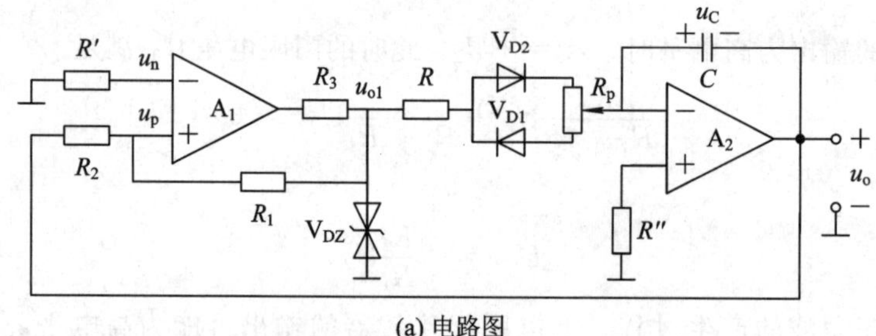

(a) 电路图

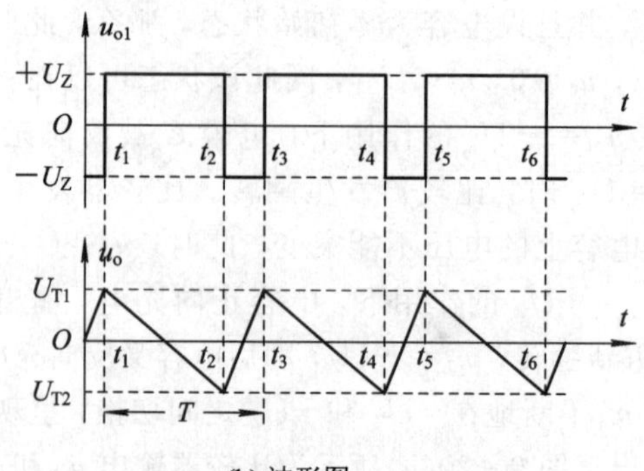

(b) 波形图

图 9-21　锯齿波产生电路及其波形

如图 9-21(a)所示，在积分电路的输入通道上串入反向并联的二极管V_{D1}、V_{D2}和可调电位器R_p，实现锯齿波上升与下降斜率的控制。在滞回比较器输出低电平时，V_{D1}导通，V_{D2}截止，C的充电电阻由R_p的滑动端以下部分电阻(记作R_{p1})、V_{D1}的导通电阻及R共同组成；当比较器输出为高电平时，V_{D2}导通，V_{D1}截止，C的充电电阻由R_p的滑动端以上部分电阻(记作R_{p2})、V_{D2}的导通电阻及R共同组成。显然，改变可调电位器滑动端的位置就

可以改变电容 C 充放电的时常数，从而改变输出信号上升和下降的斜率，这样就可以得到所需要的锯齿波信号了。

图 9-21(b)所示为锯齿波信号波形。锯齿波信号的周期由一个周期内的上升时间和下降时间组成，在 t_1 到 t_2 时间段内 V_{D2} 导通，电容正向充电，忽略 V_{D2} 的导通电阻，充电电阻大小为 $R+R_{p2}$，输出信号 u_o 减小，可以计算得

$$t_2-t_1\approx\frac{2R_2}{R_1}(R+R_{p2})C \tag{9-19}$$

同理，在 t_2 到 t_3 时间段内 V_{D1} 导通，电容 C 反向充电，忽略 V_{D1} 的导通电阻，此时充电电阻大小为 $R+R_{p1}$，输出信号线性增加，可以计算得

$$t_3-t_2\approx\frac{2R_2}{R_1}(R+R_{p1})C \tag{9-20}$$

则锯齿波的周期可表示为

$$T=(t_2-t_1)+(t_3-t_2)\approx\frac{2R_2}{R_1}(2R+R_p)C \tag{9-21}$$

式(9-19)～式(9-21)表明，改变可调电位器 R_p 滑动端的位置可以改变占空比，但并不改变信号的周期，信号的周期和频率可以通过改变电阻 R 或电容 C 进行调节。

9.5.4　集成函数发生器

集成函数发生器是为方便产生常见信号源而设计的一种集成电路，在具体使用时，只需外接少许的定时元件就可以实现振荡，产生所需的信号。

1. ICL8038 简介

下面介绍 Intersil 公司生产的集成函数发生器 ICL8038 的特性及典型应用。

ICL8038 是一种能够同时产生正弦波、三角波、锯齿波及方波的单片集成电路，通过外接的电阻或电容可以改变输出信号的频率，也可以通过外接电压信号进行频率调节和扫频，输出信号的频率变化范围为 0.001 Hz～300 kHz。由于在结构上采用了单片集成工艺、肖特基二极管和薄膜电阻等技术，输出信号的频率温度稳定性好，低频温度漂移小于 250 ppm/℃；三角波输出波形线性度达到 0.1%；正弦波输出时波形失真度可以控制在 1%以内；方波输出波形的占空比可以在 2%～98%范围内调节。

ICL8038 常采用双列直插式封装(DIP)，图 9-22 所示为 ICL8038 的封装及引脚排列示意图。

ICL8038 是 14 脚的器件，各引脚的主要功能介绍如下：振荡信号的输出端为 2 脚、3 脚和 9 脚，分别输出正弦波、三角波(锯齿波)和方波(矩形波)，其中 9 脚的输出为集电极开路输出，以方便与数字器件连接，实现逻辑电平兼容；4 脚与 5 脚用于连接定时电阻，10 脚用于连接定时电容，通过 4、5 及 10 脚连接的电阻、电容与芯片内部电路组成完整的三角波(锯齿波)振荡电路，改变阻容值就可以改变信号的频率，三角波(锯齿波)经过变换产生方波(矩形波)，内部的正弦波转换电路可以把三角波(锯齿波)转换为低失真的正弦信号；为了减小正弦波输出信号的波形失真，可以通过 1 脚和 12 脚外接电路进行校正；需要通过外部电压实现压控振荡或扫频的时候，需要通过 8 脚接入调频扫描电压，如果不需要这样做，通常把 7 脚与 8 脚短接，7 脚为内部提供的缺省偏置电压；6 脚用于连接正电源，单电

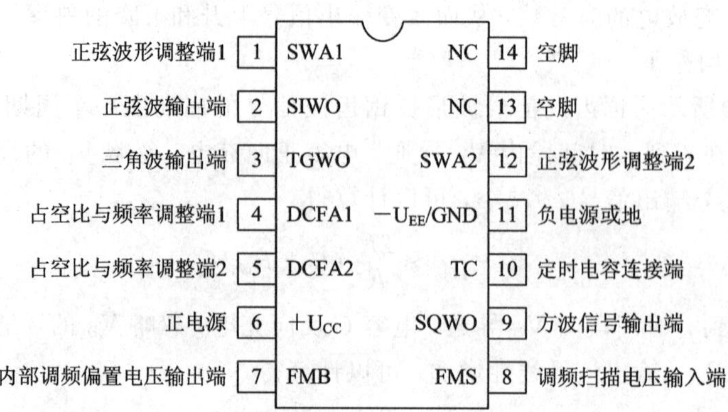

图 9-22　ICL8038 封装及引脚排列

源情况下，11 脚接地，如果是双电源供电，11 脚接负电源，单电源工作时要求的电压范围为 10～30 V，双电源工作时要求的电压范围为±5～±15 V；13、14 脚为空脚，无需连接。

2. ICL8038 典型应用电路

在 ICL8038 的外围连接必要的电阻、电容就可以方便地构成信号发生电路，图 9-23 所示为 ICL8038 典型应用电路之一。

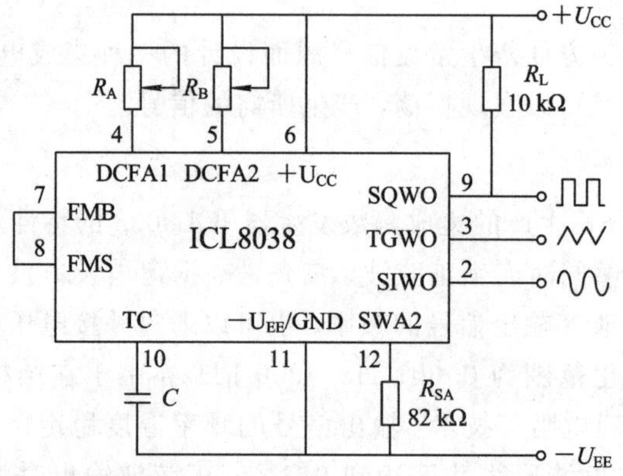

图 9-23　ICL8038 应用电路 1

图 9-23 中 7、8 脚短接在一起，即 8 脚接 7 脚输出的固定电压，不通过 8 脚的电压调频。4、5 脚外接电阻 R_A 和 R_B，R_A 和 R_B 可以是固定的电阻，也可以如图接可调电阻，R_A、R_B 与 10 脚所接的电容 C 决定三角波(锯齿波)振荡电路的充放电定时时间常数，其中 R_A 与三角波的上升段相关，R_B 与三角波的下降段相关。通过 2、3 和 9 脚分别输出正弦波、三角波(锯齿波)和方波(矩形波)，由于 9 脚是开路输出，因此需在该引脚接上拉电阻，如果要与数字接口连接，可以通过上拉电阻上拉到相应的数字电源。12 脚外接 82 kΩ 的电阻用于输出正弦波波形的校正，也可以接 100 kΩ 的可调电阻，使用时调整阻值使输出波形失真减小。6、11 脚分别接正负电源，由于是双电源供电，因此输出信号也是双极性信号。

该电路产生的信号的频率 f 由 R_A、R_B 及 C 决定，它们之间的关系为

$$f=\frac{0.66}{R_A}\frac{1}{1+\dfrac{R_B}{2R_A-R_B}}\tag{9-22}$$

当 $R_A = R_B$ 时

$$f = \frac{0.33}{R_A} \tag{9-23}$$

当 $R_A = R_B$ 时，3 脚输出三角波，9 脚输出方波；而当 $R_A \neq R_B$ 时，3 脚输出锯齿波，9 脚输出矩形波。

为了得到高质量、低失真的正弦波，仅通过 12 脚的电阻调节还不够，可以通过 1 脚和 12 脚的共同调节来实现，图 9 - 24 所示就是采用这种方法实现的电路。

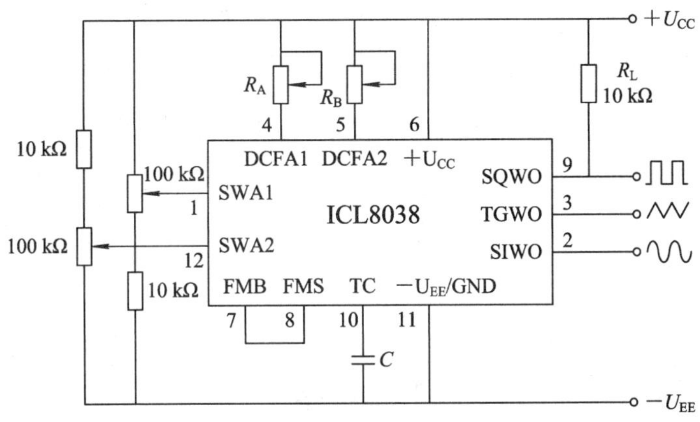

图 9 - 24 ICL8038 应用电路 2

利用 ICL8038 可以实现压控振荡和扫频功能，此时需要通过 8 脚接入频率控制电压，要求 8 脚的电压应该在 $\frac{2}{3}(U_{CC}+U_{EE})+2$ V 到 $U_{CC}+U_{EE}$ 的范围内变化。图 9 - 25 所示的电路就是这样的应用，通过外部的电阻网络产生调频的控制电压，通过 8 脚引入，由于 8 脚对外部的干扰信号敏感，因此通常在 8 脚与 $+U_{CC}$ 之间跨接 0.1 μF 的去耦电容，当 8 脚电压改变时，输出信号的频率随之改变，从而实现调频功能。在这种应用中，通常在 R_A 与 R_B 之间接阻值较小的可调电阻 R_p，用于调整输出波形的对称性，对称性越好，正弦波输出波形的失真越小。

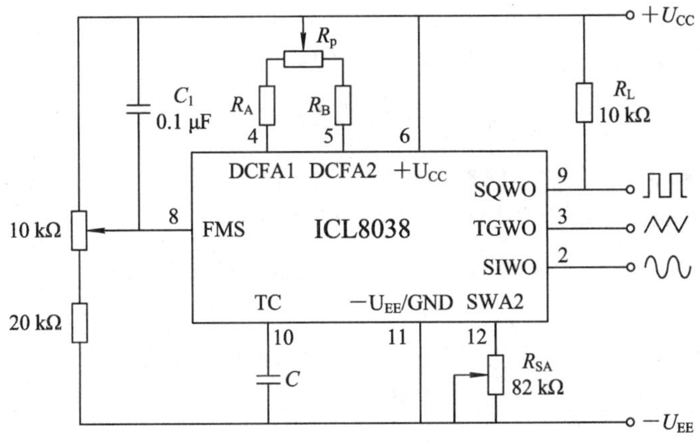

图 9 - 25 ICL8038 应用电路 3

9.6 信号产生与变换电路仿真

本节通过对几种信号产生电路进行仿真，进一步认识这些电路的原理及特性。仿真文件可从西安电子科技大学出版社网站“资源中心”下载。

9.6.1 *RC* 正弦波振荡电路仿真

RC 串并联网络具有较好的选频特性，用 *RC* 串并联网络构成的正弦波振荡器具有结构简单、输出波形较好的优点。图 9-26 所示为 *RC* 串并联网络正弦波振荡器仿真电路。

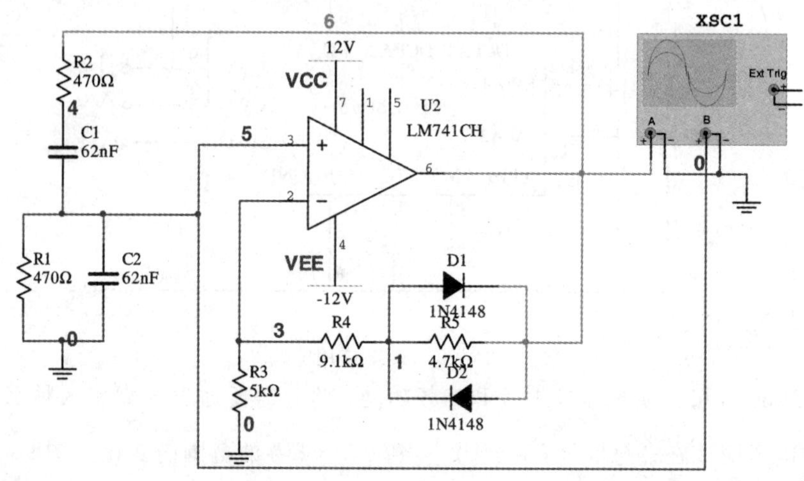

图 9-26 *RC* 串并联网络正弦波振荡器仿真电路

根据图示 *RC* 串并联网络参数，可知该电路的振荡频率为

$$f=\frac{1}{2\pi RC}=\frac{1}{2\times 3.14\times 470\times 62\times 10^{-9}}\approx 5.5\ \text{kHz}$$

根据正弦波振荡的条件，起振时放大器的放大倍数应满足 $A>3$，振荡达到稳定时放大器的放大倍数应满足 $A=3$，为此在反馈通道上串入由 D1、D2 和 R4 组成的网络，当起振时由于信号幅度较小，D1 与 D2 不导通，此时的放大倍数近似为

$$A\approx 1+\frac{R_4+R_5}{R_3}=3.76$$

当振荡逐步加强，输出信号使得 D1 与 D2 导通，此时由 D1、D2 及 R5 组成的网络的等效电阻下降，A 随之下降，当振荡稳定后，A 下降到使 $AF=1$ 成立。

通过虚拟示波器 XSC1 观察输出及串并联网络的反馈波形，仿真波形如图 9-27 所示。

从图 9-27 可以看出，输出信号与经过 *RC* 串并联网络反馈的信号相位一致，反馈信号的幅值为输出信号幅值的 1/3，与 *RC* 串并联网络的反馈系数一致。通过测量输出信号的周期可以计算出输出信号的频率为

$$f=\frac{1}{T}=\frac{1}{192.982\ \mu\text{s}}\approx 5.2\ \text{kHz}$$

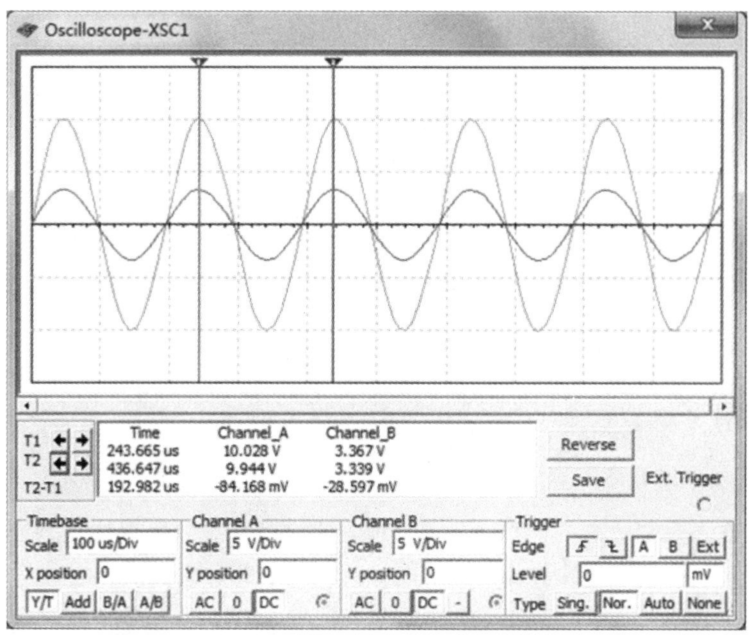

图 9 - 27　*RC* 串并联网络正弦波振荡器仿真波形

这与理论计算值相近。

通过瞬态分析可以观测该振荡器振荡建立的过程，如图 9 - 28 所示。

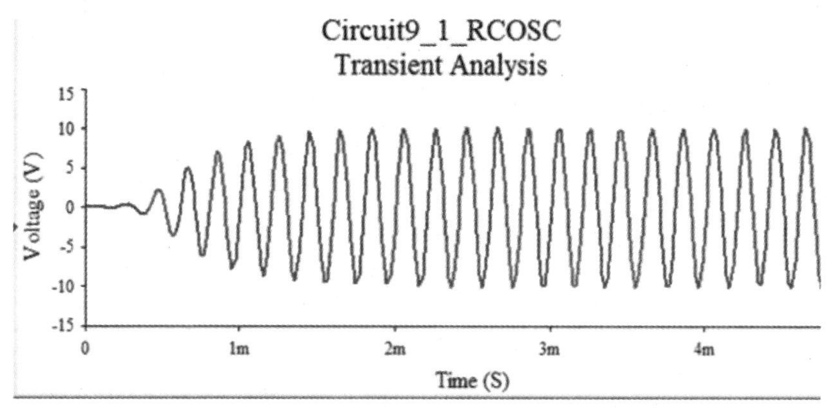

图 9 - 28　*RC* 串并联网络正弦波振荡器起振过程仿真

9.6.2　*LC* 正弦波振荡电路仿真

LC 正弦波振荡器的种类较多，这里以改进型的电容三点式振荡电路(即克拉泼电路)来进行仿真研究。图 9 - 29 所示为共基极接法的克拉泼电路。要使该电路能够顺利起振并建立稳定的振荡，首先必须使三极管具备合适的静态工作点，对仿真电路进行直流静态分析，结果如图 9 - 30 所示。由 T1 的集电极、基极及发射极的直流电压可判断出其静态管压降是合适的。

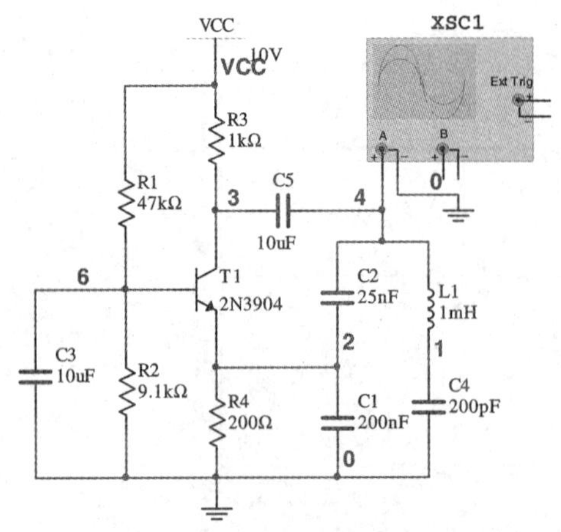

图 9-29　克拉泼振荡仿真电路

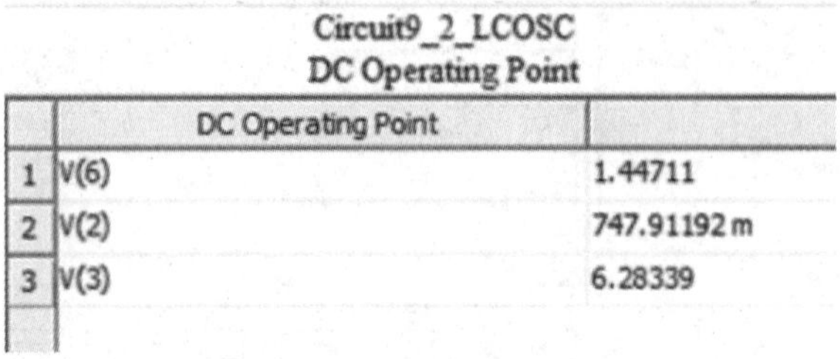

Circuit9_2_LCOSC
DC Operating Point

	DC Operating Point	
1	V(6)	1.44711
2	V(2)	747.91192 m
3	V(3)	6.28339

图 9-30　克拉泼振荡电路直流工作点分析

在直流工作点设置合适的前提条件下，对电路进行仿真，发现该电路较容易起振，起振后工作稳定，通过虚拟示波器观测到如图 9-31 所示的仿真波形。

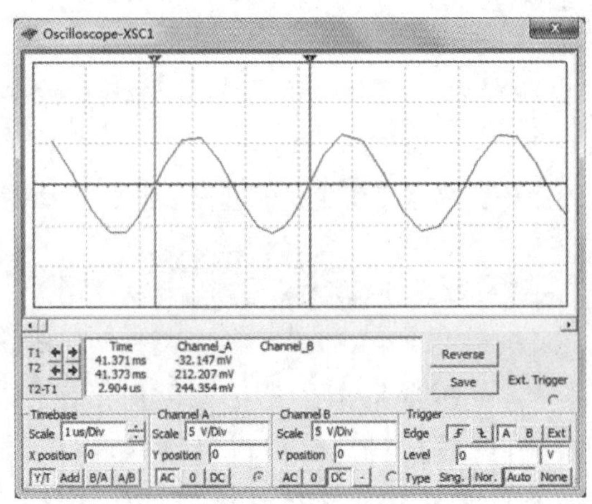

图 9-31　克拉泼振荡电路仿真波形

根据仿真波形测得的信号周期为 2.904 μs，据此可以计算出振荡频率为 344.4 kHz，按照图示参数进行理论计算，输出信号的频率应该为

$$f \approx \frac{1}{2\pi\sqrt{L_1 C_4}} = \frac{1}{2 \times 3.14 \times \sqrt{1.0 \times 10^{-3} \times 200 \times 10^{-12}}} \approx 356.2\ \text{kHz}$$

该值与仿真结果相近。

9.6.3　非正弦波产生电路仿真

图 9-32 所示为用两个运算放大器构成的锯齿波发生器仿真电路，实际上该电路既可以产生锯齿波和矩形波，也可以产生三角波和方波，只要调整电路的参数就可以实现产生不同信号的要求。

如图 9-32 所示，U1 构成滞回比较器，滞回比较器的输出电压受稳压管 D3 和 D4 限幅，D3、D4 型号为 1N4734，稳压值为 5.6 V，两个管子反向串联的稳压值约为 6.1 V，因此滞回比较器的输出电压为 $U_Z = \pm 6.1$ V。根据图示参数可知，当滞回比较器的输出为 $U_Z = -6.1$ V 时，对应的门限(阈值)电压为 $U_{T1} = 6.1$ V；当滞回比较器的输出电压为 $U_Z = 6.1$ V时，对应的门限电压为 $U_{T2} = -6.1$ V。

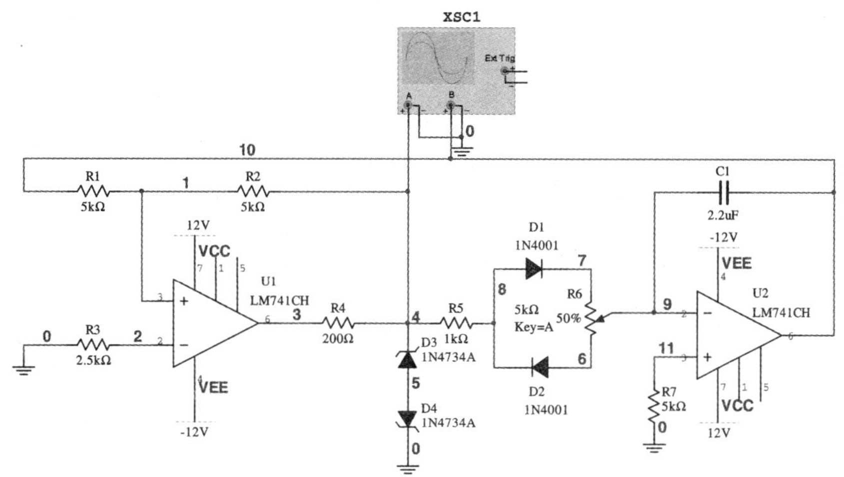

图 9－32　锯齿波发生器仿真电路

U2 构成积分电路，由 R5、D1、D2 及电位器 R6 组成充放电通路，通路等效电阻因滞回比较器输出状态不同而不同，调整 R6 的滑动端，就可以改变锯齿波的上升与下降斜率，同时改变滞回比较器的占空比。图 9－33 所示为通过虚拟示波器观察到的仿真波形。通过测量波形相关参数可以检验理论设计的正确性。

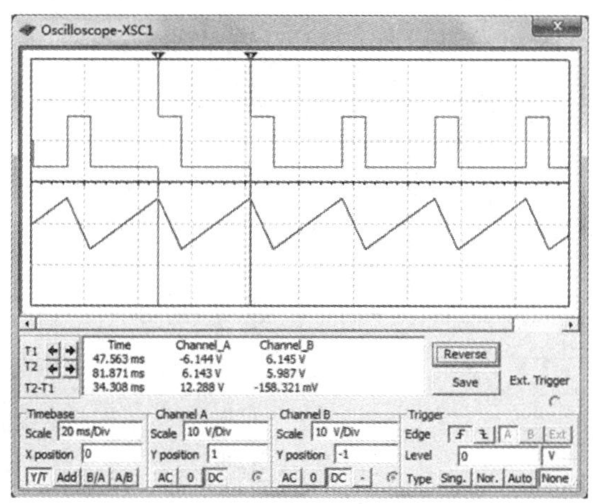

图 9－33　锯齿波发生器仿真波形

习 题 九

9－1　什么是自激振荡？解释负反馈放大器为什么会发生自激现象。

9－2　简要说明正弦波振荡器产生振荡的条件。

9－3　简要说明正弦波振荡器的结构组成及各部分的作用。

9-4　说明 RC 串并联网络的选频特性，画出其幅频特性和相频特性。

9-5　简要分析 LC 并联网络的阻抗频率特性。

9-6　基于 LC 并联网络工作的正弦波振荡电路有哪几种？它们各有什么特点？

9-7　非正弦波产生电路的振荡频率是如何确定的？与正弦波振荡器有什么区别？

9-8　填空题

1. 正弦波振荡的平衡条件可表示为__________，该条件可分解为幅值平衡条件和相位平衡条件，分别表示为__________，__________。

2. 正弦波振荡建立的过程中，振荡信号除要满足相位平衡条件外，幅值上要求必须满足__________，这称为正弦波振荡的起振条件。

3. 正弦波振荡器通常由__________、__________、__________及__________组成。

4. RC 串并联网络在频率为 $f=\dfrac{1}{2\pi RC}$ 时，其电压传输比为__________，该值是 RC 串并联网络传输比的__________，此时，RC 网络呈现__________性。

5. LC 并联网络的谐振频率为__________，谐振发生时 LC 并联网络呈现__________性，并且阻抗值__________。

6. 石英晶体在电路中发生串联谐振时振荡频率接近__________，发生并联谐振时振荡频率接近__________，但是由于__________，串联谐振与并联谐振最终的振荡频率差别并不大。

7. RC 正弦波振荡器通常用于产生__________信号，而 LC 正弦波振荡器可以产生__________信号，石英晶体振荡器通常用于产生__________信号。

8. 在非正弦波振荡电路中常常通过__________电路产生两个暂稳态，通过__________电路实现两种暂态的转换。

9-9　判断图 9-34 所示电路是否可以产生正弦波振荡，如果能，请解释其工作原理；如果不能，请说明原因，并改造电路使其能够产生振荡。

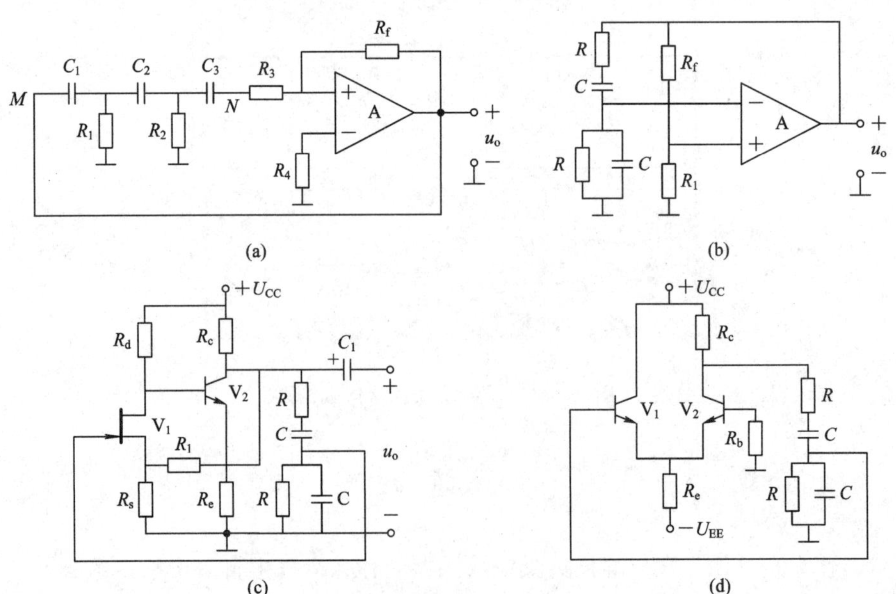

图 9-34　题 9-9 图

9-10 标注图 9-35 中变压器反馈式 LC 振荡电路中变压器的同名端，使其能够产生振荡，并用瞬时极性法标注正反馈环路上信号的极性。

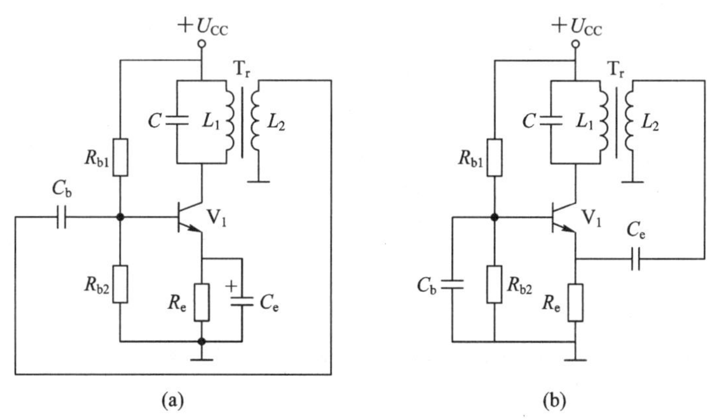

图 9-35 题 9-10 图

9-11 根据图 9-36 电路中所示参数，计算振荡信号频率，并比较电容三点式 LC 振荡器基本型和改进型谐振频率的关系。

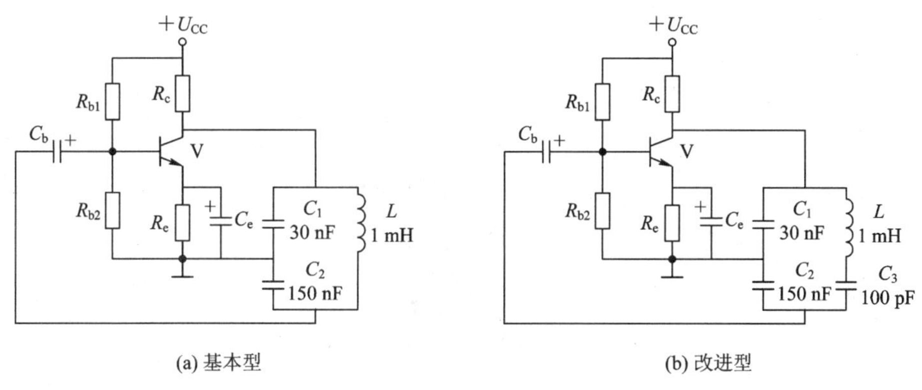

图 9-36 题 9-11 图

9-12 根据图 9-37 电路中所示参数，计算输出方波信号的周期与频率，并画出输出信号的波形图。

9-13 根据图 9-38 电路中所示参数，计算输出信号占空比的范围，假定 V_{D1} 和 V_{D2} 导通等效电阻为 500 Ω。

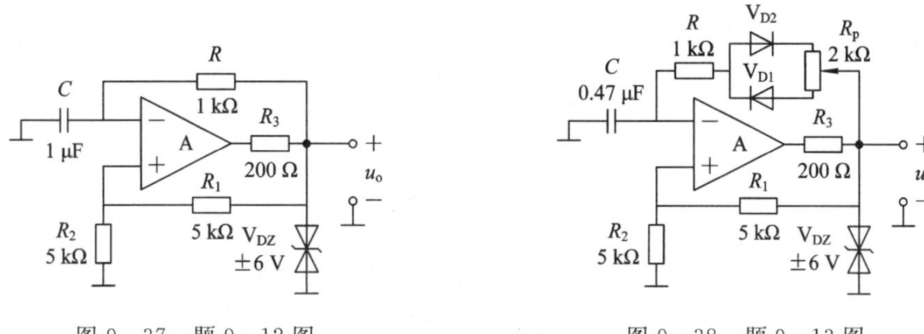

图 9-37 题 9-12 图　　图 9-38 题 9-13 图

9-14 在图 9-39 所示电路中，$U_R=1$ V，请根据图示元器件参数计算输出三角波的周期，并绘制 u_{o1} 和 u_o 的波形图。

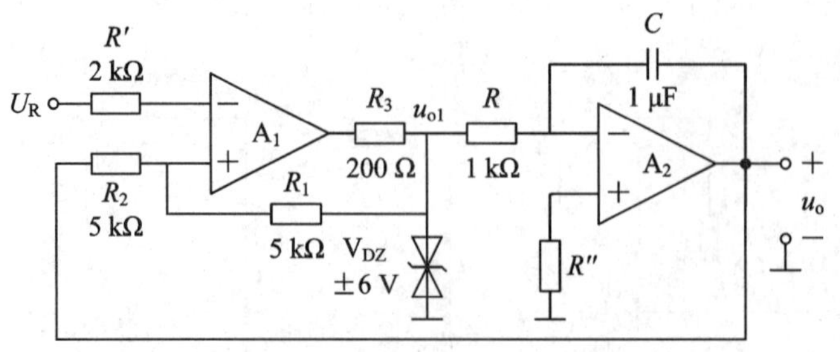

图 9－39　题 9－14 图

9－15　某简易信号发生电路如图 9－40 所示，分析电路的工作原理，说明 u_{o1}、u_{o2} 及 u_{o3} 的性质，绘制 u_{o1}、u_{o2} 及 u_{o3} 的波形。

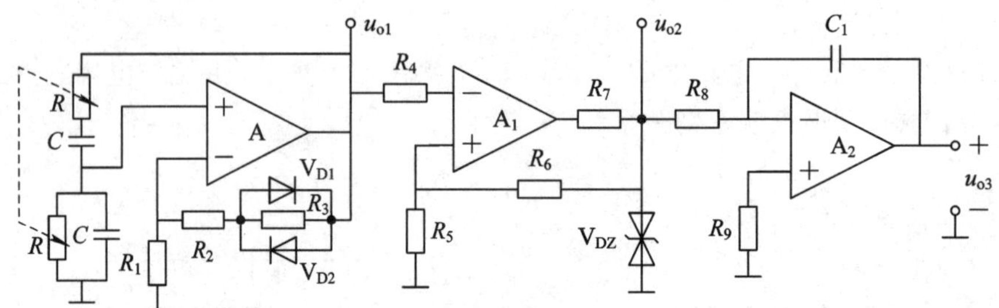

图 9－40　题 9－15 图

习题九参考答案

第 10 章　直流稳压电源

电子电气设备大都需要直流稳压电源实现供电，因此直流稳压电源是电子电气设备的重要组成部分。直流稳压电源实现的主要功能通常包括：交流变压、整流、滤波及稳压等。采用交流市电供电的设备，通常先将工频交流电通过变压器降压、整流、滤波，最后通过稳压电路实现稳压，向设备供电。直流稳压电源包含的范围甚广，本章主要介绍常见的低压线性直流稳压电源的结构及原理。由于第 1 章已经介绍了二极管整流及电容滤波电路的相关内容，因此本章主要介绍其他滤波电路、串联型直流稳压电路的主要工作原理及集成稳压电路的应用等内容。

10.1　滤波电路

滤波电路

在电源电路中，滤波电路主要实现整流输出脉动直流电压信号的滤波，把脉动较大的直流电转化为平直的直流电。在我国，工频信号为 50 Hz，整流电压信号中含有的交流信号主要是工频信号及其各次谐波信号，通过滤波电路，可以最大限度地减少整流信号中的交流成分，使直流电的脉动减小。电源滤波的主要原理是采用电容、电感等具有储能作用的元件实现交流信号的削峰平谷，从而减小交流脉动。常见的滤波电路包括电容滤波、电感滤波及复合滤波等。

10.1.1　电容滤波电路

电容滤波电路已经在第 1 章 1.4 小节做过介绍，这里仅就电容滤波电路的特点小结如下。

(1) 电容滤波负载适应性较差，适合于小电流负载。当滤波电容确定之后，负载电流越大，在整流二极管截止期间电容电压下降越快，对应的滤波电压的脉动增加，平均值下降越多，滤波效果越差，因此，电容滤波的负载的适应性较差。为了取得较好的滤波效果，要求负载电流足够小，负载的阻值足够大。

(2) 电容滤波电路中，整流二极管的电流冲击较强。相较于不接电容的情况，在电容滤波电路中，输出电压和电流的平均值均增大，但整流二极管的导通角却变小，因此整流二极管的导通电流显著增加，该电流对二极管造成较大冲击；另外，在电容滤波电路中，由于上电之前滤波电容通常处在零初始状态，在刚接通电源瞬间，电容的充电电流往往较大，会造成较大的浪涌冲击，容易损坏整流二极管。

10.1.2　电感滤波电路

电感具有阻交流、通直流的特性，即交流信号通过电感时，电感呈现出较大的阻抗，而当直流信号通过电感时，电感的阻抗为零，直流信号可以顺利通过电感。利用电感阻交流、通直流的特性来实现滤波就是**电感滤波**，图 10－1 所示为**桥式整流电感滤波电路**及其滤波输出波形。

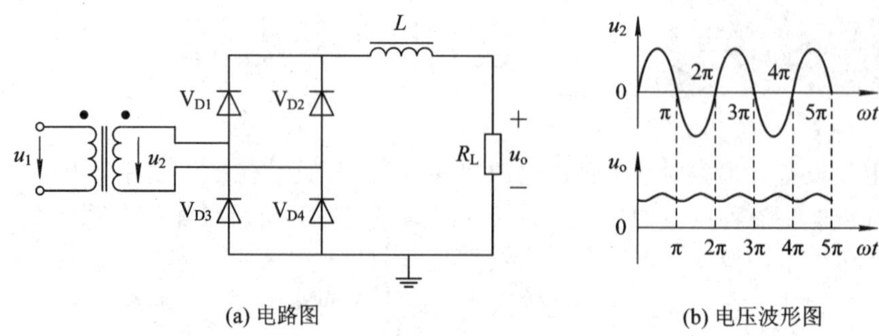

(a) 电路图　　(b) 电压波形图

图 10－1　桥式整流电感滤波电路

如图 10－1(a)所示，将电感 L 和负载电阻 R_L 相串联，当整流输出中的交流成分流过电感 L 时，电感 L 对它们呈现出较高的阻抗，阻碍这些交流成分通过，而当整流信号中的直流量流过电感时，电感几乎没有阻碍作用，可以顺利通过电感，这样一来，负载上就可以得到脉动较小的直流电压信号了。整流电压中，含有工频信号的基波及各次谐波成分，设 n 次谐波电压表示为 u_{2n}，则 n 次谐波经过电感滤波后在负载上得到的输出电压 u_{on} 可表示为

$$\dot{U}_{on} = \frac{R_L}{jn\omega_0 L + R_L}\dot{U}_{2n} \tag{10-1}$$

式(10－1)中，ω_0 表示基波信号的角频率，由此可以看出，整流信号中谐波信号的频率越高，通过电感滤波后在负载上得到的分量越小，因此，电感对整流信号中的各次谐波信号具有抑制作用。对于直流信号，由于电感的阻抗为零，因此可以全部输出到负载上。

如果从能量的角度分析，当整流电压信号瞬时增加的时候，由于自感的存在，电感阻碍电感中电流的增加，此时，电感储能；而当整流电压信号瞬时下降时，电感中的电流有下降的趋势，电感阻止电流的下降，此时电感释放出能量。电感滤波实际上就是靠电感不断地储能，然后又释放能量的循环过程实现对交流信号的滤波的。图 10－1(b)所示为桥式整流电感滤波输入、输出电压波形。

电感滤波电路的特点：

(1) 由式(10－1)可知，R_L 越小，谐波分量在负载上的分压越少，滤波效果越好，R_L 越小，意味着负载电流越大，因此，电感滤波适合于大电流工作的场合。

(2) 电感滤波不能使输出电压提高。利用电感滤波时，滤波电感与输出负载相串联，因此，输出电压是整流电压的一部分，输出电压不会升高。对于桥式整流或者全波整流电路，利用电感滤波，当忽略电感上的直流压降时，滤波电路的输出电压的平均值可以按照下式估算

$$U_{oa} \approx 0.9U_2$$

其中 U_2 为 u_2 的有效值。

(3) 电感滤波可以较好地抑制浪涌电流，有利于保护整流二极管的安全。

(4) 当负载电流较大时，滤波电感的体积较大，这会造成滤波电路笨重，便携性差。

10.1.3　复合滤波电路

把电容、电感等元件搭配起来使用，可以组成各种**复合滤波电路**，典型的如：*LC* 滤波电路、π 型 *LC* 滤波电路及 π 型 *RC* 滤波电路等。

1. *LC* 滤波电路

图 10-2(a)所示电路即为**桥式整流 *LC* 滤波电路**，即在滤波电感 L 的后面，再在负载 R_L 两端并接一个滤波电容 C，这样一来，经过电感滤波输出的脉动信号可以进一步经过电容 C 旁路掉，从而使得负载上的电压信号中交流脉动更小。图 10-2(b)为 *LC* 滤波电路输入、输出电压信号波形。

LC 滤波电路兼有电感滤波和电容滤波的特点。当电感的值较大时，*LC* 滤波电路主要体现电感滤波电路的特点，负载电流越大，滤波效果越好；当电容的值较大时，*LC* 滤波电路主要体现电容滤波的特点，负载电流越小，输出电压脉动越小，滤波效果越好。对于一个具体的 *LC* 滤波电路，当负载电流较大时，主要是通过电感实现滤波的，此时的电容由于等效的充放电时常数较小，只起辅助的滤波作用；当负载电流较小时，电感的滤波效果有限，此时电容的充放电时常数较大，滤波效果明显。

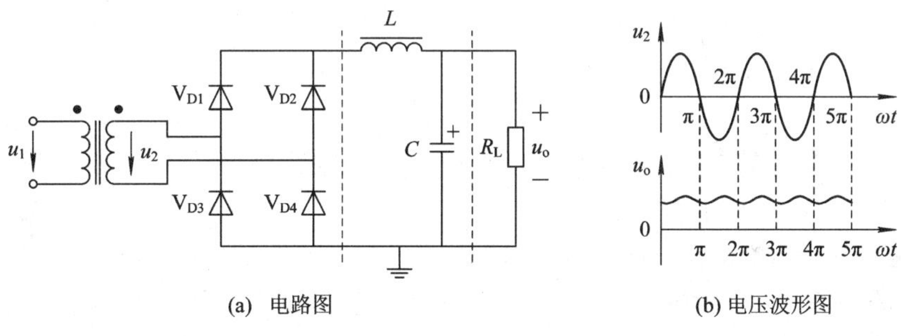

图 10-2　桥式整流 *LC* 滤波电路

2. π 型 *LC* 滤波电路

图 10-3 所示为桥式整流 π 型 *LC* 滤波电路，该电路相当于在一个电容滤波电路的后面又接了一个 *LC* 滤波电路。由于电容 C_1 和 C_2 都具有升压作用，当忽略电感上的直流电压降时，输出电压可以按照 $1.2U_2$ 来估算，即

$$U_{oa} = 1.2U_2$$

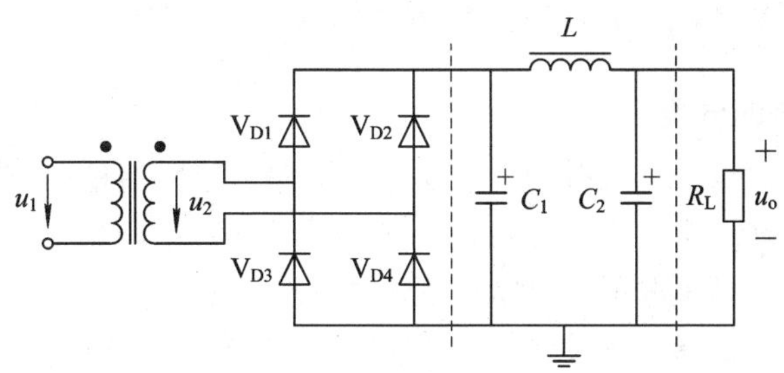

图 10-3　桥式整流 π 型 *LC* 滤波电路

π 型 *LC* 滤波电路当负载电流较小时，能够取得较高的输出电压和较好的滤波效果，

但是当负载电流较大时，输出电压的降落较大，并且输出电压的脉动增加，滤波效果下降，因此 π 型 *LC* 滤波电路较适合负载电流较小的场合。

3. π 型 *RC* 滤波电路

在 π 型 *LC* 滤波电路中，电感的体积通常较大，安装使用不便。当 π 型 *LC* 滤波电路中负载的电流较小时，负载电流在电感上的压降很小，此时，可以用一个电阻代替电感，这样就构成了 π 型 *RC* 滤波电路。图 10－4 所示为桥式整流 π 型 *RC* 滤波电路。

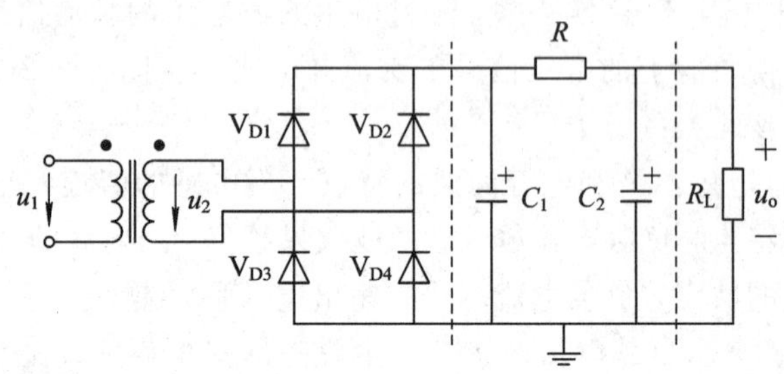

图 10－4 桥式整流 π 型 *RC* 滤波电路

π 型 *RC* 滤波电路结构简单，在负载较小的情况下可以取得较好的滤波效果，选择适当的电阻 R，还可以达到降压的目的，但是当负载电流过大时，电阻 R 上的分压较大，滤波效果变差，电源的效率降低。

10.2 串联型直流稳压电源

串联型直流稳压电源

交流电经过降压、整流及滤波后可以得到光滑的直流电信号，但是这种直流电并不稳定。通常情况下，电子设备工作时要求具有稳定的直流供电电压，仅仅经过滤波的直流电源并不稳定，不能满足设备的要求。对于滤波电路而言，当输入端的电压变化时，输出端的电压会跟着变化，通常电网电压的波动范围在±10%左右，这样一来，必然造成滤波输出电压的波动；另一方面，负载的变化也会引起滤波电路输出电压的波动，因此，单纯靠滤波电路是无法实现电压稳定的。为了得到稳定的直流电源，必须通过稳压电路来实现。本节先介绍直流稳压电路的种类及主要性能指标，然后重点介绍串联型直流稳压电路的结构及工作原理。

10.2.1 直流稳压电路的分类及性能指标

1. 直流稳压电路的分类

直流稳压电路按照结构可以分为并联型稳压电路和串联型稳压电路。如果在稳压电路中，起电压调整作用的元件与负载之间是并联的，则称为**并联型稳压电路**；相反，如果电压调整元件与负载之间是串联的，则称为**串联型稳压电路**。

直流稳压电路按照稳压电路中调整元件的工作方式可分**线性稳压电路和开关稳压电路**。在线性稳压电源中，调整管工作在近似线性的放大状态，而在开关稳压电源中，调整管工作在开关状态下，要么完全导通，要么完全截止。

不同的稳压电源具有不同的特点，通常线性稳压电源输出纹波小、性能较好，但是线

性稳压电源效率较低、体积较大；开关稳压电源输出中纹波通常较大，但是开关稳压电源效率高、体积小。在设计、选用稳压电源时，应该综合考虑供电质量要求、体积及成本等多方面的因素，做出合理的选择。

在第 1 章中介绍过的二极管稳压电路实际上属于一种线性的并联型稳压电源，它就是利用与负载相并联的稳压二极管来实现负载供电电压的调节的。

由于开关型稳压电源中调整管工作在开关状态下，严格来讲这超出了模拟电子技术课程的研究范畴，另外开关稳压电源内容较多，因此，本书不介绍开关电源的相关内容。

2. 直流稳压电源的性能指标

直流稳压电源的参数较多，例如稳压电源的输入电压或输入电压范围、输出稳定电压或输出稳定电压范围、输出电流的额定值等，这些参数反映稳压电源的基本特性。除此以外，还有一类参数用来衡量稳压电源稳压的质量，称为稳压电源的性能指标，这些性能指标是区分稳压电源稳压性能优劣的重要依据。

1）稳压系数 S_r

在一定的环境温度下，保持负载不变，测得由于稳压电源输入电压的变化引起的输出电压的相对变化量与输入电压相对变化量之比即为**稳压系数**，可表示为

$$S_r = \left.\frac{\Delta U_O / U_O}{\Delta U_I / U_I}\right|_{\substack{负载=常数 \\ 温度=常数}} \tag{10-2}$$

由式(10－2)可知，稳压系数越小，说明稳压电路的稳压性能越高，输入电压变化引起的输出电压波动越小。

2）电压调整率 S_u

负载不变的情况下，测得输入电压波动±10％时，稳压电路输出电压变化量相对于额定输出电压的比值称为**电压调整率**，即

$$S_u = \left.\frac{\Delta U_O}{U_O}\right|_{\substack{\Delta U_I/U_I=\pm 10\% \\ 负载=常数 \\ 温度=常数}}$$

电压调整率与稳压系数都是反映稳压电源输入电压变化对输出造成影响的性能参数，意义相似。

3）电流调整率 S_i

稳压电源的电流调整率也称负载调整率，是指在保持输入电压不变的情况下，使负载输出电流从 0 到额定范围内变化时，测得输出电压的相对变化率的最大值，即

$$S_i = \left.\frac{\Delta U_O}{U_O}\right|_{\substack{U_I=常数 \\ 温度=常数}}$$

电流调整率反映了稳压电源输出电压受负载变化影响的程度，显然，电压调整率越小，输出电压越稳定。

4）输出电阻 r_O

稳压电源的输出电阻是指在输入电压和环境温度不变的情况下，改变负载的大小，测得输出电压的变化量与输出电流的变化量之比，即

$$r_o = \left.\frac{\Delta U_O}{\Delta I_O}\right|_{\substack{U_I=常数 \\ 温度=常数}}$$

输出电阻越小，负载变化时输出电压的变化越小，稳压性能越好。

除了以上所介绍的性能指标外，最大纹波和温度系数也是两个经常用到的指标，最大纹波反映输出电压信号中工频及其谐波成分的最大值，温度系数反映温度对输出电压影响的程度。

10.2.2 串联型直流稳压电路

串联型直流稳压电源输出电压稳定程度高，纹波小，是许多需要高质量稳定电源供电设备的重要组成部分，下面介绍其结构及工作原理。

1. 电路组成结构与稳压原理

串联型直流稳压电路通常由输出**电压采样电路**、**电压基准电路**、**比较放大电路**及**调整电路**四部分组成。图 10－5 所示为串联型直流稳压电路的组成结构示意图。

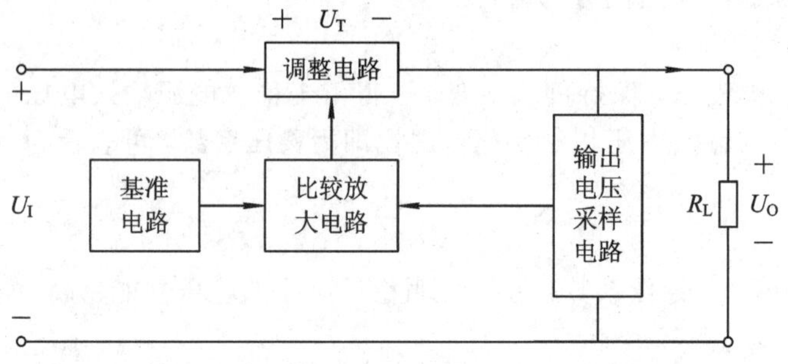

图 10－5 串联型直流稳压电路组成结构示意图

由图 10－5 可以看出，调整电路与负载相串联(串联型即由此得名)，输入电压 U_I 由调整电路和负载分担，即输入电压 U_I 等于调整电路上的分压 U_T 与负载电压 U_O 之和。如果调整电路能够始终分担掉除输出所需稳定电压 U_O 以外的输入电压中多余的那部分电压，那么，输出就可以始终保持稳定，串联型直流稳压电路实际上就是基于这一思想实现稳压的。

首先，通过基准电路产生一个直流电压基准，该电压基准不会因为输入或者输出的变化而变化；其次，电压采样电路产生输出电压的采样，采样电压与输出电压成比例，采样信号的大小代表输出电压的大小；然后，采样信号与基准电压信号进行比较，如果采样信号高于基准电压，代表输出电压高于输出稳定电压的期望值，如果采样信号低于基准电压信号，则代表输出电压低于输出稳定电压的期望值；最后，比较的结果作用于调整电路，当采样信号高于基准，调整电路的分压增加，从而使输出电压降低，回到期望的稳定值，相反，如果采样信号低于采样值，调整电路分压降低，负载上的输出电压向稳定值回升。

串联型直流稳压电路对输出电压的调整过程实际上是典型的负反馈调节过程。由于输出电压是输入电压的分压，因此串联型直流稳压电源属于**降压型稳压电源**，它的输入电压高于输出电压。

2. 稳压电路分析

图 10－6 所示为串联型直流稳压电路。电阻 R_2 和稳压管 V_{DZ} 组成基准电路，在 U_I 的作用下，流经 R_2 的电流使稳压管 V_{DZ} 导通进入稳压状态，此时，稳压管两端的稳定电压为 U_Z。R_3、R_4 及 R_P 组成输出电压采样电路，P 点的电压即为采样电压。三极管 V_1 充当调整

电路，通常称 V_1 为**调整管**，V_1 的管压降受控于其基极的偏流的大小。比较电路由 V_2 实现，当输出电压瞬时增大时，P 点的采样电压增大，由于 V_2 的射极电位为 U_Z 不变，因此 V_2 管的基极与射极之间的压差增大，V_2 集电极电流增加，则由 R_1 提供给 V_1 的基极的电流减小，V_1 导通程度降低，管压降升高，输出电压下降；相反，当输出电压瞬时减小时，P 点的采样值减小，V_2 的基极-射极偏压减小，其集电极电流减小，流入 V_1 基极的电流增加，V_1 的导通程度加强，管压降下降，输出电压上升。输出电压的变化可能由负载的变化引起，也可能由输入电压的变化引起，这种变化通过采样、比较和调整不断被修正，从而最终使输出电压保持稳定。

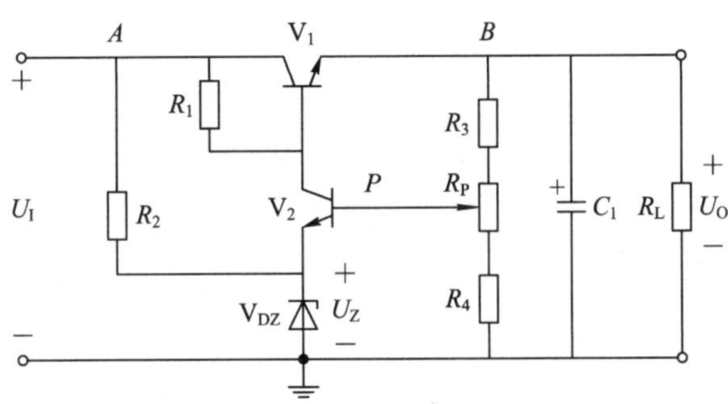

图 10－6　串联型直流稳压电路

3. 输出电压计算

按照前面的分析，串联型直流稳压电源依靠采样电压与基准电压比较产生调整管的驱动信号，从而最终使输出电压保持稳定，那么，理论上当采样信号正好等于基准信号时，比较电路达到平衡，调整管维持在某个状态，输出电压将保持稳定。根据图 10－6 所示电路可知采样电压为

$$U_P = \frac{R_4 + R_{P1}}{R_3 + R_4 + R_P} U_O \tag{10-3}$$

式(10－3)中，R_{P1} 表示可变电阻滑动端子与下面端子之间的电阻值。当采样电压等于基准信号时，考虑 V_2 管的发射结压降 U_{BE2}，应有

$$U_Z + U_{BE2} = U_P \tag{10-4}$$

把式(10－3)代入式(10－4)得

$$U_O = \frac{R_3 + R_4 + R_P}{R_4 + R_{P1}} (U_Z + U_{BE2}) \tag{10-5}$$

从式(10－5)可以看出，电路达到平衡时输出的稳定电压为常数，它的大小与采样电路的分压比例有关。由于 U_{BE2} 较小，在估算时可以忽略，此时

$$U_O \approx \frac{R_3 + R_4 + R_P}{R_4 + R_{P1}} U_Z \tag{10-6}$$

由式(10－6)可见，当改变可变电阻的滑动端子的位置，可得输出电压的范围为

$$\frac{R_3 + R_4 + R_P}{R_4 + R_P} U_Z \leqslant U_O \leqslant \frac{R_3 + R_4 + R_P}{R_4} U_Z \tag{10-7}$$

4. 串联型直流稳压电路改进

可以通过多种措施进一步改善串联型直流稳压电路的性能。

1）增强电压基准的稳定性

在图 10-6 所示的电路中，电压基准通过稳压管 V_{DZ}产生，由于输入电压的波动，必然引起 R_2及稳压管电流的调整，这样会造成稳压管稳定电压的波动，为此可以改变图 10-6 电路的连接，减小输入电压变化对电压基准的影响。具体方法是：把 R_2的上端由 A 点改接到 B 点，由于 B 点的输出电压稳定，因此输入电压的变化几乎不会对 V_{DZ}的稳压值有影响。这种做法适合于输出电压固定不变的稳压电路，如果输出的稳定电压需要通过 R_P在较大的范围内调节，那么，输出稳定电压不同时基准电路仍会受到影响。

2）增加比较电路的灵敏度

图 10-7 所示电路为一个具有恒流源的串联型直流稳压电路。图中稳压管 V_{DZ2}导通后产生稳定电压 U_{Z2}，该电压为 V_3管提供固定的偏置，因此由 V_3管的集电极注入 C 点的电流恒定，V_3管相当于 V_2管的恒流源负载。这样一来，当采样信号与电压基准比较之后能够产生更灵敏的调整信号，从而使输出电压稳定性提高。

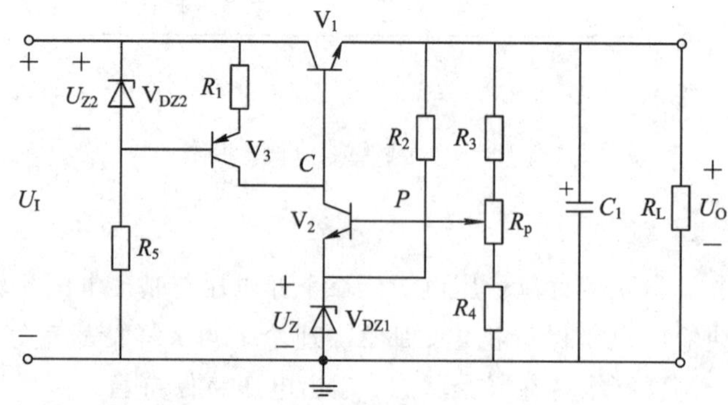

图 10-7　具有恒流源的串联直流稳压电路

为增加灵敏性，还可以使用达林顿管来进行调整，达林顿管具有很高的电流增益，对于比较电路的输出更加灵敏，调整更快。另外达林顿管具有较大的电流输出能力，更适合大电流的应用场合。

5. 直流稳压电源的过载保护

直流稳压电源在使用过程中可能出现过载情况，过载出现时，轻则可能使输出电压不稳，严重时则可能损坏调整管，使稳压电源损坏，因此，设置过载保护电路就十分必要。图 10-8 所示为具有过流保护功能的串联直流稳压电路。

在电路正常工作时，V_3是不具备导通条件的，因此调整管 V_1不受 V_3的影响。当由于负载短路等情况引起过流时，流经检流电阻 R_S的电流很大，在 R_S上产生压降 U_S，当 U_S足够高使得 V_3发射极和 V_{D1}正偏导通时，调整管 V_1的基极电流被分流，V_1的导通程度变差，管压降上升，输出电压下降，电流减小，从而阻止过流的发生。

上述保护电路属于限流保护电路，当输出电流超过设定电流时保护电路动作，使输出电流在设定的范围内。除此以外还有一种过流保护电路，当检测到过流发生时，彻底关断调整管，称为截流型过流保护电路，这种电路只有当故障排除后才能恢复正常工作。

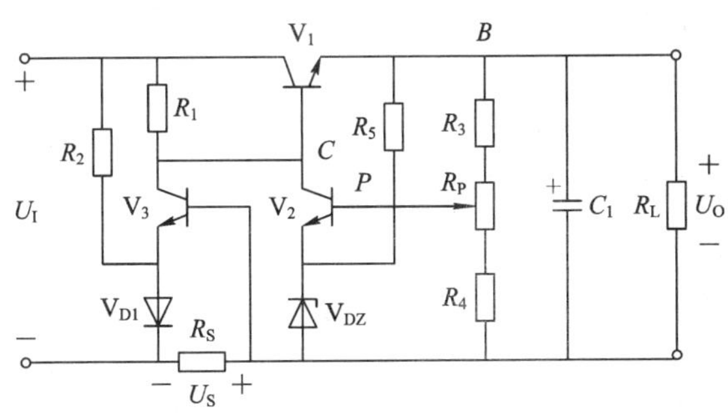

图 10－8　具有过流保护功能的直流稳压电路

10.2.3　从零起调的直流稳压电源

在许多应用中，要求稳压电源的输出值能够从 0 V 起调。由式(10－7)可见，通过调整可变电阻可以改变输出的稳定电压值，但是，输出电压是无法调到 0 V 的。

图 10－9 所示为从零起调的串联型直流稳压电路。

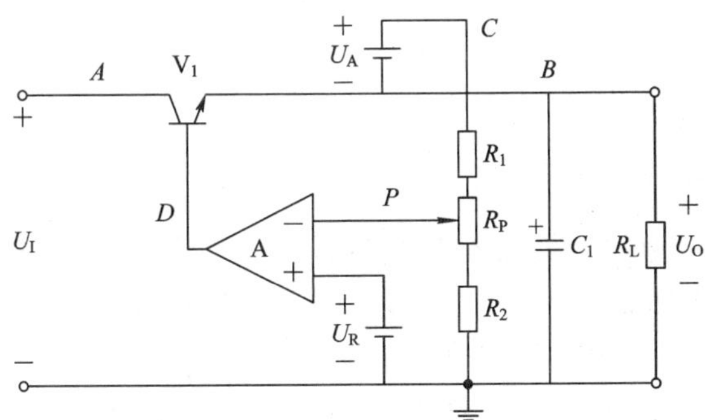

图 10－9　从零起调的串联型直流稳压电路

图 10－9 中比较元件用运算放大器 A 实现，A 的同相输入端接 U_R，U_R为电压基准源，A 的反相输入端接采样信号，输出用来驱动调整管。输出电压为 U_O，即 B 点的电压为 U_O，U_A为一辅助电源，则 C 点的电压为 U_O+U_A，采样电路连接在 C 点和地之间，由此可知采样点 P 点的电压为

$$U_P = \frac{R_{P1} + R_2}{R_1 + R_2 + R_P}(U_O + U_A) \tag{10-8}$$

式(10－8)中，R_{P1}表示可变电阻滑动端与下面端子之间的电阻值。当电路达到稳定时 $U_P = U_R$，于是可得

$$U_O = \frac{R_1 + R_2 + R_P}{R_{P1} + R_2}U_R - U_A \tag{10-9}$$

在式(10－9)中，当 R_{P1}最大时为 R_P，此时 U_O取得最小值，即

$$U_{Omin} = \left(1 + \frac{R_1}{R_P + R_2}\right)U_R - U_A \tag{10-10}$$

令 $U_{Omin} = 0$，可得

$$U_A = \left(1 + \frac{R_1}{R_P + R_2}\right)U_R \tag{10-11}$$

式(10－11)表明，增加辅助电源 U_A，并且合理配置电阻 R_1、R_2及 R_P的值，就可以实现输出电压从零起调。

在实际应用中，辅助电源 U_A通常为通过独立的整流、滤波及稳压实现的固定输出小功率稳压电源，电压基准 U_R仍可通过稳压管实现，或使用其他基准电压产生电路实现。

10.3 集成稳压电路

集成稳压电路

利用集成工艺把稳压电路集成在一块半导体晶片上，封装后形成的器件即为集成稳压器件。与分立元件构成的稳压电路相比较，集成稳压器件应用灵活方便、体积小巧、可靠性高、价格低廉，因此得到了非常广泛的应用。集成稳压器也可以分为线性集成稳压器和开关型集成稳压器。线性集成稳压器通常是一个完整的稳压电路，可以独立完成稳压，而开关型集成稳压器通常只是开关稳压电路的控制器，应用时还需接入外部电路元件才能构成完整的稳压电路，这些外部元件通常以电感、电容及变压器等体积较大而无法集成的元件为主。线性集成稳压器可分为固定输出和可调输出两类。

10.3.1 固定输出线性集成稳压器

1. 固定输出线性集成稳压器简介

固定输出线性集成稳压器通常有三个引脚，分别是输入端、输出端和公共端(或地端)，应用时，输入电压加载到输入端与公共端之间，从输出端与公共端之间就可以输出稳压信号了，这种稳压器由于输出稳定电压不可以调节，因此，称为**固定输出线性稳压器**。这类集成稳压器的稳压原理与前述串联型线性集成稳压电路相似。

78 系列是固定输出线性集成稳压器的典型代表，该系列产品包含输出电压为 5 V、6 V、8 V、9 V、10 V、12 V、15 V、18 V 及 24 V 的产品。从输出电流上看可提供 0.1 A、0.5 A 及 1.0 A 的产品，从封装形式上可以提供 TO-220、TO-92 等直插式及 SOT-89、TO-263 等贴片式产品，用户可以根据自己的需求选择合适的产品。图 10－10 为 78 系列集成稳压器的常见封装。

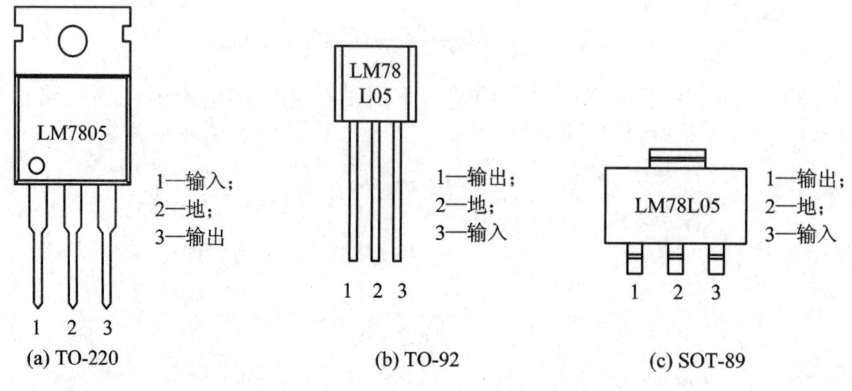

图 10－10　78 系列集成稳压器封装

TO-220 封装通常用于 0.5 A 与 1 A 的产品。以仙童半导体(Fairchild Semiconductor)公司生产的产品为例，LM78M05 表示稳压值为 5 V，电流为 0.5 A 的产品，LM7805 则表示稳压值为 5 V，电流为 1 A 的产品。TO-92 等和 SOT－89 封装均为小功率封装，用于电流为 0.1 A 的产品，例如 LM78L05 表示稳压值为 5 V，输出电流为 0.1 A 的产品。这里需要注意的是，不同封装的产品其引脚代表的信号有差异，应用时需要注意，不能接错。

与 78 系列相对应，79 系列是用来产生负电源的固定输出三端集成稳压器产品。该系列包含－5 V、－6 V、－8 V、－9 V、－10 V、－12 V、－15 V、－18 V 及－24 V 输出的产品，可提供 0.1 A、0.5 A 和 1.0 A 的输出电流，封装与 78 系列类似。图 10－11 所示为 79 系列产品的主要封装，同样需要注意不同封装引脚顺序的差异。

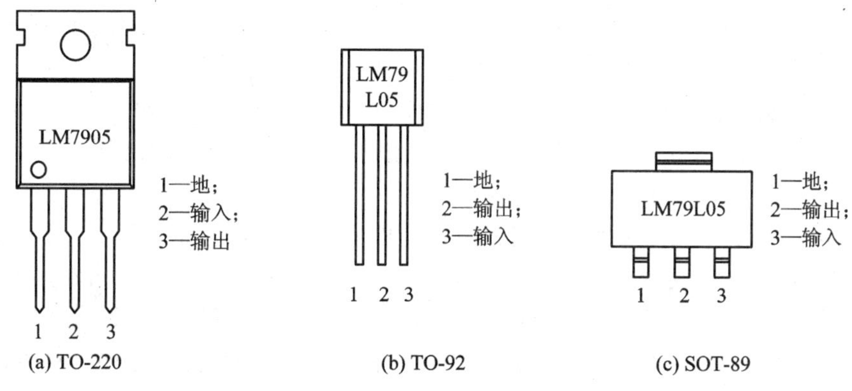

图 10－11　79 系列集成稳压器封装

78 和 79 系列集成稳压器除具有稳压功能外，还具有过流保护和过热保护功能，这些保护功能提高了应用的安全性和可靠性。

2. 固定输出线性集成稳压器基本应用

应用固定输出线性集成稳压器可以方便地实现所需的固定输出稳压电源。图 10－12 所示为应用 LM7805 构成的＋5 V 稳压电源电路，电路中的 LM7805 引脚序号按照 TO-220 封装标注。该电路先采用变压器降压、整流、电容滤波，得到 LM7805 的输入电压 U_I，再经过 LM7805 稳压后输出＋5 V 直流电压 U_O。为了抑制高频的干扰信号，在 LM7805 的输入端和输出端分别接 C_2 和 C_3 作为滤波电容，输出端的电容 C_4 对稳压后的电压进一步滤波，增加输出的稳定性。

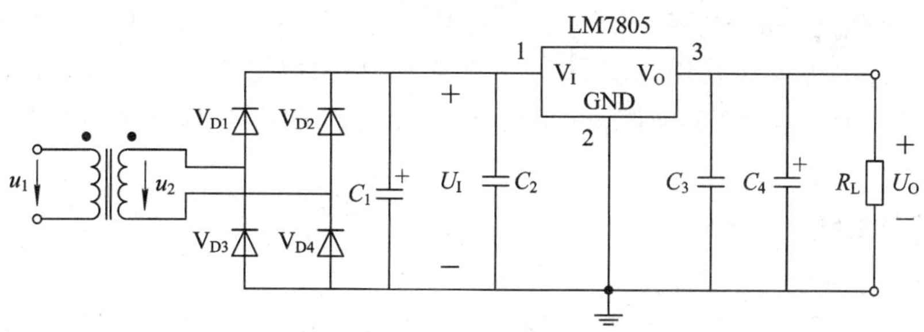

图 10－12　应用 LM7805 构成的＋5 V 稳压电源

应用 79 系列器件可以方便地构成负电压输出的稳压电源，图 10－13 所示为应用 LM7905 构成的－5 V 稳压电源，电路中的 LM7905 引脚序号按照 TO-220 封装标注。

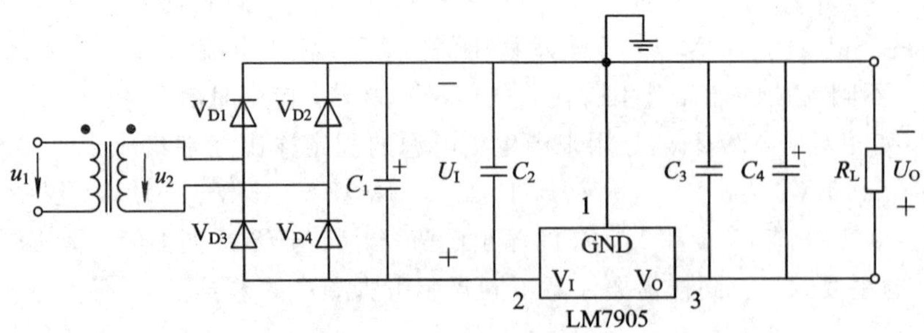

图 10－13　应用 LM7905 构成的－5 V 稳压电源

如图 10－13 所示，电容 C_2 和 C_3 靠近 LM7905 的输入、输出引脚安装，主要用于抑制干扰信号。整流滤波后的电压 U_I为一负电压，经过 LM7905 稳压后得到－5 V 稳压电源，即 $U_O = -5$ V。

把 78 和 79 系列元件配对使用，可以方便地构成正负稳压电源，图 10－14 所示为应用 LM7812 和 LM7912 构成的±12 V 稳压电源，电路中的 LM7812 和 LM7912 引脚序号按照 TO-220 封装标注。该电源把输入±15 V 电源转换为±12 V 稳压电源。在运算放大器、功率放大器等电路中经常用到正负电源，因此该电源可以广泛应用于这些电路中。

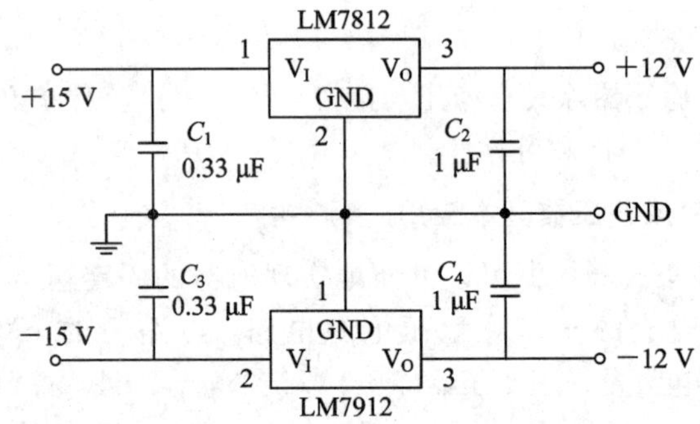

图 10－14　±12 V 稳压电源

对于 78 系列，输出电压 24 V 的产品输入电压最高 40 V，其他产品输入电压最高 35 V；对于 79 系列，输出电压－24 V 的产品输入电压最低－40 V，其他产品输入电压最低－35 V。三端稳压器工作中，输入输出压差越大，输出电流越大，稳压器的功耗越高，稳压电源的效率越低。当稳压器功耗较大时必须设置良好的散热条件，这样才能保证稳压器正常工作。

3. 固定输出线性集成稳压器扩展应用

1）电压扩展应用

固定输出线性集成稳压器可以构成各种扩展应用电路。图 10－15 所示为应用三端固定集成稳压器 LM7809 构成的 9～12 V 输出可调稳压电源。

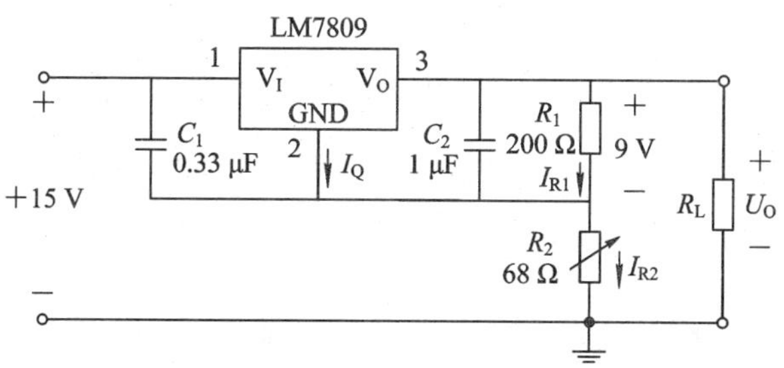

图 10－15　9～12 V 可调稳压电源

由图 10－15 可得

$$\begin{aligned} U_O &= 9\ \text{V} + I_{R2} \cdot R_2 = 9\ \text{V} + (I_Q + I_{R1})R_2 \\ &= 9\ \text{V} + \left(I_Q + \frac{9\ \text{V}}{R_1}\right)R_2 = I_Q \cdot R_2 + \left(1 + \frac{R_2}{R_1}\right)9\ \text{V} \end{aligned}$$

即

$$U_O = I_Q \cdot R_2 + \left(1 + \frac{R_2}{R_1}\right)9\ \text{V} \tag{10-12}$$

式(10－12)中 I_Q为 LM7809 的静态电流，约为 5 mA，当 $I_{R1} > 5I_Q$时，I_Q可以忽略，即

$$U_O \approx \left(1 + \frac{R_2}{R_1}\right)9\ \text{V}$$

上式表明，改变可变电阻 R_2的值可以使输出电压在一定范围内变化。按照图示参数，当 $R_2 = 0\ \Omega$ 时，$U_O = 9$ V，当 $R_2 = 68\ \Omega$ 时，$U_O \approx 12$ V，因此，该电源是 9～12 V 可调稳压电源。

2）电流扩展应用

以下电路中的 78 及 79 系列器件引脚序号按照 TO-220 封装标注。

三端稳压器的输出电流有限，在需要大电流输出的场合，可以通过电流扩展提高稳压电路的输出电流。图 10－16 所示为 LM7815 构成的电流扩展稳压电路。

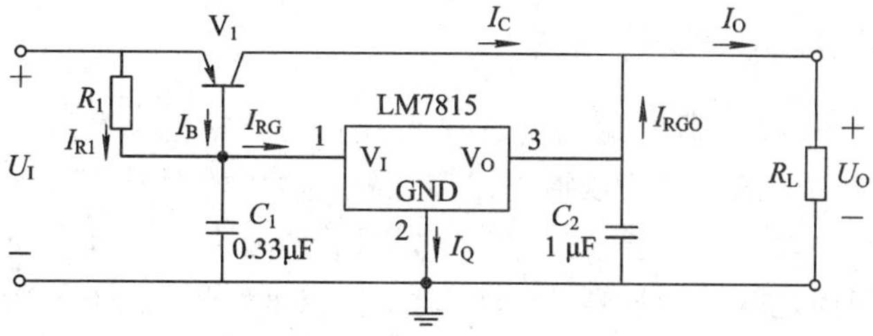

图 10－16　电流扩展稳压电源

电流 I_{R1}流经 R_1产生压降 U_{BE1}，当 U_{BE1}大于 V_1的正偏导通电压时，V_1导通，产生基极电流 I_B，则集电极电流 $I_C = \beta I_B$，并且，随着 U_{BE1}的增大，I_C不断增大。由图 10－16 可见

$$I_O = I_C + I_{RGO} = \beta I_B + I_{RGO}$$

又因为

$$I_{RG} = I_{RGO} + I_Q \approx I_{RGO}$$

$$I_{RG} = I_{R1} + I_B$$

因此

$$I_O = \beta I_B + I_B + I_{R1} = (1+\beta)I_B + \frac{U_{BE1}}{R_1}$$

当电阻 R_1 阻值较大时，输出电流主要由 V_1 管承担，输出电流的容量主要取决于 V_1 的允许电流。

3）恒流源应用

图 10－17 所示电路为用 LM7812 实现的恒流源电路。

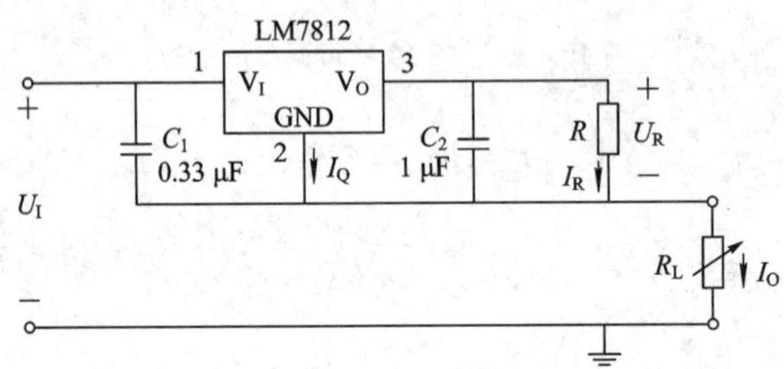

图 10－17　三端稳压器实现的恒流源电路

由图 10－17 可知，电阻 R 上的压降即为三端稳压器的输出，即 U_R＝12 V，则 R 上的电流为 U_R/R。负载 R_L 上的电流为

$$I_O = I_Q + I_R = I_Q + \frac{U_R}{R} \tag{10-13}$$

式(10－13)表明，输出负载上的电流与 R_L 大小无关，由于 I_Q 较小，可以忽略，因此，负载电流 I_O 可以看成是由稳压器的输出电压 U_R 及电阻 R 决定的常数。

当恒流源工作时，R_L 上的压降为 $I_O R_L=(R_L/R)U_R$，从稳压器的输出端到地总的电压降为 $U_R+(R_L/R)U_R$，要使稳压器正常工作，输入输出之间还必须保持一个最小的压差，由此可见，总的输入电压 U_I 应该比 $U_R+(R_L/R)U_R$ 与输入输出最小压差之和大，恒流源才能正常工作。

10.3.2　可调输出线性集成稳压器

可调输出线性集成稳压器的输出电压是可调的，调整电路需要外部连接。LM317/217/117 是正电压输出的**三端可调线性集成稳压器**，输出电压调整范围 1.2～37 V，输出最大负载电流 1.5 A，输入电压最大值 40 V，芯片内置有过热、过流及短路保护电路，稳压性能优于 78 系列固定输出稳压器。LM317 工作温度范围为 0℃～125℃，LM217 工作温度范围为－25℃～150℃，LM117 工作温度范围为－55℃～150℃。LM317 的封装灵活多样，不同封装允许的负载电流可能不同。图 10－18 所示为 LM317 的典型封装及引脚排列。

LM337/237/137 是**负电压输出的三端可调线性集成稳压器**，输出电压可调范围为－1.2～－37 V，输出电流 1.5 A，输入电压最低－40 V。LM337 常见的封装有 TO-3、TO-220 及 TO-39 等。图 10－19 所示为 LM337 的常见封装。

与正电压输出的 LM317 相类似，LM337 内部集成有过热、过流及短路保护电路。LM337 工作温度范围为 0℃～125℃，LM237 工作温度范围为－25℃～150℃，LM137 工

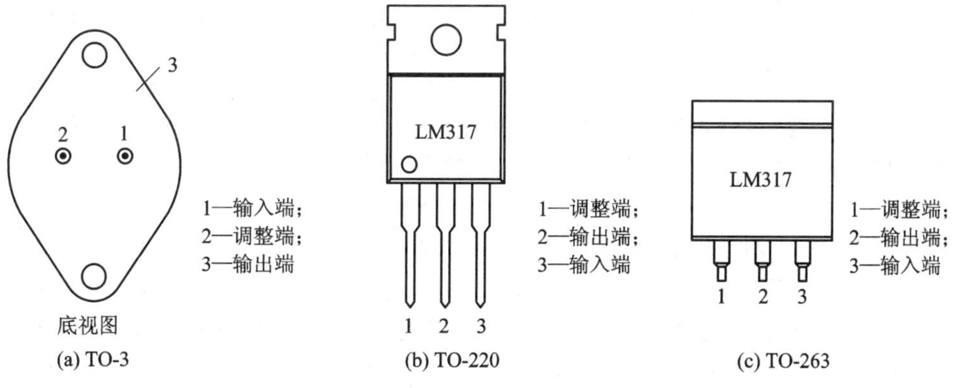

图 10－18　LM317 集成稳压器封装

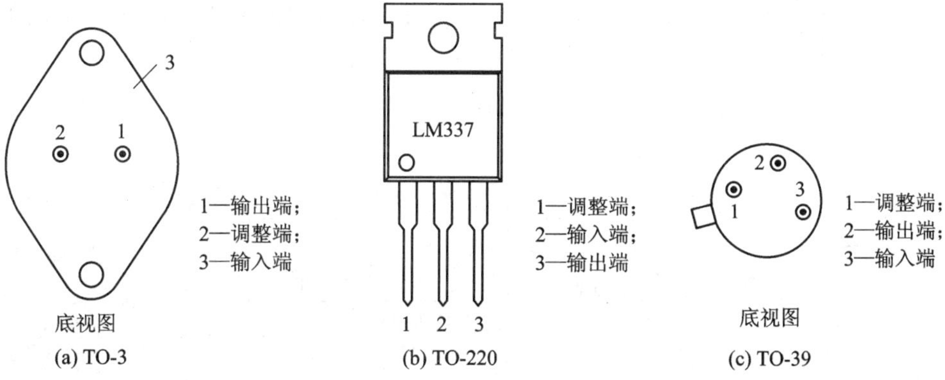

图 10－19　LM337 集成稳压器封装

作温度范围为－55℃～150℃。

三端可调稳压器可以方便地组成稳压电路。图 10－20 所示为 LM317 典型应用电路，图中 LM317 的引脚序号按照 TO-220 封装标注。

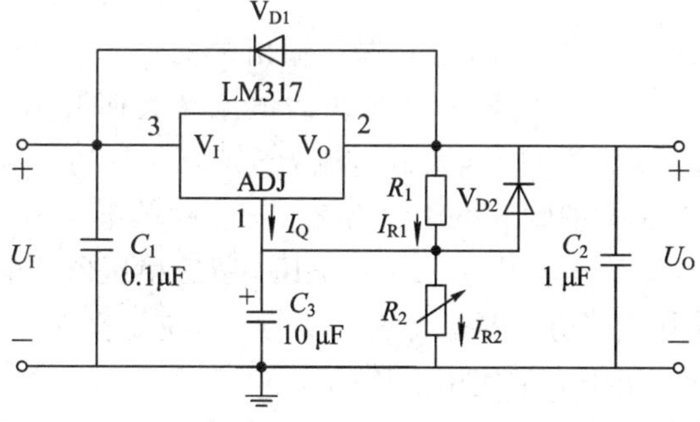

图 10－20　LM317 典型应用电路

LM317 工作后，输出端与调整端之间的电压恒定为 1.25 V，该电压称为基准电压，用 U_{REF} 表示。从调整端输出的电流为 I_Q，基准电压在电阻 R_1 上产生电流 I_{R1}，于是可得流经 R_2 的电流为 $I_{R2}=I_Q+I_{R1}$，输出电压应为 R_1 和 R_2 上电压之和，即

$$U_O = U_{REF} + I_{R2}R_2 = U_{REF} + \left(\frac{U_{REF}}{R_1} + I_Q\right)R_2 = \left(1 + \frac{R_2}{R_1}\right)U_{REF} + I_Q R_2 \quad (10-14)$$

由式(10－14)可以看出，输出电压受控于 R_2、R_1 之比，而 I_Q 在 R_2 上的压降相当于误差，为了减小 I_Q 的影响，LM317 的调整端电流很小，小于 100 μA，因此可以忽略。另外，输出端的电流需要满足最小维持电流要求，当负载开路时，该电流要通过 R_1 所在的支路来提供，因此 R_1 不能大，通常 R_1 取 120～240 Ω。在输入与输出端可以接高频性能好的小电容，用以抑制干扰，调整端的电容 C_3 可以提高纹波的抑制能力。二极管 V_{D2} 用来防止电容 C_3 通过调整端放电可能对器件造成的损坏，V_{D1} 用来防止输入断电时，输出端向输入端电流倒流可能对稳压器造成的损害。当 R_2 为固定电阻时，输出电压固定；当 R_2 为可变电阻时，调整 R_2 即可改变输出电压。

图 10－21 所示为 LM337 典型应用电路，图中 LM337 的引脚序号按照 TO-220 封装标注。输入电压和输出电压均为负电压，LM337 工作中输出端和调整端的电压为－1.25 V，称为基准电压，即 $U_{REF}=-1.25$ V。根据调整端的电流、R_1 及 R_2 上的电流关系，可得输出电压 U_O 的表达式为

$$U_O = \left(1 + \frac{R_2}{R_1}\right)U_{REF} - I_Q R_2 \quad (10-15)$$

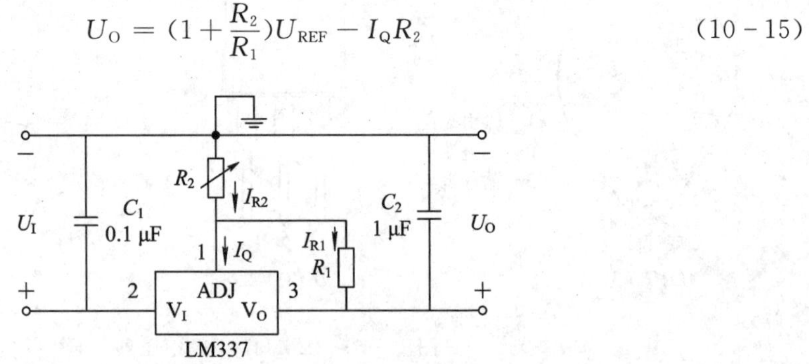

图 10－21　LM337 典型应用电路

10.3.3　低压差线性集成稳压器

维持线性集成稳压器正常工作的输入端与输出端的最小压差，称为稳压器的跌落电压。跌落电压并不是一个常数，它随着输出负载电流增大而升高，随环境温度升高而降低。常温时，以 78 和 79 系列为例，当负载电流为 500 mA 时的跌落电压约为 2 V，LM317 和 LM337 负载电流为 1 A 时的跌落电压约为 2.5 V。跌落电压较高限制了线性集成稳压器的应用范围，例如，由 5 V 电压产生 3.3 V 电压，留给稳压器的电压降落只有 1.7 V。显然，一个具有 2 V 跌落电压的稳压器是无法实现的，即使能实现，这样的变换效率也是非常低的。当前的计算机系统中大量使用 5 V、3.3 V、2.8 V、1.8 V 及 1.2 V 等多种稳定电压，具有较高跌落电压的稳压器对于这些电压之间的变换是无法实现的。

低压差线性稳压器(Low Dropout Regulator，LDO)相对于传统的线性稳压器具有很低的跌落电压，只要输入电压比输出稳定电压稍高即可实现稳压，在低压差情况下，稳压器工作时的损耗很低、效率较高。下面介绍几款具体的产品。

1. LM1117 系列

LM1117 是跌落电压 1.2 V，电流输出可达 800 mA 的低压差线性稳压器系列。该系列既有固定输出的产品，如输出电压 5 V、3.3 V、2.85 V、2.5 V 及 1.8 V 等，也有可调输出的产品，可通过外部电阻网络设定输出电压范围为 1.25 ～13.8 V。LM1117 系列输入电压最高 20 V。

LM1117 系列电源调整率最大为 0.2%，负载调整率最大为 0.4%，封装形式灵活多样，应用广泛。图 10－22 为 LM1117 典型应用电路。

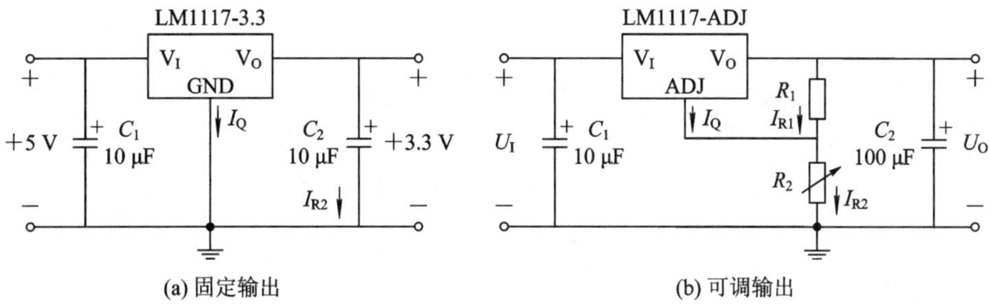

图 10－22　LM1117 典型应用电路

图 10－22(a)实现＋5 V 到＋3.3 V 之间的稳压变换，输出固定。图 10－22(b)为输出可调稳压电路，通过电阻 R_1和 R_2设定输出电压的大小，输出端 V_O与调整端 ADJ 之间的电压为 1.25 V，输出电压为

$$U_O=\left(1+\frac{R_2}{R_1}\right)\times 1.25\ \text{V}+I_QR_2$$

由于 LM1117 工作的静态电流很小，因此 U_O中 I_QR_2可以忽略。

2. TPS7B69 系列

TPS7B69 系列是 TI 公司生产的超低静态电流低压差线性稳压器，输出电流可达 150 mA，包含 TPS7B6933 和 TPS7B6950 两款产品，输出电压固定，分别为＋3.3 V 和＋5 V。当输出电流 100 mA 时，跌落电压不超过 800 mV，芯片工作时内部的静态电流不超过 25 μA。TPS7B6933 的输入电压范围为 4～40 V，TPS7B6950 的输入电压范围为 5～40 V，当输入电压过低时，芯片内部的欠压锁死电路工作，输出自动关断。除此以外，芯片内置有过压、过流保护电路，提高了稳压电路的安全性和可靠性。

10.3.4　集成电压基准

1. 电压基准概述

电压基准在电子电路中有广泛的用途，例如在稳压电路中常常通过稳压二极管产生基准电压，再与采样电压进行比较实现稳压调节；在模数转换(A/D)和数模转换(D/A)电路中，高精度的电压基准是转换精度的重要保障。目前产生电压基准的常用方法可大致分为以下几种。

1) 利用 PN 结正向导通压降产生电压基准

这样的情况在电流源电路中非常普遍，但是，由于 PN 结的正偏电压受温度影响较大，因此，这样的基准电压温度稳定性差。

2）利用稳压二极管产生电压基准

稳压二极管反向击穿电压电压值基本稳定，实现电压基准方便灵活，但是，稳压二极管击穿电压通常较高，且不易调节，噪声较高，受温度的影响较大，因此通过这种方法产生的电压基准很难满足高精度的要求。

3）利用带隙电压实现电压基准

这种方法可以产生高精度和高稳定度的电压基准，是目前实现电压基准源的主要方法之一，是适合集成技术生产的电压基准。由于 PN 结的负温效应，PN 结的正向导通压降随温度的下降而上升，当温度降到 0 K 时，硅材料 PN 结的正偏电压为常数，为 1.205 V，该电压称为**硅 PN 结带隙电压**，如果温度变化时 PN 结的温度效应被完全补偿，则带隙电压即可作为一个高稳定度的基准源使用。实际上，人们就是基于这一思想制造出了带隙电压基准，经过补偿后，带隙电压基准温度效应很小，通过对带隙电压进行放大，可以产生 2.5 V、5 V、10 V 等不同电压等级的基准源。带隙电压基准稳定、准确，在 A/D 及 D/A 电路等要求高精度基准源的场合得到广泛应用，也常作为高稳定度稳压电源的基准。

2. 电压基准集成电路

下面介绍两款基于带隙电压原理的电压基准集成电路。

1）AD580

AD580 是一款 2.5 V 的电压基准，输入电压范围 4.5～30 V，输出电压容差 0.4%，温度稳定度优于 10 ppm/℃，长时间输出电压稳定度不大于 250 μV，静态电流小于 1.5 mA。AD580 采用 TO-52 金属封装。图 10－23 所示为 AD580 的封装及应用电路。

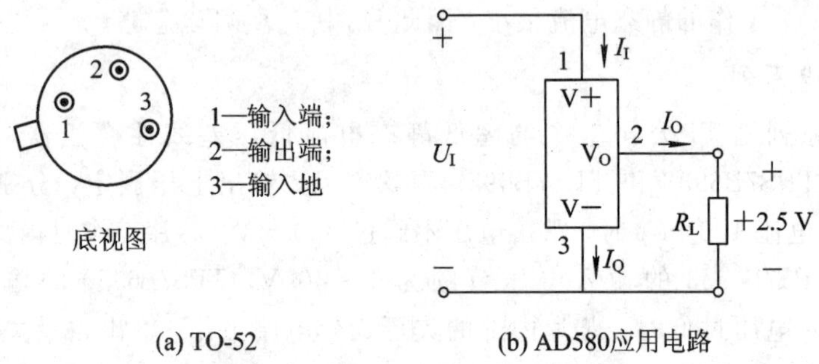

图 10－23　AD580 封装及应用电路

在应用电路中，输入电压从 V＋和 V－输入，在 V_O 和 V－之间即输出 2.5 V 基准电压，流入 AD580 的总电流为

$$I_I = I_Q + I_O = I_Q + \frac{2.5\ \text{V}}{R_L}$$

实际应用中负载电流通常以不超过 10 mA 为佳。

2）TL431

TL431 是应用广泛的三端可调电压基准源，它的输出电压可通过外部电阻设置在 2.5～36 V 之间，具有非常低的动态输出电阻，典型值为 0.2 Ω，具有 1～100 mA 的电流

输出能力，全温度范围内的温度系数为 50 ppm/℃。图 10－24 为 TL431 封装、符号及内部结构示意图。

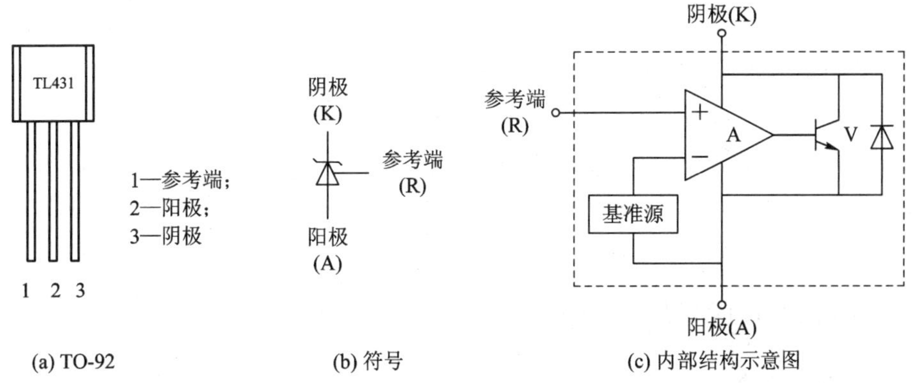

图 10－24　电压基准 TL431

如图 10－24(a)所示，TO-92 封装是 TL431 常用的封装之一，它有三个引脚，分别是参考端(R)、阳极(A)及阴极(K)。图 10－24(b)为 TL431 的符号。图 10－24(c)为 TL431 的内部结构示意图。在 TL431 内部有一个通过带隙电压实现的基准源，基准电压为＋2.5 V，该基准源加载到放大器 A 的反相输入端，运放的输出端驱动调整管 V。在应用电路中，如果把参考端 R 与阴极 K 相连，则构成负反馈电路，根据负反馈电路工作原理，运放 A 的同相输入端的电压和反相输入端的电压近似相等，此时，在 R 和 K 的并接点就可以得到＋2.5 V 的电压基准了。

图 10－25 所示为 TL431 的典型应用电路。图 10－25(a)中，阴极 K 和参考端 R 并接，经过 TL431 内部调整，阴极电压等于内部基准电压，即＋2.5 V，输入电压中的其余电压由串入电阻 R_1 承担。在图 10－25(b)中，通过电阻 R_1 使 TL431 构成闭环负反馈，因此，参考端的电压恒定为内部基准电压 U_R，U_R 在 R_2 上形成电流为 U_R/R_2。由于参考端几乎不取用电流，因此 R_1 上的电流近似等于 R_2 上的电流，由此可得输出电压为

$$U_O=\left(1+\frac{R_1}{R_2}\right)U_R=\left(1+\frac{R_1}{R_2}\right)\times 2.5\ \mathrm{V}$$

由上式可见，改变 R_1、R_2 的比值就可以调整输出的稳定电压基准。

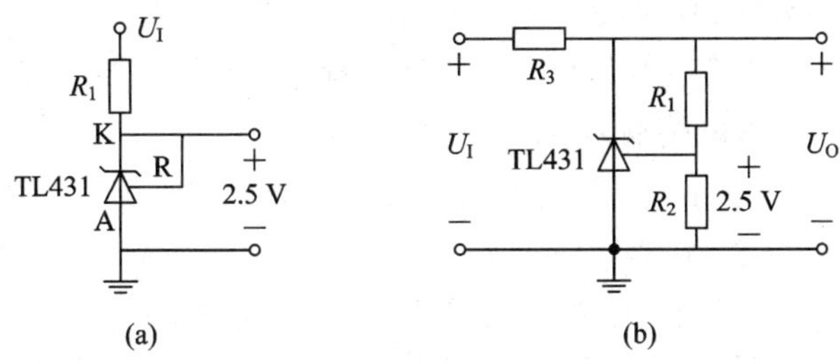

图 10－25　TL431 应用电路

10.4 直流稳压电源仿真

本节通过对串联型直流稳压电路和集成稳压器应用电路的仿真，加深对线性稳压电路工作原理的理解与认识，促进对集成稳压器应用电路的掌握。仿真文件可从西安电子科技大学出版社网站“资源中心”下载。

通过仿真可以为实际电路的设计提供支持和帮助，从应用的角度上看，这才是仿真真正的价值所在，因此，大家应该逐渐学会使用 Multisim 仿真解决实际问题的能力，而不要仅仅把它看成是学习的辅助工具。

10.4.1 串联型直流稳压电路仿真

1. 电路功能仿真与分析

图 10-26 所示为串联型直流稳压仿真电路，该电路由桥式整流电路、电容滤波电路及串联型稳压电路构成，输入采用 18 V 的工频交流电源。

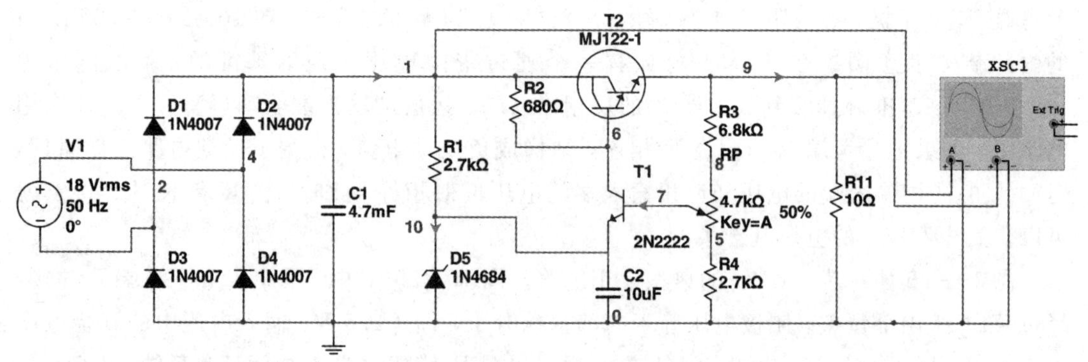

图 10-26 串联型直流稳压仿真电路

稳压电路是本电路的核心，其中，选用稳压管 1N4684 来产生电压基准，V1 管作为采样信号与基准信号的比较电路，V2 管为达林顿管 MJ122，充当调整管，输出电压采样网络由 R3、R4 及可调电阻 RP 组成。通过调节可调电阻的滑动端可以调整输出稳定电压的值。

为了观察稳压电路的工作情况，接入了双通道虚拟示波器 XSC1，用来观察整流波形和输出稳定电压波形。电路连接完成后，仿真运行，打开示波器 XSC1 观察输入、输出波形，图 10-27 所示为稳压电路输入、输出波形图。

调整可调电阻滑动端的位置(改变可调电阻滑动端与其下端之间电阻占总其电阻的百分比)，测量相关数据，记录在表 10-1 中。

表 10-1 可调电阻滑动端位置与对应输出电压的关系记录表

RP 位置/%	100	90	80	70	60	50	40	30	20	10
输出电压/V	8.49	9.0	9.57	10.2	11.0	11.8	12.9	14.2	15.8	18.1

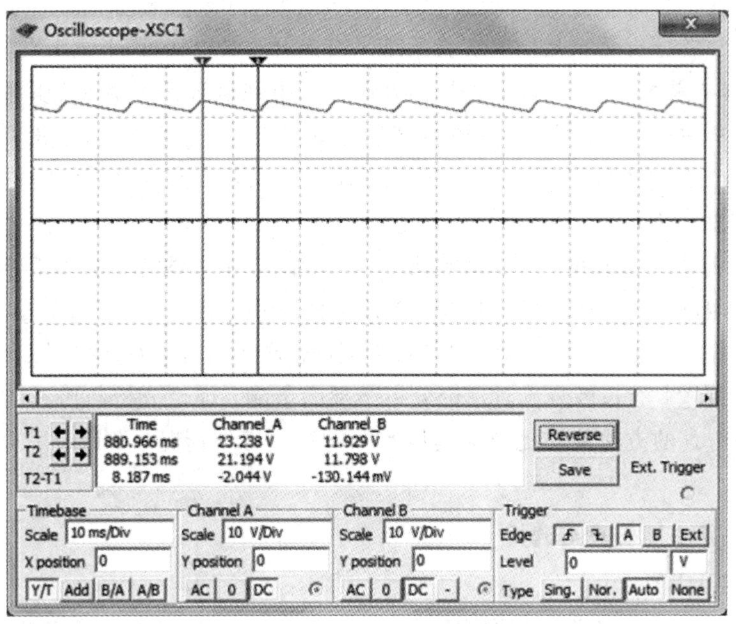

图 10－27　稳压电路仿真波形

分析表 10－1 数据可见，当把可调电阻的滑动端从上向下调节时，输出电压的变化范围从 8.49 V 起逐渐增加，当可调电阻调整到 10%的位置时，输出电压达到 18.1 V，但是，此时的输出电压波形中纹波增加，稳定性变差。由于调整管跌落电压的存在，继续减小 RP 到 10%以下时，输出电压将变得不稳，失去稳压作用。

考虑到实际应用中输入电压的波动，该电路适合作为输出电压 9～15 V 可调的串联型稳压电源使用，仿真的结果证明了电路的合理性。

输出负载按照 10 Ω 计算，该电路的最大输出电流为 1.5 A，所选调整三极管 MJ122 的集电极电流为 8 A，集电极到发射极耐压 100 V，完全满足电路工作需要。

下面对电路进行理论分析，然后把分析结果与仿真结果进行对比。首先，稳压管 1N4684 的稳定电压典型值为 $U_Z=3.3$ V，比较电路 V1 的射极正偏电压设为 $U_{BE}=0.7$ V，则采样点的比较电压为 4.0 V。再根据采样电压与基准电压相等的原理，可以求得输出电压为

$$U_O=\frac{R_3+R_4+R_P}{R_4+R_{P1}}\times(U_Z+U_{BE})$$

R_{P1}表示可调电阻滑动端与下面端子之间的电阻值，调整可变电阻滑动端的位置，就是改变 R_{P1}的大小，由此可得输出电压的范围为

$$\frac{R_3+R_4+R_P}{R_4+R_P}\times(U_Z+U_{BE})\leqslant U_O\leqslant\frac{R_3+R_4+R_P}{R_4}\times(U_Z+U_{BE})$$

即

$$\frac{6.8+2.7+4.7}{2.7+4.7}\times(3.3+0.7)\leqslant U_O\leqslant\frac{6.8+2.7+4.7}{2.7}\times(3.3+0.7)$$

$$7.68\ \text{V} \leqslant U_O \leqslant 21.0\ \text{V} \tag{10-16}$$

式(10－16)的分析结果与仿真实验的结果有差异，以U_O的最小值来看，理论分析结果7.68 V与仿真结果8.49 V有较大差异，为什么会出现这种情况呢？究其原因，实际上是由于在理论分析过程中，忽略了V1管的基极电流，也就是忽略了从V1的基极看进去的等效电阻对采样电阻网络的分流作用，这相当于增大了采样点到地之间的阻值，从而造成U_O的理论分析结果较小。

这样的分析结果提示我们，如果要减小V1基极分流对理论分析的影响，可以减小采样电路串联电阻网络的阻值，使V1的分流在采样支路电流中占比下降，从而减小理论分析误差。采样支路电流增大可能使采样电路的损耗增加，实际电路必须综合考虑。

如果考虑到V1的基极分流对理论分析结果的影响，理论分析与仿真的结果实际上是一致的，应用仿真的方法能够更快地模拟实际电路的工作情况，设计时可以更早地发现问题，修正设计。

2. 稳压电路性能仿真与分析

1）电压调整率分析

根据电压调整率的定义，需要测得输入电压变化±10%时输出稳定电压相对变化量。首先，在输入正常，即输入18 V工频交流电情况下，调整输出电压为15 V左右；然后修改输入交流电压有效值为(1＋10%)×18 V＝19.8 V，仿真运行，测量输出稳定电压并记录到表10－2中；再修改输入交流电压有效值为(1－10%)×18 V＝16.2 V，重新测定输出稳定电压值并记录。

以上步骤完成后，在输入18 V交流电的情况下把输出电压调节到9 V，重新完成以上步骤，并记录测量结果。根据记录结果可以计算各种情况下的电压调整率。

表10－2 电压调整率测量数据记录表

参数值				电压调整率计算
输入电压U_I/V	18	19.8	16.2	
输出电压U_{O1}/V	15	15.2	14.8	$\Delta U_O=0.2$ V，$\Delta U_O/U_O=1.3\%$
输出电压U_{O2}/V	9	9.14	8.84	$\Delta U_O=0.16$ V，$\Delta U_O/U_O=1.7\%$

通过上表测量数据及计算结果可以看出，在输出电压为9 V时，电压波动达到160 mV，对应的电压调整率为1.7%，把该指标作为该电源的电压调整率。

2）负载调整率分析

负载调整率反映输出负载变化对稳压值的影响。测量的方法为：在特定稳压值下，改变负载的大小，测量不同负载情况下输出稳定电压的变化，记录测量数据到表10－3中，根据记录数据计算负载调整率。为了便于改变负载电流，可以把负载换成可调电阻，并在支路中串入开关，以便断开负载。

表 10－3　负载调整率测量数据记录表

参数值								负载调整率计算
负载电流 I_O/A	1.5	1.2	1.0	0.7	0.5	0.2	0	
输出电压 U_{O1}/V	15	15.0	15.0	15.1	15.1	15.1	15.2	$\Delta U_O=0.2$ V， $\Delta U_O/U_O=1.3\%$
输出电压 U_{O2}/V	9.01	9.03	9.04	9.07	9.09	9.12	9.21	$\Delta U_O=0.21$ V， $\Delta U_O/U_O=2.3\%$

从上表可以看出，输出电压为 9 V 时改变负载，电压波动最大达到 210 mV，由此可以确定该稳压源的负载调整率为 2.3%。

除上述性能指标外，通过仿真还可以测定稳压源的纹波、输出电阻等，这里不再赘述。

10.4.2　集成稳压器应用仿真

1. 固定输出三端稳压器应用仿真

图 10－28 所示为应用 LM7809 构成的稳压器仿真电路。该电路是一个输出电压 9 V、输出电流 0.5 A 的集成稳压电路。电路由整流、滤波及稳压部分组成，观测仪器选用双通道示波器和虚拟测试探针。

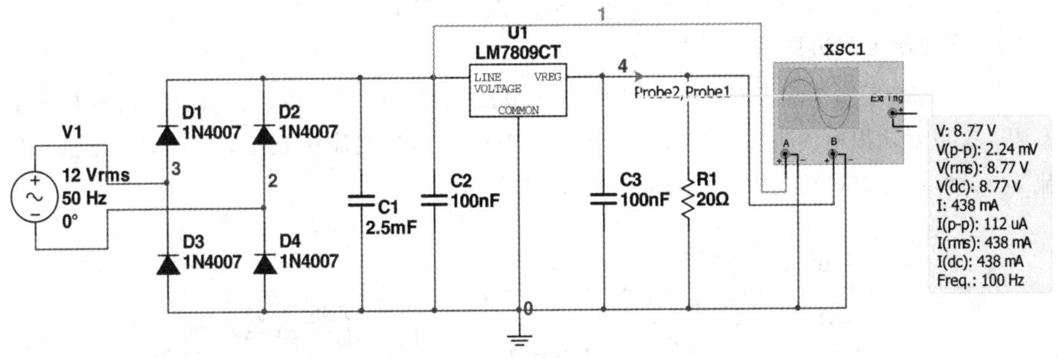

图 10－28　集成稳压器仿真电路

电路中滤波电容 C1 的值根据 $R_1C_1 \geqslant (3\sim5)\dfrac{T}{2}$ 估算，取 $R_1C_1=5\times\dfrac{T}{2}$，根据 R1 的值估算出 C1 取 2500 μF。

电路连接好后仿真运行，通过设置在输出端的测试探针可以观察输出电压、电流等参数，可得输出稳定电压为 8.77 V，输出负载电流为 0.438 A。由于稳压器输入的是工频整流信号，因此输出中含 100 Hz、峰峰值 $U_{(p-p)}$ 为 2.24 mV 的交流信号，该信号实际上就是纹波信号的主要成分。双击示波器，可以打开示波器视窗观察整流电压和输出电压的波形，如图 10－29 所示。

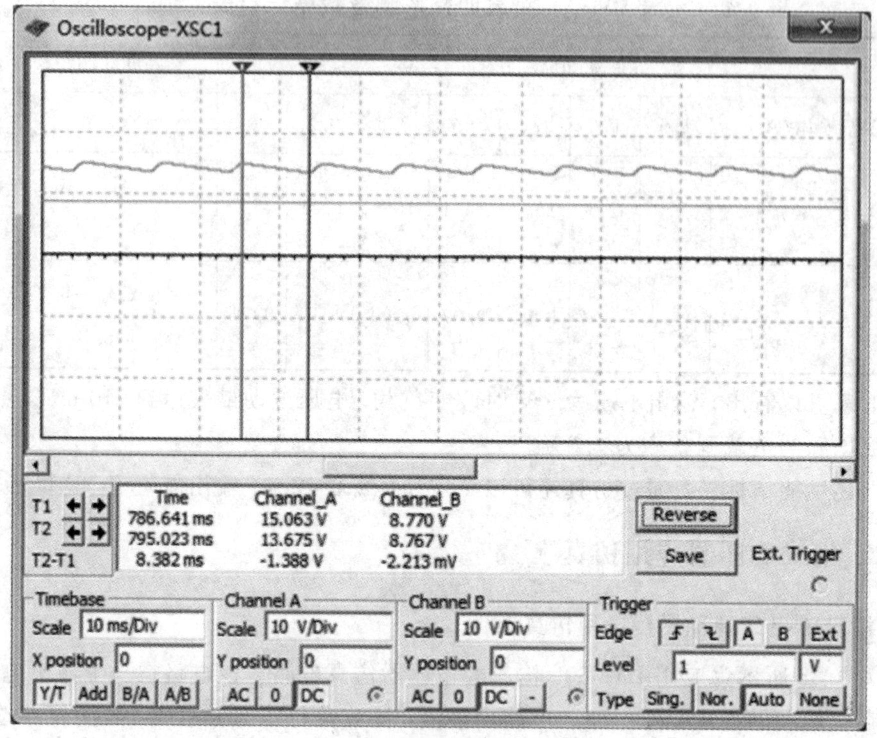

图 10 - 29　集成稳压器仿真波形

2. 恒流源电路仿真

图 10 - 30 所示为用 LM7805 构成的 5 A 恒流源扩展电路。由于 LM7805 的输出电流有限，这里对输出电流进行了扩展，使用了 MJD127 作为电流扩展管，MJD127 是输出电流 8 A，耐压值 100 V 的 PNP 型达林顿三极管。

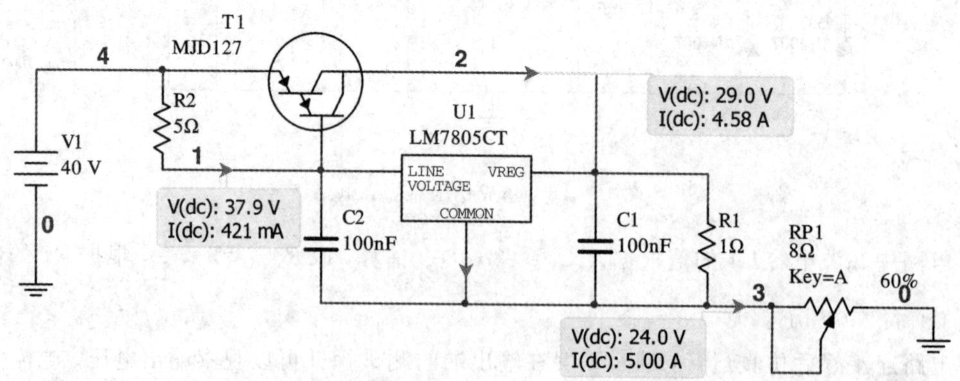

图 10 - 30　用 LM7805 构成的 5 A 恒流源仿真电路

仿真实验采用虚拟测试探针作为测量仪器，电路连接完成，仿真运行，调节负载 RP1 的大小，测量每次调节后输出负载电流、电压，记录到表 10 - 4 中。

表 10－4　恒流源仿真结果记录表

负载阻值/Ω	0	1.6	3.2	4.8	6.4	8
负载电流/A	5.01	5.01	5.01	5.0	4.91	4.06
负载电压/V	0	8.01	16	24	31.4	32.5

从表 10－4 可以看出，负载阻值较小的情况下，恒流源输出基本稳定在 5.01 A，LM7805 的调整电流对输出误差有贡献；当负载电阻增大到 6.4 Ω 后，输出电流下降，恒流效果变差，这主要是由于调整管接近饱和，没有多余的电压来产生更大的电流了。

习　题　十

10－1　电容滤波电路有什么特点？工频交流电进行整流后采用电容实现滤波，应该怎样选择滤波电容？

10－2　什么是电感滤波？简述电感滤波的特点。

10－3　复合滤波主要包含哪几种具体的滤波电路？简述各种复合滤波电路的特点。

10－4　简述直流稳压电路有哪些主要的种类，并简要说明各类稳压电源的特点。

10－5　简要说明串联型直流稳压电路的组成结构和工作原理。

10－6　什么是电压调整率？什么是电流调整率？

10－7　简述 78 系列和 79 系列集成稳压器的主要特性。

10－8　简述 LM317、LM337 集成稳压器的主要特性。

10－9　什么是低压差线性集成稳压器？它有何特点？

10－10　产生电压基准的典型方法有哪些？简述各方法的特点。

10－11　填空题

1. 直流稳压电源按照调整元件的工作方式可以分为________和________。

2. 线性稳压电源中调整元件工作在________。

3. 采用市电供电的小型直流稳压电源电路通常由________、________电路、________电路和________电路四部分组成。

4. 线性直流稳压电路通常由________电路、________电路、________电路和________电路组成，它的本质是一个闭环负反馈控制系统。

5. LM7805 是输出电压____V、输出电流____A 的集成三端稳压器；LM78L05 是输出电压＋5 V、输出电流 0.1 A 的集成三端稳压器。

10－12　稳压电路如图 10－31 所示，设交流市电 u_1 的电压波动范围为±10%，再设 LM7806 的跌落电压为 2.5 V。请根据图示参数核算变压器的变比，估算滤波电容的容量并选择滤波电容的规格型号，计算整流二极管的平均电流以及所承受的最高反向电压。

10－13　串联型线性稳压电源电路如图 10－32 所示，请根据图示参数计算输出稳定电压的可调范围，并估算输入电压 U_I 的取值。

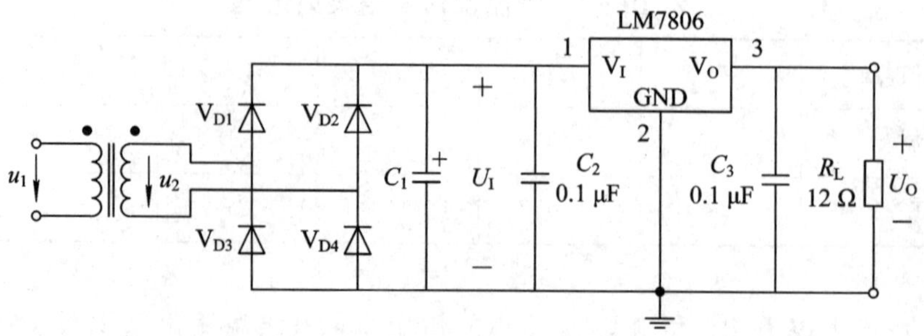

图 10-31　题 10-12 图

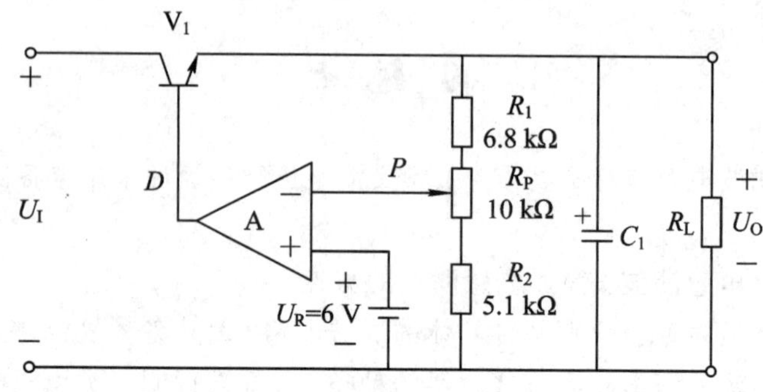

图 10-32　题 10-13 图

10-14　请分析图 10-33 所示稳压电路的工作原理，要使输出电压在 10～15 V 可调，请根据图示参数估算电阻 R_1 和 R_2 的值。

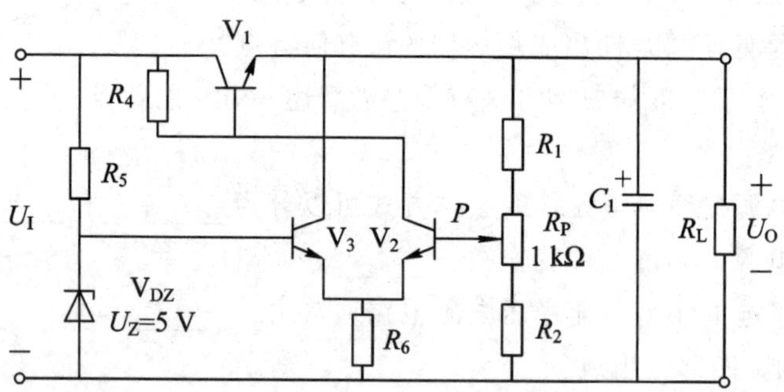

图 10-33　题 10-14 图

10-15　图 10-34 所示稳压电路的输出电压调节范围为 12～18 V，LM7812 工作时 I_Q=5 mA，请计算可调电阻 R_2 的值。

10-16　如图 10-35 所示恒流源电路，输入电压 U_I=38 V，LM7805 工作的静态电流 I_Q=5 mA，LM7805 跌落电压为 2.0 V，要求负载输出电流 125 mA，请计算电阻 R 的值，估算输出负载的最大值。

10-17　请使用 LM317 设计一个使用市电供电，输出电压可调范围为 5～15 V，输出电流 0.5 A 的直流稳压电源，计算相关参数，画出原理图。

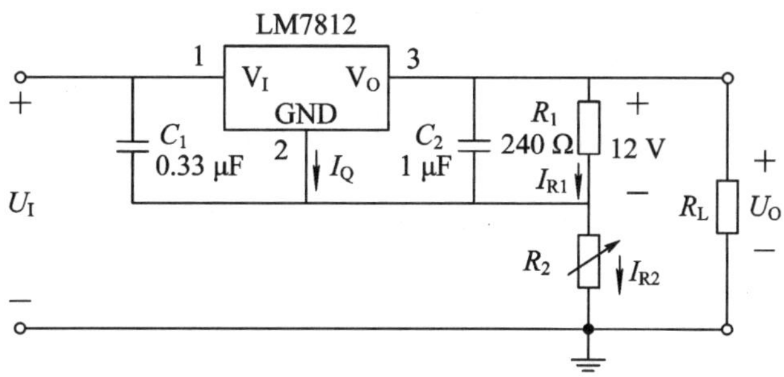

图 10 - 34　题 10 - 15 图

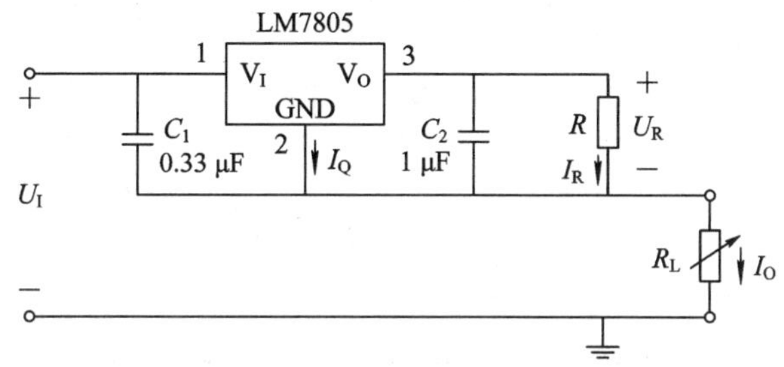

图 10 - 35　题 10 - 16 图

10 - 18　请用 TL431 设计一个 12 V 的电压基准电路，计算相关参数，画出原理图。

习题十参考答案

附录A 常见二极管参数

一、整流二极管1N4001～1N4007参数

1N4001～1N4007是通用型整流二极管，该系列产品具有较低的正向导通压降及较高的浪涌电流承受能力。下面表格中分类介绍它们的参数，这些参数以中英文对照的形式给出，以增进对这些参数含义的理解。

附表A-1[1] 绝对最大额定参数(Absolute Maximum Ratings)

Symbol 符号	Parameter 参数描述	Value 值							Units 单位
		4001	4002	4003	4004	4005	4006	4007	
V_{RRM}	Peak Repetitive Reverse Voltage 重复反向电压峰值	50	100	200	400	600	800	1000	V
$I_{F(AV)}$	Non-repetitive Peak Forward Surge Current 非重复的正向浪涌电流	1							A
T_{stg}	Storage Temperature Range 存储温度范围	−55～+175 −55～+175							℃
T_J	Operating Junction Temperature 工作温度范围	−55～+175 −55～+175							℃

附表A-2[2] 电气特性(Electrical Characteristics)

Symbol 符号	Parameter 参数描述	Value 值							Units 单位
		4001	4002	4003	4004	4005	4006	4007	
V_F	Forward Voltage @ 1.0 A 在1.0 A时的正向电压值	1.1							V
I_{rr}	Maximum Full Load Reverse Current 满载时的最大反向漏电流	30							μA
I_R	Reverse Current @ rated V_R T_A=25℃ T_A=100℃ 额定反向电压，温度分别为25℃和100℃时的反向电流	5.0 500							μA μA
C_T	Total Capacitance V_R=4.0 V, f=1.0 MHz 反向电压为4.0 V，频率为1.0 MHz时的总电容	15							pF

附表 A-3[3] 热工特性(Thermal Characteristics)

Symbol 符号	Parameter 参数描述	Value 值							Units 单位
		4001	4002	4003	4004	4005	4006	4007	
P_D	Power Dissipation 耗散功率	3.0							W
$R_{\theta JA}$	Thermal Resistance, Junction to Ambient 结到环境的热阻	50							℃/W

注：[1]～[3]表格数据引自 Fairchild Semiconductor 公司数据手册。

二、1N4678～1N4717 系列硅稳压二极管参数

1N4678～1N4717 系列硅稳压管是外延平面型齐纳二极管，具有稳压稳定性高、工作噪声低等特点，可提供丰富的产品系列供用户选择，应用广泛。

附表 A-4[4] 1N4678～1N4717 系列硅稳压管参数

Type 型号	Zener Voltage V_Z@ I_Z=50 μA I_Z为50 μA时的齐纳电压 V_Z			Max. Reverse Current[5]最大反向电流	Test Voltage[6] 测试电压	Max. Zener Current 最大齐纳电流	Max. Voltage Change 最大电压变化
	Typ.	Min.	Max.	I_R	V_R	I_{ZM}	$\triangle V_Z$
	V	V	V	μA	V	mA	V
1N4678	1.8	1.710	1.890	7.5	1.0	120	0.70
1N4679	2.0	1.900	2.100	5.0	1.0	110	0.70
1N4680	2.2	2.090	2.310	4.0	1.0	100	0.75
1N4681	2.4	2.280	2.520	2.0	1.0	95	0.80
1N4682	2.7	2.565	2.835	1.0	1.0	90	0.85
1N4683	3.0	2.850	3.150	0.8	1.0	85	0.90
1N4684	3.3	3.135	3.465	7.5	1.5	80	0.95
1N4685	3.6	3.420	3.780	7.5	2.0	75	0.95
1N4686	3.9	3.705	4.095	5.0	2.0	70	0.97
1N4687	4.3	4.085	4.515	4.0	2.0	65	0.99
1N4688	4.7	4.465	4.935	10	3.0	60	0.99
1N4689	5.1	4.845	5.355	10	3.0	55	0.97
1N4690	5.6	5.320	5.880	10	4.0	50	0.96
1N4691	6.2	5.890	6.510	10	5.0	45	0.95
1N4692	6.8	6.460	7.140	10	5.1	35	0.90

续表

Type 型号	Zener Voltage V_Z@ I_Z = 50 μA I_Z 为 50 μA 时的齐纳电压 V_Z			Max. Reverse Current[5] 最大反向电流	Test Voltage[6] 测试电压	Max. Zener Current 最大齐纳电流	Max. Voltage Change 最大电压变化
	Typ.	Min.	Max.	I_R	V_R	I_{ZM}	$\triangle V_Z$
	V	V	V	μA	V	mA	V
1N4693	7.5	7.125	7.875	10	5.7	31.8	0.75
1N4694	8.2	7.790	8.610	1.0	6.2	29.0	0.50
1N4695	8.7	8.265	9.135	1.0	6.6	27.4	0.10
1N4696	9.1	8.645	9.555	1.0	6.9	26.2	0.08
1N4697	10	9.500	10.50	1.0	7.6	24.8	0.10
1N4698	11	10.45	11.55	0.05	8.4	21.6	0.11
1N4699	12	11.40	12.60	0.05	9.1	20.4	0.12
1N4700	13	12.35	13.65	0.05	9.8	19.0	0.13
1N4701	14	13.30	14.70	0.05	10.6	17.5	0.14
1N4702	15	14.25	15.75	0.05	11.4	16.3	0.15
1N4703	16	15.20	16.80	0.05	12.1	15.4	0.16
1N4704	17	16.15	17.85	0.05	12.9	14.5	0.17
1N4705	18	17.10	18.90	0.05	13.6	13.2	0.18
1N4706	19	18.05	19.95	0.05	14.4	12.5	0.19
1N4707	20	19.00	21.00	0.01	15.2	11.9	0.20
1N4708	22	20.90	23.10	0.01	16.7	10.8	0.22
1N4709	24	22.80	25.20	0.01	18.2	9.9	0.24
1N4710	25	23.75	26.25	0.01	19.0	9.5	0.25
1N4711	27	25.65	28.35	0.01	20.4	8.8	0.27
1N4712	28	26.60	29.40	0.01	21.2	8.5	0.28
1N4713	30	28.50	31.50	0.01	22.8	7.9	0.30
1N4714	33	31.35	34.65	0.01	25.0	7.2	0.33
1N4715	36	34.20	37.80	0.01	27.3	6.6	0.36
1N4716	39	37.05	40.95	0.01	29.6	6.1	0.39
1N4717	43	40.85	45.15	0.01	32.6	5.5	0.43

注 1：[4]表格数据引自 Vishay Telefunken 公司数据手册 Silicon Epitaxial Planar Z-Diodes，文件编号 85586。

注 2：最大反向电流[5]是在齐纳二极管加测试电压[6]条件下测得的。

附录 B　常见三极管参数

一、通用型小功率双极型晶体管 9013 参数

9013 是广泛应用的高频小功率三极管，它是最大耗散功率 $P_{CM}=650$ mW，集电极最大电流 $I_{CM}=500$ mA，集电极-发射极击穿电压 $U_{(BR)CEO}=25$ V 的通用型 NPN 型三极管，常见封装为 TO－92 封装，如附图 B－1 所示。

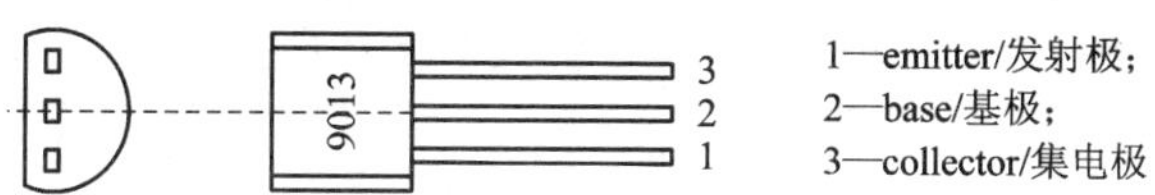

附图 B－1　9013 封装图

附表 B－1　9013 参数

Parameter 参数	Symbol 符号	Test conditions 测试条件	Min 最小值	Typ 典型值	Max 最大值	Units 单位
Collector-base breakdown voltage 集电极-基极击穿电压	$U_{(BR)CBO}$	$I_C=100\ \mu A$，$I_E=0$	45			V
Collector-emitter breakdown voltage 集电极-发射极击穿电压	$U_{(BR)CEO}$	$I_C=0.1$ mA，$I_B=0$	25			V
Emitter-base breakdown voltage 发射极-基极击穿电压	$U_{(BR)EBO}$	$I_E=100\mu A$，$I_C=0$	5			V
Collector-base cut-off current 集电极-基极关断电流(漏电流)	I_{CBO}	$U_{CB}=40V$，$I_E=0$			0.1	μA
Collector-emitter cut-off current 集电极-发射极关断电流(漏电流)	I_{CEO}	$U_{CE}=20V$，$I_B=0$			0.1	μA
Emitter-base cut-off current 发射极-基极关断电流(漏电流)	I_{EBO}	$U_{EB}=5V$，$I_C=0$			0.1	μA
DC current gain 直流电流增益	$h_{EF(1)}$	$U_{CE}=1$ V，$I_C=50$ mA	64		300	
	h_{EF}	$U_{CE}=1V$，$I_C=500$ mA	40			
Collector-emitter saturation voltage 集电极-发射极饱和压降	$U_{CE(sat)}$	$I_C=500mA$， $I_B=50mA$			0.6	V
Base-emitter saturation voltage 基极-发射极饱和压降	$U_{BE(sat)}$	$I_C=500mA$， $I_B=50mA$			1.2	V
Base-emitter voltage 基极-发射极正向电压	U_{BE}	$I_E=100mA$			1.4	V
Transition frequency 特征频率	f_T	$U_{CE}=6V$，$I_C=20mA$	150			MHz

根据小电流情况下直流电流增益 h_{EF} 的大小可以把 9013 划分为不同档次的产品，以满足不同应用场合的增益要求。

附表 B-2　9013 的电流增益分档

Rank 档次	D	E	F	G	H	I
Range 范围	64～91	78～112	96～135	112～166	144～220	190～300

二、通用型 NPN 型三极管 2N3904 参数

2N3904 是通用型 NPN 型三极管，主要用于 100 MHz 以下信号的放大或开关控制，其封装形式也为 TO-92 封装。

附表 B-3　2N3904 绝对参数

Symbol 符号	Parameter 参数	Value 值	Units 单位
U_{CEO}	Collector-Emitter Voltage 集电极-发射极最大电压	40	V
U_{CBO}	Collector-Base Voltage 集电极-基极最大电压	60	V
U_{EBO}	Emitter-Base Voltage 发射极-基极最大电压	6.0	V
I_C	Collector Current-Continuous 集电极连续电流	200	mA
T_J，T_{stg}	Operating and Storage Junction Temperature Range 操作或存储时 PN 结温度范围	−55 ～ +150	℃

附表 B-4　2N3904 电气特性

Parameter 参数	Symbol 符号	Test conditions 测试条件	Min 最小值	Max 最大值	Units 单位
Collector-base breakdown voltage 集电极-基极击穿电压	$U_{(BR)CBO}$	$I_C=10\mu A, I_E=0$	60		V
Collector-emitter breakdown voltage 集电极-发射极击穿电压	$U_{(BR)CEO}$	$I_C=1\ mA, I_B=0$	40		V
Emitter-base breakdown voltage 发射极-基极击穿电压	$U_{(BR)EBO}$	$I_E=10\mu A, I_C=0$	6.0		V

续表

Parameter 参数	Symbol 符号	Test conditions 测试条件	Min 最小值	Max 最大值	Units 单位
Collector-emitter cut-off current 集电极-发射极关断电流(漏电流)	I_{CEO}	$U_{CE}=30$ V, $I_B=0$		50	nA
DC current gain 直流电流增益	h_{EF}	$U_{CE}=1.0$ V, $I_C=0.1$ mA $U_{CE}=1.0$ V, $I_C=1.0$ mA $U_{CE}=1.0$ V, $I_C=10$ mA $U_{CE}=1.0$ V, $I_C=50$ mA $U_{CE}=1.0$ V, $I_C=100$ mA	40 70 100 60 30	300	
Collector-emitter saturation voltage 集电极-发射极饱和压降	$U_{CE(sat)}$	$I_C=10$ mA, $I_B=1.0$ mA $I_C=50$ mA, $I_B=5.0$ mA		0.2 0.3	V V
Base-emitter saturation voltage 基极-发射极饱和压降	$U_{BE(sat)}$	$I_C=10$mA, $I_B=1.0$mA $I_C=50$mA, $I_B=5.0$mA	0.65	0.85 0.95	V V
Base-emitter voltage 基极-发射极正向电压	U_{BE}	$I_E=100$ mA		1.4	V
Transition frequency 特征频率	f_T	$U_{CE}=20$ V, $I_C=10$ mA f = 100 MHz	300		MHz
Output Capacitance 输出电容	C_{obo}	$U_{CB}=5.0$ V, $I_E=0$, f=1.0 MHz		4.0	pF
Input Capacitance 输入电容	C_{ibo}	$U_{EB}=0.5$ V, $I_C=0$, f =1.0 MHz		8.0	pF

附录C 常见场效应管参数

一、2N422×系列结型场效应管参数

2N422×系列是硅材料 *N* 沟道结型场效应管，最大耗散功率为 300 *mW*，典型漏极工作电流 10 *mA*，主要用于混频器、振荡器、*VHF* 放大器及小信号的放大器等。

附表 C-1[1] 2N422×系列结型场效应管参数

			2N4220 2N4220A		2N4221 2N4221A		2N4222 2N4222A		
Parameter 参数	Symbol 符号	Test conditions 测试条件	Min	Max	Min	Max	Min	Max	Units 单位
Gate-Source Breakdown Voltage 栅源击穿电压	$U_{(BR)GSS}$	$I_G=-1\ \mu A$, $U_{DS}=0$ V	−30		−30		−30		V
Gate Reverse Current 栅极反向电流	I_{GSS}	$U_{GS}=-15$ V, $U_{DS}=0$ V		−0.1		−0.1		−0.1	nA
		$U_{GS}=-15$ V, $U_{DS}=0$ V, $T_A=150$℃		−0.1		−0.1		−0.1	μA
Gate-Source Voltage 栅源极间电压	U_{GS}	$U_{DS}=15$ V, $I_D=()$	−0.5 (50)	−2.5 (50)	−1 (200)	−5 (200)	−2 (500)	−6 (500)	V μA
Gate-Source Cut off Voltage 栅源极夹断电压	U_{GSoff}	$U_{DS}=15$ V, $I_D=0.1$ nA		−4		−6		−8	V
Drain Saturation Current (Pulsed)饱和漏极电流	I_{DSS}	$U_{DS}=15$ V, $U_{GS}=0$ V	0.5	3	2	6	5	15	mA
Common Source Forward Transconductance 共源极前向传输跨导	g_{fs}	$U_{DS}=15$ V, $U_{GS}=0$ V, f =1 kHz	1000	4000	2000	5000	2500	6000	μS
Common Source Forward Transmittance 共源极前向传导率	$\lvert Y_{fs}\rvert$	$U_{DS}=15$ V, $U_{GS}=$ Ø V f=100 MHz	750		750		750		μS
Common Source Output Conductance 共源极输出电导	g_{os}	$U_{DS}=15$V, $U_{GS}=$ ØV f=1kHz		10		20		40	μS

续表

			2N4220 2N4220A		2N4221 2N4221A		2N4222 2N4222A		
Common Source Input Capacitance 共源极输入电容	C_{iss}	$U_{DS}=15$ V, $U_{GS}=$ Ø V f=1 MHz		6		6		6	pF
Common Source Reverse Transfer Capacitance 共源极反向传输电容	Crss	$U_{DS}=15$ V, $U_{GS}=$ Ø V f=1 MHz		2		2		2	pF
Noise Figure 噪声指数	NF	$U_{DS}=15$ V, $U_{GS}=$ Ø V f=100 MHz $R_G=1$ MΩ		2.5		2.5		2.5	dB

二、2N700×系列 N 沟道增强型场效应管参数

2N700×系列 N 沟道增强型场效应管包括 2N7000 / 2N7002 / NDS7002A，该系列场效应管具有很低的导通电阻，可以提供 400 mA 的直流导通电流，在脉冲工作条件下可以提供 2 A 的导通电流，主要用于低电压、小电流环境下开关控制领域，具有较高的耐用性和可靠性。

附图 C－1 所示为 2N700×系列的封装及内部结构示意图。

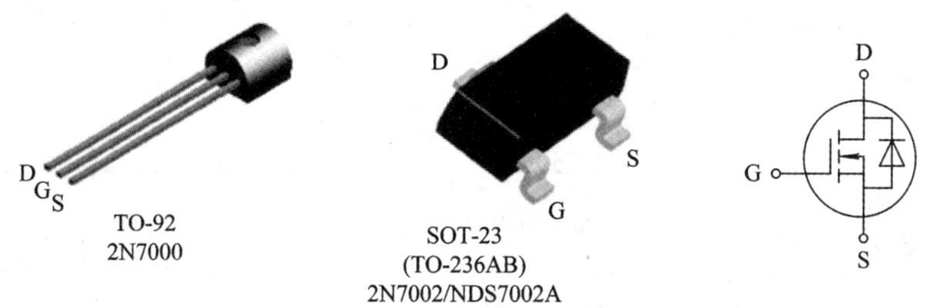

附图 C－1　2N700×系列封装及内部结构示意图

附表 C－2[2]　2N700×极限参数

Symbol 符号	Parameter 参数	2N7000	2N7002	NDS7002A	Units 单位
U_{DSS}	Drain-Source Voltage 漏源极间(最大)电压	60			V
U_{DGR}	Drain-Gate Voltage ($R_{GS}<1$ MΩ) 漏栅极间(最大)电压	60			V

续表

Symbol 符号	Parameter 参数		2N7000	2N7002	NDS7002A	Units 单位
U_{GSS}	Gate-Source Voltage 栅源电压	Continuous 连续的	±20			V
		Non Repetitive (t_p< 50μs) 非重复的	±40			
I_D	Maximum Drain Current 最大漏极电流	Continuous 连续的	200	115	280	mA
		Pulsed 脉冲的	500	800	1500	
P_D	Maximum Power Dissipation 最大耗散功率		400	200	300	mW
	Derated above 25℃ 高于25℃降额		3.2	1.6	2.4	mW/℃
T_J，T_{STG}	Operating and Storage Temperature Range 工作与存储温度范围		−55 ～ 150		−65 ～ 150	℃
T_L	Maximum Lead Temperature for Soldering Purposes 焊接时的最高温度		300			℃

附表 C-3[3]　2N700x 电气参数(T_A=25℃)

Symbol 符号	Parameter 参数	Conditions	Type	Min	Typ	Max	Units 单位
OFF CHARACTERISTICS 截止特性							
BU_{DSS}	Drain-Source Breakdown Voltage 漏源击穿电压	U_{GS}=0 V,I_D=10 μA	All	60			V
I_{DSS}	Zero Gate Voltage Drain Current 零栅极电压漏极电流	U_{DS}=48 V,U_{GS}=0 V	2N7000			1	μA
		T_J=125℃				1	mA
		U_{DS}=60 V,U_{GS}=0 V	2N7002 NDS7002A			1	μA
		T_J=125℃				0.5	mA
I_{GSSF}	Gate-Body Leakage, Forward 栅极前向漏电流	U_{GS}=15 V,U_{DS}=0 V	2N7000			10	nA
		U_{GS}=20 V,U_{DS}=0 V	2N7002 NDS7002A			100	nA
I_{GSSR}	Gate-Body Leakage, Reverse 栅极反向漏电流	U_{GS}=−15 V,U_{DS}=0 V	2N7000			−10	nA
		U_{GS}=−20 V, U_{DS}= 0 V	2N7002 NDS7002A			−100	nA

续表

<table>
<tr><th>Symbol
符号</th><th>Parameter
参数</th><th>Conditions</th><th>Type</th><th>Min</th><th>Typ</th><th>Max</th><th>Units
单位</th></tr>
<tr><td colspan="8">ON CHARACTERISTICS
导通特性</td></tr>
<tr><td rowspan="2">$V_{GS(th)}$</td><td rowspan="2">Gate Threshold Voltage
栅极阈值电压(开启电压)</td><td>$U_{DS}=U_{GS}$, $I_D=1$ mA</td><td>2N7000</td><td>0.8</td><td>2.1</td><td>3</td><td rowspan="2">V</td></tr>
<tr><td>$U_{DS}=U_{GS}$, $I_D=250$ μA</td><td>2N7002
NDS7002A</td><td>1</td><td>2.1</td><td>2.5</td></tr>
<tr><td rowspan="11">$R_{DS(ON)}$</td><td rowspan="11">Static Drain-Source On-Resistance
静态的漏源极间导通电阻</td><td>$U_{GS}=10$ V, $I_D=500$ mA</td><td rowspan="3">2N7000</td><td></td><td>1.2</td><td>5</td><td rowspan="11">Ω</td></tr>
<tr><td>$T_J=125$℃</td><td></td><td>1.9</td><td>9</td></tr>
<tr><td>$U_{GS}=4.5$ V, $I_D=75$ mA</td><td></td><td>1.8</td><td>5.3</td></tr>
<tr><td>$U_{GS}=10$ V, $I_D=500$ mA</td><td rowspan="4">2N7002</td><td></td><td>1.2</td><td>7.5</td></tr>
<tr><td>$T_J=100$℃</td><td></td><td>1.7</td><td>13.5</td></tr>
<tr><td>$U_{GS}=5.0$ V, $I_D=50$ mA</td><td></td><td>1.7</td><td>7.5</td></tr>
<tr><td>$T_J=100$℃</td><td></td><td>2.4</td><td>13.5</td></tr>
<tr><td>$U_{GS}=10$ V, $I_D=500$ mA</td><td rowspan="4">NDS7002A</td><td></td><td>1.2</td><td>2</td></tr>
<tr><td>$T_J=125$℃</td><td></td><td>2</td><td>3.5</td></tr>
<tr><td>$U_{GS}=5.0$ V, $I_D=50$ mA</td><td></td><td>1.7</td><td>3</td></tr>
<tr><td>$T_J=125$℃</td><td></td><td>2.8</td><td>5</td></tr>
<tr><td rowspan="6">$V_{DS(ON)}$</td><td rowspan="6">Drain-Source On-Voltage
漏源极间导通电压</td><td>$U_{GS}=10$ V, $I_D=500$ mA</td><td rowspan="2">2N7000</td><td></td><td>0.6</td><td>2.5</td><td rowspan="6">V</td></tr>
<tr><td>$U_{GS}=4.5$ V, $I_D=75$ mA</td><td></td><td>0.14</td><td>0.4</td></tr>
<tr><td>$U_{GS}=10$ V, $I_D=500$ mA</td><td rowspan="2">2N7002</td><td></td><td>0.6</td><td>3.75</td></tr>
<tr><td>$U_{GS}=5.0$ V, $I_D=50$ mA</td><td></td><td>0.09</td><td>1.5</td></tr>
<tr><td>$U_{GS}=10$ V, $I_D=500$ mA</td><td rowspan="2">NDS7002A</td><td></td><td>0.6</td><td>1</td></tr>
<tr><td>$U_{GS}=5.0$ V, $I_D=50$ mA</td><td></td><td>0.09</td><td>0.15</td></tr>
</table>

注1：[1]表格数据引自 InterFET 公司数据手册。

注2：[2]～[3]表格数据引自 Fairchild Semiconductor 公司数据手册。

附录 D　运算放大器 LM324 参数

*LM*324 系列器件是单电源供电的集成运算放大器，每片含 4 个独立的运算放大器，电源供电电压范围为＋3～＋32 *V*。*LM*324 内部每个独立的运算放大器的静态电流约为 *LM*741 的静态电流的五分之一，静态电流更小。共模输入范围包括负电源，因而消除了在许多应用场合中采用外部偏置元件的必要性。

*LM*324 有 14 个引脚，常用的封装包括 *DIP* 封装、*SO* 封装及 *TSSOP* 封装等，附图 *D*－1所示为 *LM*324 的封装和引脚连接示意图。

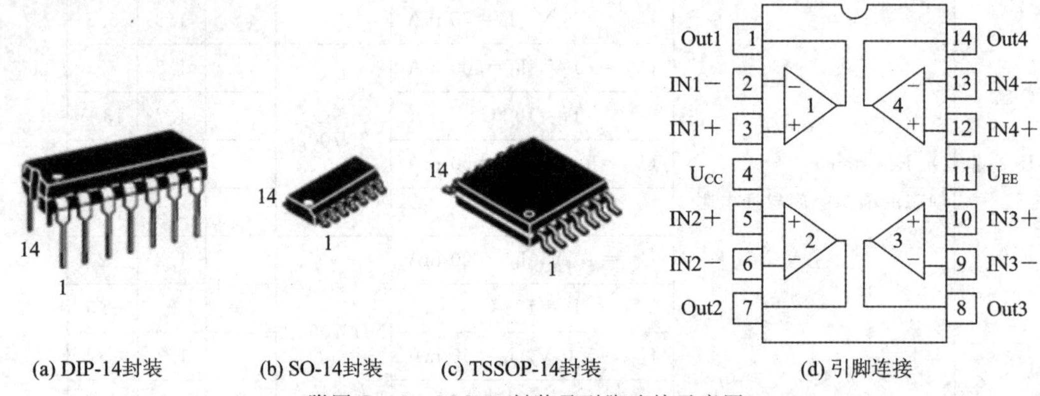

附图 *D*－1　*LM*324 封装及引脚连接示意图

*LM*324 的参数分极限参数和电性能参数，附表 *D*－1 为其极限参数，附表 *D*－2 给出其电性能参数。附表中所列参数的名称根据器件厂家数据手册中参数名称确定，与第 5 章 5.3节中介绍的集成运算放大器参数名称不完全一致，使用时注意对照。

为方便学习使用，所有参数以英汉对照的形式给出。

附表 D－1　LM324 极限参数

Symbol 符号	Parameter 参数	LM224	LM324 LM324A	Units 单位
 U_{CC} U_{CC}，U_{EE}	Power Supply Voltages　电源电压 Single Supply　单电源供电 Split Supplies　双电源供电	 32 ±16	 32 ±16	 V
U_{IDR}	Input Differential Voltage Range 输入差模电压范围	±32	±32	V
U_{ICR}	Input Common Mode Voltage Range 输入共模电压范围	－0.3 ～ 32	－0.3 ～ 32	V
T_J	Junction Temperature 结温	150	150	℃
T_{stg}	Storage Temperature Range 存储温度范围	－65 ～ ＋150	－65 ～ ＋150	℃
T_A	Operating Ambient Temperature Range 工作环境温度范围	－25 ～ ＋85	0 ～ ＋70	℃

附表 D-2 LM324 电性能参数(如果无特别说明 $U_{CC}=5.0$ V, $U_{EE}=$Gnd, $T_A=25$℃)

Symbol 符号	Parameter 参数	Condition 条件	LM224			LM324A			LM324			Uints 单位
			Min.	Tpy.	Max.	Min.	Tpy.	Max.	Min.	Tpy.	Max.	
U_{IO}	Input Offset Voltage 输入失调电压	$U_{CC}=5.0\sim30$ V, $R_L=2.0$ kΩ $T_A=25$℃	—	2.0	5.0	—	2.0	3.0	—	2.0	7.0	mV
$\frac{\Delta U_{IO}}{\Delta T}$	Average Temperature Coefficient of Input Offset Voltage 平均输入失调电压温漂	$T_A=T_L\sim T_H$	—	7.0	—	—	7.0	30	—	7.0	—	μV/℃
I_{IO}	Input Offset Current 输入失调电流	$T_A=25$℃ $T_A=T_L\sim T_H$	— —	3.0 —	30 100	— —	5.0 —	30 75	— —	5.0 —	50 150	nA
$\frac{\Delta I_{IO}}{\Delta T}$	Average Temperature Coefficient of Input Offset Current 平均输入失调电流温漂	$T_A=T_L\sim T_H$	—	10	—	—	10	300	—	10	—	pA/℃
I_{IB}	Input Bias Current 输入偏置电流	$T_A=25$℃ $T_A=T_L\sim T_H$	— —	−90 —	−150 −300	— —	−45 —	−100 −200	— —	−90 —	−250 −500	nA
U_{ICR}	Input Common Mode Voltage Range 输入共模电压范围	$U_{CC}=30$ V, $T_A=25$℃ $T_A=T_L\sim T_H$	0 0	— —	28.3 28	0 0	— —	28.3 28	0 0	— —	28.3 28	V
U_{IDR}	Differential Input Voltage Range 差模输入电压范围		—	—	U_{CC}	—	—	U_{CC}	—	—	U_{CC}	V
A_{UOL}	Large Signal Open Loop Voltage Gain 大信号开环电压增益	$U_{CC}=30$ V, $R_L=2.0$ kΩ $T_A=25$℃ $T_A=T_L\sim T_H$	50 25	100 —	— —	25 15	100 —	— —	25 15	100 —	— —	dB
CMR	Common Mode Rejection 共模抑制比	RS≤10 kΩ	70	85	—	65	70	—	65	70	—	dB
PSR	Power Supply Rejection 电源抑制比		65	100	—	65	100	—	65	100	—	dB
U_{OH}	Output Voltage-High Limit 输出电压上限	$U_{CC}=5.0$ V, $R_L=2.0$ kΩ	3.3	3.5	—	3.3	3.5	—	3.3	3.5	—	V
		$U_{CC}=30$ V, $R_L=2.0$ kΩ	26	—	—	26	—	—	26	—	—	
		$U_{CC}=30$ V, $R_L=10$ kΩ	27	28	—	27	28	—	27	28	—	

续表

Symbol 符号	Parameter 参数	Condition 条件	LM224			LM324A			LM324			Uints 单位
			Min	Tpy	Max	Min	Tpy	Max	Min	Tpy	Max	
U_{OL}	Output Voltage-Low Limit 输出电压下限	$U_{CC}=5.0$ V, $R_L=10$ kΩ	—	5.0	20	—	5.0	20	—	5.0	20	mV
I_{OH}	Output Source Current 输出拉电流	$U_{CC}=15$ V, $U_{id}=1$ V, $T_A=25$℃	20	40	—	20	40	—	20	40	—	mA
		$U_{CC}=15$ V, $U_{id}=1$ V, $T_A=T_L\sim T_H$	10	20	—	10	20	—	10	20	—	
I_{OL}	Output Sink Current 输出灌电流	$U_{CC}=15$ V, $U_{id}=-1$ V, $T_A=25$℃	10	20	—	10	20	—	10	20	—	mA
		$U_{CC}=15$ V, $U_{id}=-1$ V, $T_A=T_L\sim T_H$	5.0	8.0	—	5.0	8.0	—	5.0	8.0	—	
		$U_{CC}=15$ V, $U_{id}=-1$ V, $U_O=200$ mV, $T_A=25$℃	12	50	—	12	50	—	12	50	—	
I_{SC}	Output Short Circuit to Ground 输出短路电流		—	40	60	—	40	60	—	40	60	mA
I_{CC}	Power Supply Current 电源电流	$U_{CC}=30$ V, $U_O=0$ V, $R_L=\infty$, $T_A=T_L\sim T_H$	—	—	3.0	—	1.4	3.0	—	—	3.0	mA
		$U_{CC}=5$ V, $U_O=0$ V, $R_L=\infty$, $T_A=T_L\sim T_H$	—	—	1.2	—	0.7	1.2				

参考文献

[1] 杨素行. 模拟电子技术基础简明教程[M]. 3版. 北京：高等教育出版社，2006.
[2] 童诗白，华成英. 模拟电子技术基础[M]. 5版. 北京：高等教育出版社，2015.
[3] 何超. 模拟电子技术新编[M]. 北京：清华大学出版社，2014.
[4] 杨凌，阎石，高晖. 模拟电子线路[M]. 北京：清华大学出版社，2015.
[5] 沈任元. 模拟电子技术基础[M]. 北京：机械工业出版社，2013.
[6] 劳五一，劳佳. 模拟电子技术[M]. 北京：清华大学出版社，2015.
[7] 江晓安，董秀峰. 模拟电子线路[M]. 3版. 西安：西安电子科技大学出版社，2008.
[8] 王连英. Multisim 12电子线路设计与实验[M]. 北京：高等教育出版社，2015.
[9] 王冠华. Multisim 11电路设计及应用[M]. 北京：国防工业出版社，2013.